深度域叠前逆时偏移成像技术及应用

李 博　段心标　等编著

中国石化出版社

图书在版编目（CIP）数据

深度域叠前逆时偏移成像技术及应用/李博，段心标编著.
—北京：中国石化出版社，2021.10
ISBN 978-7-5114-6453-8

Ⅰ.①深… Ⅱ.①李… ②段… Ⅲ.①地震层析成像-研究 Ⅳ.①P631.4

中国版本图书馆CIP数据核字（2021）第180771号

中国石化出版社出版发行

地址:北京市东城区安定门外大街58号
邮编:100011　电话:(010)57512500
发行部电话:(010)57512575
http://www.sinopec-press.com
E-mail:press@sinopec.com
北京富泰印刷有限责任公司印刷
全国各地新华书店经销

*

787×1092毫米 16开本 14.5印张 363千字
2021年11月第1版　2021年11月第1次印刷
定价:118.00元

编 委 会

P R E F A C E

前言

地震勘探是目前油气资源发现过程中不可缺少的关键环节。我国的油气勘探目标复杂性和多样性很强。例如，塔里木盆地超深层勘探已经超过8000m，并从简单的缝洞储层演变为走滑断裂控制的油气富集规律；四川盆地及周边复杂山地资料的油气勘探开发都已成为21世纪以来的重点和难点。越复杂的地区就越需要深入研究和应用先进的地震勘探方法和技术，深度域叠前逆时偏移技术就是在这样的时代背景下快速发展和应用起来的。逆时偏移技术是以波动方程理论为基础的地震波偏移成像技术，反映了地震勘探从激发到接收的地震波传播过程，便于分析和应用于不同介质假设条件中的地震勘探工作。随着波动理论研究的深入和野外勘探难度的增加，该项技术受到越来越多的关注，地震波在不同介质中的传播规律与成像方法成为勘探地震学研究领域的重要课题。

传统地震学和地震勘探主要以地球介质具有完全弹性和各向同性的物理假设为基础，由于早期的地震勘探方位较窄、偏移成像方法简单，硬件设施又相对落后，难以考虑介质的其他特性，只需采用各向同性处理就能获得较好的效果。近年来，为了获得高品质的地震数据，宽频、宽方位、高密度采集技术得到了越来越广泛的应用，使地下介质的复杂性问题逐渐显露出来，采用各向同性的地震数据处理方法会导致地震成像质量降低和地震成像深度误差，迫切需要多类型复杂介质条件下的偏移成像方法提供支撑。另一方面，一些高精度的逆时偏移成像技术克服了偏移倾角的限制，引入了更多复杂的波场数据，必须要考虑各向异性、吸收衰减、横波干扰、采集脚印等因素的影响；同时，计算机的飞速发展使逆时偏移技术处理复杂介质的成像成为可能。因此，为了获得更精确的地下地质构造刻画，开展不同介质中深度域叠前逆时偏移成像方法研究是高精度地震成像技术的必然发展趋势。

在1983年多名科学家Baysal、Whitmore、McMechan几乎同时提出通过时间外推求解声波方程的地震波模拟和成像的思路，可以获得全倾角成像的能力。在此之前的研究主要集中于波动方程Kirchhoff积分解的形式和应用，在时间域的叠加剖面上进行Kirchhoff积分偏移是当时的主流技术。由于当时计算能力的限制，尽管也引入了单程波动方程的研究，但应用成本较高、优势不明显。随着计算机技术的快速发展，到20世纪90年代采用PC集群的偏移成像技术得到飞速发展，涌现出很多成功应用实例。逆时偏移技术也逐渐被国际石油公司所采纳，主要应用于解决盐丘和盐下的成像问题。到

21世纪初期逆时偏移成像技术逐步从叠后偏移方法发展到叠前偏移方法，张宇（2006）利用有限差分的方法完成叠前逆时偏移的技术研究和实际应用，推动了该项技术的快速发展。随后逆时偏移成像方法的研究受到广泛的关注，从各向同性介质到各向异性介质、从声波偏移到弹性波偏移、从弹性介质到非弹性介质、从偏移成像到反演成像等一系列逆时偏移方法得到飞速发展，并逐渐走向实用化。

目前在工业界应用最多的叠前深度偏移方法主要有基于射线理论的Kirchhoff积分法偏移和基于波动理论的逆时偏移两类方法。Kirchhorff积分法偏移将波动方程的高频渐近解与射线追踪理论紧密结合，通过地震波的旅行时和振幅的估计，获取地震波传播模拟的函数，可实现点对点的偏移成像，保持了高效性和灵活性，但由于射线追踪需要进行速度模型的平滑假设，导致Kirchhorff积分偏移方法在处理剧烈速度变化的能力不足；基于波动理论的逆时偏移方法采用全声波方程延拓震源和检波点波场，克服了偏移倾角限制，可以有效地考虑存在剧烈变化的地球介质物性特征，该技术具有相位准确、成像精度高、对介质速度横向变化和高陡倾角适应性强、甚至可以利用回转波、多次波成像等优点，但是也存在无法进行目标成像、灵活性不足、计算量大、资源消耗大等缺点。现阶段Kirchhorff偏移和逆时偏移已经成为地震勘探的主流成像技术，优势互补。

全书共分为7章，第1章主要介绍各种逆时偏移技术的国内外应用现状和研究进展；第2章主要介绍各向同性介质中的逆时偏移基本原理及关键的应用问题；第3章对各向异性介质逆时偏移成像方法和应用情况进行了详细阐述；第4章主要介绍吸收衰减介质中的逆时偏移方法理论和应用的关键问题；第5章主要介绍弹性波逆时偏移成像理论和技术；第6章主要介绍最小二乘逆时偏移成像技术；第7章是笔者对不同逆时偏移技术应用场景和影响因素的总结和归纳，以及对深度域成像领域发展趋势和展望。

本书前言由李博执笔，第1章由李博、韩冬执笔，第2章由李博、许璐、肖建恩执笔，第3章由李博、郭恺、刘小民执笔，第4章由李博、许璐、郑浩、肖建恩执笔，第5章由段心标、白英哲、肖建恩执笔，第6章由段心标、白英哲、肖建恩执笔，第7章由李博、段心标、肖建恩执笔，全书由李博、段心标负责修改与统稿，李敏负责全书的图件修改。

本书内容涉及的研究项目得到了中国石化科技部、油田勘探开发事业部、石油工程技术服务有限公司、石油物探技术研究院、勘探分公司、西北油田分公司、东北油气分公司、华北石油局、胜利油田分公司、江苏油田分公司的支持。在本书的编写过程中，特别得到了中国石化石油物探技术研究院领导的指导和关心及同事的大力支持，在此一并表示衷心的感谢。

由于笔者水平有限，书中难免存在疏忽之处，敬请读者批评指正。

C O N T E N T S

目录

1 绪 论

地震勘探是指人工激发所引起的弹性波利用地下介质弹性和密度的差异，通过观测和分析人工地震产生的地震波在地下的传播规律，推断地下岩石性质和形态的地球物理勘探方法。地震勘探是地球物理勘探中最重要、解决油气勘探问题最有效的一种方法。它是钻探前勘测石油与天然气资源的重要手段，在煤田和工程地质勘查、区域地质研究和地壳研究等方面，也得到广泛应用。反射地震勘探方法是根据地面上以一定方式进行激发的地震波，并在地面的一定范围(孔径)内记录来自地下弹性分界面的反射波来研究地下地质岩层结构及其物性特征的一种方法。因此，也可以把反射地震勘探看作一种反散射问题。解决此类反散射问题要分为三步，第一步是按照一定的方式记录到达地面的反射波，通常称为地震资料采集；第二步用计算机按一定的计算方法对观测数据进行处理，使之成为反映地下地质分层面位置及反射系数的像，通常称为地震资料处理；第三步是根据地震资料处理的结果，通过一系列的统计、分析、对比等技术手段探查地下介质的情况，获得人们想要了解的信息，通常称为地震资料解释。地震偏移技术就是第二步地震资料处理过程中使反射界面最佳地成像的一种技术。

1.1 地震成像技术的发展

地震成像技术(也称地震偏移技术或地震偏移成像技术)在油气地震勘探中占据重要的地位，它是现代地震勘探数据处理的三大核心技术(即反褶积、叠加和偏移)之一。它的作用是使反射波或绕射波返回到产生它们的真实地下位置，得到该位置的反射真振幅或反射系数，从而实现地下地质构造和地层岩性的精确成像。地震成像理论与技术的发展是地震勘探需求、应用地球物理学、应用数学以及计算机技术等相关领域飞速发展推动的结果。它经历了从手工偏移成像到电子计算机数字偏移成像、从叠后偏移成像到叠前偏移成像、从时间偏移成像到深度偏移成像的发展过程。

1.1.1 叠后时间偏移成像

叠后时间偏移成像是一种简单实用的方法，对地震资料处理技术的发展有着深远的影响。常规的叠后时间偏移建立在水平层状介质模型及速度横向均匀的基础上，其实现方法基于两个基本假设：①输入数据是自激自收的零炮检距剖面，与反射点相应的数据被放在激发点和接收点中点的正下方；②反射界面上覆地层为常速介质，射线为直射线。此偏移方法计算效率高，对信噪比较低的地震资料有较好的适用性，曾在地震偏移方法发展初期，地下构造较为简单的目标探区发挥了非常重要的作用。虽然当前叠前偏移技术已得到大力推广，叠后时间偏移技术由于其计算效率高，加之在某些地区因信噪比等原因不适合应用叠前偏移技术，叠后时间偏移方法并未完全退出历史舞台。但是当地下构造复杂，速度横向剧烈变化时，反射波的旅行时不再是双曲线的形式，或者当地下倾角不一致时，常规的多次覆盖叠加结果并不完全等价于是自激自收的零炮检距剖面，而且，即使使用倾角时差校正(DMO)，也难以消除速度或界面形态的变化造成的散焦和聚焦效应，同时造成速度分析的多解性，最终导致无法实现真正的共反射点的叠加，得到真正的成像结果。

1.1.2 叠前时间偏移成像

叠前时间偏移成像与常规叠后时间偏移成像的不同在于叠后偏移是先叠加后偏移，而叠前偏移是直接偏移，二者的相同点在于都假定地下介质为水平层状介质，都使用均方根速度作为其成像速度场，但前者使用了不同偏移距的均方根速度，而后者只使用了零偏移距均方根速度。

叠前时间偏移成像是复杂构造成像和速度分析的重要手段之一，它可以有效地克服常规 NMO、DMO 和叠后偏移的缺点，实现真正的共反射点(CRP)叠加。叠前时间偏移产生的共反射点道集，消除了不同倾角和位置的反射带来的影响，不仅可以用来优化速度分析，而且也能为 AVO 地震反演提供基础数据。在实际应用中，Kirchhoff 叠前时间偏移成像方法能够应用于共偏移距道集，因其适用于非规则数据且运行效率高，成为实际地震资料处理中优先选用的技术。

实际上，叠前时间偏移成像可认为是一种能适应各种倾斜叠加的广义 DMO 叠加，其目的是使各种绕射能量聚焦，而不是把绕射能量归位到其相应的绕射点上去。它基于的模型是均匀的，或者仅允许有垂向变化。因此，叠前时间偏移成像仅能实现真正的共反射点叠加，当地下地层倾角较大，或者上覆地层速度横向变化剧烈，速度分界面不是

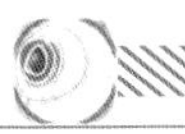

水平层状的条件下，叠前时间偏移成像并不能解决成像点与地下绕射点位置不重合的问题。为了校正这种现象，可在时间偏移剖面的基础上进行反偏移后再作一次校正，使成像点与绕射点位置重合，这就是所谓的叠后深度偏移成像。但叠后深度偏移成像在实际资料处理中很少用，主要是缺少模型迭代修正的手段，因此叠后深度偏移最多可作为叠前深度偏移成像处理流程的一部分，用于提供深度域模型层位解释的基础数据。

1.1.3 叠前深度偏移成像

深度成像和时间成像的区别在于如果地层速度存在横向变化或者构造为非水平地层，时间偏移的结果是畸变的，而深度偏移是正确的。叠前深度偏移成像理论是建立在复杂构造速度模型基础之上的，叠前深度偏移方法符合斯奈尔定律，遵循波的绕射、反射和折射定律，适用于任意介质的成像问题。它与常规偏移处理相比有以下优点：①符合斯奈尔定律，成像准确，适用于任意介质；②消除了叠加引起的弥散现象，使得大倾角地层信噪比和分辨率得到提高；③能够综合利用地质、钻井及测井等资料来约束处理结果，还可以直接利用得到的深度剖面进行构造解释，方便与实际的钻井数据进行对比。所以，综合各种复杂因素，到现阶段叠前深度偏移成像是适合复杂地质体成像的一种最先进实用的方法，特别是对于前陆冲断带、逆掩推覆、高陡构造、地下高速火成岩体以及盐下复杂构造等、可以取得精确的成像结果。

通常叠前深度偏移成像方法可以分为两类：第一类基于射线理论的叠前深度偏移成像方法，另一类基于波动方程理论的叠前深度偏移成像方法。近年来，随着计算机技术的发展，尤其是并行计算技术的高速发展，使得计算量庞大的三维地震资料叠前深度偏移成像已在油气地震勘探中得到了大规模应用。

1.2 深度偏移成像技术的发展历史

逆时偏移成像技术属于叠前深度偏移成像技术的一种，逆时偏移成像的思想早在 20 世纪 70 年代末到 80 年代初就已经提出。逆时偏移成像计算量及存储量巨大，由于当时计算能力的限制，一直没有在工业界得到广泛应用。而当时另外一类基于 Kirchhoff 射线积分的方法由于计算效率高而发展迅速，从 Kirchhoff 的时间偏移方法逐步发展到深度偏移方法，从 Kirchhoff 的叠后偏移发展到 Kirchhoff 的叠前偏移。本节重点讨论从 Kirchhoff 积分偏移方法到波动方程逆时偏移的发展历程。

1.2.1 Kirchhoff(克希霍夫)积分法叠前深度偏移成像

20世纪70年代，Claerbout首次把波动方程引入到地震波场偏移成像中，Schneider(1978)提出了基于波动方程积分解的克希霍夫积分法叠前深度偏移理论，而此时的偏移是基于常速拟层状介质假设，Keho等(1988)提出基于傍轴射线追踪技术的非递归Kirchhoff叠前偏移方法，开始将Kirchhoff偏移推向适应速度横向变化的阶段，这也是目前大多数Kirchhoff积分的叠前偏移的算法原形。

20世纪90年代，由于计算机技术的高速发展和各大石油公司面向复杂地区开展油气勘探的需要，推动了叠前深度偏移成像技术迅速发展。特别是菲利普斯石油公司首先于1993年宣布使用Kirchhoff积分法叠前深度偏移技术在墨西哥湾盐下勘探获得成功，拉开了Kirchhoff积分法叠前深度偏移技术成功应用的序幕，将叠前偏移技术的发展推向一次新的发展高潮。

随着多年来持续不断地改进和完善，Kirchhoff积分法叠前深度偏移已成为一种高效实用的叠前深度偏移法，具有高角度成像、无频散、占用资源少和实现效率高的特点，能适应不均匀的空间采样和起伏地表，也适用于较复杂构造的成像。国际上也推出了多套较为成熟的积分法叠前深度域成像软件，一度成为实际生产中主要使用的叠前深度偏移成像技术。

虽然Kirchhoff积分公式是以波动方程解为基础，但它的实现是利用波动方程的高频渐近近似(射线方程)，即Kirchhoff积分法叠前深度偏移是以射线理论为基础，通过对散射波场及其观测面上法向导数的积分实现波场反传播，具有较高的计算效率并能够适应复杂的观测系统，但是在复杂介质的情况下会存在焦散问题。为此，Hill(1990)提出了高斯束偏移方法，高斯束偏移是从Kirhhoff偏移方法发展而来，对相邻的输入道进行局部倾斜叠加合成局部平面波，然后将合成的局部平面波分量通过高斯波束反传至地下局部的成像区域进行延拓成像，由于对应每条高斯波束的成像过程是相互独立的，因而可自然地实现多次波至的成像。高斯束沿整个射线都是规则的，即使在焦散点处也是如此，高斯束的这一特点使它在处理波场异常时有特殊的优势，即在正演和偏移中，可以有效地解决波场的焦散点、阴影区、临界和超临界反射等问题。Hill(2001)将此方法推广到叠前深度偏移，Gray(2005)将此方法用于共炮集记录的成像中。

Gray和Bleistein(2009)结合了真振幅波动方程偏移和传统高斯束偏移，推导出了两种真振幅的高斯束偏移方法，两种形式分别使用互相关成像条件和反褶积成像条件，并根据Zhang(2009)的真振幅波动方程偏移的基本公式，再利用高斯束积分构建格林函数，推出了真振幅高斯束偏移方程。

叠前高斯束偏移是在解决各向同性介质的偏移中发展起来的，将高斯束偏移推广到各向异性介质是有重要意义的，因为各向异性对地下反射点的正确归位和聚焦收敛有着重要影响，Zhu 和 Gray(2006、2007)将高斯束偏移方法推广到了各向异性介质中，建立了基于共炮道集的各向异性介质的高斯束叠前深度偏移成像方法。

Kirchhoff 积分法叠前深度偏移技术已经在很多探区都得到了成功应用。例如在胜利油田探区，解决了潜山复杂地层的成像问题。胜利油田潜山构造上覆地层是新生界分布不均匀的沙河街组砂砾岩体，该砂砾岩体速度较高，达到5000m/s，形成了一个大的“速度陷阱”。受其影响，时间域偏移资料不能正确反映潜山的产状，影响了对潜山油藏的认识。运用 Kirchhoff 积分法叠前深度偏移技术对该区资料进行处理后，剖面的品质提高，消除了砂砾岩体的“速度陷阱”，使潜山地层能够正确成像，表现为内幕反射清晰、断点归位准确。由于解决了“速度陷阱”问题，基于其成像结果构造成图后计算潜山的圈闭面积扩大了 2 倍，增加资源量 2400×10^4 t。在该区设计的多口探井，完钻后均达到设计目的。

川中地区地下地质情况复杂，高速盐岩层厚度的剧烈变化导致下覆地层构造形态发生畸变，开展了三维地震资料的 Kirchhoff 叠前深度偏移处理后，潜伏构造归位合理、成像清晰、断层和断点清楚、波组特征保持好，储层特征明显，为进一步落实地腹构造形态及圈闭规模、高点位置、断层展布格局以及构造之间的接触关系提供了强有力的技术保障。

1.2.2 单程波叠前深度偏移成像

Kirchhoff 积分法叠前深度偏移成像优点是计算效率高，且对观测系统适用能力强。但是由于它基于高频近似条件下的射线理论，在复杂构造地区的适应性较差。为解决射线理论偏移成像的不足还发展了基于波动方程数值解的波场外推偏移成像方法，通常被简称为单程波动方程叠前深度偏移。

根据波场外推算子估算方法不同，该偏移计算方法主要分为两类：一类为有限差分偏移方法，另一类为频率—波数偏移方法。两类偏移方法各有特点，既可以分开使用，也可以联合使用(所谓的混合偏移)。波动方程叠前深度偏移方法理论上比较完善，没有高频近似，保幅程度较高，但对观测系统变化的适应性不强、运算效率也较低，且对高倾角构造成像精度不高。

Claerbout(1985)在差分法偏移成像方面做出了开创性的工作，为该方法的迅速发展奠定了良好的基础。马在田(1989)提出了高阶有限差分法偏移方法，为有限差分法的发展做出了很大的贡献。有限差分法偏移成像突出的优点是对复杂介质有很好的适应性，且成像精度高，但它的缺点也是很明显的，即计算效率较低，波场频散较严重，在三维情况下还存在数值各向异性以及难以建立中心点—偏移距域的有限差分格式等问题。而频率—波数偏移方法的优点是计算效率高，但也存在不能适应速度横向变化等问题。

针对波动方程叠前深度偏移成像中有限差分法和频率—波数域法波场外推的不足，20 世纪 90 年代以来开发出了多种实用的波场外推算子。这些外推算子的共同特点是由单一的频率—空间域或频率—波数域拓展到混合域，即在算子的构建过程中应用傅氏变换，在双域内交替完成传播算子的构建，在偏移成像过程中，频率—波数域主要通过快速傅氏变换(FFT)来实现，在频率—空间域主要通过有限差分法来实现。

20 世纪 90 年代发展了多种混合域波场传播算子，Stoffa 等(1990)提出一种裂步 Fourier 方法(SSF)。该方法基于小扰动理论，将速度场分为背景速度和扰动项之和，推导出的波场延拓公式交替在频率—波数域和频率—空间域进行，实现对速度横向变化的处理。同时，Wu 和 Huang(1992)、Liu 和 Wu(1994)发展了相屏算子。上述这些方法只能适用于速度横向变化很小的介质。

针对分步 Fourier 法和相位屏法在速度强横向变化介质中的不足，Ristow 等(1994)提出了 Fourier 有限差分法，Wu 等(1996)提出了广义屏法。广义屏方法(GSP)同 FFD 方法一样，是一个结合双域运算的混合算法，两者的思想和做法基本一致。这些方法是通过采用傅里叶变换和有限差分手段，在计算效率和适合复杂介质之间找到一个折中点。

吴如山等(2008)提出基于小波束的单程波叠前深度偏移方法，该方法可以适应速度场的强横向变化，但其缺陷是由于波场分裂过程中的倾角限制无法实现对大于 90°的波场以及回转波成像。

典型的单程波动方程偏移方法有两类：一类是单平方根方程偏移，如上述波动方程叠前深度偏移方法都是单平方根方程偏移，在其偏移过程中，上、下行波基于各自的单程波方程分别进行延拓，并通过两个延拓波场的互相关(零时间条件)来提取成像值；还有一类波动方程偏移方法是基于“沉降观测”概念的双平方根(DSR)偏移(Claerbout 和 Yilmaz，1980、1985)。在其偏移过程中，同时对上、下行波场进行延拓，相当于向地下延拓(沉降)震源与接收点，当二者重合时(零偏移距)，零时间的波场值就作为该空间点的成像值。DSR 方程偏移在计算效率上较单程波动方程共炮集偏移高，但当三维叠前地震数据量很大时，目前计算机储存与内存资源难以承受这样的偏移处理数据量，加之 DSR 方程全偏移对一些窄方位三维地震数据成像也不实用。所以，目前人们主要关心一些降维的 DSR 方程偏移方法。

随着油气能源工业对地震勘探要求的不断提高，利用地震数据偏移成像振幅信息为 AVO－AVA 分析提供可靠的岩性参数和储层信息已成为地震勘探技术发展的一种趋势。以地震波理论为基础的真振幅叠前深度偏移是叠前偏移方法中最具有地质意义的精确成

像方法，能实现对球面扩散损失的补偿，恢复期望的反射系数，还能在进行构造成像的同时给出震源子波的信息，所以真振幅偏移对于 AVO、AVA 和偏移后的解释具有特别重要的意义。21 世纪初，Zhang 等（2001、2002）研究传统共炮道集波动方程偏移所引起的振幅失真问题，提出速度垂向变化介质的共炮道集真振幅偏移成像技术。这种算子补偿也同样可以在双平方根方程(DSR)下实现，并且相对于单程波方程来说有较高的计算效率和稳定性，在 DSR 下更容易过渡到局部反射角度域(Sava 和 Fomel，2003；Liu 等，2007；Ye 等，2009)。但是，这种方法只能得到局部的反射角，并不能够得到局部地层倾角。Wu 和 Chen（2002、2004、2006)基于波场小波束分解理论，通过引入满足能量守恒的 Green 函数提出了波动方程真振幅偏移成像的角度域振幅校正方法。

单程波动方程叠前深度偏移由于其在复杂构造区的成像优势，在很多探区都得到了成功应用。单程波动方程叠前深度偏移技术在国外墨西哥湾探区盐下成像处理中发挥了积极的作用。与常规叠后偏移及 Kirchhoff 偏移相比，单程波动方程叠前深度偏移剖面在盐上断层显示清晰，盐下地层同相轴连续性以及信噪比提高等方面有了一定程度的改善。

单程波动方程叠前深度偏移技术在国内泌阳凹陷南部陡坡带进行了实际应用，复杂构造下的横向位置都比较准确，基底形态、断面与地质层位的接触关系以及相位的反射强度和连续性都比较清晰，基底内幕反射清楚连续，为落实构造、开展构造圈闭研究和地质综合评价提供了较可靠的资料。

针对苏北地区地下构造复杂、断层多、断块小、地下速度横向变化大的特点，应用了单程波动方程叠前深度偏移技术，偏移剖面反射波组特征明显，同相轴连续性好，断点清晰、干脆，空间位置确切，断面与地质层位的接触边界接触关系合理，构造形态真实，剖面整体质量大幅度提高。

1.2.3 逆时偏移成像

单程波动方程叠前深度偏移成像由于没有对波动方程作高频近似，而是用可描述波在复杂介质中的传播过程的波场外推算子，理论上可以处理更为复杂的地质构造成像问题，但存在着计算精度及稳定性倾角限制等问题。逆时偏移成像(RTM)基于求解双程波声波或弹性波方程，并且允许波向各个方向传播，这种方法没有倾角限制，精度较高。它的计算方法正好与地震正演模拟的计算顺序相反，以最大时间开始向最小时间计算，可以对各种复杂的地震波成像。

逆时偏移思想最早出现在 1982 年在 Dallas 召开的 SEG 年会上，1983 年的 SEG 年会上 Whitmore 讨论了逆时偏移的问题。最初的逆时偏移是基于声波方程的二维叠后数据偏移，随着偏移技术的发展，Chang 和 McMechan(1986)将逆时偏移发展到二维叠前数据处理中，处理了 VSP 数据，延拓方法还是基于声波方程的有限差分法。Sun 和 McMechan(1986)将逆时偏移引入到二维弹性波叠前深度偏移中，并用来处理 VSP 数据。Chang 和 McMechan(1987)进一步将逆时叠前偏移用于实际资料的处理，实现了二维二分量弹性波叠前逆时偏移。Chang 和 McMechan(1990)发展了二维声波的叠前逆时偏移，将二维推广到了三维，并展示了三维声波叠前逆时偏移的实现过程和合成数据的处理效果，系统地总结了逆时偏移技术的特点。Dong 和 McMechan(1993)研究了三维叠前逆时偏移用于各向异性介质的情形，给出了基于声波方程的各向异性介质的三维叠前逆时偏移方法。Chang 和 McMechan(1994)在以前研究的基础上将逆时偏移方法发展到了三维弹性波叠前逆时偏移方法，在对三维三分量的数据偏移中，将矢量方程延拓法应用于逆时偏移，与以前的多分量数据分离后分别处理的方法不同，实现了全三维矢量方程逆时延拓，并对矢量方程的正演、偏移及解释进行了系统的分析。Sun 和 McMechan(2001)用标量方程方法对二维弹性波逆时偏移方法进行了进一步的研究，采取散度和旋度手段对弹性波进行有效的分离，对分离后的 P 波和 PS 波分别进行标量波动方程的逆时延拓和成像，2006 年 Sun 和 McMechan 又将这种方法推广到了三维情况，给出了用标量波动方程对三维弹性波进行逆时偏移的方法。Sun 和 McMechan(2008)深入地研究了自由反射界面反射波对逆时波场延拓的影响。

逆时偏移成像在 20 世纪 80 年代开始提出并一直在发展。由于逆时偏移成像计算量及存储量巨大以及对速度模型要求苛刻等原因，一直没有在工业界得到广泛应用。进入 21 世纪，PC 机群技术得到快速发展，偏移算法不断完善，使得叠前深度偏移技术规模化应用成为可能。尤其是近年来，高性能 GPU 机群及其编程语言 CUDA 的推出极大地推动了 逆时偏移技术在工业生产中的推广和应用。基于 GPU/CPU 计算平台的高性能地震成像技术率先由国内学者提出并联合三大石油公司进行了大规模的试验研究获得了突破性进展，随后国内、国际的学者纷纷开展相关的研究工作，极大地推动了逆时偏移技术的发展与应用进程。目前，逆时偏移技术已经从叠后走向叠前，从二维走向三维，从声波方程走向弹性波方程，从各向同性介质走向各向异性介质。逆时偏移已成功应用于国外墨西哥湾探区，所得结果和常规偏移结果相比，盐岩侧翼高陡构造成像效果得到了很大改善。

在国内塔里木盆地顺北、塔河等地区进行了逆时偏移，偏移后得到的成像结果在速度横向变化剧烈及强反射界面上方的成像质量均得到了很好的改善，溶洞、裂缝的接触关系也更加清晰。

逆时偏移技术成功应用于四川盆地的页岩气勘探，解决了复杂构造引起的地震资料处理解释问题，偏移成果剖面断层清晰、归位准确；与常规偏移成像相比，逆掩带上盘

和逆掩推覆体成像明显改善，其构造形态更加清晰；经钻井分层与深度剖面对比分析，深度剖面主要层位与分层数据误差很小，表明了逆时叠前深度偏移的合理性。

1.3 国内外的研究现状

逆时偏移的思想是完全模拟野外施工的地震波激发、传播、接收过程，从而完成地下介质的成像。与 Kirchhoff 积分类的方法相比，具有更加接近真实地震波的特点能够适应复杂的地震地质条件，但其研究的难点主要在于如何在室内模拟野外施工过程。一般来讲，震源的激发通常使用地震子波的方式进行替换，接收器接收的信号通常作为波动方程的边界条件引入，最核心的技术就是采用什么样的波动方程来描述地震波的传播。国内外的研究方向和发展方向也是沿着对于不同复杂程度的介质假设条件下的正演模拟技术来发展的。

地震波正演模拟是在室内模拟地震波在地球介质中的传播过程，并研究地震波的传播特性与地球介质参数的关系，通过正演模拟达到对实际观测地震记录的最优逼近(孙成禹，2004)。地震波在实际地球介质中的传播，是一个非常复杂的物理过程，地震波波动方程只有在简单介质条件下才有精确的解析解。随着研究介质模型趋于复杂化，很难寻找到波动方程的解析解，地震波正演模拟通常采用地震波数值模拟方法。

地震波数值模拟是在地震波传播理论的基础上，通过数值计算来模拟地震波在地球介质中的传播(董良国，2003)。在地震学向真实地球介质地震波理论发展的过程中，地震波数值模拟起到了非常重要的作用，在理论研究和实际应用上都得到了广泛的应用。伴随着计算机技术的飞速发展，进一步推动了地震波场数值模拟技术的发展。开展地震波的正演模拟研究，对人们正确认识地震波的传播规律、验证所求地球模型的正确性、进行实际地震资料的地质解释与储层预测以及地球资源开发等，均具有重要的理论和实际意义。

目前，地震波正演模拟的数值方法已经从最简单的一维均匀介质逐步发展到三维复杂介质，从声波方程逐步发展到弹性波方程，从各向同性介质发展到各向异性介质，从弹性介质发展到吸收衰减介质等，其主要目的是更加准确地模拟野外地震波的传播过程。不同的地震波模拟方法就对应于不同的逆时偏移方法，可见研究逆时偏移成像技术就是在室内对野外的地震资料采集过程进行完全的模拟，就是整个地震勘探原理的室内研究和分析过程。下面从国内外的研究情况进行梳理，观察分析技术的发展历程和应用情况。

1.3.1 各向同性逆时偏移的国内外应用情况

近年来，随着计算机的发展，尤其是 GPU 并行计算技术的发展，使得计算量庞大的三维地震资料逆时偏移成为可能。逆时偏移是叠前深度偏移成像的一种，能够对非常复杂构造的地震资料进行成像，可以修正陡倾地层和速度变化产生的地下图像的畸变。叠前偏移可作弯曲射线的校正，能使反射能量聚焦，正确归位同相轴的空间位置。逆时偏移可用于解决断层阴影、逆掩断层、复杂断块、高倾角构造、盐丘、盐下构造、基地构造、礁体、复杂速度场、低幅度构造等高精度成像需求。由于逆时偏移的全声波方程模拟可以对各种复杂结构地层产生的地震波进行描述，并用于成像，可以弥补射线类、单程波类偏移方法的不足，主要表现在以下几个方面。

(1)较好解决速度变化引起的构造畸变问题，更准确地恢复地下构造形态。逆时偏移理论是建立在复杂构造三维速度模型基础之上的，适用于任意介质的成像问题，可克服由速度横向剧烈变化起的构造畸变问题，恢复地层的真实构造形态。如图 1－1 所示，我国某山地探区时间偏移与逆时偏移的对比剖面。经该区钻探的井位分析发现，该区浅层存在厚度变化的复杂推覆体和速度倒转严重的问题，导致叠前时间偏移剖面的构造高位置有较大的误差，通过逆时偏移处理很好地解决了构造成像畸变问题。

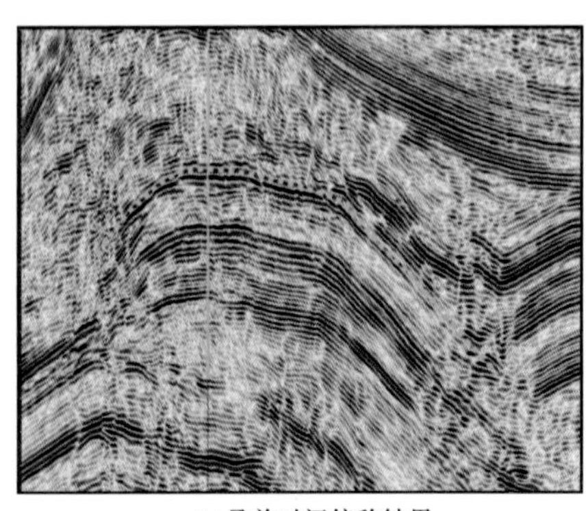
(a)叠前时间偏移结果

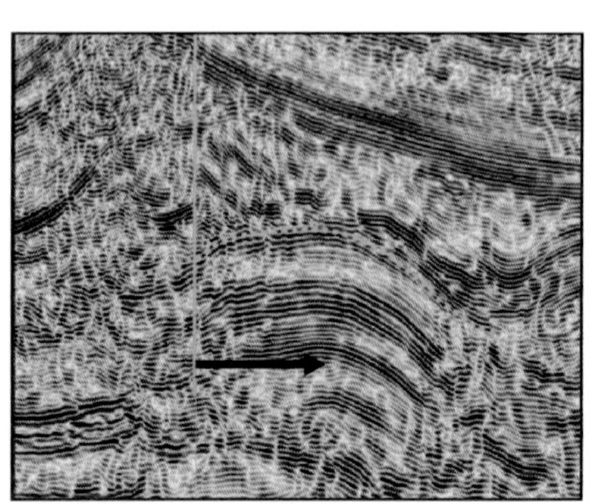
(b)逆时偏移结果

图 1－1　某山地三维逆时偏移剖面与叠前时间偏移剖面

(2)逆时偏移技术适用于解决复杂高陡构造成像问题。由于我国位处构造运动的板块边缘，经过长期的沉积演化和多期构造运动的影响，在西部、东部、海上都存在大量的高陡复杂构造盆地，对于成像的要求更高，难点更大。如图 1－2 所示，逆时偏移可以对古潜山及内幕有更加清晰、准确的成像。偏移剖面波组特征明显，同相轴能连续追踪，信噪比提高幅度较大。地层界面清楚，接触关系合理，波组特征清晰，不同地层间的反射特征符合地质情况。各标志层反射特征清楚，易于识别，便于追踪对比解释，减少了解释的多解性。

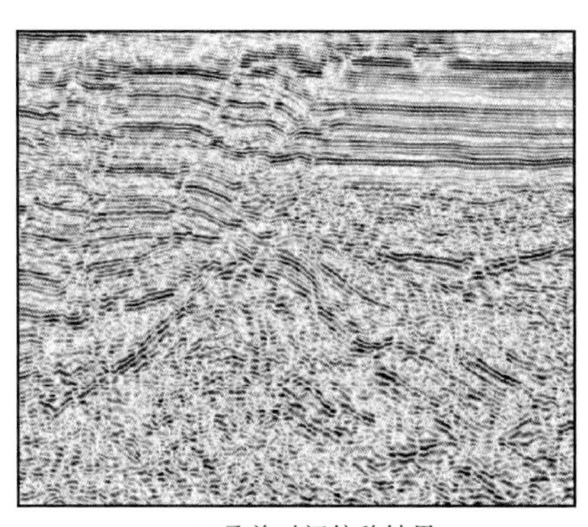
(a)叠前时间偏移结果

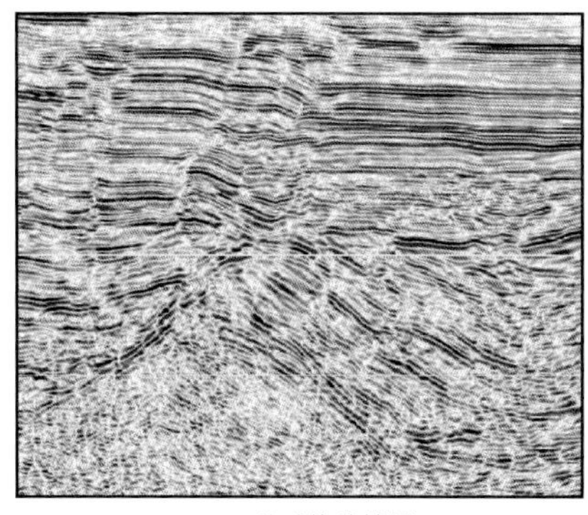
(b)逆时偏移结果

图1－2 逆时偏移与叠前时间偏移剖面效果对比

(3)逆时偏移技术解决盐下构造成像问题。如图1－3所示，由于盐丘内盐的速度和围岩的速度差异非常大，盐下目的层上覆地层的速度横向变化非常剧烈。由于受高速盐丘的影响，在Kirchhoff深度偏移剖面中，盐丘下伏地层发射轴上拉，出现多个幅度不等的“假背斜”构造。在叠前深度偏移剖面上，盐下地层的画弧现象消失，盐下地层产状变得相对平缓连续，盐下交叉的“假背斜”现象消失，构造形态自然可信。

(a)Kirchhoff叠前深度偏移结果

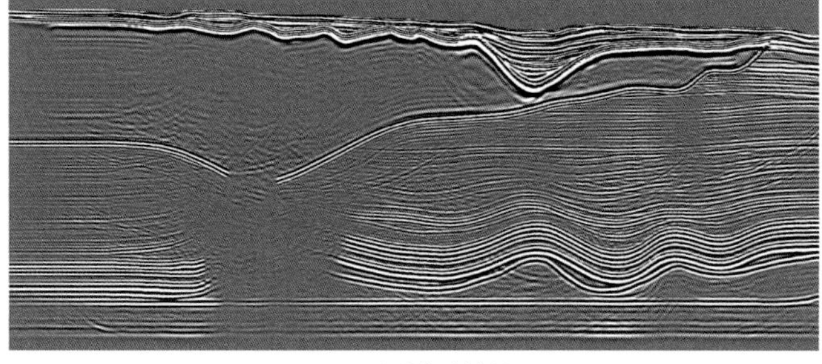
(b)逆时偏移结果

图1－3 国外某区盐下构造Kirchhoff叠前深度偏移与逆时偏移剖面效果

1.3.2 各向异性逆时偏移的国内外应用情况

各向异性介质地震波传播理论早在19世纪就已奠定，自此之后到20世纪中期，多数工作都是理论研究。随着石油勘探形式的发展，地震波偏移成像及配套技术也不断往前推进。近二十年来，随着采集(三维宽方位采集、三维全方位采集、三维VSP采集、多分量采集)技术的进步、处理技术的发展、计算机能力的提高，地震资料各向异性偏移及其参数估计得到了飞速的发展。如今各向异性介质中的地震成像及各向异性参数估计已经从勘探地震学的前沿课题转为实际资料处理的有效工具。

Helbig 和 Thomsen(2005)详细回顾了早期诸多学者为各向异性介质中地震波传播理论做出的重要研究工作，在此仅回顾部分本书认为重要的工作。Crampin(1978、1984)通过理论与实验室研究证实，EDA介质可引起横波分裂现象。Crampin(1981、1985)、Willis等(1986)、Martin和Davis(1987)也证明各向异性介质中S波和PS波在两个正交的极化方向会分裂成快横波和慢横波。基于Alford(1986)提出的横波处理表征参数以及其修正形式可以方便地处理垂直对称轴的裂隙介质中的方位各向异性。20世纪90年代高质量的多分量海上资料的采集和处理证明在不考虑速度各向异性的前提下，PP波、PS波成像结果与实际构造存在明显的深度差。然而，由于采集及其他原因，即便是各向同性介质中S波的处理尚未成为主流。相对S波，P波成像早，在地震勘探中应用更为广泛，但各向异性对其结果的影响要小得多，尤其是对窄方位、中短排列观测的P波数据几乎可以忽略各向异性的影响。P波成像中忽略各向异性的另一个重要原因是P波的反射时间与空变的各向异性参数之间没有建立良好的显示表达式。

英国以Crampin S A为代表，自70年代开始专注于各向异性研究，他从地球深部资料中发现S波分裂，并提出了广泛扩容各向异性模型，简称EDA模型，形成了一套对横波分裂的检测技术。Crampin在EDA模型的基础上，发展了一种预应力饱和和流体岩石非线性各向异性孔隙弹性理论(APE)。俄罗斯以Cheskonov N I为代表，着重于波动理论研究，研究薄互层组引起的视各向异性应力诱导和非均匀性介质中各向异性与建立热动力模型。Marrtynov等利用虚谱算法对定向排列的EDA介质中点力源激发的地震波传播，进行了三维数字模拟，讨论了裂隙密度与排列方向对纵波和横波偏振特征的影响。此外，还研究了应力与微组构引起的各向异性。美国在波动射线正演模拟、数字仿真、VSP资料中分裂现象检测和反演成像等方面做了大量工作，特别是在太平洋地区和洛杉矶盆地的各向异性研究是有特色的。美国科罗拉多矿业学院以Tsvankin为首的研究小组在非均匀TI介质P波数据三维走时反演、各向异性介质中转换波速度分析及P波PS波数据联合反演、倾斜TI介质的深度偏移和方位各向异性介质中的AVOA等方面也做了大

量的研究工作，发表了很多论文。夏威夷地区地震波速度的方向异性(各向异性因子达8%)具有重要意义。Blackroom 等对地幔各向异性的模拟与地震波的传播进行了探讨，此外还研究了各向异性在波振幅中的显示。美国目前主要是利用 S 波分裂来估计油气田盆地中裂隙和孔隙储集体的物理参数，这对裂隙孔隙储集体的勘探以及油气开发具有重要指导意义。

在国内，中国科学院、国家地震局、中国石油大学、清华大学、吉林大学等许多单位均对各向异性问题进行了深入的研究。1998 年 6 月在中国科学院地质与地球物理研究所的积极倡导下，在北京十三陵召开了由国家基金委主办、中国石油天然气总公司物探局承办、中国科学院地质与地球物理研究所协办的中国首届地震各向异性学术讨论会，这次会议从各向异性的理论、方法、实验、应用以及存在的问题和应用前景等方面进行了广泛、深入的讨论，这是我国各向异性研究的一次全面、深入的总结，取得了许多重要成果，标志着我国各向异性研究的新开端。

近年来，面向 TI 介质的各向异性叠前深度偏移技术已经在墨西哥湾、北海、非洲以及北美山地油气勘探中得到了初步应用，并已被证明对改善成像剖面主要层位的深度与产状同井资料的一致性很有帮助(Vestrum，2003；Bear，2005；Elbig 和 Thomsen，2005)。基于地震波方位各向异性的裂隙检测技术在碳酸盐储层、致密碎屑岩储层油气勘探、开发领域也得到了应用(Li，1999；Grechka 和 Tsvankin，2006)。叠前深度偏移是强横向非均匀介质复杂构造成像与速度模型建立依赖的关键技术。其算法实现要么基于射线理论，如 Kirchhoff 偏移和高斯束偏移，要么基于波动理论，如单程波方程深度延拓偏移和双程波方程逆时延拓偏移。近十多年来，各向异性介质深度偏移方法也得到了极大的发展，先后出现了 TI 介质 Kirchhoff 偏移(Kumar 等，2004)、高斯束偏移(Zhu 等，2007)、单程波方程偏移(Han 和 Wu，2003；Shan，2006；吴国忱，2005)与逆时偏移(Zhou 等，2006；Zhang 等，2009；康玮、程玖兵，2011)等深度域成像方法。一些学者研究发现，在复杂介质条件下，即使偏移速度是合理的，传统的偏移距域和炮域共成像点道集都可能存在假象干扰(Xu 等，2001)。为此，近十几年来人们一直致力于研究波动理论基础上的角度域保辐成像方法(李博等，2019)。

1.3.3 吸收衰减介质的逆时偏移的国内外应用情况

地震波在地下介质中传播时，波的能量吸收因素主要来自介质黏弹性引起的吸收作用。这种介质本身固有的吸收特性通常用品质因子来描述，它与介质内部的结构特征以及饱和度、孔隙度、渗透率等因素密切相关。而且，在松散或裂隙发育的地层中，地震波的吸收响应要比地震波速响应更为敏感。根据地层吸收性质与岩相、孔隙度、含油气成分等的密切关系，可以用它来预测岩性、砂泥岩分布，在有利条件下还可以直接用来预测石油和天然气的存在。因此，地震波的吸收特性分析研究在油气、水资源勘探等工程应用领域具有十分重要的意义。随着油气勘探的深入及勘探目标复杂程度的增加，构造成像已不能满足勘探的需求，对岩性成像的需求越来越迫切。在保证成像位置准确的情况下，为了获得高精度保幅成像，需要校正黏滞性对成像的影响，实现真振幅成像。大部分真振幅成像算法是建立在完全弹性介质条件的假设下，然而实际地下介质，特别是在近地表及油气储层，多为一种黏弹性介质。地震波在黏弹性介质中的传播主要表现为速度频散与振幅衰减。不考虑黏滞性的叠前成像算法不仅会使成像位置发生偏离，而且还会引起成像振幅的欠估计，严重影响甚至误导随后的地震数据处理、解释等工作。对由黏滞性引起的地震波吸收衰减的补偿，常规的方法是进行反 Q 滤波以增强地震波特别是高频成分的能量，达到提高分辨率的效果。但常规的反 Q 滤波方法大部分基于层状介质假设，虽能够对能量进行一定补偿，但在复杂介质条件下，该方法并不符合地震波的传播规律，不是一种精确的补偿方法；另一种方法是在成像的过程中对地震波进行能量补偿及相位校正，即反 Q 偏移方法。目前已有的方法主要有三类，即基于射线理论、基于单程波方程与基于双程波方程的反 Q 偏移方法。基于射线理论的成像方法由于基于高频近似，较难处理多波至问题，在复杂介质模型中的应用受到限制；基于波动理论的单程波反 Q 偏移方法对陡倾角构造成像有限制，不能适应复杂地质构造。

在国外，学者针对黏声介质衰减问题进行了深入研究，主要集中在反 Q 滤波和 Q 值建模以及反 Q 偏移研究上。反 Q 滤波和常规反 Q 偏移对由黏滞性引起的地震波吸收衰减的补偿有着重要的意义。

对于反 Q 滤波，1979 年 Robinson 提出一种算法来校正频散引起的依赖于频率的时移，即对傅氏变换后的数据道进行频移插值。Hargreaves 等(1991)进一步将这种算法发展成一种与 Stolt 的偏移算法类似的新的算法，但它计算效率的高低也是根据情况而变化的。

Hale(1981)发现由于时间域反 Q 滤波算子的长度比频率域算子的长度短得多，所以在时间域进行反 Q 滤波比在频率域要高效得多，为了进一步提高计算效率，他对上述反 Q 滤波算子做了一系列展开从而扩展了这种算法，但这种算法对地震记录上到时较晚的同相轴进行了过度的补偿。

对于 Q 值建模，谱比法(Bath，1974)由于其相对简单的原理以及高效的计算，一直以来得到工业界的广泛应用。Q 值层析反演建模分为基于射线追踪的 Q 层析和基于波动方程的 Q 层析。射线方面，1983 年 Wong 首次利用井间地震数据的振幅信息进行地下品质因子 Q 的照明。1989 年 Bregman 将谱比法结合到基于射线的层析反演中，通过计算初至信号的振幅建立矩阵，利用 LSQR 方法求解。2006 年 James Rickett 实现了对数振幅谱

的线性反演估算层间 Q 值。2011 年 Cavalca 将基于射线的 Q 层析应用到三维数据中。2016 年 Zhou 将 Q 层析与各向异性相结合，提出了边界约束的层析反演方法。射线层析算法简单，计算高效，但无法真实的模拟波动特征，特别是复杂波场情况下，其结果往往与真实不符，因此有学者提出了波动方程层析反演。2014 年 Shen Yi 提出了 WEMQA 反演 Q 模型。2015 年 Shen Yi 在之前的基础上将方法应用于 CIG 道集中，解决了叠后数据的旁瓣问题。2016 年，Dutta 和 Schuster 利用基于广义线性体的二维时间域黏弹性波动方程实现了 Q 值的层析反演。

对于反 Q 偏移，Dai 等(1994)实现了二维黏声介质叠后深度偏移；Traynin 等(2008)和 Xie 等(2009)基于射线理论，发展了叠前克希霍夫反 Q 偏移。由于在频率域很方便地进行衰减补偿，国内外很多学者对黏介质单程波偏移进行了深入的研究。Deng 等(2007)基于达朗贝尔黏声介质进行了保幅叠前深度偏移研究；Fletcher 等(2012)运用声波方程进行波场延拓，在成像之前进行振幅和相位校正，实现了黏声介质逆时偏移；Zhu 等(2014)修改拟微分方程并利用高频滤波器解决不稳定性问题，也得到了较好的效果。Causse 等(1999、2000)在黏声介质全波形反演中通过分离频散项与振幅项推导了稳定的振幅补偿介质，并将其应用到黏声介质的逆时偏移中。该方法虽较好地解决了稳定性问题，但较难推广到其他吸收介质模型中，并且计算量显著增加。Deng 等(2007、2008)分别实现了黏声介质及黏弹性介质中的真振幅逆时偏移，但文中对稳定性问题并未进行过多讨论。

地震勘探中经常遇到有强衰减介质(介质品质因子值较低)的区域，表现为振幅衰减和波形畸变。如果直接利用这些地震记录进行逆时偏移成像，会降低成像质量。因此，在偏移成像过程中，对强衰减介质区域进行衰减补偿是十分必要的。为了提高强衰减介质区域的成像质量和分辨率，前人发展了多种在偏移成像中进行衰减补偿的方法，早期反 Q 滤波方法被广泛采用。但是此方法只适合于一维的 Q 值模型，难以处理 Q 值有横向变化的情况。基于射线理论的叠前深度偏移衰减补偿方法、变换域衰减补偿方法和带衰减补偿的 Kirchhoff 偏移都可以考虑横向变化的 Q 值，可以更加精确地补偿衰减效应。但是受限于高频近似，在复杂介质尤其是有多散射体或尖锐反射面存在的情况下会导致成像精度下降。基于单程波动方程的衰减补偿偏移能处理更复杂的速度模型包括倾斜地层、断层等强散射体。然而在地下速度结构具有强烈的横向非均匀性时，也难于得到高分辨率图像。带衰减补偿的最小平方偏移方法适用于更复杂的地下介质，但计算量非常大。逆时偏移技术作为一种精确的偏移方法成为现在主流偏移手法之一，能够适应复杂的地质构造，成像精度高。近年来许多学者将逆时偏移扩展到黏声介质中，通过层析反演技术建立精确的 Q 模型，并通过 Q－RTM 技术实现地层的非弹性吸收衰减补偿，这也是近年来高分辨率地震勘探的重要尝试。同时，随着 Q 值层析成像方法的逐步发展，人们可以得到更加精确的 Q 值模型，使得在逆时偏移中进行衰减补偿(Q－RTM)成为可能。不过，虽然物理衰减的正演模拟很早就被发展起来，但是 Q－RTM 中关于衰减的补偿仍然具有一定难度。一方面，衰减补偿是一个将波场能量指数放大的过程，不容易稳定；另一方面，为了同时纠正物理衰减带来的照明不足和波形畸变问题，我们必须同时补偿振幅和相位。随着 Q－RTM 技术的发展，出现了两大类时间域的衰减补偿方法：其一是基于分数阶微积分的常数 Q 模型衰减补偿方法，其二是基于广义标准线性体模型(GSLS)的衰减补偿方法。该方法利用分数阶微积分本构关系得到了常数 Q(不随频率变化)的模型，并实现了衰减部分和频散部分的分解，能够在保持相速度不变的情况下将 Q 反号，从而实现同时补偿振幅和相位。但由于该方法使用基于分数阶微分算子描述的本构关系，只能用全局求解波场的伪谱法实现，导致计算费用较高。同时也难以并行化，难以利用 GPU 进行加速。所以，在三维大区域计算时，全局方法不具有优势。基于 GSLS 的衰减补偿方法利用数个标准线性体串联起来，在一定频率范围内拟合一个常数 Q，可以利用具有局域性的有限差分法实现，即数值上局域地求解波场，只用相邻几个点的值计算导数，易于灵活地进行计算区域分解从而易于细粒度并行和 GPU 加速。但进行振幅和频散的分离是其难点，无法在保持相速度频散关系不变的情况下补偿振幅。早期基于 GSLS 的 Q－RTM 方法只做到了补偿振幅，而不能保证相速度频散关系不变。为了克服该方法的这个弱点，我们提出了一种基于多级优化来修正相速度频散关系的方法，利用多项式优化广义标准线性体的复模量实部。这样在保持微分算子局域性的基础上，既可以补偿振幅，又可以在一定频率范围内保持相速度频散关系基本不变。这个方法使得利用有限差分实现准确的 Q－RTM 成为可能。

在国内，学者对于黏声介质衰减补偿问题也进行了比较深入的研究。1994 年，李庆忠利用纵波速度与地下 Q 值的内在联系提出李氏经验公式，用于估算地下品质因子 Q 模型；白桦(1999)提出了基于短时傅里叶变换的地层吸收补偿技术，由于短时傅里叶变换中窗宽度固定，窗函数的唯一性确定了局部变化率的唯一性，不能根据地震信号在各个不同时刻的不同变化特征去调整分析的分辨率，因此李鲲鹏(2000)针对这一问题提出了基于小波包分解的地层吸收补偿方法；辛可锋等(2001)提出了应用谱模拟方法反演地层等效吸收系数的方法；刘喜武等(2006)提出了基于广义 S 变换的吸收衰减补偿方法，克服了 STFT 的时窗宽度问题和 WT 的尺度宽度问题；任浩然等(2007)提出了在 CMP 道集中沿均方根速度定义的射线路径进行 Q 补偿的方法；董宁等(2008)通过小波变换得到地震信号的振幅谱，根据地震波能量以及对应的频率拟合出能量与频率的衰减梯度，求得振幅衰减梯度因子，以此进行吸收衰减分析；张益明等(2009)通过分析高频成分的频谱进行储层的含气性检测，并采用瞬时子波吸收分析技术从复数谱中分离地震子波和反射系数，提高了分析精度；张会星等(2010)在平面波假设条件下，推导了双相介质中的地

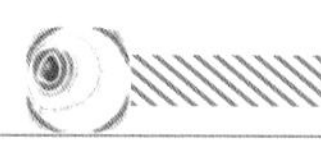

震波衰减系数计算公式，分析了衰减系数随频率的变化特征；张立彬等(2010)将得到了一种新的稳定性控制方法的反 Q 偏移；李振春等(2014)提出了一种时间域黏声介质条件下的 LS－RTM 方法。

在品质因子求取算法的研究上，国内起步相对较晚。1994 年周辉等在研究谱比法计算 Q 值局限性的基础上，提出了一种用地震波频谱计算 Q 值的新方法；1995 年赵宪生等提出了以相邻层间地震子波相似系数的相关性确定 Q 值的方法；1996 年刘学伟等提出了一种考虑噪声干扰的风化层 Q 值反演方法，这种 Q 值反演方法一定程度上降低了噪声干扰的影响，提高了地震资料的分辨率和 Q 值求取的精度；2001 年王辉等结合实际地震资料，通过时间域相邻道地震波衰减成像研究，将波速成像与上升时间成像综合到同一处理流程，并具有灵活实用的特点；2002 年王西文、杨孔庆等通过小波域分频处理技术，求取瞬时振幅的高、低频之比，计算地层吸收系数；2004 年李宏兵等结合黏弹性介质中的地震波传播方程，在小波尺度域推导出地震波能量衰减公式，从反射地震资料中直接计算品质因子 Q 值；2011 年、2013 年赵静、高静怀等提出 WEPIF 法，在小波域用 4 个待定参数的函数逼近震源子波，利用黏弹性介质中单程波传播理论，推导小波包络峰值处瞬时频率与品质因子 Q 之间的解析关系式；2015 年，金子奇提出了一种能够自动选取最优化频带的 Q 值层析反演方法，得到了不错的结果；2016 年李国发等利用微测井数据，通过层析反演的方法建立了近地表 Q 值模型。可见，对于吸收衰减的问题一直都是地球物理勘探中的研究热点。

1.3.4 弹性波逆时偏移的国内外应用情况

弹性波逆时偏移研究始于 20 世纪 80、90 年代。Chang 和 McMechan(1987、1994)利用基于射线追踪的成像条件重构矢量波场，从而避免了地表的纵横波分离，为弹性波精确成像奠定了理论基础。然而，由于逆时偏移对计算能力和硬件资源要求很高，直到 21 世纪初逆时偏移发展受到诸多限制。近年来，随着计算机的快速发展和计算能力的大幅提高，声波逆时偏移日渐成为地震成像领域非常关键的技术手段。与此同时，基于弹性波双程波方程的逆时偏移方法也得到快速发展。由于 P 波、S 波耦合与转换产生的偏移噪声会给成像结果带来不确定性，弹性波逆时偏移相关研究工作主要集中于采用何种成像条件解决这一问题。Jia Yan 和 Paul Sava(2008、2009)提出各向同性、各向异性介质中基于弹性势能的成像条件，在波场外推以后利用 Helmholtz 分解方法分离 P 波、S 波波场势能，然后利用矢量和标量势能进行互相关成像。Denli 等(2008)为了减少传统互相关成像条件引入的低频偏移假象，提出了在给定方向上的波场分离、PS 或 SP 成像极化校正及相反方向上波场传播互相关的新的弹性波逆时偏移成像方法。Rui Yan 和 Xie(2010)

将弹性波的震源波场和接收波场分解为局部平面波以及分解为纯 P 波和纯 S 波，对不同方向的平面波进行互相关获得局部 PP 波和 PS 波成像结果，然后将成像条件表述为角度域算子和局部成像的乘积。Lu 等(2010)分析了 TTI 各向异性弹性波逆时偏移中不同波场分离方法的成像效果，认为对运动学成像而言，弹性波各向异性逆时偏移中利用 Helmholtz 分解进行波场分离是可以接受的。此外，研究学者针对弹性波逆时偏移的其他问题也开展了相关研究工作，如 Lu 等(2009)分析认为各向同性弹性波逆时偏移计算效率是声波逆时偏移计算效率的三分之一，Rui Yan 和 Xie(2011)给出了各向同性弹性波逆时偏移角度道集提取方法。西方地球物理公司 Jiao 等(2012)将弹性波逆时偏移用于墨西哥湾实际资料成像，获得优于声波逆时偏移的成像结果。这些研究工作推动了弹性波逆时偏移成像技术一步步向前发展。

国内关于弹性波逆时偏移技术的研究起步较晚。底青云(1997)、张美根(2001)研究了基于有限元方法的逆时偏移技术。李国发等(2002)导出了横向各向同性介质情况下 2D 弹性波有限差分逆时传播算子，并利用激发时间成像条件实现了多波多分量数据的逆时偏移成像。李文杰(2005、2008)研究了弹性波数值模拟和叠前逆时深度偏移方法，并对弹性波逆时偏移中的波场分离技术进行了探讨，提出了对弹性波波场分量在整个模型范围内进行波场逆时延拓，在波场延拓过程中对符合成像条件的网格点进行波场分离、偏移成像和转换波极性校正。陈可洋(2010、2011)分别提出了各向同性和各向异性弹性波高阶有限差分法叠前逆时深度偏移技术，采用内插旅行时作为多分量记录叠前逆时成像条件，实现了 2D 模型多波多分量弹性波场的准确归位。刘洪、杜启振等(2012)借鉴国外思想实现了基于波场解耦成像条件的弹性波逆时偏移方法。王之洋、李正斌等(2020)提出了带有旋转项的弹性波方程，考虑了介质转动的物理过程，丰富了弹性波理论的认识基础。客观上讲，在方法理论和技术应用等方面，有待国内院校及企业相关研究人员加快开展相应的研究工作。

1.3.5 最小二乘逆时偏移的国内外应用情况

最小二乘偏移就是一种线性化的地震反演成像技术，主要目标是估计介质参数的高波数成分。相对于常规偏移而言，最小二乘偏移能够消除成像振幅不均衡和偏移假象及提高成像分辨率。地震波高维反演成像包含两个层次：一是非线性的全波形反演(Full Waveform Inversion，FWI)，直接估计速度、密度或波阻抗，甚至各向异性以及吸收衰减等参数；二是线性的最小二乘偏移(Least square migration，LSM)，估计地下地层的反射系数。理论上，地震勘探可以基于地震数据利用全波形反演方法估计全或宽波数的参数场(速度或波阻抗)，直接估计出精细的速度参数扰动，利用速度参数的扰动来解释储层

的形态变化和参数变化，实现对地下储层的油藏描述。然而，由于地震采集数据无法满足反演算法要求，且 Bayes 框架下的反演成像方法存在诸如正算子不合适、线性化的梯度导引算法易陷于局部极值等问题，全波形反演效果达不到油藏描述精度的需求。生产中实际应用的仍然是经典地震波成像处理和储层描述流程，即基于保真成像剖面和角度域成像道集，通过构造解释描述地下几何形态，利用波阻抗反演和 AVA 叠前反演获取弹性参数，与岩石物理和测井结合描述储层参数，这是目前生产中使用的从地震偏移成像到储层描述刻画的方法理论和技术体系。其中，定位反射界面位置和获得保真的反射系数是该方法技术体系的重要环节。由于常规偏移成像的局限性，寻求能够更好地估计反射系数的地震成像方法成为迫切需求，最小二乘偏移反演成像变得越来越重要。

长久以来，很多学者希望以数学化的思路分析成像问题并寻求解决方案，主要包括两个路线：一个是 Bleistein 为代表的基于散射波表达的线性反演参数的路线，另一个是 Tarantola 为代表的全波形拟合非线性反演参数的路线。

第一种路线通过引入 Born 和 WKBJ 近似，建立地震散射场与物性参数扰动之间的关系，在缓变光滑背景介质下，利用拟微分算子理论导出一类直接反演估计方法。这种基于拟微分算子理论的方法，清晰表达了地震反演的数学本质，对于我们认识地震波参数反演的实质具有重要意义。然而由于数据的带限和噪声等问题，这类方法反演结果类似于偏移结果，仅能相当于保真的偏移成像，因而没有得到广泛的推广应用。

第二类基于拟合的迭代类反演方法取得了越来越大的成功，成为勘探地震学中解决反演问题的主流思想。相对而言，这种方法与勘探地震学面对的介质变化情况最接近，解法也比较容易掌握和理解。早期，高维地震反演主要是在非线性理论上反演速度参数。Lailly、Tarantola 在 Bayes 估计理论框架下给出了基于广义最小二乘准则的时间域全波形地震反演方法，奠定了全波形反演的理论基础。Pratt 将 Tarantola 的全波形反演的理论发展到了频率域，至此建立起了相对完整地震反演的理论基础。

地震波理论中的非线性特征给高维地震反演带来了很大的困难，线性化反演引起研究人员的重视。LeBras 等、Lambare 等根据地震波的线性表达理论，提出了线性近似的迭代法地震反演理论及最小二乘偏移成像的方法。Cole 和 Karrenbach 针对观测数据有限孔径导致的偏移假象问题，提出了最小二乘 Kirchhoff 积分偏移成像方法，改善了偏移收敛效果。Nemeth 等进一步验证了最小二乘 Kirchhoff 偏移能够有效地减少由于数据采样不规则、采样空间过大所引起的偏移假象，从而提高地震成像质量。Dequet 等研究指出，数学上 Kirchhoff 积分法正演是 Kirchhoff 积分法偏移的转置，并将先验信息引入到最小二乘偏移成像框架中，进一步提高了成像剖面的分辨率。Kuehl 和 Sacchi 基于单程波波场延拓理论，提出了基于双平方根算子的最小二乘裂步傅里叶单程波叠前深度偏移算法。Kaplan 等基于 Born 线性近似理论，详细地推导了基于单平方根算子的偏移公式和反偏移公式，建立了基于单平方根算子的最小二乘裂步傅里叶单程波叠前深度偏移方法，并通过数值试验验证了方法的有效性。Dai 和 Zhang 将最小二乘偏移的核心算子发展到双程波方程算子，发展了最小二乘逆时偏移方法。Dai 和 Schuster 为了减小计算成本，将原来的炮集数据通过数学方法转换成为许多平面波道集，提出了基于平面波的 LSRTM 方法。Dutta 和 Schuster 将黏声波动方程正演算子引到入了 LSM 框架中，实现了基于黏声介质的 LSRTM 算法。王华忠等从地震波逆散射成像问题出发，导出 Born 近似下散射波波场的表达式，讨论了逆散射地震成像理论的数学本质，进一步给出了 Born 近似线性化假设下的最小二乘叠前深度偏移成像的基本理论框架，并将总变差正则化引入到最小二乘逆时偏移流程中，压制了成像过程中的偏移噪声。

2 逆时叠前深度偏移成像技术

地震勘探主要包括地震数据采集、地震数据处理和地震数据解释三个环节。地震数据处理作为其中的关键一环，是将采集到的地震数据处理成能反映地下构造的地震剖面，便于后续地震解释工作的开展。地震数据处理主要包括反褶积技术(提高地震数据分辨率)、叠加技术(提高地震数据信噪比、压制随机噪声)和偏移成像技术。地震偏移成像的主要目标是让绕射波收敛，同时让反射界面回归到地下真实位置。相比于叠前时间偏移，叠前深度偏移能够更为准确地刻画地下实际构造。

依据理论的不同，叠前偏移算法主要分为射线类偏移算法和波动方程类偏移算法。射线类算法通过几何射线理论来获取地震波场的走时、振幅和相位等信息，进而对波场进行延拓成像，具有很高的灵活性和计算效率。Kirchhoff 偏移基于地震数据的加权绕射叠加，能够处理复杂地表和不规则地震数据，对观测系统具有很好的适应性，是业界广泛应用的射线类方法。然而其不仅存在常规射线类方法焦散区和阴影区的缺陷，而且不能很好地应对地下介质复杂性导致的多次波至问题。

波动方程类偏移算法主要通过求解地震波场在传播过程中的传播算子，进而采用递归的算法来实现偏移成像，不仅能够避免速度剧烈变化导致的焦散问题，而且能够保持较好的振幅信息，同时还可以处理多值走时的情况，其依据方程的不同主要分为单程波偏移和逆时偏移。单程波偏移通过解耦之后的单程波方程来获取延拓算子，并在此基础上进行延拓，最后采用合适的成像条件进行成像。相比于射线类偏移方法，单程波偏移有更高的成像精度，然而其计算效率相对低下，不仅不能用于真振幅成像，更不能处理陡倾构造的成像问题。逆时偏移则是通过将地表接收到的地震记录进行逆时延拓，然后和震源波场进行互相关来求取成像值，不受成像角度的限制，同时具有很高的成像精度。

2.1 逆时偏移基本原理

逆时偏移的核心归根到底是地震波正演问题，选取一种计算精度好、效率高的算法是十分必要的。现有的地震波模拟手段有有限差分法、有限元法和伪谱法等。有限差分法因其算法简单快速、能自动适应速度场任意变化的优势，仍然是产业化的主流方法，本节研究内容主要包括波场延拓算子构造、数值频散压制和边界反射压制等。

2.1.1 地震波有限差分模拟方法

1. 高阶有限差分法逆时波场传播算子

在正演模拟和 RTM 成像过程中，当利用截断误差为 $O(\Delta x^2, \Delta y^2, \Delta z^2, \Delta t^2)$ 的差分格式时，为保证频散较小及递推过程稳定，差分网格要求取得非常小，这样计算所需内存及运算时间会大量增加。Dablain(1986)和 Mufti(1990，1996)提出利用高阶差分方程来进行上述模拟和偏移过程。利用高阶差分方程时，在不影响计算精度的情况下，可以取较大的网格值。在此，称截断误差高于四阶的差分方程为高阶差分方程，三维声波方程的高阶差分方程可以用统一的方式推导出来。

三维声波方程可以表示为：

$$\frac{\partial^2 u}{\partial x^2} + \frac{\partial^2 u}{\partial y^2} + \frac{\partial^2 u}{\partial z^2} = \frac{1}{v^2(x,y,z)} \frac{\partial^2 u}{\partial t^2} \tag{2-1}$$

式中，$u(x,y,z,t)$ 为地震记录；$v(x,y,z)$ 为介质速度。

为推导式(2-1)的离散差分格式，需把对应的地下介质分布区域或进行地震波模拟的模型区域离散化，即把它们剖分成一个个小方块。同时，为了获得高阶差分方程，需把波场以离散网格点 (i,j,k) 为中心进行 Taylor 展开。

首先讨论关于时间二阶导数的四阶差商的推导。应当注意，在以下的推导过程中，仅写出所讨论的自变量，尽管波场 u 是 $(x,y,z;t)$ 的函数。

$$u(t+\Delta t) = u(t) + \frac{\partial u}{\partial t}\Delta t + \frac{1}{2!}\frac{\partial^2 u}{\partial t^2}(\Delta t)^2 + \frac{1}{3!}\frac{\partial^3 u}{\partial t^3}(\Delta t)^3 + \frac{1}{4!}\frac{\partial^4 u}{\partial t^4}(\Delta t)^4 + \cdots \tag{2-2}$$

$$u(t-\Delta t) = u(t) - \frac{\partial u}{\partial t}\Delta t + \frac{1}{2!}\frac{\partial^2 u}{\partial t^2}(\Delta t)^2 - \frac{1}{3!}\frac{\partial^3 u}{\partial t^3}(\Delta t)^3 + \frac{1}{4!}\frac{\partial^4 u}{\partial t^4}(\Delta t)^4 - \cdots \tag{2-3}$$

两式相加可得：

$$\frac{\partial^2 u}{\partial t^2} = \frac{1}{\Delta t^2}\left\{[u(t+\Delta t) - 2u(t) + u(t-\Delta t)] - \frac{2}{4!}\frac{\partial^4 u}{\partial t^4}(\Delta t)^4 + \cdots\right\} \tag{2-4}$$

在利用上式进行正演模拟或偏移成像的过程中，差分方程所涉及的时间层越多，所需的内存也就越大。为避免此问题，可以利用声波方程把对时间的高阶微分转加到空间微分上去：

$$\begin{aligned}\frac{\partial^4 u}{\partial t^4} &= \frac{\partial}{\partial t^2}\left(\frac{\partial^2 u}{\partial t^2}\right) = \frac{\partial}{\partial t^2}\left[v^2\left(\frac{\partial^2 u}{\partial x^2} + \frac{\partial^2 u}{\partial y^2} + \frac{\partial^2 u}{\partial z^2}\right)\right] \\ &= v^2\left[\frac{\partial}{\partial x^2}\left(\frac{\partial^2 u}{\partial t^2}\right) + \frac{\partial}{\partial y^2}\left(\frac{\partial^2 u}{\partial t^2}\right) + \frac{\partial}{\partial z^2}\left(\frac{\partial^2 u}{\partial t^2}\right)\right] \\ &= v^4\left(\frac{\partial^4 u}{\partial x^4} + \frac{\partial^4 u}{\partial y^4} + \frac{\partial^4 u}{\partial z^4}\right) + 2v^4\left(\frac{\partial^4 u}{\partial x^2 \partial y^2} + \frac{\partial^4 u}{\partial y^2 \partial z^2} + \frac{\partial^4 u}{\partial z^2 \partial x^2}\right)\end{aligned} \tag{2-5}$$

式(2－5)在局部速度变化很缓或不变时才成立。将式(2－4)和式(2－5)代入式(2－1)，可得：

$$\begin{aligned}u(t+\Delta t) = {} & 2u(t) - u(t-\Delta t) + (v\Delta t)^2\left(\frac{\partial^2 u}{\partial x^2} + \frac{\partial^2 u}{\partial y^2} + \frac{\partial^2 u}{\partial z^2}\right) + \\ & \frac{2}{4!}(v\Delta t)^4\left(\frac{\partial^4 u}{\partial x^4} + \frac{\partial^4 u}{\partial y^4} + \frac{\partial^4 u}{\partial z^4}\right) + \\ & \frac{4}{4!}(v\Delta t)^4\left(\frac{\partial^4 u}{\partial x^2 \partial y^2} + \frac{\partial^4 u}{\partial y^2 \partial z^2} + \frac{\partial^4 u}{\partial z^2 \partial x^2}\right) + O(\Delta t^4)\end{aligned} \tag{2-6}$$

$$\begin{aligned}u(t-\Delta t) = {} & 2u(t) - u(t+\Delta t) + (v\Delta t)^2\left(\frac{\partial^2 u}{\partial x^2} + \frac{\partial^2 u}{\partial y^2} + \frac{\partial^2 u}{\partial z^2}\right) + \\ & \frac{2}{4!}(v\Delta t)^4\left(\frac{\partial^4 u}{\partial x^4} + \frac{\partial^4 u}{\partial y^4} + \frac{\partial^4 u}{\partial z^4}\right) + \\ & \frac{4}{4!}(v\Delta t)^4\left(\frac{\partial^4 u}{\partial x^2 \partial y^2} + \frac{\partial^4 u}{\partial y^2 \partial z^2} + \frac{\partial^4 u}{\partial z^2 \partial x^2}\right) + O(\Delta t^4)\end{aligned} \tag{2-7}$$

式(2－6)和式(2－7)分别是推导用于正演模拟和 RTM 的高阶差分方程的起始方程。它在时间方向上的截断误差为 $O(\Delta t^4)$，而空间偏导差商的截断误差根据需要而定(至少是四阶以上的)。另外，可以根据需要来组合不同阶次的差分格式。

关于 x,y,z 空间偏导的具体各阶截断误差差商的推导过程是类似的，在此我们仅对关于 x 的空间偏导进行讨论，并假设差商具有的截断误差为 $O(\Delta x^M)\big|_{M\geq 4}$：

$$
\begin{cases}
u(x+\Delta x)=u(x)+\dfrac{\partial u}{\partial x}\Delta x+\dfrac{1}{2!}\dfrac{\partial^2 u}{\partial x^2}(\Delta x)^2+\dfrac{1}{3!}\dfrac{\partial^3 u}{\partial x^3}(\Delta x)^3+\cdots+ \\
\qquad \dfrac{1}{M!}\dfrac{\partial^M u}{\partial x^M}(\Delta x)^M+\cdots \\
u(x-\Delta x)=u(x)-\dfrac{\partial u}{\partial x}\Delta x+\dfrac{1}{2!}\dfrac{\partial^2 u}{\partial x^2}(\Delta x)^2-\dfrac{1}{3!}\dfrac{\partial^3 u}{\partial x^3}(\Delta x)^3+\cdots+ \\
\qquad \dfrac{1}{M!}\dfrac{\partial^M u}{\partial x^M}(\Delta x)^M+\cdots \\
\dfrac{u(x+\Delta x)-2u(x)+u(x-\Delta x)}{2}=\dfrac{1}{2!}\dfrac{\partial^2 u}{\partial x^2}(\Delta x)^2+\dfrac{1}{4!}\dfrac{\partial^4 u}{\partial x^4}(\Delta x)^4+\cdots+ \\
\qquad \dfrac{1}{M!}\dfrac{\partial^M u}{\partial x^M}(\Delta x)^M+O(\Delta x^M)
\end{cases}
\tag{2-8a}
$$

$$
\begin{cases}
u(x+2\Delta x)=u(x)+\dfrac{\partial u}{\partial x}(2\Delta x)+\dfrac{1}{2!}\dfrac{\partial^2 u}{\partial x^2}(2\Delta x)^2+\dfrac{1}{3!}\dfrac{\partial^3 u}{\partial x^3}(2\Delta x)^3+\cdots+ \\
\qquad \dfrac{1}{M!}\dfrac{\partial^M u}{\partial x^M}(2\Delta x)^M+\cdots \\
u(x-2\Delta x)=u(x)-\dfrac{\partial u}{\partial x}(2\Delta x)+\dfrac{1}{2!}\dfrac{\partial^2 u}{\partial x^2}(2\Delta x)^2-\dfrac{1}{3!}\dfrac{\partial^3 u}{\partial x^3}(2\Delta x)^3+\cdots+ \\
\qquad \dfrac{1}{M!}\dfrac{\partial^M u}{\partial x^M}(2\Delta x)^M+\cdots \\
\dfrac{u(x+2\Delta x)-2(x)+u(x-2\Delta x)}{2}=\dfrac{1}{2!}\dfrac{\partial^2 u}{\partial x^2}(2\Delta x)^2+\dfrac{1}{4!}\dfrac{\partial^4 u}{\partial x^4}(2\Delta x)^4+\cdots+ \\
\qquad \dfrac{1}{M!}\dfrac{\partial^M u}{\partial x^M}(2\Delta x)^M+O(\Delta x^M)
\end{cases}
\tag{2-8b}
$$

$$
\begin{cases}
u\left(x+\dfrac{M}{2}\Delta x\right)=u(x)+\dfrac{\partial u}{\partial x}\left(\dfrac{M}{2}\Delta x\right)+\dfrac{1}{2!}\dfrac{\partial^2 u}{\partial x^2}\left(\dfrac{M}{2}\Delta x\right)^2+\dfrac{1}{3!}\dfrac{\partial^3 u}{\partial x^3}\left(\dfrac{M}{2}\Delta x\right)^3+\cdots+ \\
\qquad \dfrac{1}{M!}\dfrac{\partial^M u}{\partial x^M}\left(\dfrac{M}{2}\Delta x\right)^M+\cdots \\
u\left(x-\dfrac{M}{2}\Delta x\right)=u(x)-\dfrac{\partial u}{\partial x}\left(\dfrac{M}{2}\Delta x\right)+\dfrac{1}{2!}\dfrac{\partial^2 u}{\partial x^2}\left(\dfrac{M}{2}\Delta x\right)^2-\dfrac{1}{3!}\dfrac{\partial^3 u}{\partial x^3}\left(\dfrac{M}{2}\Delta x\right)^3+\cdots+ \\
\qquad \dfrac{1}{M!}\dfrac{\partial^M u}{\partial x^M}\left(\dfrac{M}{2}\Delta x\right)^M+\cdots \\
\dfrac{u\left(x+\dfrac{M}{2}\Delta x\right)-2u(x)+u\left(x-\dfrac{M}{2}\Delta x\right)}{2}=\dfrac{1}{2!}\dfrac{\partial^2 u}{\partial x^2}\left(\dfrac{M}{2}\Delta x\right)^2+\dfrac{1}{4!}\dfrac{\partial^4 u}{\partial x^4}\left(\dfrac{M}{2}\Delta x\right)^4+\cdots+ \\
\qquad \dfrac{1}{M!}\dfrac{\partial^M u}{\partial x^M}\left(\dfrac{M}{2}\Delta x\right)^M+O(\Delta x^M)
\end{cases}
\tag{2-8c}
$$

记：

$$\begin{cases} f_1 = \dfrac{u(x+\Delta x) - 2u(x) + u(x-\Delta x)}{2} \\ f_2 = \dfrac{u(x+2\Delta x) - 2u(x) + u(x-2\Delta x)}{2} \\ f_{\frac{M}{2}} = \dfrac{u\left(x+\dfrac{M}{2}\Delta x\right) - 2u(x) + u\left(x-\dfrac{M}{2}\Delta x\right)}{2} \\ a_1 = \dfrac{\partial^2 u}{\partial x^2}(\Delta x)^2, a_2 = \dfrac{\partial^4 u}{\partial x^4}(\Delta x)^4, \cdots, a_{\frac{M}{2}} = \dfrac{\partial^M u}{\partial x^M}(\Delta x)^M \end{cases} \tag{2-9}$$

结合方程组(2－8)可得如下方程组：

$$\begin{cases} \dfrac{1}{2!}a_1 + \dfrac{1}{4!}a_2 + \cdots + \dfrac{1}{M!}a_{\frac{M}{2}} = f_1 \\ \dfrac{2^2}{2!}a_1 + \dfrac{2^4}{4!}a_2 + \cdots + \dfrac{2^M}{M!}a_{\frac{M}{2}} = f_2 \\ \vdots \\ \dfrac{\left(\dfrac{M}{2}\right)^2}{2!}a_1 + \dfrac{\left(\dfrac{M}{2}\right)^4}{4!}a_2 + \cdots + \dfrac{\left(\dfrac{M}{2}\right)^M}{M!}a_{\frac{M}{2}} = f_{\frac{M}{2}} \end{cases} \tag{2-10}$$

矩阵形式可以表示为：

$$\begin{bmatrix} \dfrac{1}{2!} & \dfrac{1}{4!} & \cdots & \dfrac{1}{M!} \\ \dfrac{2^2}{2!} & \dfrac{2^4}{4!} & \cdots & \dfrac{2^M}{M!} \\ \cdots & \cdots & \cdots & \cdots \\ \dfrac{\left(\dfrac{M}{2}\right)^2}{2!} & \dfrac{\left(\dfrac{M}{2}\right)^4}{4!} & \cdots & \dfrac{\left(\dfrac{M}{2}\right)^M}{M!} \end{bmatrix} \begin{bmatrix} a_1 \\ a_2 \\ \vdots \\ a_{\frac{M}{2}} \end{bmatrix} = \begin{bmatrix} f_1 \\ f_2 \\ \vdots \\ f_{\frac{M}{2}} \end{bmatrix} \tag{2-11}$$

令：

$$\boldsymbol{A} = \begin{bmatrix} \dfrac{1}{2!} & \dfrac{1}{4!} & \cdots & \dfrac{1}{M!} \\ \dfrac{2^2}{2!} & \dfrac{2^4}{4!} & \cdots & \dfrac{2^M}{M!} \\ \cdots & \cdots & \cdots & \cdots \\ \dfrac{\left(\dfrac{M}{2}\right)^2}{2!} & \dfrac{\left(\dfrac{M}{2}\right)^4}{4!} & \cdots & \dfrac{\left(\dfrac{M}{2}\right)^M}{M!} \end{bmatrix} \tag{2-12}$$

求出 $\boldsymbol{A}$ 的逆矩阵 $\boldsymbol{A}^{-1}$，即可得到 $a_1, a_2, \cdots, a_{\frac{M}{2}}$，然后利用式(2－6)或式(2－7)，可

以写出各种不同截断误差的差分方程，用于正演模拟和 RTM 偏移成像。

从式(2－6)和式(2－7)可知仅需 a_1，即 $\frac{\partial^2 u}{\partial x^2}\Delta x^2$，因此有：

$$\begin{cases} 2\frac{\partial^2 u}{\partial x^2}\Delta x^2 = \omega_0 u(x) + \sum_{m=1}^{\frac{M}{2}} \omega_m \left[u(x+m\Delta x)+u(x-m\Delta x)\right] + O(\Delta x^M) & (2-13a) \\ 2\frac{\partial^2 u}{\partial y^2}\Delta y^2 = \omega_0 u(y) + \sum_{m=1}^{\frac{M}{2}} \omega_m \left[u(y+m\Delta y)+u(y-m\Delta y)\right] + O(\Delta y^M) & (2-13b) \\ 2\frac{\partial^2 u}{\partial z^2}\Delta z^2 = \omega_0 u(z) + \sum_{m=1}^{\frac{M}{2}} \omega_m \left[u(z+m\Delta z)+u(z-m\Delta z)\right] + O(\Delta z^M) & (2-13c) \end{cases}$$

将式(2－13a)、式(2－13b)和式(2－13c)代入式(2－6)或式(2－7)，可以得到具有任意截断误差的高阶差分方程，而且不同截断误差的式(2－13a)、式(2－13b)和式(2－13c)可以相互组合以满足不同的需要。

截断误差为 $O(\Delta x^M, \Delta y^M, \Delta z^M, \Delta t^4)$ 的三维正演模拟高阶差分方程为：

$$\begin{aligned} u_{i,j,k}^{n+1} = {} & 2u_{i,j,k}^{n} - u_{i,j,k}^{n-1} + \frac{1}{2}\left(\frac{v\Delta t}{\Delta x}\right)^2 \left[\omega_0 u_{i,j,k}^{n} + \sum_{m=1}^{\frac{M}{2}} \omega_m \left(u_{i+m,j,k}^{n} + u_{i-m,j,k}^{n}\right)\right] + \\ & \frac{1}{2}\left(\frac{v\Delta t}{\Delta y}\right)^2 \left[\omega_0 u_{i,j,k}^{n} + \sum_{m=1}^{\frac{M}{2}} \omega_m \left(u_{i,j+m,k}^{n} + u_{i,j-m,k}^{n}\right)\right] + \\ & \frac{1}{2}\left(\frac{v\Delta t}{\Delta z}\right)^2 \left[\omega_0 u_{i,j,k}^{n} + \sum_{m=1}^{\frac{M}{2}} \omega_m \left(u_{i,j,k+m}^{n} + u_{i,j,k-m}^{n}\right)\right] + \\ & \frac{1}{12}\frac{v^4\Delta t^4}{\Delta x^4}\left[u_{i+2,j,k}^{n} + u_{i-2,j,k}^{n} - 4\left(u_{i-1,j,k}^{n} + u_{i+1,j,k}^{n}\right) + 6u_{i,j,k}^{n}\right] + \\ & \frac{1}{12}\frac{v^4\Delta t^4}{\Delta y^4}\left[u_{i,j+2,k}^{n} + u_{i,j-2,k}^{n} - 4\left(u_{i,j-1,k}^{n} + u_{i,j+1,k}^{n}\right) + 6u_{i,j,k}^{n}\right] + \\ & \frac{1}{12}\frac{v^4\Delta t^4}{\Delta z^4}\left[u_{i,j,k+2}^{n} + u_{i,j,k-2}^{n} - 4\left(u_{i,j,k-1}^{n} + u_{i,j,k+1}^{n}\right) + 6u_{i,j,k}^{n}\right] + \\ & \frac{1}{6}\frac{v^4\Delta t^4}{\Delta x^2\Delta y^2}\left[\left(u_{i+1,j+1,k}^{n} - 2u_{i,j+1,k}^{n} + u_{i-1,j+1,k}^{n}\right) - 2\left(u_{i+1,j,k}^{n} - 2u_{i,j,k}^{n} + u_{i-1,j,k}^{n}\right) + \right. \\ & \left.\left(u_{i+1,j-1,k}^{n} - 2u_{i,j-1,k}^{n} + u_{i-1,j-1,k}^{n}\right)\right] + \\ & \frac{1}{6}\frac{v^4\Delta t^4}{\Delta y^2\Delta z^2}\left[\left(u_{i,j+1,k+1}^{n} - 2u_{i,j,k+1}^{n} + u_{i,j-1,k+1}^{n}\right) - 2\left(u_{i,j+1,k}^{n} - 2u_{i,j,k}^{n} + u_{i,j-1,k}^{n}\right) + \right. \\ & \left.\left(u_{i,j+1,k-1}^{n} - 2u_{i,j,k-1}^{n} + u_{i,j-1,k-1}^{n}\right)\right] + \\ & \frac{1}{6}\frac{v^4\Delta t^4}{\Delta z^2\Delta x^2}\left[\left(u_{i+1,j,k+1}^{n} - 2u_{i,j,k+1}^{n} + u_{i-1,j,k+1}^{n}\right) - 2\left(u_{i+1,j,k}^{n} - 2u_{i,j,k}^{n} + u_{i-1,j,k}^{n}\right) + \right. \\ & \left.\left(u_{i+1,j,k-1}^{n} - 2u_{i,j,k-1}^{n} + u_{i-1,j,k-1}^{n}\right)\right] \end{aligned} \quad (2-14)$$

同理，截断误差为 $O(\Delta x^M, \Delta y^M, \Delta z^M, \Delta t^4)$ 的三维逆时深度偏移的高阶差分方程为：

$$
\begin{aligned}
u_{i,j,k}^{n-1} = {} & 2u_{i,j,k}^{n} - u_{i,j,k}^{n+1} + \frac{1}{2}\left(\frac{v\Delta t}{\Delta x}\right)^2 \left[\omega_0 u_{i,j,k}^{n} + \sum_{m=1}^{\frac{M}{2}} \omega_m \left(u_{i+m,j,k}^{n} + u_{i-m,j,k}^{n}\right)\right] + \\
& \frac{1}{2}\left(\frac{v\Delta t}{\Delta y}\right)^2 \left[\omega_0 u_{i,j,k}^{n} + \sum_{m=1}^{\frac{M}{2}} \omega_m \left(u_{i,j+m,k}^{n} + u_{i,j-m,k}^{n}\right)\right] + \\
& \frac{1}{2}\left(\frac{v\Delta t}{\Delta z}\right)^2 \left[\omega_0 u_{i,j,k}^{n} + \sum_{m=1}^{\frac{M}{2}} \omega_m \left(u_{i,j,k+m}^{n} + u_{i,j,k-m}^{n}\right)\right] + \\
& \frac{1}{12}\frac{v^4\Delta t^4}{\Delta x^4}\left[u_{i+2,j,k}^{n} + u_{i-2,j,k}^{n} - 4\left(u_{i-1,j,k}^{n} + u_{i+1,j,k}^{n}\right) + 6u_{i,j,k}^{n}\right] + \\
& \frac{1}{12}\frac{v^4\Delta t^4}{\Delta y^4}\left[u_{i,j+2,k}^{n} + u_{i,j-2,k}^{n} - 4\left(u_{i,j-1,k}^{n} + u_{i,j+1,k}^{n}\right) + 6u_{i,j,k}^{n}\right] + \\
& \frac{1}{12}\frac{v^4\Delta t^4}{\Delta z^4}\left[u_{i,j,k+2}^{n} + u_{i,j,k-2}^{n} - 4\left(u_{i,j,k-1}^{n} + u_{i,j,k+1}^{n}\right) + 6u_{i,j,k}^{n}\right] + \\
& \frac{1}{6}\frac{v^4\Delta t^4}{\Delta x^2\Delta y^2}\left[\left(u_{i+1,j+1,k}^{n} - 2u_{i,j+1,k}^{n} + u_{i-1,j+1,k}^{n}\right) - 2\left(u_{i+1,j,k}^{n} - 2u_{i,j,k}^{n} + u_{i-1,j,k}^{n}\right) + \right. \\
& \left.\left(u_{i+1,j-1,k}^{n} - 2u_{i,j-1,k}^{n} + u_{i-1,j-1,k}^{n}\right)\right] + \\
& \frac{1}{6}\frac{v^4\Delta t^4}{\Delta y^2\Delta z^2}\left[\left(u_{i,j+1,k+1}^{n} - 2u_{i,j+1,k+1}^{n} + u_{i,j-1,k+1}^{n}\right) - 2\left(u_{i,j+1,k}^{n} - 2u_{i,j,k}^{n} + u_{i,j-1,k}^{n}\right) + \right. \\
& \left.\left(u_{i,j+1,k-1}^{n} - 2u_{i,j,k-1}^{n} + u_{i,j-1,k-1}^{n}\right)\right] + \\
& \frac{1}{6}\frac{v^4\Delta t^4}{\Delta z^2\Delta x^2}\left[\left(u_{i+1,j,k+1}^{n} - 2u_{i,j,k+1}^{n} + u_{i-1,j,k+1}^{n}\right) - 2\left(u_{i+1,j,k}^{n} - 2u_{i,j,k}^{n} + u_{i-1,j,k}^{n}\right) + \right. \\
& \left.\left(u_{i+1,j,k-1}^{n} - 2u_{i,j,k-1}^{n} + u_{i-1,j,k-1}^{n}\right)\right]
\end{aligned}
\tag{2-15}
$$

当要求时间方向差商保持 $O(\Delta t^2)$ 的截断误差时，式(2－14)和式(2－15)会简化很多。从后面的研究可知，这样做并不会对正演或偏移结果产生很大的影响。

截断误差为 $O(\Delta x^M, \Delta y^M, \Delta z^M, \Delta t^2)$ 的三维正演模拟高阶差分方程为：

$$
\begin{aligned}
u_{i,j,k}^{n+1} = {} & 2u_{i,j,k}^{n} - u_{i,j,k}^{n-1} + \frac{1}{2}\left(\frac{v\Delta t}{\Delta x}\right)^2 \left[\omega_0 u_{i,j,k}^{n} + \sum_{m=1}^{\frac{M}{2}} \omega_m \left(u_{i+m,j,k}^{n} + u_{i-m,j,k}^{n}\right)\right] + \\
& \frac{1}{2}\left(\frac{v\Delta t}{\Delta y}\right)^2 \left[\omega_0 u_{i,j,k}^{n} + \sum_{m=1}^{\frac{M}{2}} \omega_m \left(u_{i,j+m,k}^{n} + u_{i,j-m,k}^{n}\right)\right] + \\
& \frac{1}{2}\left(\frac{v\Delta t}{\Delta z}\right)^2 \left[\omega_0 u_{i,j,k}^{n} + \sum_{m=1}^{\frac{M}{2}} \omega_m \left(u_{i,j,k+m}^{n} + u_{i,j,k-m}^{n}\right)\right]
\end{aligned}
\tag{2-16}
$$

截断误差为 $O(\Delta x^M, \Delta y^M, \Delta z^M, \Delta t^2)$ 的三维逆时深度偏移高阶差分程为：

$$
\begin{aligned}
u_{i,j,k}^{n-1} = 2u_{i,j,k}^{n} - u_{i,j,k}^{n+1} &+ \frac{1}{2}\left(\frac{v\Delta t}{\Delta x}\right)^2 \left[\omega_0 u_{i,j,k}^{n} + \sum_{m=1}^{\frac{M}{2}} \omega_m \left(u_{i+m,j,k}^{n} + u_{i-m,j,k}^{n}\right)\right] + \\
&\frac{1}{2}\left(\frac{v\Delta t}{\Delta y}\right)^2 \left[\omega_0 u_{i,j,k}^{n} + \sum_{m=1}^{\frac{M}{2}} \omega_m \left(u_{i,j+m,k}^{n} + u_{i,j-m,k}^{n}\right)\right] + \\
&\frac{1}{2}\left(\frac{v\Delta t}{\Delta z}\right)^2 \left[\omega_0 u_{i,j,k}^{n} + \sum_{m=1}^{\frac{M}{2}} \omega_m \left(u_{i,j,k+m}^{n} + u_{i,j,k-m}^{n}\right)\right]
\end{aligned} \tag{2-17}
$$

下面给出几种常用截断误差的高阶差分方程中的系数：

$$
M = 4\begin{cases}\omega_0 = -5.0 \\ \omega_1 = 2.666667 \\ \omega_2 = -0.1666667\end{cases} \qquad
M = 6\begin{cases}\omega_0 = -5.444444 \\ \omega_1 = 3.00000000 \\ \omega_2 = -0.3000003 \\ \omega_3 = 0.02222250\end{cases}
$$

$$
M = 8\begin{cases}\omega_0 = -2.847222054 \\ \omega_1 = 3.20000000 \\ \omega_2 = -0.4000002 \\ \omega_3 = 0.05079369 \\ \omega_4 = -0.003571436\end{cases} \qquad
M = 10\begin{cases}\omega_0 = -5.8544445 \\ \omega_1 = 3.333333 \\ \omega_2 = -0.4761901 \\ \omega_3 = 0.07936513 \\ \omega_4 = -0.009920621 \\ \omega_5 = 0.0006349185\end{cases} \tag{2-18}
$$

有了上述系数可直接写出具体某一种截断误差的高阶差分方程。

2. 高阶有限差分算法的数值频散分析

数值频散是由于数值计算过程中网格的离散在精度上产生了误差，使得具有不同频率的地震波具有不同的相速度，表现为地震波的传播会出现超前或拖后的现象。有限差分法中的数值频散包括空间频散和时间频散，空间频散表现为在正常波形之后出现高频震荡，时间频散表现为在正常波形之前出现高频震荡。在逆时偏移中，当算法满足稳定性要求时 dt 一般很小，因此时间方向二阶差分精度足以满足频散关系的要求，更高的时间差分精度对数值频散问题改善不大，反而会影响模拟效率。地震波传播过程中，波动方程数值计算中的数值频散主要是由空间离散造成的，尽管不可避免，但可以通过提高空间计算精度的方法来减小数值频散。

二维声波动方程表达式如下：

$$
\frac{\partial^2 u}{\partial x^2} + \frac{\partial^2 u}{\partial y^2} = \frac{1}{v_0^2}\frac{\partial^2 u}{\partial t^2} \tag{2-19}
$$

其空间高阶差分格式为：

$$\frac{\partial^2 u}{\partial t^2} = v_0^2 \sum_{m=1}^{M} A_m \left(\frac{u_{i+m,j}^n - 2u_{i,j}^n + u_{i-m,j}^n}{\Delta x^2} + \frac{u_{i,j+m}^n - 2u_{i,j}^n + u_{i,j-m}^n}{\Delta z^2} \right) \tag{2-20}$$

假设平面波传播方向与 X 轴夹角为 θ，将 $\omega^2 = k^2 v^2$ 和平面谐波 $u(x,z,t) = \exp[i(\omega t - kx\cos\theta - kz\sin\theta)]$ 代入上式，可得：

$$\frac{V}{V_0} = \sqrt{\frac{-1}{2\pi^2} \sum_{m=1}^{M} A_m \left[\frac{\cos(2\pi m\cos\theta\Delta x/\lambda) - 1}{(\Delta x/\lambda)^2} + \frac{\cos(2\pi m\cos\theta\Delta z/\lambda) - 1}{(\Delta z/\lambda)^2} \right]} \tag{2-21}$$

式中，$V = \omega/k$ 为地震波相速度。

通过式(2－21)可知：$V < V_0$，即空间离散造成的误差会导致离散后的速度小于速度模型的速度，那么空间离散造成的数值频散在波形上会有拖后现象，作为尾巴出现。空间差分引起的数值频散由三个因素决定：一是地震波传播方向，随着传播方向与离散坐标轴之间夹角增大，频散降低，当 $\Delta x = \Delta z$、$\theta = 45°$ 时离散数值频散最小；二是空间差分精度，数值频散和差分精度存在着密切的关系，随着空间差分精度的提高，数值频散会逐渐减弱，通过提高差分精度可以减小数值频散，通常采用 8 阶或 10 阶空间差分精度就可以满足压制数值频散的要求；三是一个波长内离散的点数，对任意确定阶数的空间差分精度，一个波长内离散点数越多，数值频散越小，即随着网格间距的减小，网格频散逐渐减弱，地震波模拟效果逐渐改善，在相同网格间距的情况下，子波频率越高，波长越短，介质速度越低，频散越严重。因此，在模型介质速度比较低、频率要求较高的情况下，要选择高阶的模拟差分方法来压制数值频散。

图 2－1 为一简单水平层状模型，横纵向网格点分别为 400 和 300，网格间距均为 5m，各层的速度分别为 1500m/s、2000m/s 和 2500m/s，分别对该模型进行空间二阶差分正演和空间十阶差分正演，记录时长均为 3s，采样间隔为 4ms，得到的单炮记录如图 2－2 所示。对比单炮数据可以看出，高阶差分方法对数值频散具有很好的压制作用。图 2－3 为均匀介质模型，速度为 2000m/s，横纵向网格大小点均为 301，网格间隔均为 10m，时间采样间隔为 4ms，主频为 30Hz，在 500ms 时的波场快照，其表达的结论与图 2－2 一致。图 2－4 则是选用不同的子波主频得到的波场快照，验证了子波主频对频散的影响。

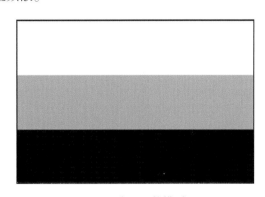

图 2－1　水平层状模型

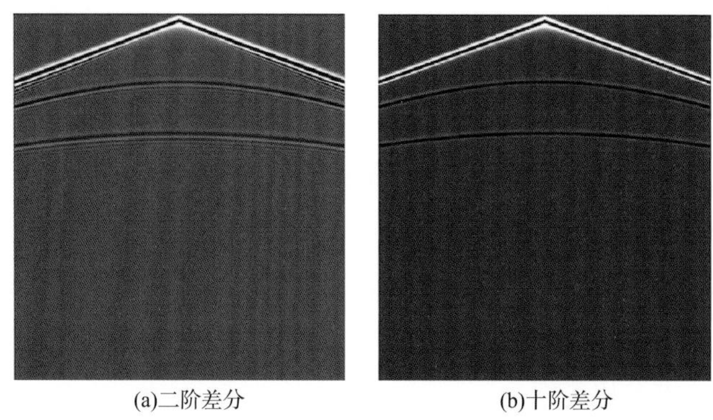

(a)二阶差分　　(b)十阶差分

图 2-2　水平层状模型正演单炮记录

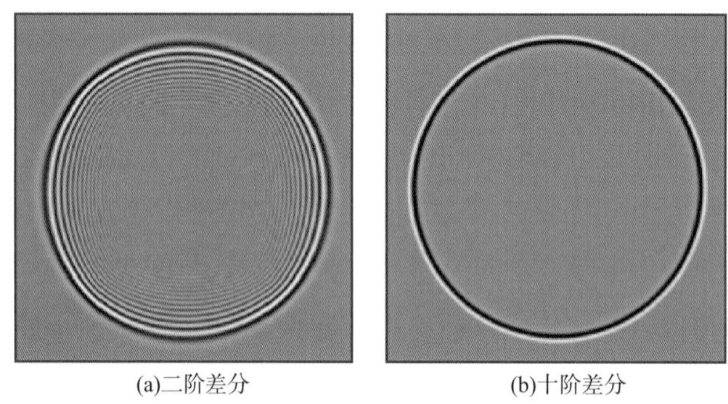

(a)二阶差分　　(b)十阶差分

图 2-3　$t=500\text{ms}$ 波场快照

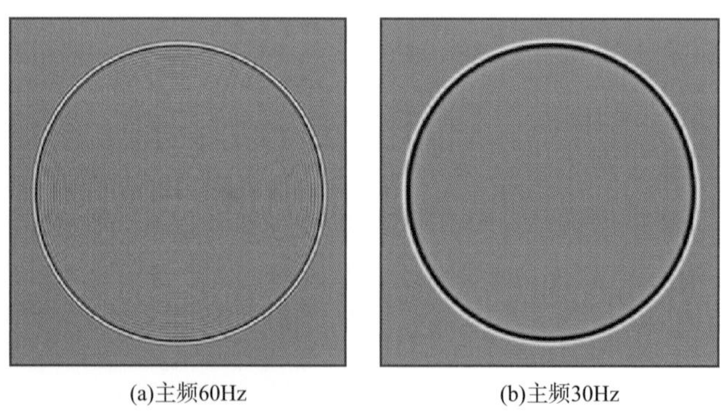

(a)主频60Hz　　(b)主频30Hz

图 2-4　$t=500\text{ms}$ 十阶差分波场快照

3. 高阶有限差分算法的稳定性条件分析

差分格式是波动方程的离散表达，对于离散后的波动方程需要满足采样定理和差分精度要求，确保高维离散组成的系统能够正确描述波动方程的物理过程。因此，差分格式的稳定性条件分析是数值模拟中的一个重要问题。

离散二维声波方程有限差分正演模拟递推公式为：

$$
\begin{aligned}
u^{n+1} = 2u^{n} - u^{n-1} + v^{2}(x,z)a_{0}\left(\frac{\Delta t^{2}}{\Delta x^{2}}u_{ij} + \frac{\Delta t^{2}}{\Delta z^{2}}u_{ij}\right)+ \\
v^{2}(x,z)\sum_{m=1}^{M}a_{m}\left(\frac{\Delta t^{2}}{\Delta x^{2}}u_{i+m} + \frac{\Delta t^{2}}{\Delta x^{2}}u_{i-m}\right)+ \\
v^{2}(x,z)\sum_{m=1}^{M}a_{m}\left(\frac{\Delta t^{2}}{\Delta z^{2}}u_{j+m} + \frac{\Delta t^{2}}{\Delta z^{2}}u_{j-m}\right)
\end{aligned}
\tag{2-22}
$$

其波数域表达式为：

$$
\frac{\partial^{2}p}{\partial t^{2}} = -v^{2}(k_{x}^{2} + k_{z}^{2})p \tag{2-23}
$$

将式(2－19)中时间导数用二阶中心差分近似，化简可得：

$$
p^{n+1} = [2 - \Delta t^{2}v^{2}(k_{x}^{2} + k_{z}^{2})]p^{n} - p^{n-1} \tag{2-24}
$$

令 $a = \Delta t^{2}v^{2}(k_{x}^{2} + k_{z}^{2})$，则式(2－24)的矩阵形式为：

$$
\begin{bmatrix} p^{n+1} \\ p^{n} \end{bmatrix} = \begin{bmatrix} 2-a & 1 \\ 1 & 0 \end{bmatrix}\begin{bmatrix} p^{n} \\ p^{n-1} \end{bmatrix} \tag{2-25}
$$

显然，方程稳定性条件是状态传递矩阵的特征值小于1，令 $\boldsymbol{A} = \begin{bmatrix} 2-a & -1 \\ 1 & 0 \end{bmatrix}$，由特征值方程 $|\boldsymbol{A} - \lambda\boldsymbol{I}| = 0$，可得：

$$
\begin{cases} (\lambda - 1)^{2} + \lambda a = 0 \\ a = \dfrac{-(\lambda - 1)^{2}}{\lambda} \end{cases} \tag{2-26}
$$

由特征矩阵的特征值小于1，可知：

$$
a = \Delta t^{2}v^{2}(k_{x}^{2} + k_{z}^{2}) \leqslant 4 \tag{2-27}
$$

式中，$k_{x} = \dfrac{\xi}{\Delta x}, k_{z} = \dfrac{\eta}{\Delta z}$，$\xi = a_{0} + 2\sum_{l=1}^{N}a_{l}\cos(l\Delta x k_{x}), \eta = a_{0} + 2\sum_{l=1}^{N}a_{l}\cos(l\Delta z k_{z})$。

此时二维声波方程规则网格高阶有限差分格式稳定性条件可以表示为：

$$
\Delta t v\sqrt{\frac{1}{\Delta x^{2}} + \frac{1}{\Delta z^{2}}} \leqslant \left(\frac{1}{\sum_{l=1}^{N_{1}}a_{2l-1}}\right)^{\frac{1}{2}} \tag{2-28}
$$

即：

$$
\Delta t \leqslant \left(\frac{1}{\sum_{l=1}^{N_{1}}a_{2l-1}}\right)^{\frac{1}{2}}\frac{1}{v\sqrt{\dfrac{1}{\Delta x^{2}} + \dfrac{1}{\Delta z^{2}}}} \tag{2-29}
$$

式中，N_{1} 为不超过 N 的最大奇数，v 为介质纵波速度。在进行波场外推的过程中，时间间隔与空间间隔应满足以上的稳定性关系。

2.1.2 优化的紧致差分方法

RTM 通常采用高阶有限差分算法进行波场模拟，要达到一定的计算精度需要较多网格点。紧致差分格式相比高阶有限差分格式而言，要达到相同的精度，所需的网格点数较少，因而有利于提高计算效率。本小节给出四阶、六阶紧致差分格式及其差分系数，并对该格式的频散、稳定性条件进行分析。

1. 紧致差分法逆时波场传播算子

由空间离散点 $x_j = jh, f_j = f(x_j)$ 近似处 x_j 的导数 f'_j，有下式成立：

$$\sum_{k=-L}^{R} b_k f'_{j+k} = \frac{1}{h}\sum_{k=-l}^{r} a_k f_{j+k} + o(h^n) \tag{2-30}$$

式中，h 为步长，$1/h$ 为加权因子。令 $b_0 = 1$，对上式两边同时进行泰勒展开并整理，可得如下紧致差分格式：

$$\begin{aligned}
&(a_{-l} + a_{-l+1} + \cdots + a_{-1} + a_0 + a_1 + \cdots + a_{r-1} + a_r)f_j + \\
&h[(-la_{-l} - \cdots - a_{-1} + a_0 + a_1 + \cdots + ra_r) + \\
&(b_{-L} + \cdots + b_{-1} + b_0 + b_1 + \cdots + b_R)]f_j + \\
&\frac{h^2}{2!}[(l^2 a_{-l} + \cdots + a_{-1} + a_0 + a_1 + \cdots + r^2 a_r) + \\
&(-Lb_{-L} - \cdots - b_{-1} + b_0 + b_1 + \cdots + Rb_R)]f_j + \cdots + \\
&h^n[(-l)^n a_{-l} + (-l+1)^n a_{-l+1} + \cdots + \\
&(-1)^n a_{-1} + a_0 + a_1 + \cdots + (r-1)^n a_{r-1} + r^n a_r + \\
&(-L)^n b_{-L} - \cdots - (-1)^n b_{-1} + b_0 + b_1 + \cdots + R^n b_R]f_j^{(n)} = 0
\end{aligned} \tag{2-31}$$

利用多项式插值拟合紧致有限差分格式，一阶导近似由 Hermite－Birkhoff 插值多项式得出，二阶导近似可以看成是广义 Birkhoff 插值的一个特例。

1）多项式插值推导二阶导近似格式

插值多项式指一系列函数值或 p 阶导数值已知或两者均为已知的离散点，其导数值和函数值线性组合形成的多项式，用来近似某一节点的函数值。由于求解波动方程中只涉及二阶导，所以此处只给出二阶导近似格式的推导过程，一阶导近似格式的推导与二阶导类似。

设由 n 个点组成的点集 I_n，其中离散点的函数值和二阶导均为已知；由 m 个点组成的点集 I_m，其中只有离散点的函数值为已知。显然，集合 I_n 与 I_m 无交集。

假设 $2n+m-1$ 次多项式 $u(x)$ 满足插值条件：

$$u(x_i)=u_i,u''(x_i)=u''_i,\forall i\in I_n$$
$$u(x_j)=u_j,\forall j\in I_m \tag{2-32}$$

设插值多项式为：

$$u(x)=\sum_{i\in I_n}u_ip_i(x)+\sum_{i\in I_n}u''_iq_i(x)+\sum_{i\in I_m}u_ir_i(x) \tag{2-33}$$

根据插值条件，多项式 $p_i(x)$、$q_i(x)$、$r_i(x)$ 满足下列条件：

$$\begin{aligned}&p_i(x_j)=\delta_{ij},\forall i\in I_n,\forall j\in I_n\cup I_m;\ p''_i(x_j)=0,\forall i\in I_n,\forall j\in I_n;\\&q_i(x_j)=0,\forall i\in I_n,\forall j\in I_n\cup I_m;\ q''_i(x_j)=\delta_{ij},\forall i\in I_n,\forall j\in I_n;\\&r_i(x_j)=\delta_{ij},\forall i\in I_m,\forall j\in I_n\cup I_m;\ r''_i(x_j)=0,\forall i\in I_m,\forall j\in I_n;\end{aligned} \tag{2-34}$$

得出插值多项式式(2-33)后，对其两边同时求两次导数，并令 $x=x_i,i\in I_m$，得到关于节点 x_i 二阶导的近似格式：

$$u''_i+\sum_{i\in I_n}a_iu''_i=b_iu_i+\sum_{i\in I_n}b_iu_i+\sum_{i\in I_m\neq i}b_ju_j \tag{2-35}$$

总体流程可以归纳为：

(1)确定近似过程中涉及的点，即 I_n、I_m；

(2)将 I_n、I_m 中的元素代入方程组，求取插值基函数中的系数组合，得到基函数 $p_i(x),q_i(x),i\in I_n$ 和 $r_i(x),i\in I_m$，进而得到插值多项式；

(3)对插值基函数 $p_i(x)$、$q_i(x)$、$r_i(x)$ 求二阶导，并取 $x=x_i,i\in I_m$，分别代入插值多项式，得最终结果；

(4)处理边界，形成一个完整的问题。

2)高阶紧致差分格式

(1)四阶差分格式：$I_m=\{i\}$。

内部节点：

$$\frac{1}{10}u''_{i-1}+u''_i+\frac{1}{10}u''_{i+1}=\frac{6}{5h^2}u_{i-1}-\frac{12}{5h^2}u_i+\frac{6}{5h^2}u_{i+1} \tag{2-36}$$

边界节点：

$i=1$：

$$u''_1+44u''_2=\frac{13}{h^2}u_1-\frac{27}{h^2}u_2+\frac{15}{h^2}u_3-\frac{1}{h^2}u_4 \tag{2-37}$$

$i=N$：

$$u''_N+44u''_{N-1}=\frac{13}{h^2}u_N-\frac{27}{h^2}u_{N-1}+\frac{15}{h^2}u_{N-2}-\frac{1}{h^2}u_{N-3} \tag{2-38}$$

(2)六阶差分格式：$I_m = \{i-2, i, i+2\}$ 。

内部节点：

$$\frac{2}{11}u''_{i-1} + u''_i + \frac{2}{11}u''_{i+1} = \frac{3}{44h^2}u_{i+2} + \frac{12}{11h^2}u_{i+1} - \frac{51}{22h^2}u_i + \frac{12}{11h^2}u_{i-1} + \frac{3}{44h^2}u_{i-2} \quad (2-39)$$

边界节点：

$i = 1$：

$$u''_1 + 11u''_2 = \frac{13}{h^2}u_1 - \frac{27}{h^2}u_2 + \frac{15}{h^2}u_3 - \frac{1}{h^2}u_4 \quad (2-40)$$

$i = N$：

$$u''_N + 11u''_{N-1} = \frac{13}{h^2}u_N - \frac{27}{h^2}u_{N-1} + \frac{15}{h^2}u_{N-2} - \frac{1}{h^2}u_{N-3} \quad (2-41)$$

将上面三式写成矩阵形式，一维情况，有：

$$\boldsymbol{A}_{N\times N}(\boldsymbol{U}_{xx})_{N\times 1} = \boldsymbol{B}_{N\times N}\boldsymbol{U}_{N\times 1} \quad (2-42)$$

具体形式如下：

$$\begin{bmatrix} 1 & 11 & & & & & \\ \frac{2}{11} & 1 & \frac{2}{11} & & & & \\ & \frac{2}{11} & 1 & \frac{2}{11} & & & \\ & & & \cdots & & & \\ & & & \frac{2}{11} & 1 & \frac{2}{11} & \\ & & & & \frac{2}{11} & 1 & \frac{2}{11} \\ & & & & & 11 & 1 \end{bmatrix}_{N\times N} \begin{bmatrix} u''_1 \\ u''_2 \\ u''_3 \\ \cdots \\ u''_{N-2} \\ u''_{N-1} \\ u''_N \end{bmatrix}_{N\times 1} =$$

$$\frac{1}{h^2}\begin{bmatrix} 13 & -27 & 15 & 1 & & & & & & & \\ \frac{12}{11} & -\frac{51}{22} & \frac{12}{11} & \frac{3}{44} & & & & & & & \\ \frac{3}{44} & \frac{12}{11} & -\frac{51}{22} & \frac{12}{11} & \frac{3}{44} & & & & & & \\ & \frac{3}{44} & \frac{12}{11} & -\frac{51}{22} & \frac{12}{11} & \frac{3}{44} & & & & & \\ & & & & & & \cdots & & & & \\ & & & & \frac{3}{44} & \frac{12}{11} & -\frac{51}{22} & \frac{12}{11} & \frac{3}{44} & & \\ & & & & & \frac{3}{44} & \frac{12}{11} & -\frac{51}{22} & \frac{12}{11} & \frac{3}{44} & \\ & & & & & & \frac{3}{44} & \frac{12}{11} & -\frac{51}{22} & \frac{12}{11} & \\ & & & & & & 1 & 15 & -27 & 13 & \end{bmatrix}_{N\times N}\begin{bmatrix} u_1 \\ u_2 \\ u_3 \\ u_4 \\ \cdots \\ \\ u_{N-3} \\ u_{N-2} \\ u_{N-1} \\ u_N \end{bmatrix}_{N\times 1} \tag{2-43}$$

显格式的构成实际就是将上式变为：

$$\boldsymbol{U}_{xx} = \boldsymbol{A}^{-1}\boldsymbol{B}\boldsymbol{U} \tag{2-44}$$

系数矩阵 $\boldsymbol{A}^{-1}\boldsymbol{B}$ 为准确的紧致差分格式系数，舍去其中影响较小项，即得显格式系数，调用 C++语言中矩阵求逆和矩阵相乘程序，取 $N=100$，即计算 100×100 矩阵，舍去 10^{-5} 级系数，可以得到六阶三对角紧致差分格式对应的显格式的系数组合：

$$u_i'' = \frac{1}{2h^2}\left[\omega_0 u_i + \sum_{m=1}^{6}\omega_m(u_{i-m} + u_{i+m})\right] \tag{2-45}$$

其中：

$$\begin{aligned} &\omega_0 = -5.8485948,\ \omega_1 = 3.3336356,\ \omega_2 = -0.4864012,\ \omega_3 = 0.091571014 \\ &\omega_4 = -0.017239371,\ \omega_5 = 0.0032455238,\ \omega_6 = -0.0006110098 \end{aligned} \tag{2-46}$$

2. 紧致差分算法频散分析

紧致差分格式频散分析式如下：

$$\frac{V}{V_0} = \frac{\sqrt{2a[1-\cos(k\Delta x)] + (b/2)[1-\cos(2k\Delta x)] + (2c/9)[1-\cos(3k\Delta x)]}}{1 + 2\alpha\cos(k\Delta x) + 2\beta\cos(2k\Delta x)} \tag{2-47}$$

与六阶和十阶相应的系数组合，即可得六阶和十阶紧致差分格式频散分析式。首先比较紧致差分与高阶有限差分的频散关系，图 2－5 分别展示了 5 点 6 阶、7 点 10 阶紧致差分，5 点 4 阶、7 点 6 阶、9 点 8 阶和 11 点 10 阶有限差分格式的频散曲线。

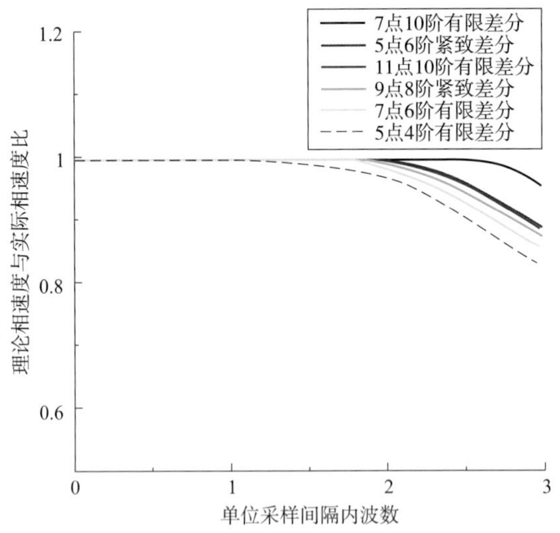

图 2－5　紧致差分与高阶有限差分的频散对比

再来比较不同网格点数六阶紧致差分与 11 点 10 阶有限差分的频散关系。将六阶紧致有限差分格式分别取 9 点、11 点和 13 点，与 11 点十阶有限差分进行比较，利用计算相速度与理论相速度的比值衡量频散大小。

11 点十阶有限差分格式如下：

$$u_i'' = \frac{1}{2h^2}\left[\omega_0 u_i + \sum_{m=1}^{5}\omega_m(u_{i-m} + u_{i+m})\right] \tag{2-48}$$

式中，h 为网格间距，相关系数如下：

$$\begin{aligned}&\omega_0 = -5.8544445,\ \omega_1 = 3.333333,\ \omega_2 = -0.4761901\\&\omega_3 = 0.07936513,\ \omega_4 = -0.009920621,\ \omega_5 = 0.0006349185\end{aligned} \tag{2-49}$$

图 2－6 展示了十阶有限差分（11 点），六阶紧致差分（9 点、11 点和 13 点）的频散曲线。

通过比较可以发现，13 点六阶紧致差分格式与 11 点十阶有限差分格式频散基本相同，11 点六阶紧致差分只在一个采样间隔内波长数很少，即小采样间隔很小时才略有不足，相比之下，9 点六阶紧致差分频散则略大。因此，出于计算量与精度的权衡考虑，RTM 适宜采用 11 点六阶紧致差分格式。

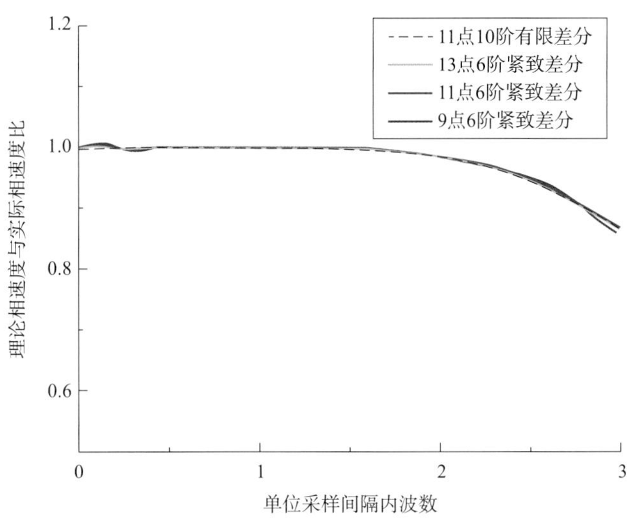

图2-6 六阶紧致差分与十阶有限差分频散曲线图

3. 紧致差分算法的稳定性条件分析

二维声波方程空间六阶精度的紧致差分格式可以表示为：

$$u(t+\Delta t)=2u(t)-u(t-\Delta t)+\frac{V^2\Delta t^2}{\Delta x^2}\sum_{m=1}^{5}[u_{i-m}-2u_i+u_{i+m}]+\frac{V^2\Delta t^2}{\Delta z^2}\sum_{m=1}^{5}[u_{k-m}-2u_k+u_{k+m}] \tag{2-50}$$

对上式两边同时进行时间和空间 Fourier 变换，有：

$$\cos(\omega\Delta t)-1=\frac{V^2\Delta t^2}{\Delta x^2}\sum_{m=1}^{5}\omega_m\left[\cos\left(\hat{k}_x m\Delta x\right)-1\right]+\frac{V^2\Delta t^2}{\Delta z^2}\sum_{m=1}^{5}\left[\cos\left(\hat{k}_z m\Delta z\right)-1\right] \tag{2-51}$$

差分系数 ω_m 正负交替，所以当 k_x 取最大值，即 Nyquist 波数 $k_x=\frac{\pi}{\lambda}$ 时，$\hat{k}_x$ 最大。因此，二维声波方程六阶紧致差分格式的稳定性条件为：

$$0\leqslant V^2\Delta t^2\left(\frac{1}{\Delta x^2}+\frac{1}{\Delta z^2}\right)\sum_{m=1}^{5}\omega_m[1-(-1)^n]\leqslant 2 \tag{2-52}$$

代入差分系数，得六阶紧致差分格式的稳定条件为：

$$V\Delta t\sqrt{\frac{1}{\Delta x^2}+\frac{1}{\Delta z^2}}\leqslant 0.763\text{，当 }\Delta x=\Delta z\text{ 时，}\frac{V\Delta t}{\Delta x}\leqslant 0.536 \tag{2-53}$$

类似地，可以得到三维声波方程六阶紧致差分解法的稳定性条件：

$$0\leqslant V^2\Delta t^2\left(\frac{1}{\Delta x^2}+\frac{1}{\Delta y^2}+\frac{1}{\Delta z^2}\right)\sum_{m=1}^{5}\omega_m[1-(-1)^n]\leqslant 2 \tag{2-54}$$

即：

$$V\Delta t\sqrt{\frac{1}{\Delta x^2}+\frac{1}{\Delta y^2}+\frac{1}{\Delta z^2}}\leqslant 0.763\text{，当 }\Delta x=\Delta y=\Delta z\text{ 时，}\frac{V\Delta t}{\Delta x}\leqslant 0.441 \quad (2-55)$$

2.1.3 完全匹配层吸收边界条件(PML)

在有限差分波场模拟中，一个关键问题是边界条件。要模拟的是地震波在无限介质中传播的过程，而计算区域是有限的，这就相当于引入了一个人为的反射界面。为此需要构造一个边界，解决由计算网格的边界所引起的人为边界反射能量。声波方程完全匹配层吸收边界的基本思想是在所研究区域的边界上引入吸收层，波由研究区域边界传到吸收层时不产生任何反射，在吸收层内按传播距离的指数规律衰减，不产生反射，从而达到吸收边界的效果。以二维情况为例，给出该边界条件的构造思路。

二维标量波动方程在时间域的表达式为：

$$\frac{\partial^2 u(x,z,t)}{\partial x^2}+\frac{\partial^2 u(x,z,t)}{\partial z^2}=\frac{1}{v^2(x,z)}\frac{\partial^2 u(x,z,t)}{\partial t^2} \quad (2-56)$$

式中，$u(x,z,t)$ 为位移函数；$v(x,z)$ 为介质速度。式(2-56)可以分解为：

$$\begin{cases} u=u_1+u_2 \\ \dfrac{\partial u_1}{\partial t}=v^2(x,z)\dfrac{\partial A_1}{\partial x} \\ \dfrac{\partial u_2}{\partial t}=v^2(x,z)\dfrac{\partial A_2}{\partial z} \\ \dfrac{\partial A_1}{\partial t}=\dfrac{\partial u_1}{\partial x}+\dfrac{\partial u_2}{\partial x} \\ \dfrac{\partial A_2}{\partial t}=\dfrac{\partial u_1}{\partial z}+\dfrac{\partial u_2}{\partial z} \end{cases} \quad (2-57)$$

式中，u_1、u_2、A_1、A_2 为引入的中间变量。

此时，可得到相应的完全匹配层控制方程：

$$\begin{cases} u=u_1+u_2 \\ \dfrac{\partial u_1}{\partial t}+d(x)u_1=v^2(x,z)\dfrac{\partial A_1}{\partial x} \\ \dfrac{\partial u_2}{\partial t}+d(x)u_2=v^2(x,z)\dfrac{\partial A_2}{\partial z} \\ \dfrac{\partial A_1}{\partial t}+d(x)A_1=\dfrac{\partial u_1}{\partial x}+\dfrac{\partial u_2}{\partial x} \\ \dfrac{\partial A_2}{\partial t}+d(z)A_2=\dfrac{\partial u_1}{\partial z}+\dfrac{\partial u_2}{\partial z} \end{cases} \quad (2-58)$$

式(2－58)的解是衰减的，$d_1(x)$ 和 $d_2(z)$ 分别为 x 方向和 z 方向的衰减系数：

$$\begin{cases} d(x) = \begin{cases} -\dfrac{V_{\max}\ln\alpha}{L}\left[a\dfrac{x_i}{L}+b\left(\dfrac{x_i}{L}\right)^2\right] & \text{匹配层区域} \\ 0 & \text{非匹配层区域} \end{cases} \\ d(z) = \begin{cases} -\dfrac{V_{\max}\ln\alpha}{L}\left[a\dfrac{z_i}{L}+b\left(\dfrac{z_i}{L}\right)^2\right] & \text{匹配层区域} \\ 0 & \text{非匹配层区域} \end{cases} \end{cases} \tag{2-59}$$

式中，x_i 为到匹配层区域与内部区域界面的横向距离；z_i 为到匹配层区域与内部区域界面的纵向距离；$V_{\max}$ 为最大的纵波速度值；L 为匹配层宽度；$\alpha = 10^{-6}$；系数 $a = 0.25$，$b = 0.75$。以上可以构造一个声波方程完全匹配层吸收边界差分格式。

2.1.4 逆时偏移成像条件

成像条件是地震偏移成像算法的关键之一，其直接影响成像剖面的质量效果和计算成本。对于逆时偏移，目前常用的成像条件主要有三类：激发时间成像条件、互相关成像条件以及振幅比成像条件。Sandip Chattopadhyay 等(2008)对逆时偏移成像条件做了比较全面的对比分析。

1. 激发时间成像条件

上行波的到达时等于下行波的出发时即为激发时间成像条件。激发时间成像条件可以通过计算地震波从震源传播到介质中各个点的单程时间来得到。初至时间可以利用射线追踪和波场延拓两种方法得到，即射线追踪初至走时成像条件和最大振幅成像条件。其实现过程为：通过射线追踪求取初至走时成像条件或用差分法求取最大振幅成像条件并保存，将检波点波场沿时间轴反向逆推、每反推一个时间步长运用成像条件提取成像值。

激发时刻成像条件的优点是只需要存储成像条件，即走时表，而不需要存储炮点波场传播历史信息；缺点是多波至问题处理困难，容易丢失波场信息，使成像效果受影响。

2. 互相关成像条件

在当前的逆时偏移研究中，互相关成像条件的应用更为广泛，其成像条件主要以 Claerbout 提出的互相关成像条件为理论基础。

互相关成像数学表达式为：

$$Image(x,z) = \sum_t r(x,z,t)s(x,z,t) \tag{2-60}$$

式中，$r(x,z,t)s(x,z,t)$ 表示在某一时刻对震源波场和检波器波场做一次相关运算，最后的成像结果为时间上的积分求和。Sandip Chattopadhyay 等(2008)的研究表明互相关成像条件保幅效果不是很理想，增加归一化(照明补偿)处理后，保幅效果得到一定程度上的改善，其表达式变为：

$$Image(x,z) = \frac{\sum_t r(x,z,t)s(x,z,t)}{\sum_t s^2(x,z,t)} \tag{2-61}$$

3. 振幅比成像条件

振幅比成像条件也是基于 Claerbout 的时间一致性成像原理：即反射界面存在于震源波场和接收波场在时间和空间重合的位置，那么两者的比值反映了反射系数的大小，在求取成像条件时用检波点波场和炮点波场的比值作为成像结果，具体可以表示为：

$$Image(x,z) = \frac{U(x,z,t)}{D(x,z,t)} \tag{2-62}$$

式中，$U(x,z,t)$ 为接收(上行)波场，$D(x,z,t)$ 为震源(下行)波场。振幅比成像条件的优点是更好地保留了振幅的信息并具有更高的分辨率。对于振幅比成像条件，Guitton A 等(2006)引入了一个衰减因子来避免分母为零的出现。

为了分析各成像条件的相对保幅能力，Sandip Chattopadhyay 和 MCMechan(2008)基于如图 2-7 所示的水平层状介质模型，对上述不同成像条件的偏移结果进行了详细的比较。由图 2-8 可知，激发时间成像条件和零延迟互相关成像条件的偏移剖面分辨率都比较低，并且成像振幅值不能正确反映反射系数；加入能量归一化处理后的成像条件的成像振幅能较好地反映界面的反射系数，但是分辨率仍然很低。振幅比成像条件则具有较好的成像分辨率，但存在计算公式中除数为零的问题难以解决。Zhang 等(2007)的研究表明，零延迟互相关成像条件是获取共反射点角道集的一种有效途径。

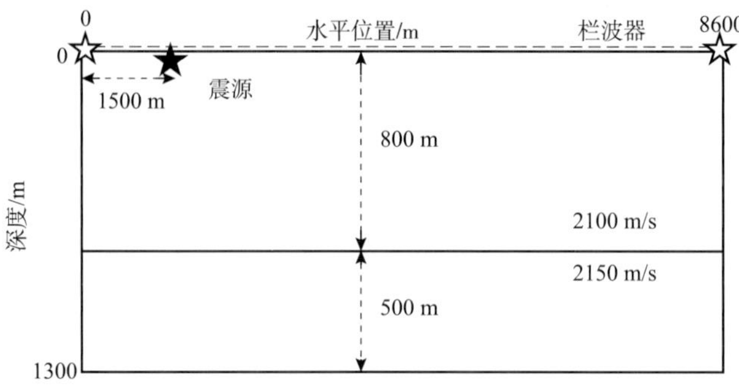

图 2-7　二维水平层状模型及其单炮观测系统(Chattopadhyay 等，2008)

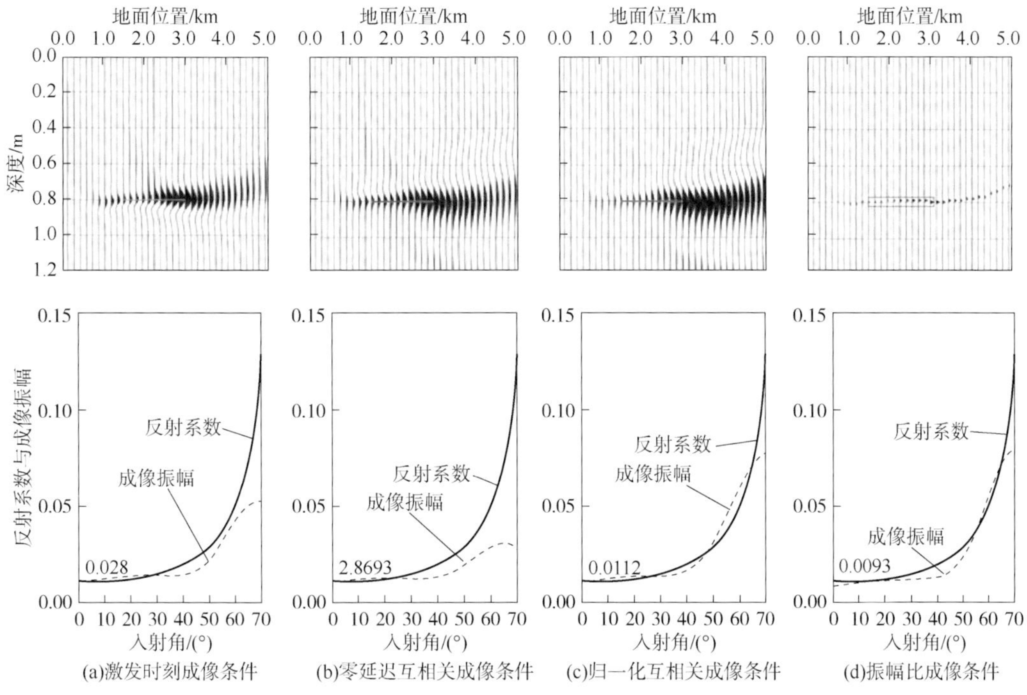

图 2－8　RTM 偏移结果及成像振幅与真实反射系数的对比(Chattopadhyay 等，2008)

2.2　逆时偏移噪声的产生与压制

2.2.1　逆时偏移噪声产生机理

RTM 中的互相关成像条件对于任何类型的波场，只要满足“入射波到达时等于反射波的出发时”的条件都会产生相干能量，产生真的和假的反射界面的成像结果，但仅仅是反射界面处的满足“入射波到达时等于反射波的出发时”条件的相干结果才是所要的图像。单向波偏移时，震源下行波场中仅有下行波，检波点上行波场中仅有上行波，二者可以完全分离，不会在没有反射界面的地方产生假的图像。但是双向波偏移时震源下行波场中有上、下行波场，检波点上行波场中也有上、下行波场，当震源下行波场中的上行波与检波点上行波场中的某下行波场在某点相遇，或者震源下行波场中的下行波与检波点上行波场中的某上行波场在某点相遇，便会形成假的成像结果，两波相遇的空间位置上根本没有反射界面。

图 2－9 为水平层状模型的速度剖面，图 2－10 为该模型单程波偏移结果，可以看到由于单程波偏移限制了波场的传播方向，成像只发生在炮点与检波点波场传播方向相反

的位置，因此没有低频偏移噪声干扰。图2-11为RTM偏移结果，可以看出低频噪声对称地分布在炮两端的整条路径上，频率低而且能量强，几乎完全模糊了真实的反射界面。

图2-9　水平层状模型速度剖面

图2-10　单程波偏移剖面

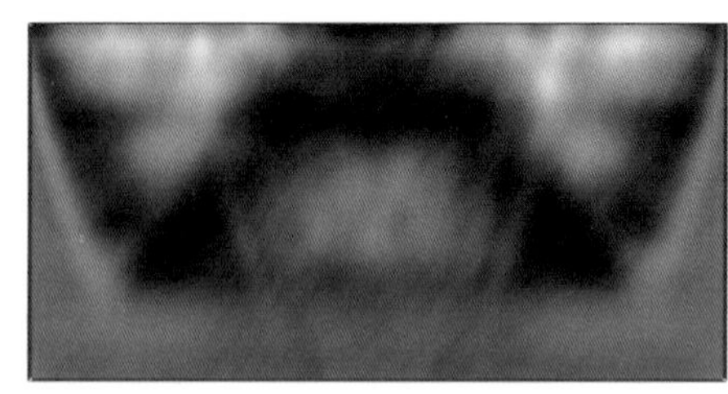

图2-11　RTM偏移剖面

2.2.2　逆时偏移噪声特点

基于RTM偏移噪声的产生机理，可以归纳出该类RTM偏移噪声主要具有以下特点：

(1)振幅强，频率低；

(2)主要由传播方向相同的震源和检波点波场相关所致；

(3)噪声主要出现在浅层，尤其是存在强反射界面的地方，原因在于在这种情况下，震源下行波场和检波点上行波场中均含有丰富的、多次的上、下行波；

(4)在浅层产生的噪声对应的传播时间很长，这相当于大角度入射的波。

2.2.3　逆时偏移噪声压制

根据RTM偏移噪声的产生机理和特点，地球物理界主要从以下三个领域进行RTM偏移噪声压制方法的研究：波场传播类算法，通过修改波动方程来达到衰减界面反射的作用；成像条件类算法，通过修改成像条件使得最后的像中只保留真正的反射所产生的能量；后成像条件类算法，对得到的带有假象的成像结果进行滤波，滤波器可以作用在时空域或角度域。

1. *波场传播类算法*

波场传播过程中去噪主要是基于波动方程，应用一定的条件对声波方程进行改造使

其满足特定情况，并具有压制反射界面噪声的作用。

1)双程无反射波动方程

传统方法中，地震模型正演或偏移中经常用到的波动方程(速度变化、密度恒定)是只包含一个传播方向的单程波方程(上行或下行波)，在波场传播过程中不会产生多次波和层间混响，但是其局限性是当模型速度梯度变化很大时，不能模拟回转波。Baysal 等(1984)利用“波阻抗匹配技术”，即在方程中引入密度项，使得波阻抗为常数(密度与速度均为变化值，但两者乘积为常数)。此时，全声波方程退化为双程无反射波动方程，使介质边界的反射系数为零或很小，因此强波阻抗处逆向散射造成的低频噪声问题得到很好解决。特别地，当波垂直入射时将完全压制反射波。

双程无反射波动方程为：

$$C\frac{\partial}{\partial x}\left(C\frac{\partial p}{\partial x}\right)+C\frac{\partial}{\partial z}\left(C\frac{\partial p}{\partial z}\right)=\frac{\partial^2 p}{\partial t^2} \tag{2-63}$$

记入射角为 θ_1，折射角为 θ_2，界面上下的密度和速度分别 ρ_1、c_1 和 ρ_2、c_2，则反射系数为：

$$R=\frac{\rho_2 c_2/\cos\theta_2-\rho_1 c_1/\cos\theta_1}{\rho_2 c_2/\cos\theta_2+\rho_1 c_1/\cos\theta_1} \tag{2-64}$$

当波阻抗为常数，即：

$$\rho_2 c_2=\rho_1 c_1,\ R=\frac{\cos\theta_2-\cos\theta_1}{\cos\theta_2+\cos\theta_1} \tag{2-65}$$

由式(2-65)知，当垂直入射即入射角 $\theta_1=0$ 时，反射系数 $R=0$。

对速度差异大或复杂的地质模型进行正演或偏移时，射线路径会发生回转。相对于全波动方程而言，当入射波垂直入射或入射角较小时，双程无反射波动方程可以有效压制强反射面上的逆向散射，避免多次反射的产生，压制了层间混响，使成像效果在一定程度上得到改善。但其依然存在局限性：随着入射角度的增大，非垂直入射波反射系数不为零，反射波的能量逐渐增强，这种方法也就失去了作用。由于只能完全消除垂直入射的内反射，所以这种方法比较适用于叠后数据。

2)模型慢度平滑

声波介质中，在小于一个波长长度内速度的突变会引起波阻抗的变化而产生反射。Loewenthal (1987)指出：对模型进行平滑，既可以是对速度的平滑也可以是对慢度的平滑，通过实验研究表明速度的平滑虽然也可以达到压制反射的目的，但是会改变波长旅行时，而慢度的平滑既达到压制反射的目的同时又保持旅行时的正确性。模型慢度平滑去噪方法是用大于波长长度的窗函数算子对模型慢度做平滑，从而消除内反射和多次波。

这种方法要优于双程无反射波动方程的成像结果，因为波阻抗的匹配只能沿着一定的方向上进行，而慢度的平滑没有方向的限制。其缺点是：消除了反射的同时也消除了有用的信息，比如棱柱波等信息，会影响逆时偏移成像质量。

3)定向阻尼去噪

Robin P Fletcher 等(2005)在速度模型产生噪声的位置，对双程无反射波动方程加入定向阻尼项来衰减内反射造成的成像噪声，其方法类似于吸收边界条件。2D 情况下的方程可表示为：

$$\frac{\partial^2 p}{\partial t^2} = v^2(\nabla^2 p) + v(\nabla p \cdot \nabla v) - \varepsilon L(\eta)p \tag{2-66}$$

式中，$L(\eta) = (\partial p/\partial t) + v(\nabla p \cdot \eta)$ 为波场中 η 方向的线性导数算子；$\varepsilon(x,z)$ 为边界区域的阻尼系数，其值在界面处取得最大值(一般为 0.1 左右)，远离反射界面其值逐渐减小至零。

双程无反射波动方程只对垂直入射波去噪明显，而加了定向阻尼后对散射波的压制不受入射角的限制，这是这种方法的优点所在；但是定向阻尼的加入需要已知波能量的传播方向，人工交互判断噪声产生的位置，实现起来比较困难。另外，虽然可以控制加入阻尼系数的方向，但还是会不可避免地损害棱柱波等有用信息，影响逆时偏移的成像质量。

2. 成像条件类算法

零延迟互相关成像条件具有成像稳健、容易实现等优点，并且遵循 Claerbout 的成像理论，但零延迟互相关成像条件会产生成像噪声。许多学者从不同的方面对互相关成像条件进行了改进，已达到去噪的目的。

1)检波点照明成像条件去噪

Bruno Kaelin 等(2006)针对互相关成像条件会产生低频噪声的缺点，对成像条件提出改进。其主要思想是：根据成像噪声与检波点波场的相关性，在相关成像条件的基础上对检波点波场进行正则化，从而达到去噪的目的。

炮点照明成像条件与检波点照明成像条件表达式分别为：

$$\begin{aligned} I(z,x) &= \sum_s \frac{\sum_t S_s(t,z,x)R_s(t,z,x)}{\sum_t S_s^{\ 2}(t,z,x)} \\ I(z,x) &= \sum_s \frac{\sum_t S_s(t,z,x)R_s(t,z,x)}{\sum_t R_s^{\ 2}(t,z,x)} \end{aligned} \tag{2-67}$$

Bruno Kaelin 等研究表明：炮点(或检波点)能量归一化成像条件只压制了炮点(或检波点)一侧的噪声，同时增加了检波点(或炮点)一侧的噪声。但是相比之下，对于复杂

的地质构造，检波点能量归一化成像条件压制噪声的效果更好，同时可以反映深部反射界面的成像。

这种去噪方法的优点是实现起来比较方便，并且检波点的照明可以直接从检波点波场直接求出，计算量小，但其缺点是去噪效果不太明显。

2）波场分离成像条件去噪

传统 RTM 相关成像条件为：

$$I(z,x) = \sum_{t=0}^{t_{max}} s(z,x,t)r(z,x,t) \tag{2-68}$$

在 RTM 中，震源和检波点波场都包含了沿所有方向传播的波场分量。假如选定垂向为参考方向，这两个波场都可分解为上行波和下行波两个分量，即：

$$s(z,x,t) = s_u(z,x,t) + s_d(z,x,t) \tag{2-69}$$

$$r(z,x,t) = r_u(z,x,t) + r_d(z,x,t) \tag{2-70}$$

式中，$s_u(z,x,t)$、$s_d(z,x,t)$ 和 $r_u(z,x,t)$、$r_d(z,x,t)$ 分别为下行波和上行波分量（假设向下为正）。将式（2－69）和式（2－70）代入式（2－68）中，可得：

$$\begin{aligned} I(z,x) = & \sum_{t=0}^{t_{max}} s_u(z,x,t)r_u(z,x,t) + \sum_{t=0}^{t_{max}} s_u(z,x,t)r_d(z,x,t) + \\ & \sum_{t=0}^{t_{max}} s_d(z,x,t)r_u(z,x,t) + \sum_{t=0}^{t_{max}} s_d(z,x,t)r_d(z,x,t) \end{aligned} \tag{2-71}$$

式（2－71）中第三项是下行震源波场分量与上行检波点波场分量的相关。其实，这正是单程波方程偏移的结果，而第二项则是上行震源波场分量与下行检波点波场分量的互相关，但另外两项分别是上行震源波场分量与上行检波点波场分量之间的互相关，以及下行震源波场分量与下行检波点波场分量之间的互相关，这两项构成了逆时偏移噪声。

图 2－12 和图 2－13 分别为不同分量的成像结果和波场分解去噪效果，可以看出通过波场分解，可以有效滤除成像噪声，提高成像质量。图 2－14 是不同情况下的地震波传播路径。

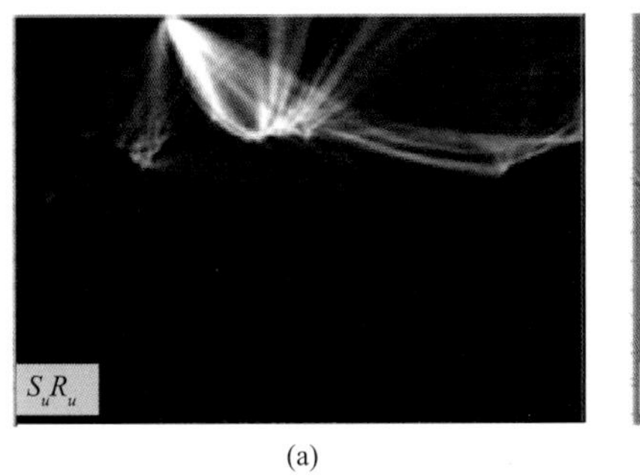

(a)

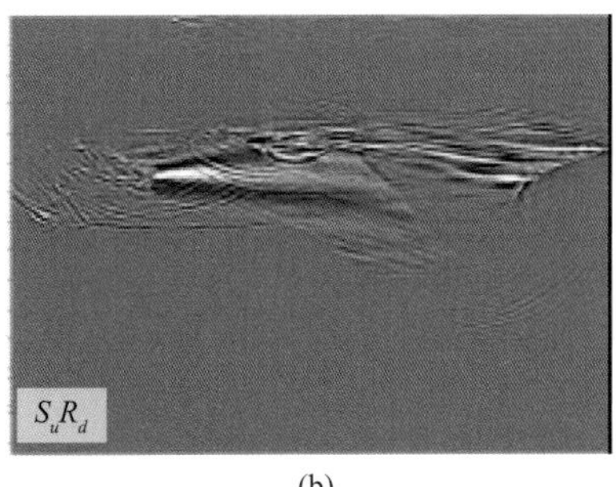

(b)

图 2－12　各波场分量成像结果

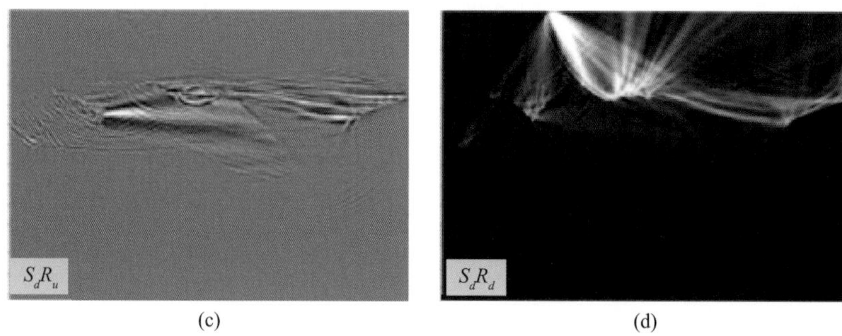

(c) (d)

图 2-12　各波场分量成像结果(续)

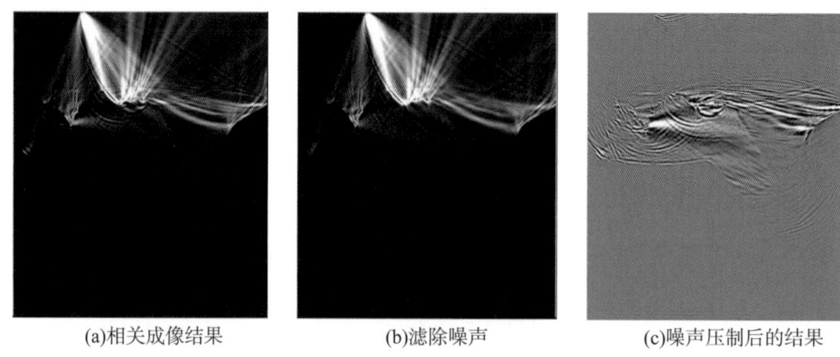
(a)相关成像结果　(b)滤除噪声　(c)噪声压制后的结果

图 2-13　波场分解去噪效果

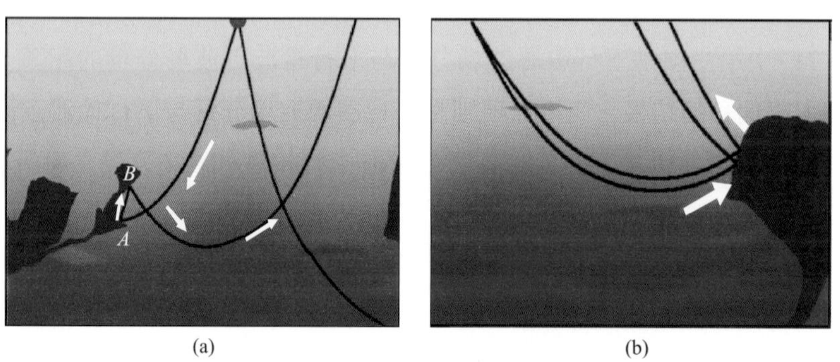

(a) (b)

图 2-14　不同情况下的传播路径

为了避免损失有效信号的成像，尽可能地保留有效信号，将波场进一步细分解，同样依赖于傅里叶变换的方法，分别将 $k_x>0$ 和 $k_x<0$ 对应的波场定义为左行波和右行波。则波场可分解为：

$$s(z,x,t)=s_{lu}(z,x,t)+s_{ld}(z,x,t)+s_{ru}(z,x,t)+s_{rd}(z,x,t) \tag{2-72}$$

$$r(z,x,t)=r_{lu}(z,x,t)+r_{ld}(z,x,t)+r_{ru}(z,x,t)+r_{rd}(z,x,t) \tag{2-73}$$

此时，成像公式可以写为：

$$
\begin{aligned}
I(z,x) = & \sum_{t=0}^{t_{\max}} s_{lu}(z,x,t)r_{lu}(z,x,t) + \sum_{t=0}^{t_{\max}} s_{ld}(z,x,t)r_{lu}(z,x,t) + \\
& \sum_{t=0}^{t_{\max}} s_{ru}(z,x,t)r_{lu}(z,x,t) + \sum_{t=0}^{t_{\max}} s_{rd}(z,x,t)r_{lu}(z,x,t) + \sum_{t=0}^{t_{\max}} s_{lu}(z,x,t)r_{ld}(z,x,t) + \\
& \sum_{t=0}^{t_{\max}} s_{ld}(z,x,t)r_{ld}(z,x,t) + \sum_{t=0}^{t_{\max}} s_{ru}(z,x,t)r_{ld}(z,x,t) + \sum_{t=0}^{t_{\max}} s_{rd}(z,x,t)r_{ld}(z,x,t) + \\
& \sum_{t=0}^{t_{\max}} s_{lu}(z,x,t)r_{ru}(z,x,t) + \sum_{t=0}^{t_{\max}} s_{ld}(z,x,t)r_{ru}(z,x,t) + \sum_{t=0}^{t_{\max}} s_{ru}(z,x,t)r_{ru}(z,x,t) + \\
& \sum_{t=0}^{t_{\max}} s_{rd}(z,x,t)r_{ru}(z,x,t) + \sum_{t=0}^{t_{\max}} s_{lu}(z,x,t)r_{rd}(z,x,t) + \sum_{t=0}^{t_{\max}} s_{ld}(z,x,t)r_{rd}(z,x,t) + \\
& \sum_{t=0}^{t_{\max}} s_{ru}(z,x,t)r_{rd}(z,x,t) + \sum_{t=0}^{t_{\max}} s_{rd}(z,x,t)r_{rd}(z,x,t)
\end{aligned} \tag{2-74}
$$

图 2－15 同样为 2D Sigabee 模型第 251 炮的成像公式中各分量的结果，可见噪声大部分存在于对角线上，我们将这两项的能量去除，就得到了波场分解去除噪声后的结果，图 2－16(a)为传统相关成像结果，图 2－16(b)为去除的噪声分量，而图 2－16(c)为噪声去除后的结果。可以看到，噪声得到了比较有效的压制，有效能量得到比较好的保留。

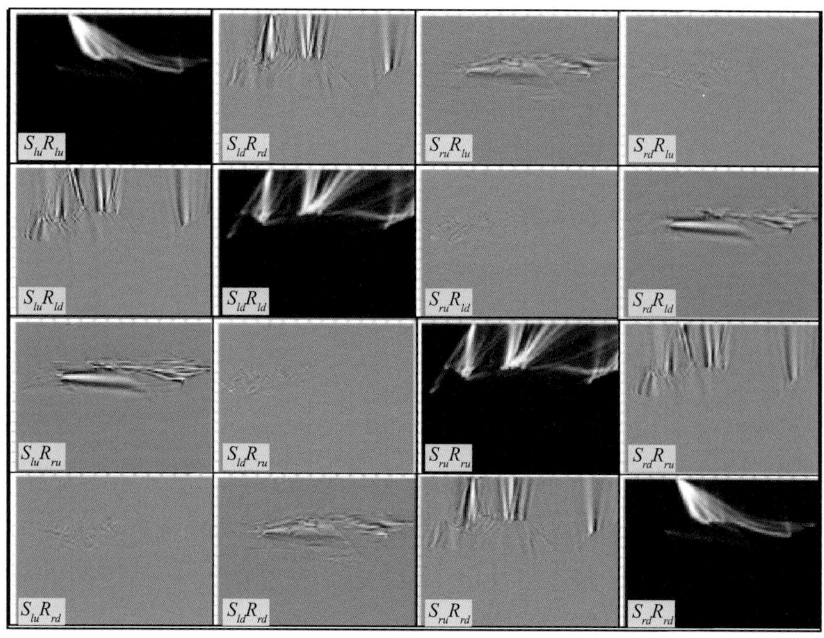

图 2－15　各波场分量成像结果

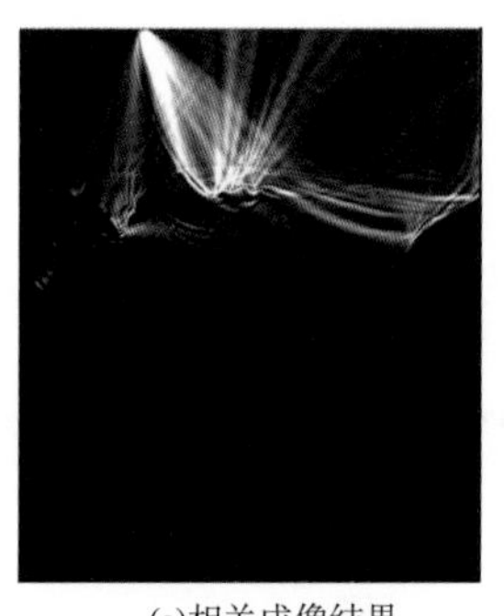
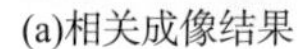
(a)相关成像结果

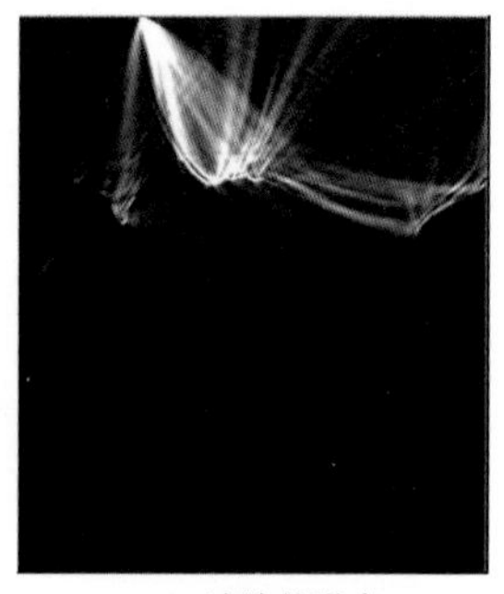
(b)滤除的噪声

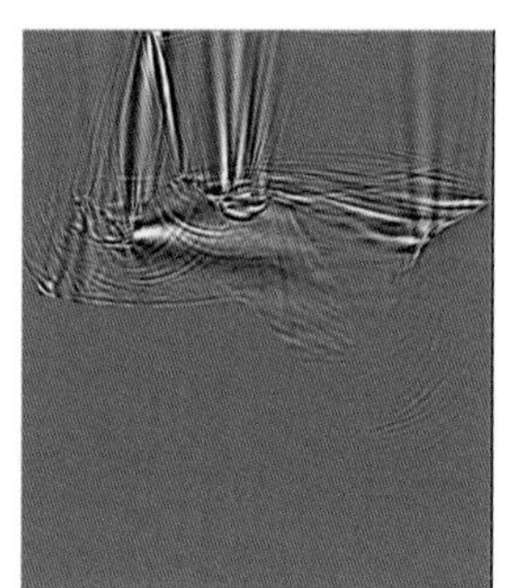
(c)噪声压制后的结果

图 2－16　波场分解去噪效果

3)坡印廷成像条件去噪

逆时偏移噪声有一个共同的特征：在产生噪声位置，求相关的炮点波场与检波点波场传播方向相反。坡印廷矢量作为一种衡量能量流的数学工具，可以用来区分在散射点处传播方向一致且同相位的波与沿着一段射线路径同相位但传播方向相反的波，比如首波、潜水波、层间混响、散射波。坡印廷矢量成像条件是在互相关成像的基础上乘以一个与传播方向有关的权重系数 $w[\cos(\alpha)]$ 得到的，即：

$$I = \int_0^{t_{\max}} w \cdot P_s(x,z,t) \cdot P_r(x,z,t)\,dt \tag{2-75}$$

式中，$w[\cos(\alpha)]$ 是与角度相关的权系数，用来衡量炮点波场和检波点波场的成像角度：

$$\cos(\alpha) = \frac{\overline{V_s} \cdot \overline{V_r}}{|V_s| \cdot |V_r|} \tag{2-76}$$

式中，$\overline{V_s}$、$\overline{V_r}$ 分别为震源和检波点的坡印廷矢量，在数值上与射线方向矢量和压力场成正比，其表达式为：

$$Poynting\ vector \cong vP \tag{2-77}$$

二维情况下，射线方向矢量 $v = -\frac{dP}{dt}\left(\frac{dP}{dx}, \frac{dP}{dz}\right)$，上式可化为：

$$Poynting\ vector \cong vP = -\nabla P \frac{dP}{dt} P \tag{2-78}$$

式中，P 为压力场，$(dP/dx, dP/dz)$ 为射线方向向量。

式(2－75)表明：坡印廷矢量成像条件可以通过控制坡印廷矢量的夹角 α 的权重，来保留一定角度范围内的互相关成像，同时过滤掉噪声成像部分以此来达到去噪的目的，权重 w 的计算公式为：

$$W = \begin{cases} 0 & (\theta_1 \leqslant \alpha \leqslant 180°) \\ \cos\alpha & (\theta_2 \leqslant \alpha \leqslant \theta_1) \\ 1 & (0 \leqslant \alpha \leqslant \theta_2) \end{cases} \tag{2-79}$$

坡印廷矢量成像条件的优点是去噪效果明显，并且不会像简单滤波那样对所有的有效信息产生影响或改变成像的相位和振幅值，并且可以通过求出的坡印廷矢量的夹角 α，对多炮的炮数据进行角道集的提取，在角道集中低频噪声主要集中分布在大角度处，这使得对噪声的去除变得更加简单。但是其局限性是需要额外计算和存储波场传播方向矢量；此外，在波场复杂区域，提取波场传播矢量一般比较困难，难以实现。

图 2-17 为经典 Marmousi 模型第 100 炮的单炮数据，图 2-18 分别为基于传统零延迟互相关成像条件(a)和坡印廷矢量成像条件(b)的 RTM 偏移结果，可以看到应用印廷矢量成像条件低频噪声特别是浅层反射路径上的噪声得到有效压制。图 2-19 是两者的频谱对比，说明应用坡印廷矢量成像条件后的成像结果可以使近零频率(低频)部分得到压制。但是同时也可以看到，相对去噪前高频有效信息也有部分损失，这是由于在设定应用成像权重 w 的时候造成的，因此在对噪声的去除上如何选定 θ_1、θ_2 的取值将直接关系到对噪声和有用信息的压制程度。Kwangjin Yoon 等(2006)在文章中指出，一般选定 120°作为区分噪声和有效信息的坡印廷矢量夹角 α，即权重值 w 为 -0.5。图 2-20、图 2-21 为 Marmousi 模型应用互相关成像条件和坡印廷成像条件逆时偏移结果，图 2-22 为对应的 2D 频谱对比图。

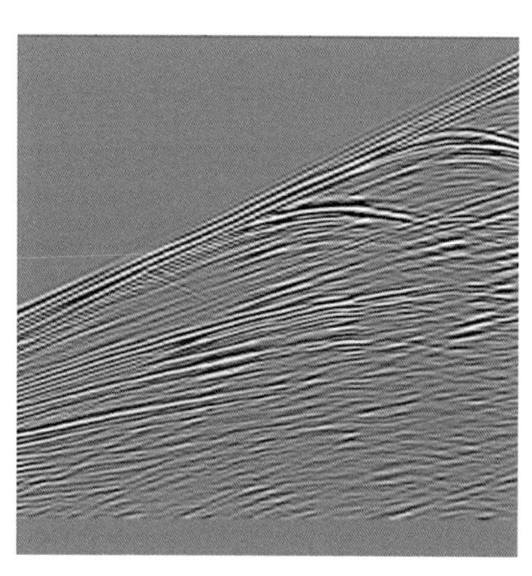

图 2-17　Marmousi 模型第 100 炮单炮数据

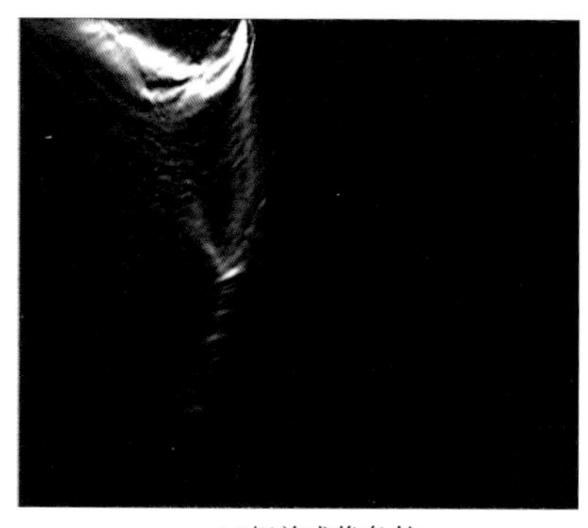

(a)相关成像条件

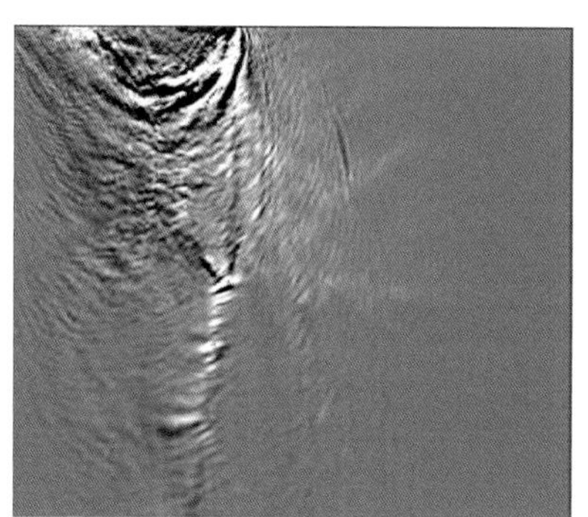

(b)坡印廷矢量成像条件

图 2-18　RTM 偏移结果

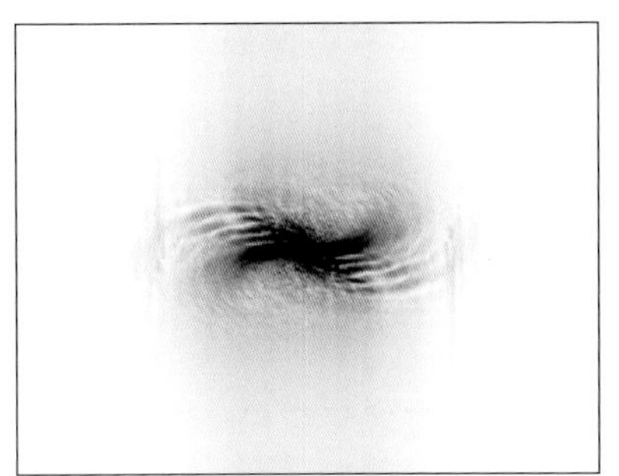
(a)相关成像条件

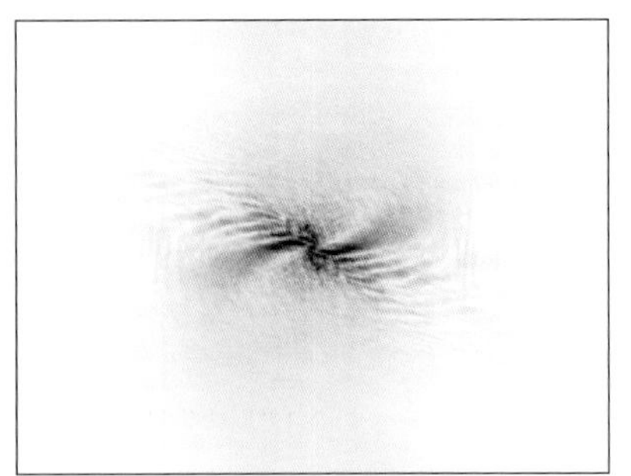
(b)坡印廷矢量成像条件

图 2－19　RTM 偏移结果频谱

图 2－20　Marmousi 模型相关成像条件 RTM 偏移结果

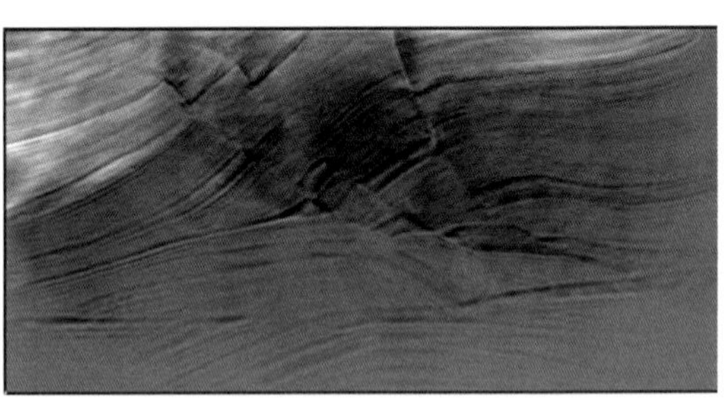
图 2－21　Marmousi 模型坡印廷矢量成像条件 RTM 偏移结果

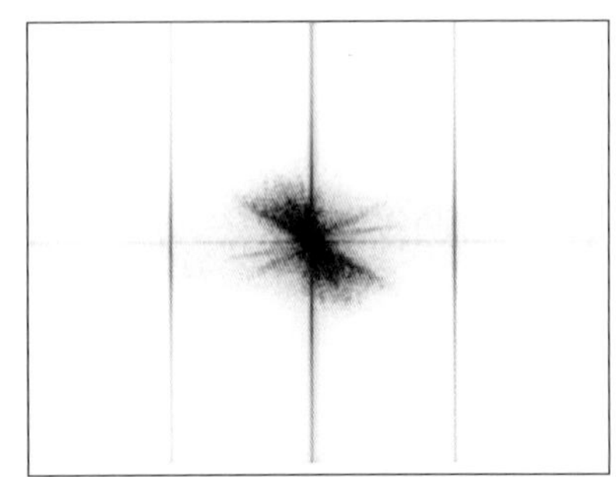
(a)相关成像条件

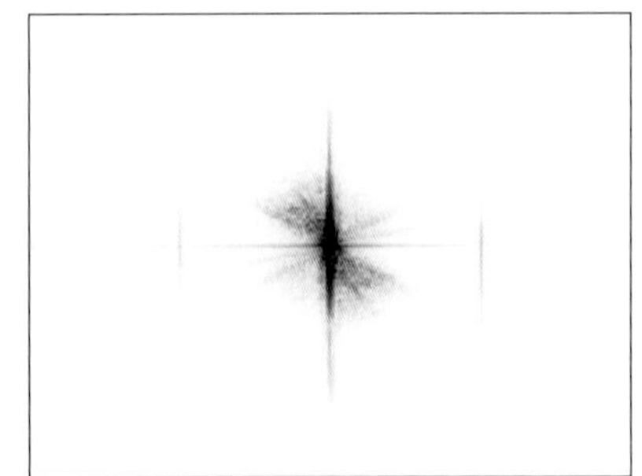
(b)坡印廷矢量成像条件

图 2－22　RTM 偏移结果频谱

3. 后成像条件类算法

后成像条件类算法不需要对逆时偏移延拓和成像两大环节做出修改，而只是对最后成像的结果进行类似滤波的图像处理，因而具有能适应任何复杂介质、简单、方便实现等特点。

1）高通滤波和导数滤波

逆时偏移产生的特殊噪声主要集中在低频，因此一些学者考虑使用空间域高通滤波来去进行噪声压制，这种方法简单、易于实现，但是噪声消除不彻底，并且会破坏波场含低频的有效信息，目前工业界仅仅把该方法作为逆时偏移噪声压制的一个辅助手段。

定义 $S = S_z \times S_x$，其中 S_z、S_x 代表深度 z 方向和水平 x 方向。在每一个坐标方向上与{0.25，0.5，0.25}作卷积，将系数[n_1，n_2，n_3]作用在算子 $S_x^{n3}S^{n2}(I-S^{n1})$ 上即可得到高通滤波算子。如取[n_1，n_2，n_3] = [32，0，2]，则高通滤波的实现过程为：对逆时偏移结果平滑 n_1 次并求差值，然后对偏移结果平滑 n_2 次，最后仅在 x 方向平滑 n_3 次得最后的去噪结果。

图 2－23 为 Marmousi 模型经空间高通滤波后的逆时偏移结果，图 2－24 为空间高通滤波前后的 2D 频谱对比结果。由于低频噪声谱中含有近零频率成分，因此可以在水平或垂直方向进行求导来达到去噪目的。图 2－25 为 Marmousi 模型经导数滤波后的逆时偏移结果，图 2－26 为导数滤波前后的 2D 频谱对比。

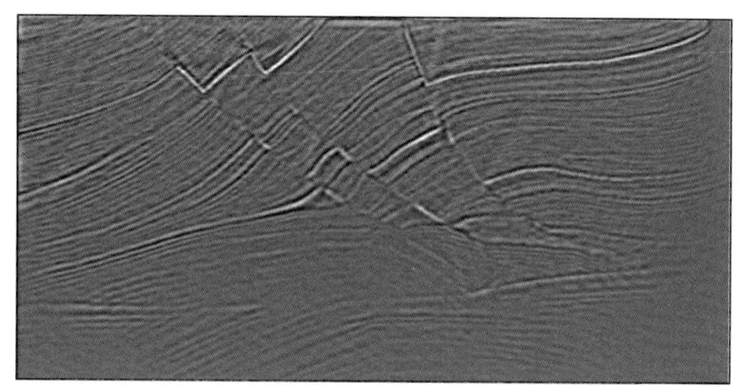

图 2－23　高通滤波结果

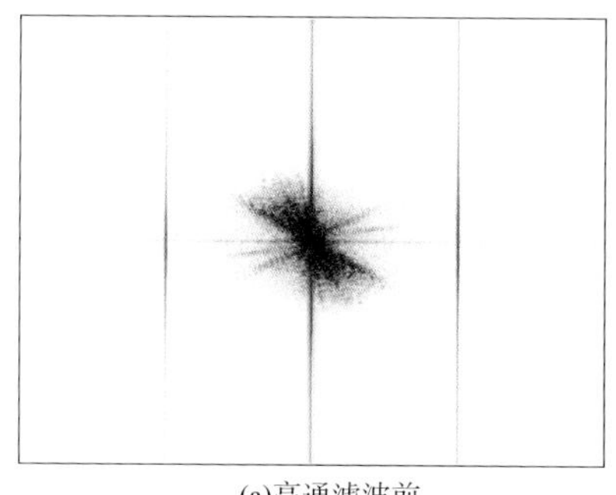

(a)高通滤波前

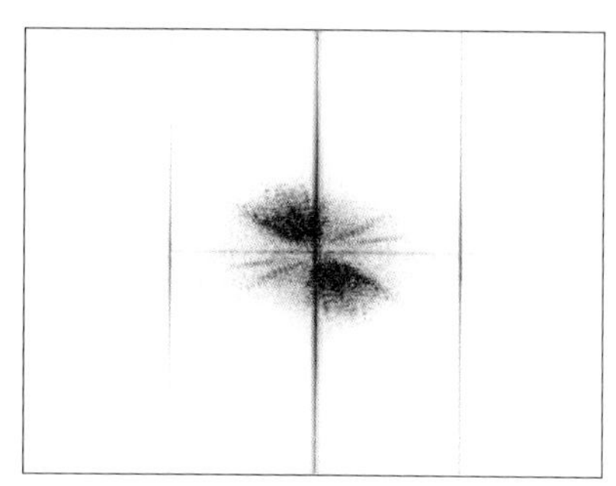

(b)高通滤波后

图 2－24　高通滤波前后频谱

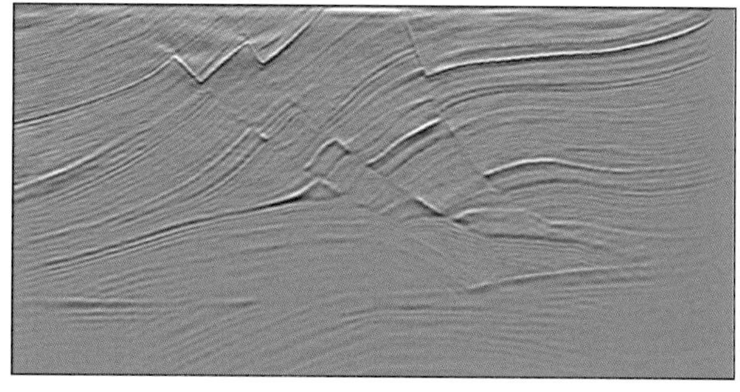

图 2－25　导数滤波结果

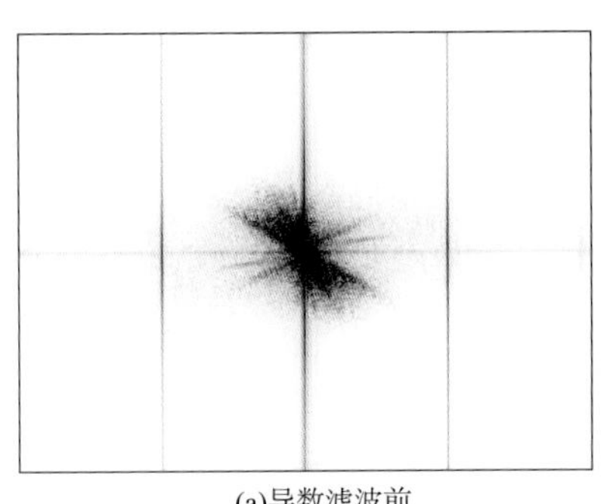
(a)导数滤波前

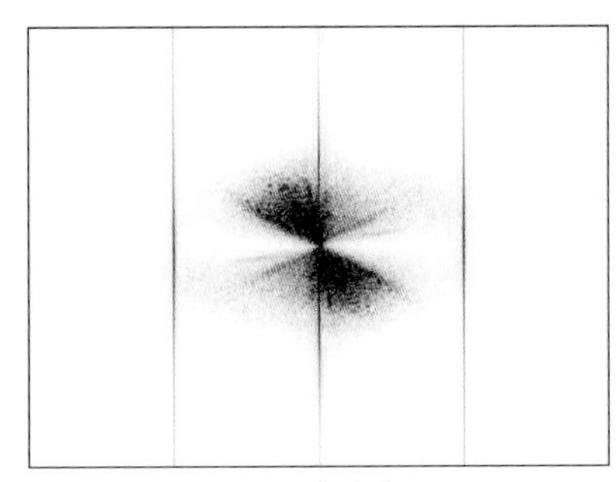
(b)导数滤波后

图 2-26　导数滤波前后频谱

通过高通或在垂直(水平)方向求导滤波可以达到一定程度上去噪的目的，但是这种简单的滤波作用会出现：

(1)若进行垂向求导，$F-K$ 域 $K_z=0$ 处能量明显减弱，垂向噪声受到压制；

(2)导数滤波会使波场的相位发生改变；

(3)虽然低频部分得到压制，但是却增强了高频部分，产生额外噪声。

2)预测误差滤波器最小二乘滤波

Antoine Guitton 等(2006)指出传统简单的滤波方法会改变成像结果相位和频谱等有用信息，而理想的滤波方法应该是在去除噪声的同时保留反射信息的完整性。为此，Antoine Guitton 等提出采用预测误差滤波器实现最小二乘滤波，该方法的思想是应用 S/N 分离理论(Guitton，2005)将去噪问题转化为 S/N 分离问题，并尽可能地保留有效反射信息。

假设存在噪声滤波器 A 与反射滤波器 R，成像 m 定义如下：

$$m=m_r+m_a \tag{2-80}$$

式中，m_r 为反射成像；m_a 为噪声成像。引入残余向量 r_a、r_r，则有

$$0\approx \boldsymbol{r}_a=\boldsymbol{A}(m-m_r),\ 0\approx \varepsilon\boldsymbol{r}_r=\varepsilon\boldsymbol{R}m_r \tag{2-81}$$

利用最小二乘对 m_r 进行求解，即：

$$f(m_r)=\|\boldsymbol{r}_a\|^2+\varepsilon^2\|\boldsymbol{r}_r\|^2 \tag{2-82}$$

其反演解为：

$$\vec{m}_r=(\boldsymbol{A}'\boldsymbol{A}+\varepsilon^2\boldsymbol{R}'\boldsymbol{R})^{-1}\boldsymbol{A}'\boldsymbol{A}m \tag{2-83}$$

假设噪声滤波器 A 与反射滤波器 R 为预测误差滤波器，并令 $\boldsymbol{I}$ 为单位算子，ε 的值为接近零(0.01)的权值，则上式变为：

$$\vec{m}_r=(\boldsymbol{A}'\boldsymbol{A}+\varepsilon^2\boldsymbol{I})^{-1}\boldsymbol{A}'\boldsymbol{A}m \tag{2-84}$$

由噪声估算出噪声滤波器 A 可求出 m_r。Antoine Guitton 等通过模型验证了这种成像后滤波方法可以在去除噪声的同时保留有效反射信息，并指出如果对噪声和反射分别采

用局部滤波器、用真正的反射滤波器 R 而非单位算子 $\boldsymbol{I}$，将会得到更好的成像效果。

3)波场分离后扇形滤波

波场分离作为一种去噪方法可以有效地去除内反射，但是还是会存在剩余噪声，为了压制剩余噪声，Sang Yong Suh 等(2009)提出在 F－K 域对波场进行波场分离成像后，再在空间域对每个波场快照进行扇形滤波，并通过模型验证了这种结合方法的有效性。

波场分离后进行扇形滤波的方法虽然几乎可以完全去除逆时偏移中的低频噪声，但是计算所花费的时间是传统零延迟互相关的 6 倍以上；并且由于要同时保存震源和检波点波场，所以所要求的储存量也是 2 倍以上(Sang Yong Suh，2009)，因此使其应用受到限制。

4)拉普拉斯滤波

Zhang 等(2007)指出如果我们能够得到角度域道集，那么噪声的去除就会变得很简单，因为噪声都是在入射角接近90°处产生，那么我们可以对偏移后的角度域道集进行叠加，然后对大角度部分进行切除即可达到去噪的目的，但输出角度域道集的代价比较高。拉普拉斯算子滤波相当于成像波场角度域滤波，并且这种滤波不需要输出角度域道集，是一种类角度域去噪方法。拉普拉斯滤波是目前工业界应用最为普遍的逆时偏移噪声压制方法。

Laplacian 算子的傅里叶变换可以表示为：

$$FT(\nabla^2) = -|\vec{k}|^2 = -(k_x^2 + k_y^2 + k_z^2) \tag{2-85}$$

式中，FT 为傅里叶变换；∇^2 为 Laplacian 算子；k_x、k_y、k_z 分别为 x、y、z 方向的波数。通过式(2－85)可以看出，Laplacian 滤波的实质就是在波数域乘以波数的平方。而波数又与波的运动学信息有很大的联系，根据图 2－27 所示，由余弦定理可知：

$$\begin{aligned} -(k_x^2 + k_y^2 + k_z^2) &= -|\vec{k}_I|^2 = -|\vec{k}_S + \vec{k}_R|^2 \\ &= -(|\vec{k}_S|^2 + |\vec{k}_R|^2 - 2|\vec{k}_S||\vec{k}_R|\cos 2\theta) \end{aligned} \tag{2-86}$$

式中，$\vec{k}_S$、$\vec{k}_R$、$\vec{k}_I$ 分别为震源点、检波点以及成像点处的波数矢量；θ 为反射角，也就是 $\vec{k}_S$ 和 $\vec{k}_R$ 夹角的一半。又因为：

$$|\vec{k}_S| = |\vec{k}_R| = \frac{\omega}{v} \tag{2-87}$$

式中，ω 为圆频率；v 为速度。将上式代入式(2－86)中，可得：

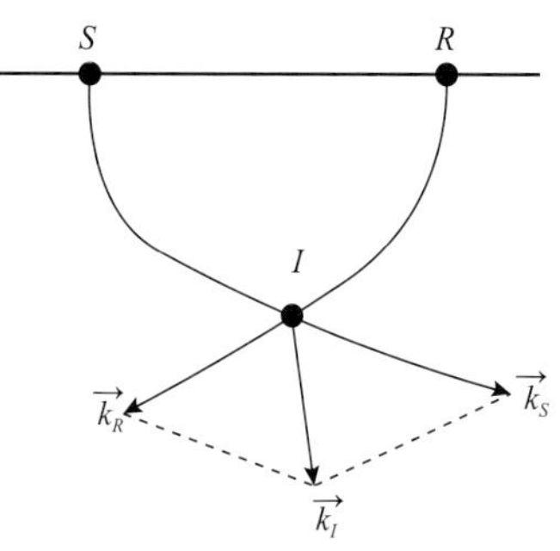

图 2－27　成像点几何关系示意图

$$
\begin{aligned}
-(k_x^2+k_y^2+k_z^2) &= -\frac{\omega^2}{v^2}(2-2\cos2\theta) \\
&= -4\frac{\omega^2}{v^2}\cos^2\theta
\end{aligned} \tag{2-88}
$$

通过式(2-88)可以看出Laplacian算子相当于一个反射角滤波。对偏移图像进行Laplacian滤波相当于在角度域乘以$\cos^2\theta$因子。由$\cos^2\theta$的图像可知，当成像反射角为90°时，成像噪声可以被完全消除，而对于较小角度的反射面成像，成像能量可以很好地保留。

进一步分析式(2-88)可以看出，对偏移结果进行Laplacian滤波不单纯是一个角度滤波，同时还包含$4\omega^2/v^2$因子，这个因子会扭曲偏移图像的振幅和相位。为了校正Laplacian滤波带来的振幅和相位变化，首先对输入地震记录乘以$1/\omega^2$因子(补偿频率)，然后再进行逆时偏移，最后对滤波结果乘以v^2因子(补偿振幅)，整个Laplacian流程为：

$$
Q(\vec{x},\omega)\xrightarrow{\text{filter}}\frac{1}{\omega^2}Q(\vec{x},\omega)\xrightarrow{\text{RTM}}R(\vec{x})\xrightarrow{\text{filter}}\nabla^2R(\vec{x})\xrightarrow{\text{scaling}}-v^2\nabla^2R(\vec{x}) \tag{2-89}
$$

式中，$Q(\vec{x},\omega)$为输入的地震记录；$R(\vec{x})$为逆时偏移成像的果。

采用一个简单的层状速度模型来展示Laplacian滤波以及频率补偿和振幅补偿的效果。图2-28(b)是层状模型的逆时偏移结果，可以看出在第一个强反射层的上方有明显的成像噪声，图2-28(c)是对图2-28(b)所示偏移结果直接进行Laplacian滤波的结果，通过Laplacian滤波偏移噪声被很好地去除，但是可以看到，与图2-28(b)相比子波的相位和不同深度的同相轴能量关系有着明显的变化，这就是Laplacian滤波带来的频率和振幅扭曲。图2-28(d)是通过上述补偿流程得到的Laplacian滤波剖面，这个剖面同样去除了成像噪声，与图2-28(b)的原始偏移剖面相比，子波的相位与同相轴之间的能量关系基本一致。这就证明了通过上述流程进行Laplacian滤波不仅可以去除偏移噪声，还有效地保持了振幅和相位特征。

(a)速度模型

(b)RTM偏移剖面

图2-28　层状模型Laplacian滤波效果

(c)未做频率和振幅补偿的Laplacian滤波剖面

(d)带频率和振幅补偿的Laplacian滤波剖面

图2－28 层状模型 Laplacian 滤波效果(续)

2.3 逆时偏移共成像点道集提取

作为处理复杂构造和强横向变速区域成像的有效工具，叠前深度偏移一方面能够输出成像结果，另一方面还可以得到未完全叠加的成像道集。未进行叠加的地震道集蕴含了丰富的地下介质岩性以及速度等信息，从未偏移的共中心点道集中能够获取振幅以及时差信息，前者与岩石性质和反射系数有关，可以用于 AVO 和 AVA 分析；而后者可以当作炮检距的函数，能够用于求取介质的平均速度，为后续的速度分析提供支撑。共成像点道集主要用于：①在速度准确的情况下，根据高保真的共成像点道集进行 AVO 和 AVA 分析；②当速度不准时，共成像点道集会存在剩余曲率，根据此特性进行相应的速度分析工作；③在共成像点道集上进行剩余曲率校正和去噪处理，然后进行叠加成像，进一步提高成像质量。

共成像点道集有多种类型，其中最为大家熟知并且在地震偏移成像方面应用广泛的是炮检距域共成像道集。按炮检距(有时按炮检距和方位角)把地震数据分选成单次覆盖的地震道集，然后逐个偏移这些小数据体，得到未叠加的部分成像结果，再把同一成像点的成像道组合在一起，就形成了炮检距域的共成像道集。在 Kirchhoff 积分偏移中，直接将不同偏移距的地震道的成像结果按一定的顺序排放即可输出偏移距域共成像点道集。然而，在波动方程偏移中要输出该类型的道集则不太容易，我们在逆时偏移中采用先偏移后抽道集的方式获取偏移距域共成像点道集。

2.3.1 共成像点道集提取方法

逆时偏移成像中，通常采用互相关成像条件：

$$I(\vec{x},t) = \int s(\vec{x},t) \cdot r(\vec{x},t)\,\mathrm{d}t \tag{2-90}$$

式中，$\vec{x}=(x, y, z)$为成像点空间位置；s 和 r 分别为震源端正向传播波场和检波器端反向传播波场。由成像条件可以计算单炮的成像结果，在成像网格的每个点上都存在有成像值。

偏移距共成像点道集提取的思路是：对逆时偏移后的单炮成像数据，按炮点与成像点位置关系计算方位角和偏移距，将成像值投影到相应道集上。

偏移距计算为：

$$l = |\vec{x} - \vec{s}| \tag{2-91}$$

方位角计算为：

$$\alpha = \sin^{-1}\left(\frac{y - y_0}{l}\right) \tag{2-92}$$

式中，$\vec{s}(x_0, y_0, z_0)$为炮点坐标。

不分方位角和分方位角的偏移距共成像点道集提取示意图如图 2-29、图 2-30 所示。

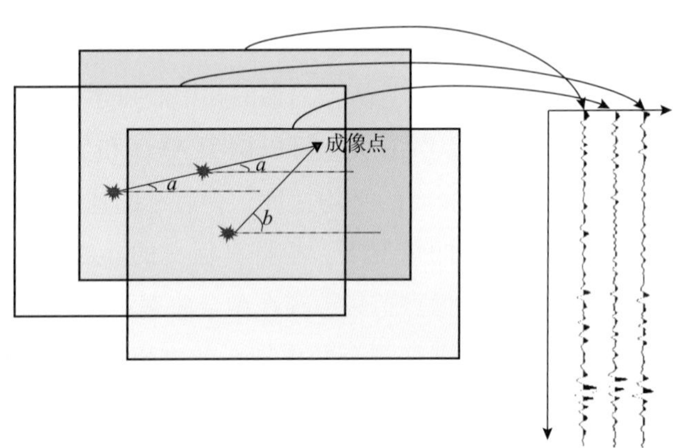

图 2-29　RTM 不分方位角的偏移距共成像点道集提取示意图

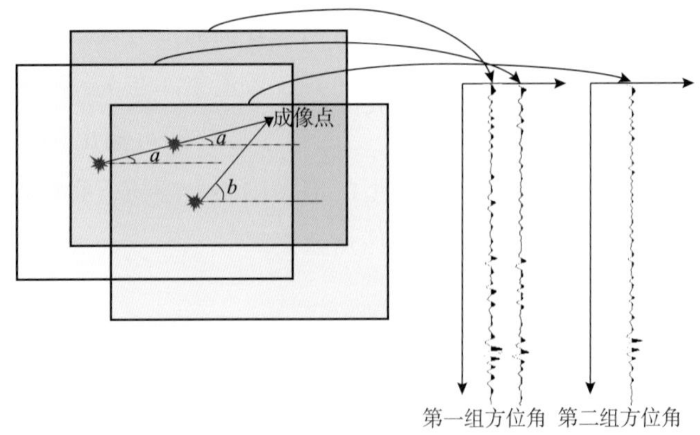

图 2-30　RTM 分方位角的偏移距共成像点道集提取示意图

2.3.2 共成像点道集提取算法实现

逆时偏移共成像点道集提取方法简单，关键问题是如何将该方法高效率实现。由于逆时偏移计算中，每个节点将炮偏移结果存放在本地磁盘中，因此需要利用并行模式实现道集提取。

MPI(Message Passing Interface)并行模式是由学术界、政府和工业协会共同开发的一个消息传递编程模型的实现标准，是目前分布式存储系统上的主流编程模型。它不是一门独立的编程语言，而是一个库，提供了与 FORTRAN 和 C/C 语言的绑定。MPI 适用于共享和分布式存储的并行计算环境，用它编写的程序可以直接在集群上运行。MPI 具有可移植性好、功能强大、效率高等优点，特别适用于粗粒度的并行，几乎被所有多线程操作系统支持，是目前超大规模并行计算最可信赖的平台。使用 MPI 实现单程序多数据并行模型时，每个进程只能读(写)本地内存中的数据，对远程数据的访问则通过进程间显式的消息传递库函数调用来完成。MPI 包含了多种优化的组通信库函数，可供编程人员选择使用最佳的通信模式。

逆时偏移计算中，由于每节点存放的偏移结果数据量较大(GB 级)，如果利用 MPI_Send 和 MPI_Recv 将每个节点的偏移结果传回存放在同一位置后再进行抽道集操作显然不现实。为了减小主进程操作的数据量，可以先由每个节点建立一个四维道集体，每个节点对其临时盘的偏移结果进行抽道集处理，然后再用 MPI_Reduce 命令对每个节点进行归约叠加，合成一个完整的偏移距域共成像点道集数据体。这种思路实现简单，计算效率较高，然而它需要在每个节点的本地磁盘上都存放一个四维道集数据体。对一般三维实际地震资料而言，这个道集数据体的数据量将会超过一百甚至几百吉字节，严重制约了逆时偏移的实用化。

为了避免在每个节点的临时盘存放大量数据，我们采取一种“索引 + 抽道集 + 归约叠加”的思路实现高效率的 RTM 偏移距共成像点道集提取。该实现算法主要步骤如下：

(1)主节点初始化道集数据体，写入道头信息；

(2)从节点根据可用内存对道集数据体进行分块，读取逐炮偏移结果的道头信息，按照其中的成像点线号、CDP 号建立每块的索引信息，存放在内存中；

(3)从节点按照索引信息，逐块对本地盘上的偏移成像结果进行抽道集处理；

(4)所有节点对同一个块道集数据体进行归约，叠加结果由主进程写入完整道集数据体中；

(5)以上两步逐次循环，最终完成所有块的道集索引。

由于四维道集数据量比较大，初始化该数据体需要较长的时间，考虑到断点风险，在提取偏移距共成像点道集程序中设置了断点保护的功能。当采取断点保护时，程序首先根据已有道集数据体的数据量判断前次的道集初始化是否完成，若否，则重新进行道集初始化，若是，则进行道集分块和信息索引。

下面给出 RTM 偏移距域共成像点道集提取具体实现流程图(图 2－31)，分方位角与不分方位角程序算法略有差异，但基本流程是一致的。

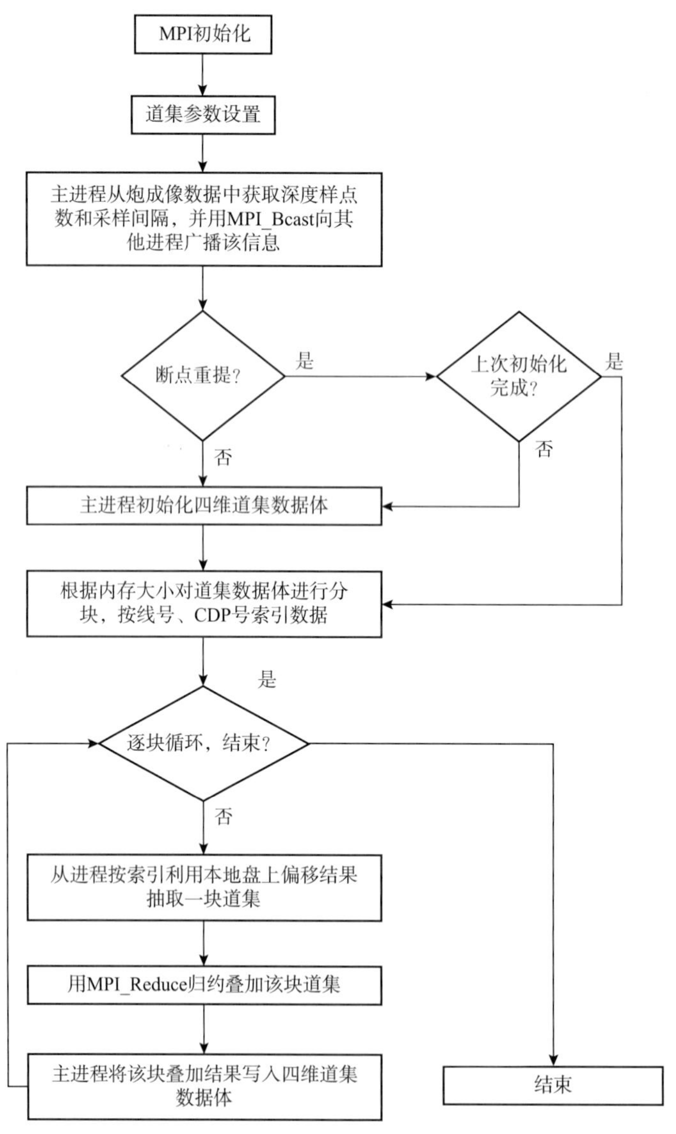

图 2－31　偏移距域共成像点道集提取流程图

2.3.3 抽道集实例

在此我们采用某探区实际资料来进行 GPU－RTM 试处理，并基于偏移后的炮域成像结果抽取不分方位角的偏移距域共成像点道集。图 2－32 是某线三个成像点的共成像点道集，从中可以看出同相轴基本水平，表示偏移速度较为精确。在道集中切除浅层噪声后再进行叠加成像，可以得到较好的偏移成像结果(图 2－33)。RTM 成像剖面中绕射波得到很好的收敛，“串珠状”清晰，反射波层次丰富、结构清晰，波组特征明显。此外，在本研究中我们还抽取了分方位角的偏移距域共成像点道集(图 2－34)。

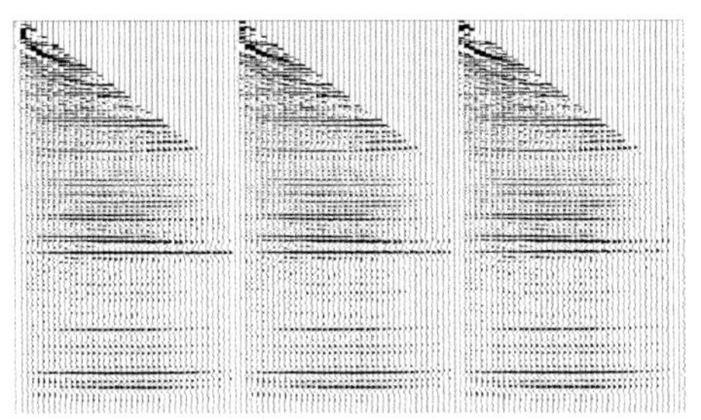

图 2－32 RTM 偏移距域共成像点道集

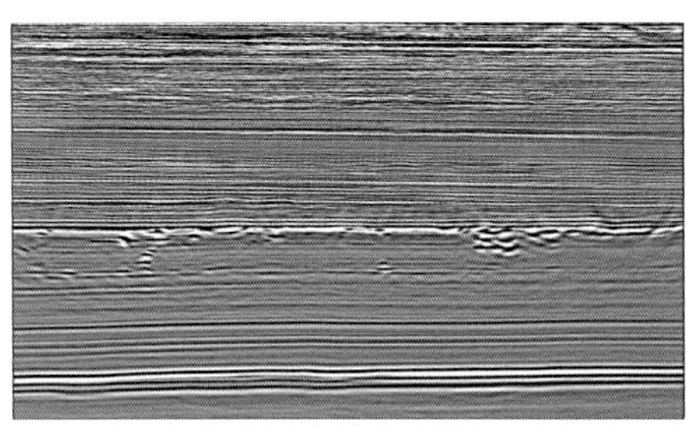

图 2－33 切除噪声后的偏移叠加剖面

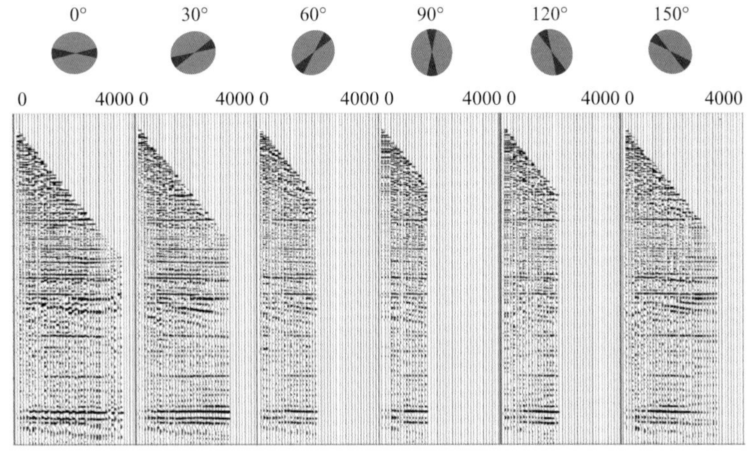

图 2－34 RTM 方位角共成像点道集

2.4 逆时偏移并行策略及存储方案

RTM 偏移技术具有计算密集、计算海量、存储需求量巨大的特点，对计算机的性能要求非常高。根据目前高性能计算机及其应用技术的发展现状，工业界主要有两个体系的 RTM 技术。首先在传统的 CPU 集群上，根据 RTM 的计算特点，采用基于 MPI + OpenMP 的并行模式，在较好解决存储瓶颈的同时最大限度地提高 CPU 利用率；其次在

2006年以来发展起来的GPU计算平台，根据RTM的计算特点，融合了CPU在复杂顺序计算和GPU在大规模并行计算的双重优势，通过硬件协同和软件协作，均衡CPU和GPU的负载，采用GPU\CPU异构协同的并行计算模式，由于其计算效率远远高于CPU，目前更加被工业界认可。

2.4.1 基于MPI+OpenMP并行策略

对于RTM，其在应用实现方面有两个特点：一是计算密集，由于当前地震技术的发展，单炮万道接收，一个三维工区有数万炮，已经成为三维地震的常规套路，而对于RTM，每一个位置延拓数万步也是很正常的，因此逆时偏移的计算量是非常巨大的；二是海量存储，因为RTM的传播和反传播是两个在时间上互逆的过程，因此在成像时就要存储正向或反向传播的波场，由于地震勘探的精细化程度在不断提高，精细描述的地震波场的存储量也是非常巨大的。当今的处理设备往往是多处理器、多核的，但平均每一个处理器占有的存储量却十分有限，对于高计算量高存储量的RTM来说，计算量和存储量之间存在矛盾。

对于RTM作业，单纯地使用OpenMP进行处理，由于OpenMP共享内存的机制，可以有效地利用存储器解决存储需求的问题，但是OpenMP只能工作在共享内存的并行环境下工作，而共享内存的并行系统往往规模很小，不能满足RTM对计算量的需求。而MPI理论上可以处理大规模集群的运算问题，可以很好地处理在各个分布式存储的计算节点间的通信问题，但是由于节点内部每个处理器的内存储量有限，对于RTM如果要通过MPI的方式使用所有的处理器就会导致单炮计算的存储量不足，如果要保证充足的存储量就要放弃一部分处理器，而要使用多个处理器来处理一个单炮又会增加进程之间的通信量，降低计算效率。

因此对于RTM，最好的并行方案就是MPI和OpenMP同时使用。使用粗细两种粒度分别处理的并行模式，MPI处理粗粒度的并行问题，也就是节点之间的通信，在节点内部则使用OpenMP多线程并行处理细粒度问题，最大限度地调用起多核处理器的计算能力，在这种策略下存储和计算达到平衡。

如图2-35所示，RTM的MPI+OpenMP并行策略可以描述为，在每个计算节点启动MPI进程控制成像的总流程，MPI进程负责节点之间的数据传输，当进入计算环节时，通过OpenMP共享内存并行，充分利用多核处理器的计算能力。通过这种并行策略可以极大地缓解RTM中计算量与存储量之间的矛盾，减少进程之间的通信量，尤其是在节点的存储可以完整处理一炮或者几炮数据时，这种并行策略基本上没有进程间通信，多进程的加速比几乎保持直线上升。

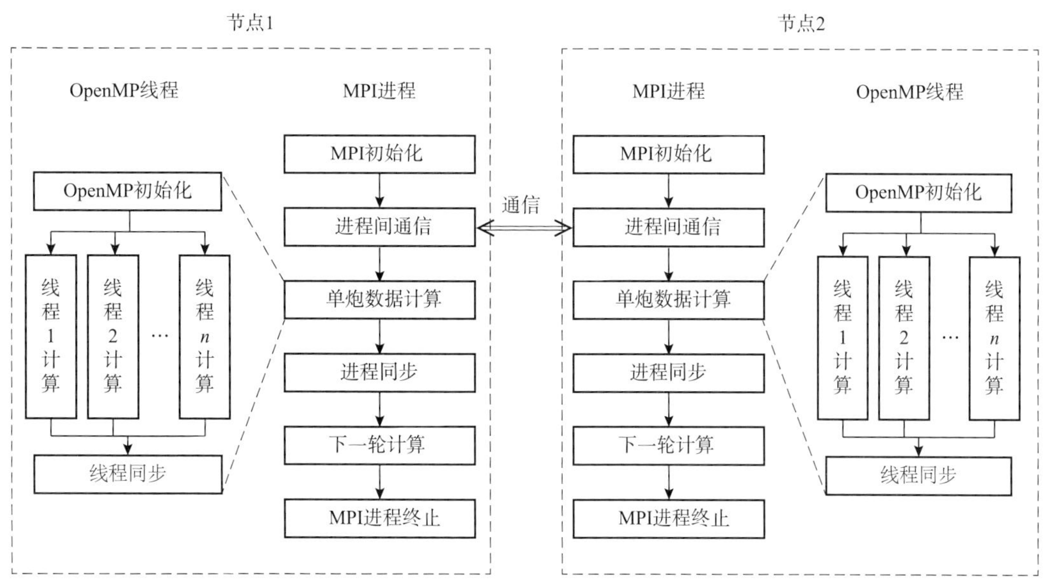

图 2－35　RTM 的 MPI＋OpenMP 并行策略示意图

2.4.2　面向逆时偏移的波场存储方案

在进行 RTM 偏移过程中，震源波场是沿时间正向传播的，而检波点波场是沿时间逆向传播的，要将这两个波场做零延迟互相关，就必须要保存其中一个波场，这就是逆时偏移所面临的存储问题。如果要把整个波场完全保存下来(特别是三维时)，这需要巨大的存储空间，目前计算机硬件资源往往无法满足，从而大大制约了 RTM 的工业化发展。为了应对 RTM 海量存储需求，工业界主要发展了四种方案：①高精度数据压缩技术；②随机边界技术；③检查点机制；④震源波场重构技术。在本小节，我们仅仅讨论后三种技术。

1. 随机边界技术

Robert G Clapp 等学者在 2009 年提出了随机边界，用计算换存储。随机边界条件使得波场外推变成了一个可逆的过程，其方法是将震源波场先推到最大时间，保存最后两个时间片的波场，然后和检波点波场同时逆时外推，每推一个时间步长做一次成像，有效地解决了逆时偏移波场的边界及存储问题。图 2－36 为未加随机边界的匀速模型，图 2－37中，(a)为在均匀介质外围加上随机边界的匀速模型，(b)为波场未到边界时的波场($t=0.5$s)，(c)为到达边界的波场($t=2$s)，(d)为到达 t_{max} 时的波场

图 2－36　未加随机边界的匀速模型

(t=3.12s)，(e)为重新逆推到 t=0.5s 时刻的波场，(f)为(b)与(e)的差值。(e)与(b)的差值在误差允许范围内很小，表明随机边界条件并没有对波场外推算子做任何改变，由于反射波相关性很差，因此不会对成像结果产生影响，同时，因为边界没有对波场能量产生损耗，因此我们可以将波场重新利用全程波动方程逆推回去。这种方法往往需要全模型计算，大大增加了计算量，并且只适用于无耗散介质中的声波传播。

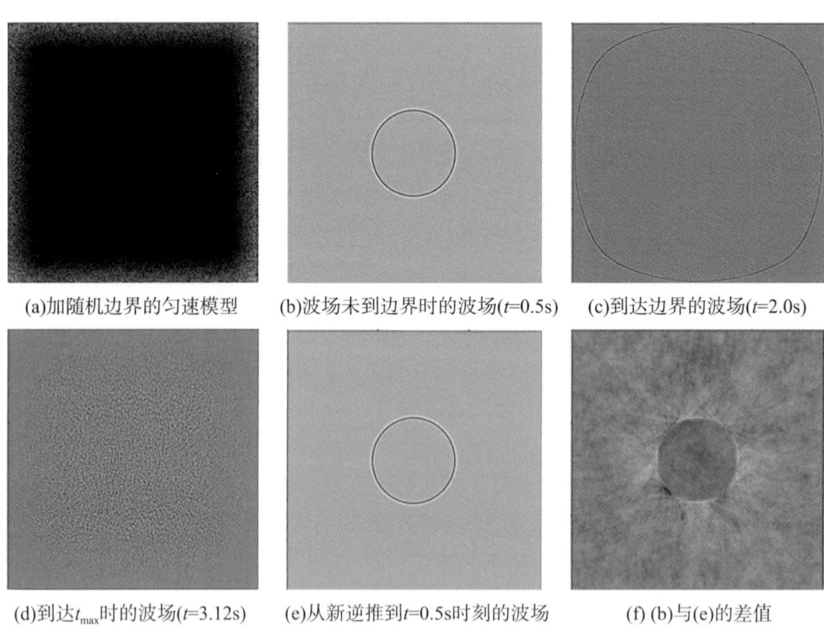

(a)加随机边界的匀速模型
(b)波场未到边界时的波场(t=0.5s)
(c)到达边界的波场(t=2.0s)
(d)到达t_{max}时的波场(t=3.12s)
(e)从新逆推到t=0.5s时刻的波场
(f) (b)与(e)的差值

图 2-37　随机边界示意图

2. 检查点机制

检查点机制是牺牲计算效率来减小存储量的一种方法，也是典型的是以时间换取空间的策略。具体来说就是在波场正向传播的过程中，选择几个时刻作为检查点，仅仅存储检查点处的波场。在成像时，再通过检查点的波场重构出成像时刻的波场值，然后再成像。对于传统的共炮点 RTM，检查点存储策略可以表述为：

检查点存储策略逆时偏移流程

for 炮道集 do
　　while t < 最大时刻 do
　　　　正演到检查点
　　　　存储波场
　　end while
　　t = 最大时刻
　　while t >0 do
　　　　从检查点读取波场
　　　　正演波场到 t 时刻

```
        for t = 0 到检查点 do
            反推地震数据一个时间步长
            对正演和反推波场进行成像
        end for
        t = t - 检查点
    end while
end for
```

通过对检查点策略的描述可以看出检查点的选择对于检查点存储策略十分重要，要兼顾计算量和存储量，检查点选得太密集则存储量增加，达不到节约存储的目的，检查点选得太少，重复计算就会增多，导致计算量成倍上涨。

最简单的检查点的选择方式就是等间隔放置检查点，这样布置检查点的好处是易于理解、实现方便。但这种方式存储的重复计算量相当高，尤其是在检查点较少的时候，计算量以阶乘形式递增。于是又产生了一种新的检查点策略，就是二分法检查点策略。这种策略并不是一次放置所有的检查点，而是将整个延拓和成像的过程等分为两个时间段。首先将正演波场推导到最大时刻的一半并设立检查点，先处理检查点到最大时刻的逆时偏移问题，再处理从零时刻到检查点的逆时偏移问题，这样就形成了两个一半时间的逆时偏移问题，然后再分别按上述方法处理这两个子问题，不断二分下去直到达到预先设置的二分级数(图 2 - 38)。这种二分的好处在每次二分只需要保存一个检查点，同时存检查点的数量较之等分的形式减少了，而整个递推次数仅仅增加了二分级数次，这样只要二分级数够多，整个计算量要远远少于等分形式。

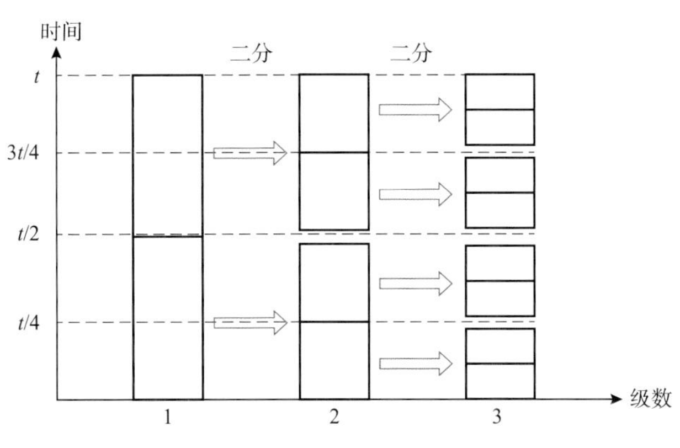

图 2 - 38　二分法检查点机制示意图

3. 震源波场重构存储策略

基于震源波场重构的逆时偏移实现思路如下：

(1)将震源波场正向外推到 T_{max}，外推过程中只存储边界波场信息；

(2)对检波点波场进行逆时反向传播，同时，利用存储的边界波场重构震源正向传播的波场；

(3)重构的震源波场与逆时传播的记录波场进行零时互相关提取成像值。

图2-39为第一步中存储边界的示意图，里面的方形表示波场模拟区域，外面表示吸收边界区域，虚点线表示要存储的边界，左侧表示仅仅存储一层边界，右侧表示存储边界及其内部相邻的网格点。第二步中波场重构相当于求解一个偏微分方程，方程表达式就是一个声波波动方程，震源正向外推时最后两个时间的波场作为其初值条件，第一步存储的波场作为其边值条件。通过有限差分算法比较容易求出每一个时间的震源传播波场，实现震源波场的重构，而后与逆时传播的记录波场相关成像。

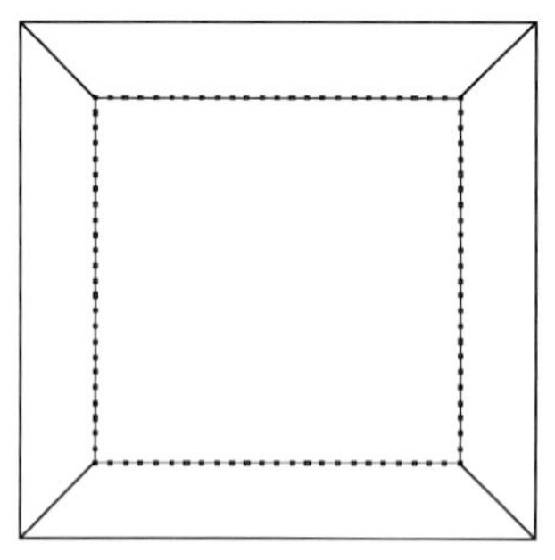
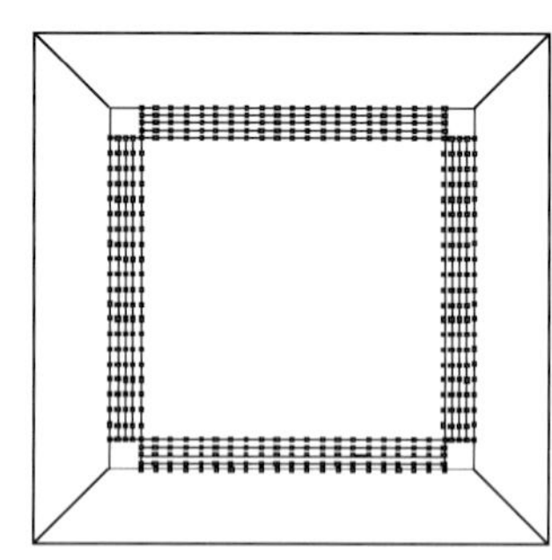

图2-39　存储边界示意图

在计算效率方面，采用震源波场重构存储策略，增加了0.5倍的计算量，但存储量和*I/O*量得到大幅度降低，偏移的整体计算效率会有较大提升。

2.4.3　基于GPU平台的逆时偏移成像技术

GPU上实现RTM计算主要包括两个关键部分，即并行策略和存储策略。因为GPU的并行计算属于细粒度的，其并行结构分为三个层次：线程、线程块以及由线程块组成的线程网格，它可以针对数据体中的每个元素进行并行计算，粒度之细是CPU无法相比的。RTM的主要计算热点为有限差分计算，有限差分算子可以抽象为向量乘法问题。因此，将整个RTM计算过程中计算量最密集的波场延拓通过GPU并行策略实现，最能提高计算效率。需要注意的是，利用高阶有限差分法计算需要大的内存读写，以三维时间2阶、空间8阶差分网格为例，每计算一个网格点的值都需要读取周围25个网格点的数据，内存读取冗余度非常高。在GPU计算中，一组线程构成一个线程块进行运算(一个线程块内的各个线程公用共享存储器)。理想的情况是将一个线程块所需的数据一次调入共享存储器，GPU计算核心从共享存储器读取数据进行运算。对于三维高阶差分运算，需要导入共享存储器的数据已经远远超过GPU的共享存储器大小。Micikevicius(2008)提出只把两维数组放入共享存储器，另外一维利用每个线程的寄存器存储，可以

解决共享存储器空间不足的问题(图 2－40)。

1. 单卡 GPU 实现策略

由于 GPU 的显存空间有限，目前的 Tesla 10 系列的显卡只有 4GB 的内存。当数据量较小时，单卡的 GPU 显存能够满足数据存储的要求，此时的 RTM 计算模式相对简单，每炮数据的 RTM 计算只需在一块 GPU 卡上进行(图 2－41)。

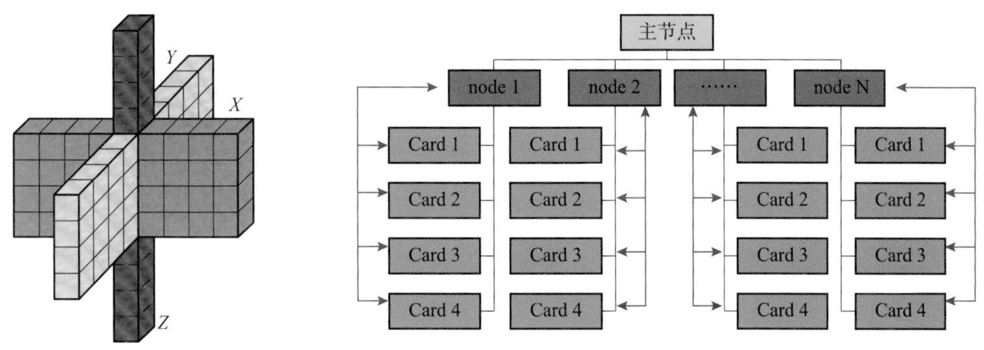

图 2－40　差分计算格式

图 2－41　GPU－RTM 单卡计算模式

具体实现过程如图 2－42 所示。

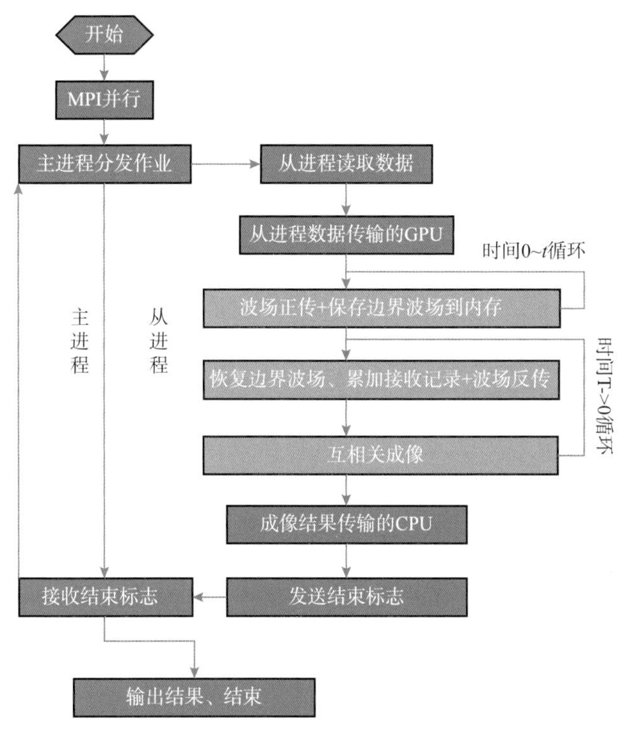

图 2－42　GPU－RTM 单卡实现流程

在 GPU－RTM 单卡实现过程中，因为没有节点间数据传输，相对实现较容易，计算的加速比也较高。

2. 多卡 GPU 实现策略

当处理数据量较大时，GPU 单卡显存已经不能满足单炮数据的存储量。为了解决这一难题，可采用多卡联合作业模式。首先将数据空间划分成 N 块，每块 GPU 卡计算其中一块数据(图 2－43)。此时相应的 RTM 计算模式也较复杂，即不仅 GPU 与主机间需要进行数据传输，还需要 GPU 卡之间进行数据交换。而 GPU 卡之间是不能直接进行数据传输的，只能通过主机这一桥梁才能进行数据交换，因此增加了计算的复杂度和数据的 I/O 量，该计算模式如图 2－44 所示。

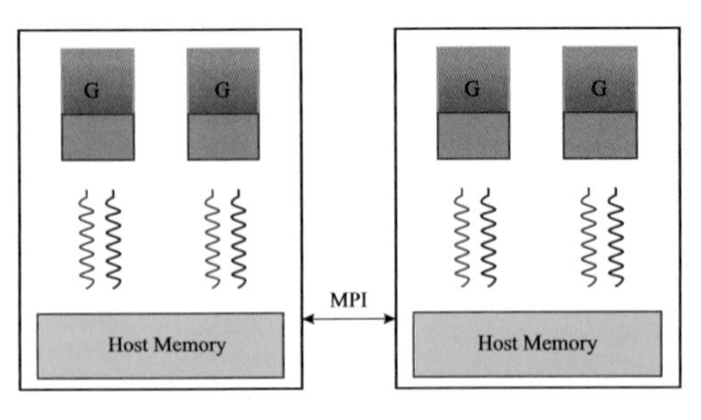

图 2－43　GPU－RTM 多卡联合作业计算模式

图 2－44　数据划分

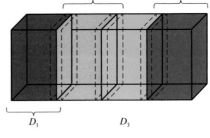

为了使算法满足大规模地震数据的处理，可设计利用内存作为中转站的数据交换机制，这种机制不限定每个节点 GPU 卡的数量，根据计算需求动态规划每炮计算需要的节点数和 GPU 卡的数量。那么一次数据交换就需要 4 次 GPU 与 CPU 之间的数据传输，以及一次 CPU 内存间的传输，而 CPU 与 GPU 的数据 *I/O* 具有一定的访存延迟。通过 GPU 多卡处理可以解决 GPU 显存不足的限制，但同时引入了通信量的问题。利用多卡联合计算一炮数据，意味着将一个炮数据体分别用不同的 GPU 卡计算，那么在计算过程中就需要卡与卡之间的数据交换，从而增加了 GPU 卡之间的 *I/O* 通信量。为了优化 GPU 卡间的数据通信，可采用数据 *I/O* 隐藏策略，将数据体按照 GPU 显存进行划分，每块 GPU 卡可分为独立计算部分和边界的重叠计算部分。计算过程分为两步进行，如图 2－45 所示：①对重叠数据部分进行计算；②在计算独立数据部分的同时，进行卡与卡之间重叠数据的交换。通过数据计算与数据 *I/O* 通信的同时进行，可实现数据 *I/O* 的隐藏策略。在新一代 GPU 架构中(Fermi 架构)增加了 GPUDirect™ 技术，该技术可以直接读取和写入 CUDA 主机内存，消除不必要的系统内存拷贝和 CPU 开销，还支持 GPU 之间以及类似 NUMA 结构的 GPU 与 GPU 间内存的直接访问的 P2P DMA 传输。这些功能为未来版本的 GPU 与其他设备之间的直接点对点通信奠定了基础。

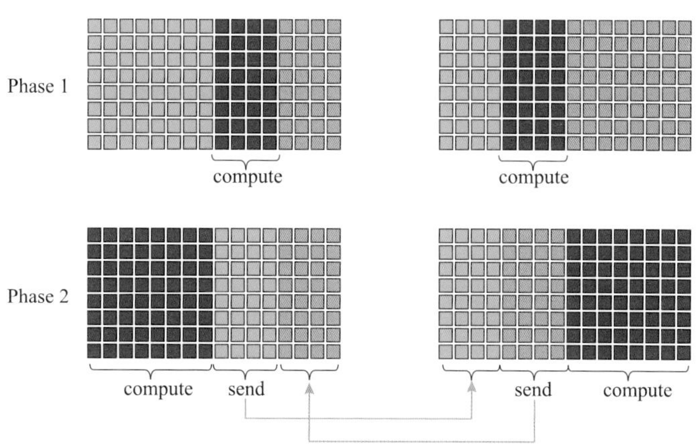

图 2-45　数据 I/O 的隐藏策略

实现数据 I/O 隐藏必须利用 GPU 流处理技术。GPU 计算中可以创建多个流，每个流是按顺序执行的一系列操作，而不同的流与其他流之间可以是乱序执行的，也可以是并行执行的，即可以使一个流的计算与另一个流的数据传输同时进行，从而提高 GPU 的资源利用率。

具体计算流程如图 2-46 所示：

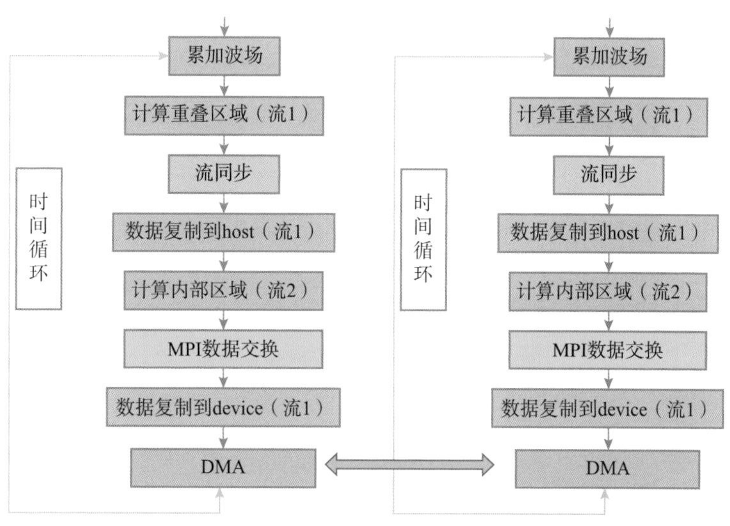

图 2-46　基于流的多卡 GPU-RTM 实现策略

从上述实现过程可以看出，在实现多卡 GPU-RTM 程序设计时不仅要考虑 GPU 卡之间的数据交换，还要利用 GPU 流技术来实现计算与传输的并行，实现过程较复杂。但是基于流的 GPU-RTM 程序设计解决了 GPU 显存不足的问题，从而可实现大规模地震数据的 RTM 处理。

2.5 模型测试及实际资料处理

2.5.1 2D 模型测试

图 2－47 为经典 2D－BP 模型的速度剖面，图 2－48 为对应的 RTM 偏移剖面，成像精度非常高，与速度场吻合得非常好。从粉红框内成像结果可知，左上盐体虽然埋藏比较浅但构造非常复杂，盐体边界地层非常陡、速度横向变化剧烈，从而使得成像非常困难，单程波动方程叠前深度偏移剖面［图 2－49（a）］虽然能够勾勒出盐体的轮廓，但成像非常模糊，而 RTM 偏移剖面成像精度非常高，盐体边界的刻画以及盐体与围岩的接触关系都非常清晰。图 2－50 为中部埋藏比较深的盐体成像，由于构造相对简单，单程波动方程叠前深度偏移剖面［图 2－50（a）］和 RTM 偏移剖面［图 2－50（b）］在盐丘顶部以及盐丘内壁角度比较缓的构造成像都比较理想，但单程波偏移在盐丘内壁角度比较大（特别是超过 90°）的界面以及盐丘右侧垂直边界则无法准确成像，而 RTM 则体现了陡倾角成像优势，刻画得非常好。

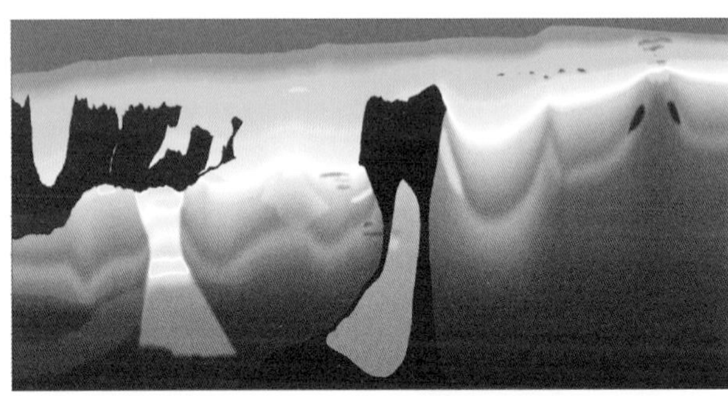

图 2－47　2D－BP 模型速度剖面

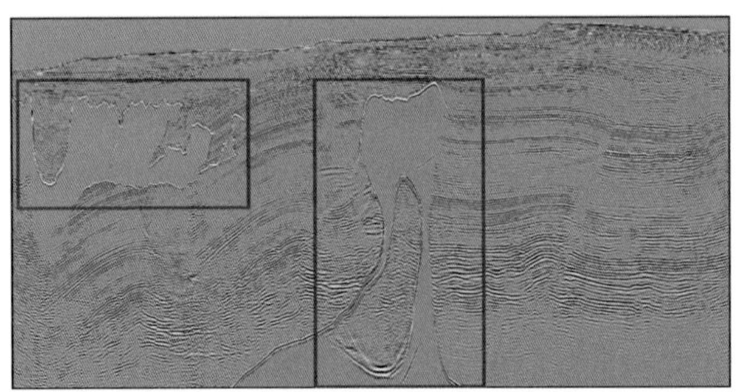

图 2－48　2D－BP 模型 RTM 偏移剖面

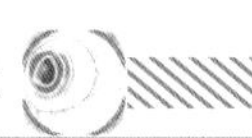

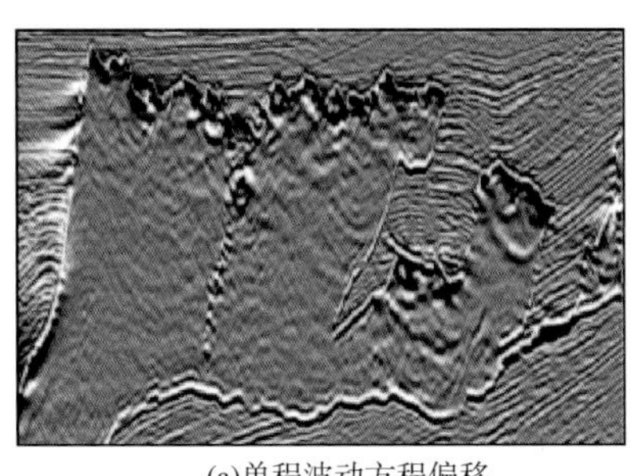

(a)单程波动方程偏移　　(b)RTM偏移

图 2－49　偏移剖面对比

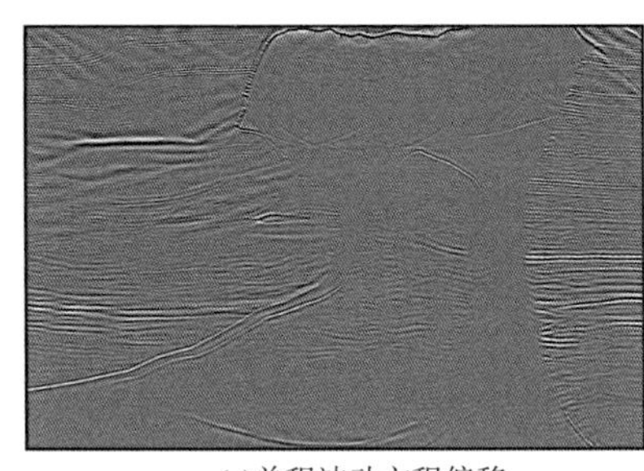

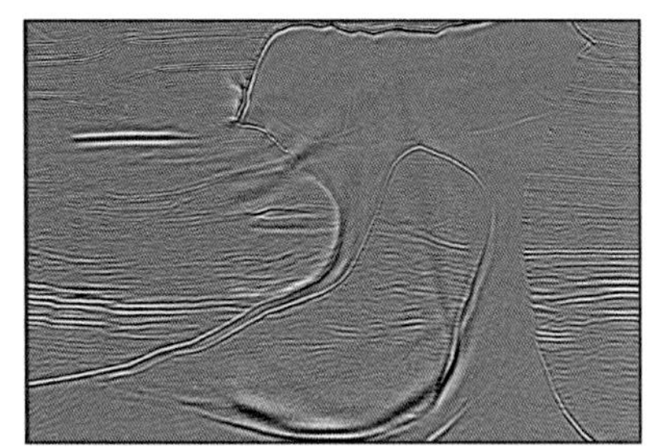

(a)单程波动方程偏移　　(b)RTM偏移

图 2－50　偏移剖面对比

2.5.2　3D 模型测试

为了检验 RTM 的成像精度，对经典 SEG 盐丘模型进行了改进。新的盐丘速度模型剖面纵横向测线都为 901 条，面元为 15m × 15m。采集参数为：33 条炮线，线间距 360m，每线 101 炮，炮间距 120m，总共 3333 炮，每炮 301 ×301 共 90601 道接收，接收点面元 30m ×30m；震源子波采用 Ormsby 子波，频带范围 3 ~40Hz；炮点和检波点均在地下 10m 的位置；记录长度为 8s，采样间隔为 2ms。

分别采用单程波偏移和 RTM 偏移对模拟数据进行测试。图 2－51 和图 2－52 分别为 Inline 方向 2 条测线的成像效果对比，可以看到当构造比较简单、横向速度变化不大的区域(图 2－51)，单程波动方程叠前深度偏移和 RTM 偏移都有比较好的成像效果，断层归位准确、绕射波收敛干净，地层间接触关系清晰。但在构造复杂区域(图 2－52)，由于高速盐体的存在使得单程波动方程叠前深度偏移剖面在盐丘边界和盐下成像非常差，而 RTM 偏移剖面对盐丘边界刻画和盐下成像效果比较理想、盐丘与围岩的接触关系比较清晰。图 2－53 和图 2－54 分别为 Crossline 方向 2 条测线的成像剖面，可以看到与 Inline 方向相同的效果。图 2－55 和图 2－56 分别为两个深度的偏移切片剖面对比，可以看到 RTM 偏移结果与速度模型匹配度更高，进一步证明了 RTM 具有更高的成像精度。

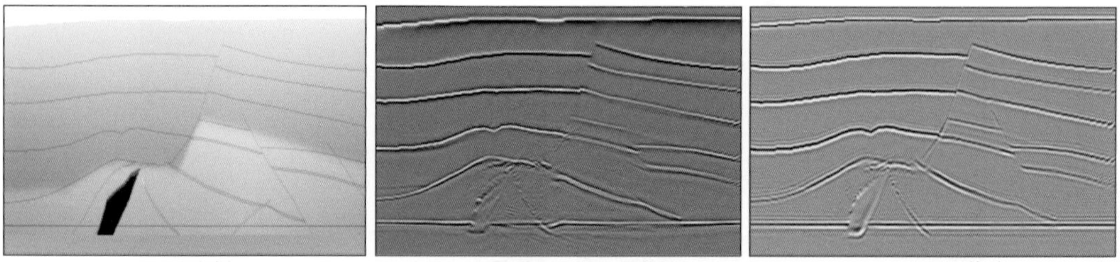

(a)速度剖面　(b)单程波动方程偏移　(c)RTM偏移

图2－51　偏移效果对比(Inline101)

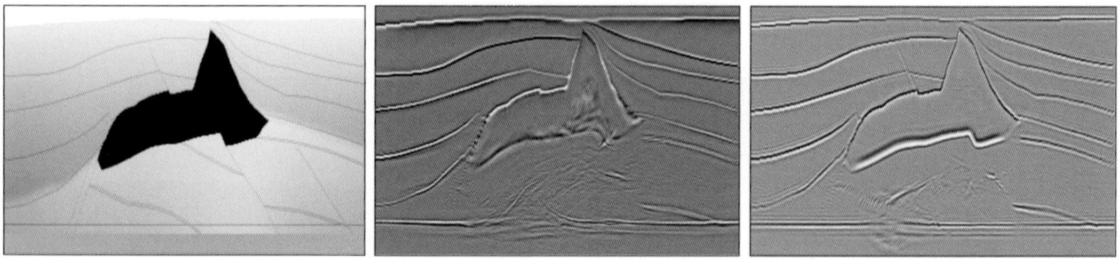

(a)速度剖面　(b)单程波动方程偏移　(c)RTM偏移

图2－52　偏移效果对比(Inline161)

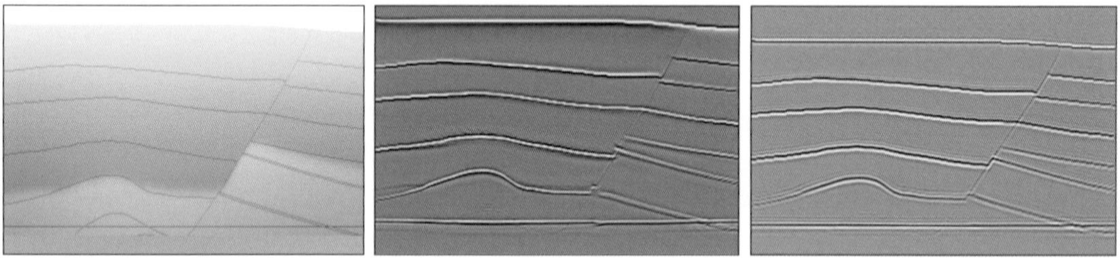

(a)速度剖面　(b)单程波动方程偏移　(c)RTM偏移

图2－53　偏移效果对比(Crossline101)

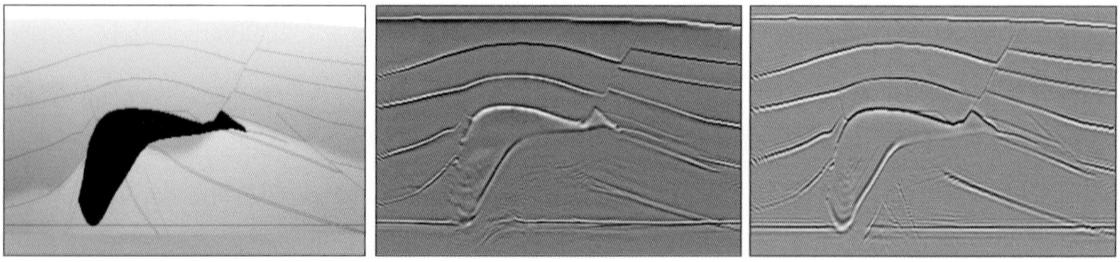

(a)速度剖面　(b)单程波动方程偏移　(c)RTM偏移

图2－54　偏移效果对比(Crossline161)

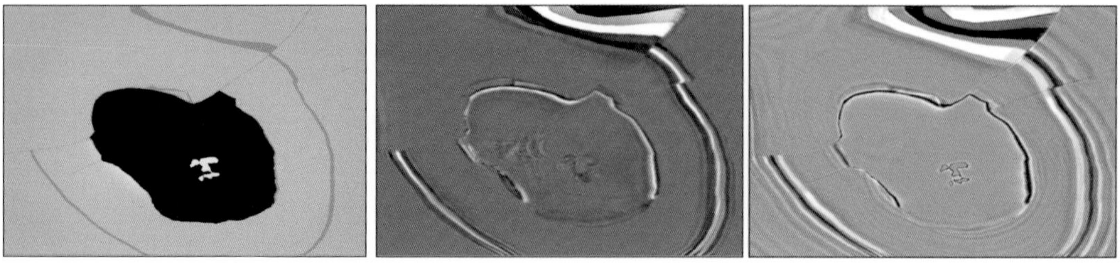

(a)速度剖面　(b)单程波动方程偏移　(c)RTM偏移

图2－55　偏移深度切片效果对比(2600m)

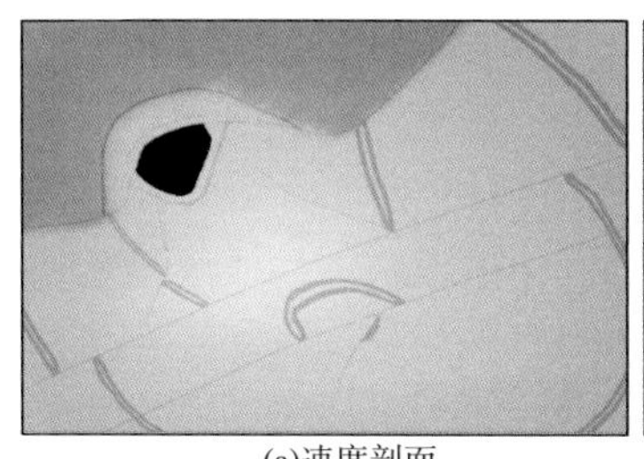
(a)速度剖面

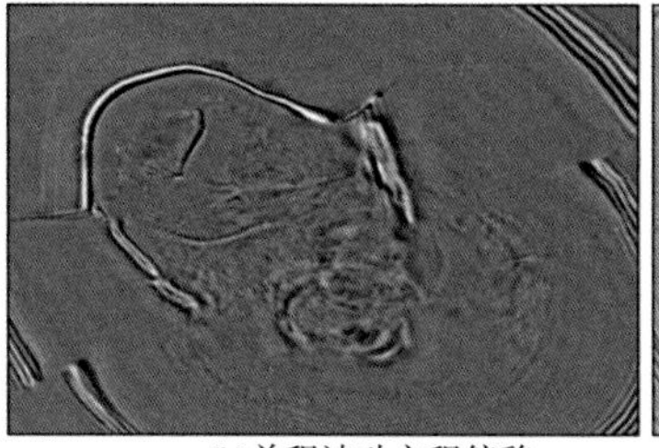
(b)单程波动方程偏移

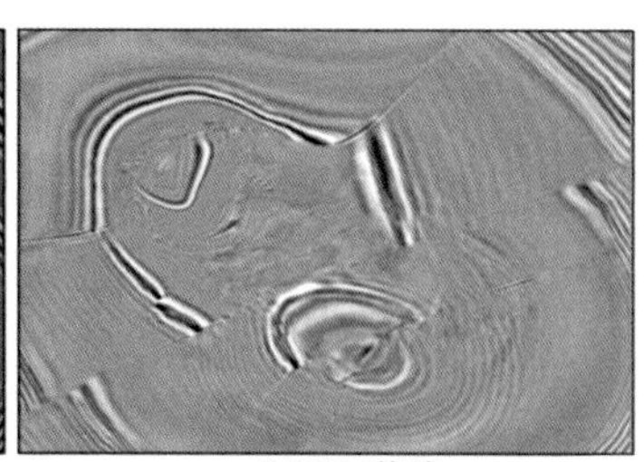
(c)RTM偏移

图 2－56　偏移深度切片效果对比（3800m）

2.5.3　实际资料处理

1. 盐下成像

盐下地震勘探由于盐丘速度与围岩差异大、厚度横向变化大、侧翼陡等问题造成地震波场复杂，从而使得盐丘边界刻画和盐下成像困难。图 2－57～图 2－62 为某探区复杂盐丘的成像效果对比，我们对该区 3D 资料分别进行了 Kirchhoff 叠前深度偏移、单程波动方程叠前深度偏移、RTM 偏移处理。Kirchhoff 叠前深度偏移方法由于其固有的理论缺陷使得不适应横向速度变化剧烈的地质构造，而且采用的高频近似也会影响中深层的成像质量，所以其偏移剖面［图 2－57（b）～图 2－60（b）］成像品质不高，尤其是盐下成像质量非常差。单程波动方程叠前深度偏移剖面［图 2－57（c）～图 2－60（c）］成像品质稍高一些，但因一系列近似造成的偏移倾角限制使得高陡盐丘侧翼成像质量非常差，盐

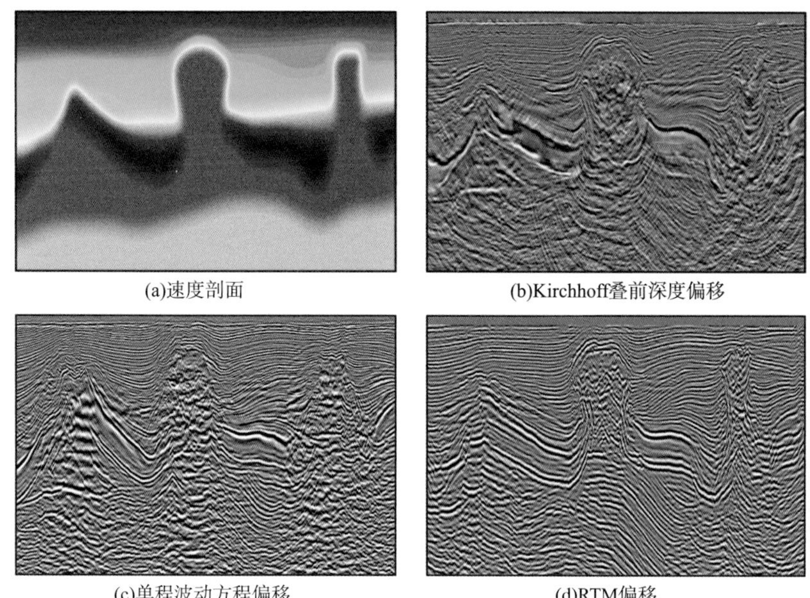
(a)速度剖面
(b)Kirchhoff叠前深度偏移
(c)单程波动方程偏移
(d)RTM偏移

图 2－57　偏移效果对比（Crossline1）

下成像也不是很理想。RTM 偏移方法正好汇集了以上两种方法的优点，成像剖面[图 2－57(d)～图 2－60(d)]品质得到非常大的提高，岩丘顶界面、侧翼、底界面归位得非常好，盐丘与基岩的接触关系也非常清晰，盐下地层成像刻画得更加准确合理。图 2－61和图 2－62 是 1250m 和 1750m 的深度切片，可以看出 RTM 偏移结果与速度模型匹配较好。

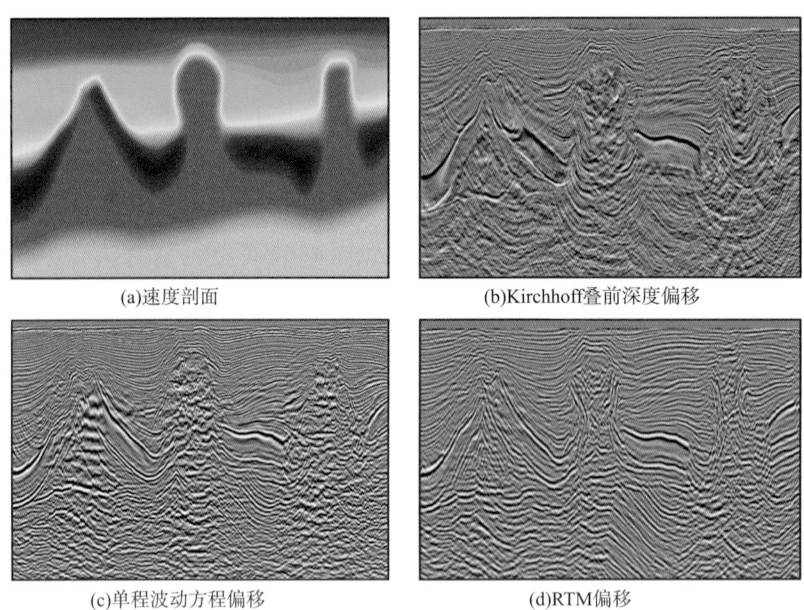
(a)速度剖面　(b)Kirchhoff叠前深度偏移
(c)单程波动方程偏移　(d)RTM偏移

图 2－58　偏移效果对比(Crossline2)

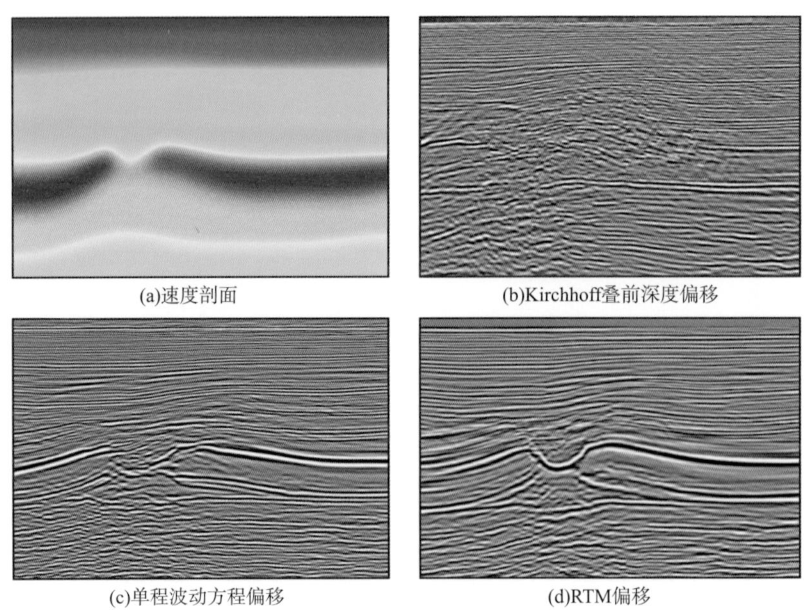
(a)速度剖面　(b)Kirchhoff叠前深度偏移
(c)单程波动方程偏移　(d)RTM偏移

图 2－59　偏移效果对比(Inline1)

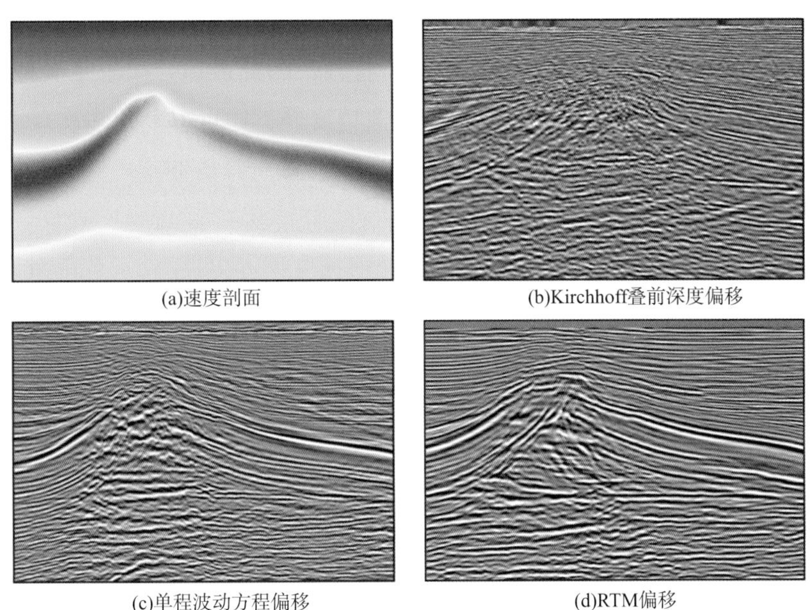

(a)速度剖面　(b)Kirchhoff叠前深度偏移

(c)单程波动方程偏移　(d)RTM偏移

图 2-60　偏移效果对比(Inline2)

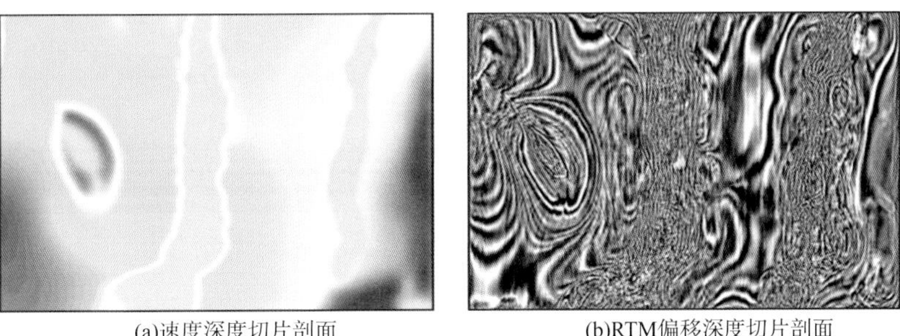

(a)速度深度切片剖面　(b)RTM偏移深度切片剖面

图 2-61　深度切片(1250m)

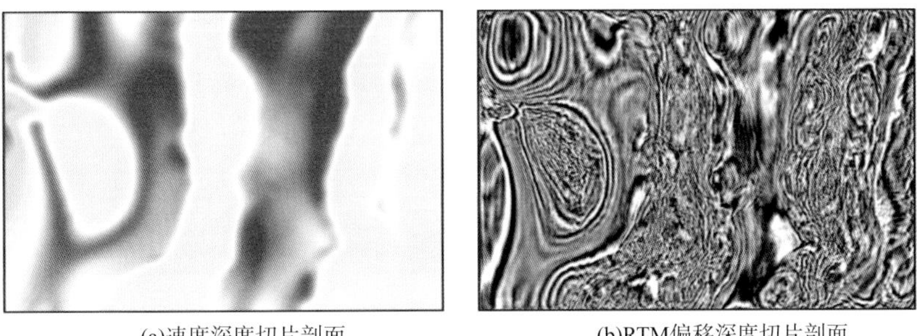

(a)速度深度切片剖面　(b)RTM偏移深度切片剖面

图 2-62　深度切片(1750m)

2. 碳酸盐岩缝洞成像

奥陶系碳酸盐岩缝洞型储层是我国西部地区重要的勘探目标类型，具有埋藏深、波场复杂、非均质性强等特点，地震精确成像难度非常大。波动类叠前深度偏移方法由于能比较好地处理复杂介质中的复杂波现象，能自然地处理多路径问题以及由速度变化引起的聚焦或焦散效应，并具有很好的振幅保持特性，因此最适合用于缝洞型储层成像。而双程波动类方法 RTM 除了具有非常高的成像精度外，还可以利用多次反射波进行成像，可以更准确地将缝洞型储层在纵横向上定位，降低解释的非唯一性，是缝洞型储层成像的最理想方法。

图 2－63 为某探区一条测线的 Kirchhoff 叠前深度偏和 RTM 处理效果对比图，可以看到 RTM 成像效果明显优于 Kirchhoff 叠前深度偏，尤其是在奥陶系碳酸盐岩目的储层成像中取得良好效果，内幕成像信噪比明显提升，反映缝洞的"串珠"成像更加精细，在 Kirchhoff 叠前深度偏剖面中不太明显的小串珠在 RTM 剖面中刻画得更加突出。图 2－64 为放大显示的剖面图，通常溶洞与裂缝同时发育，为油气的运移提供了良好的地质条件，RTM 成像能够更加明显的刻画储层的细节。

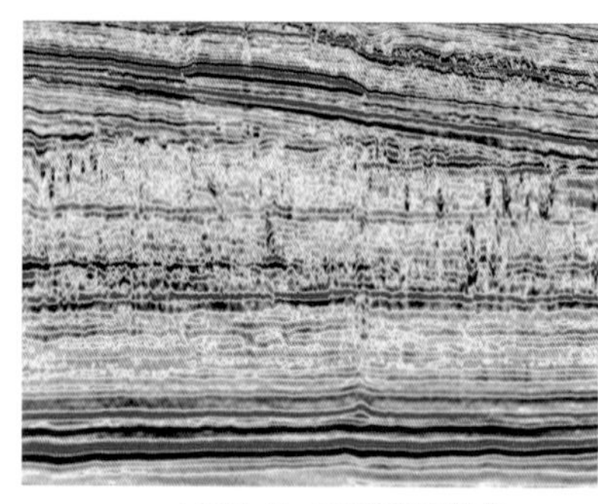
(a) Kirchhoff叠前深度偏移

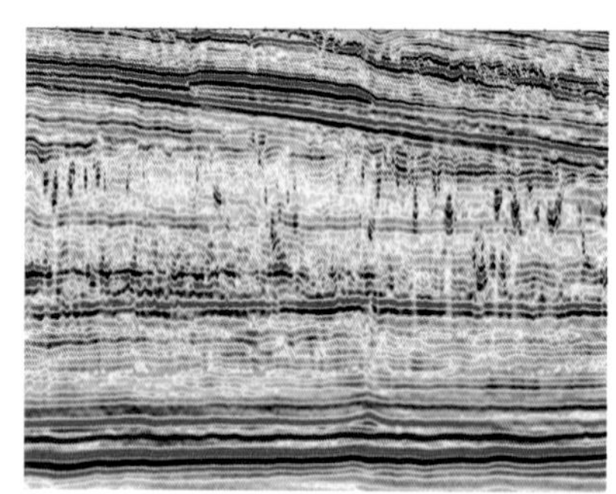
(b)RTM偏移

图 2－63 偏移效果对比

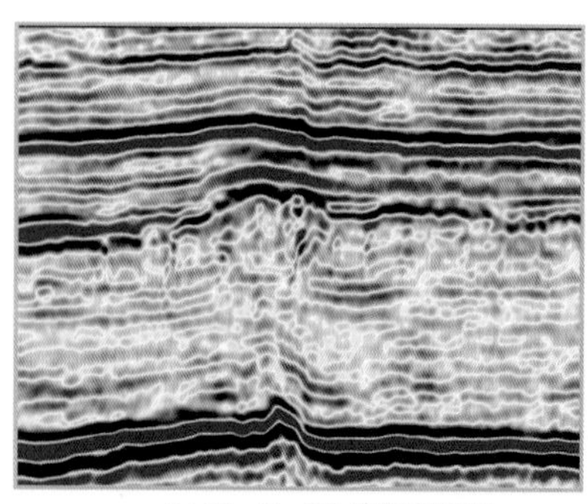
(a) Kirchhoff叠前深度偏移

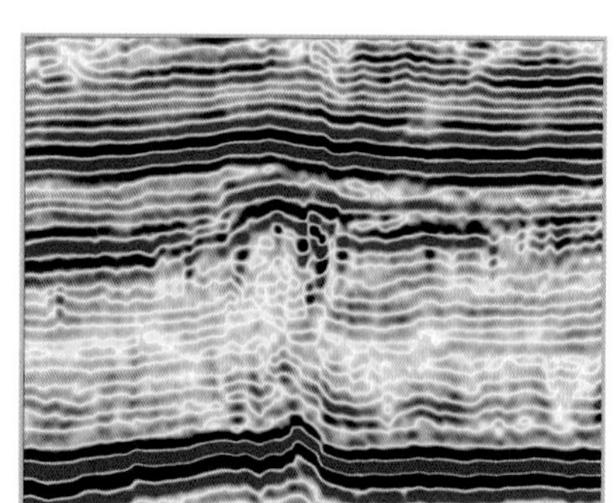
(b)RTM偏移

图 2－64 偏移效果对比

图 2－65 则为另一探区的成像效果对比，可以看出从叠前时间偏移、深度偏移、RTM 偏移的成像精度逐步提升，对于储层的空间展布和描述能力具有递进式的效果，在实际生产应用中需要依此应用或迭代才能获得最佳的效果。

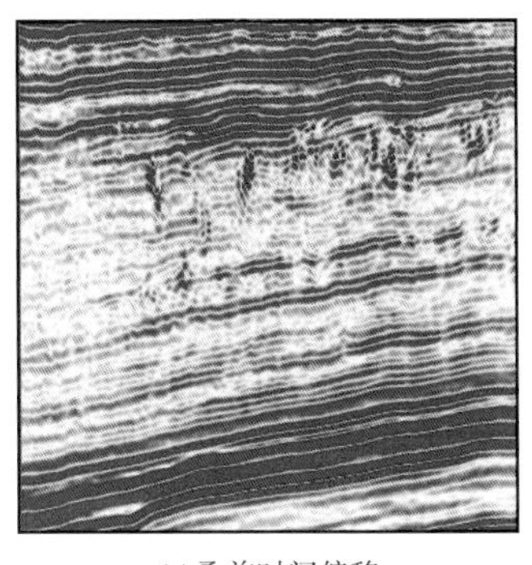

(a)叠前时间偏移

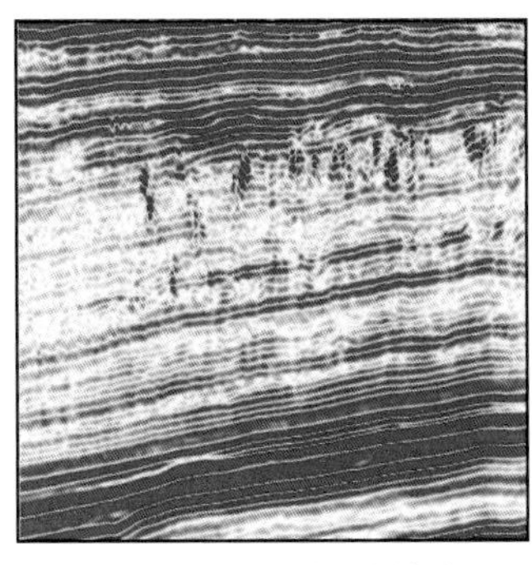
(b) Kirchhoff叠前深度偏移

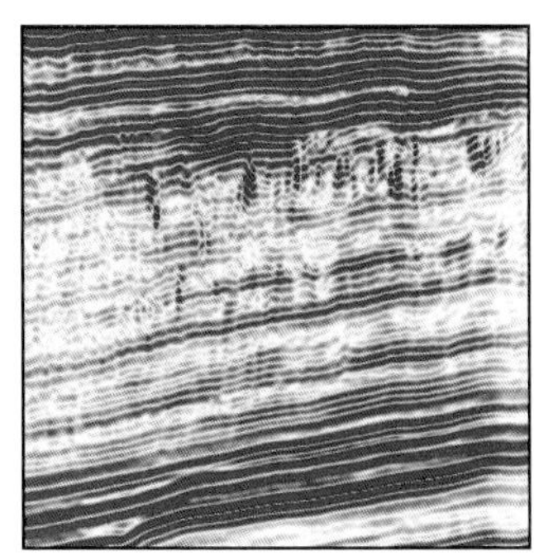
(c)RTM偏移

图 2－65　偏移效果对比

3. 复杂山前带成像

复杂山前带地震资料具有“地表复杂、地下复杂”的双复杂特点，地表地形起伏剧烈、低降速带速度变化大、厚度变化大，地下构造复杂、速度横向变化大，从而造成地下地震波场复杂、成像困难。基于起伏地表的 RTM 偏移的能够模拟更为复杂的地震波传播过程，从而有效提升复杂地表和复杂构造条件下的成像质量。

相比于 Kirchhoff 叠前深度偏移剖面[图 2－66(a)]，RTM 偏移剖面[图 2－66(b)]信噪比、分辨率都得到很大提高，“画弧”现象也得到很大改善，尤其是右上部灰岩地层成像(图 2－67)、左上膏岩地层成像(图 2－68)都得到非常大的提高。

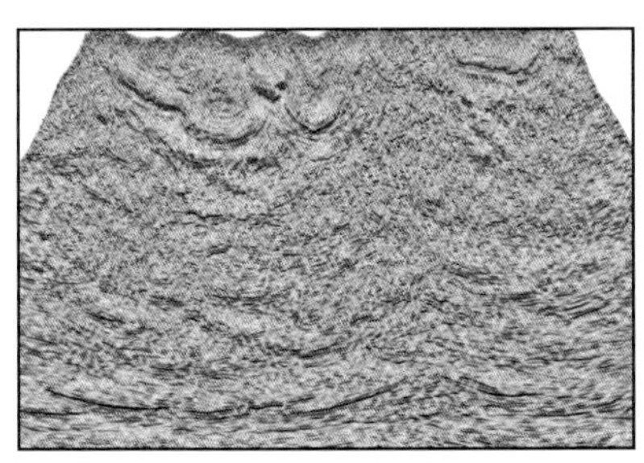
(a)Kirchhoff叠前深度偏移

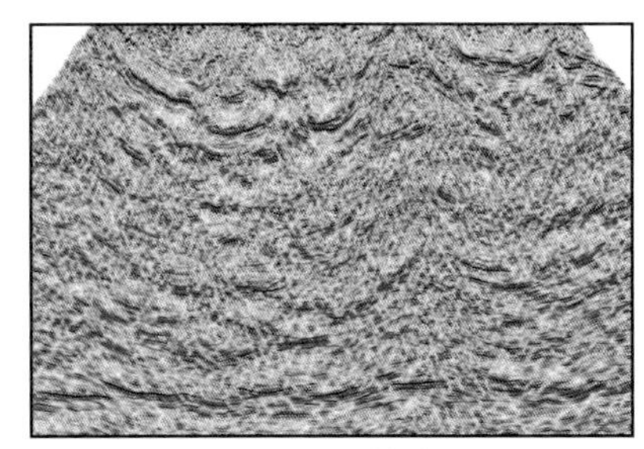
(b)RTM偏移

图 2－66　偏移效果对比

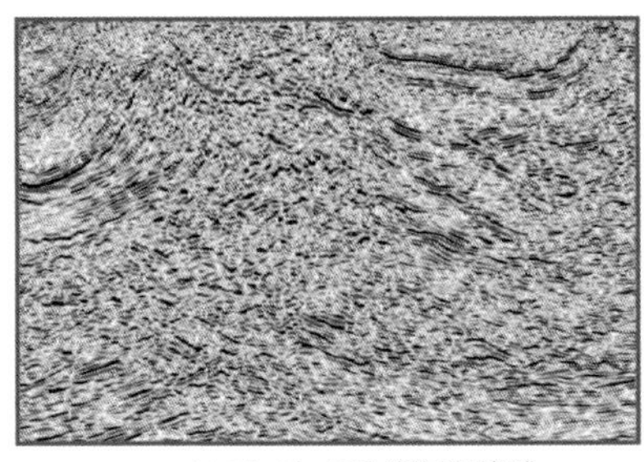
(a)Kirchhoff叠前深度偏移

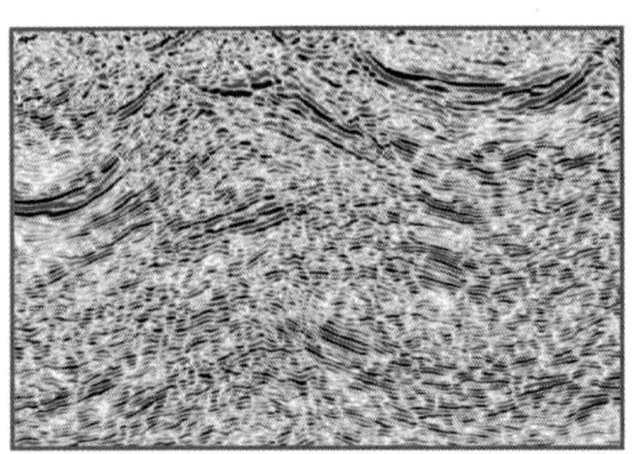
(b)RTM偏移

图 2－67　偏移效果对比

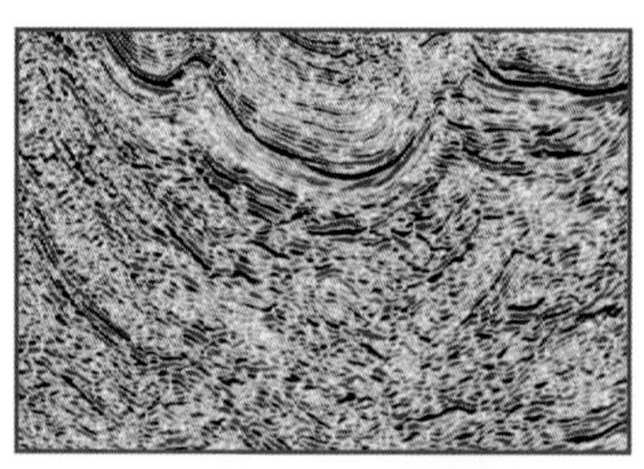
(a)Kirchhoff叠前深度偏移

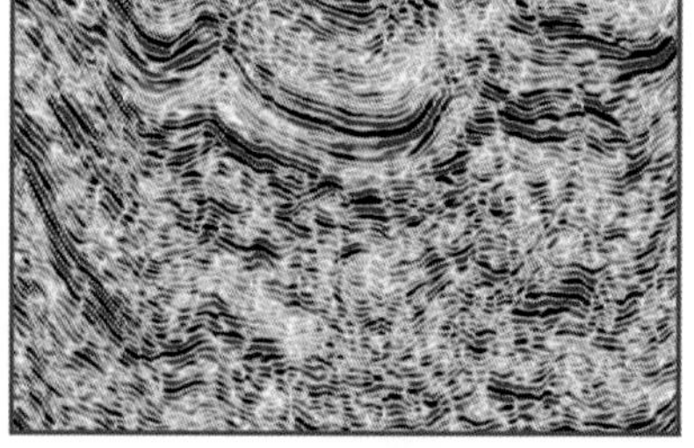
(b)RTM偏移

图 2－68　偏移效果对比

4. 复杂断裂带成像

图 2－69 和图 2－70 为一复杂断陷三维探区地震资料的成像剖面对比，可以看到 RTM 偏移剖面成像效果明显改善，断面清晰、收敛性强，断点位置准确，更易于正确解释断层。断层归位更准确、形态更清晰，断层下盘内幕成像得到明显改善，消除了假象，使得地层构造形态清晰可辨。

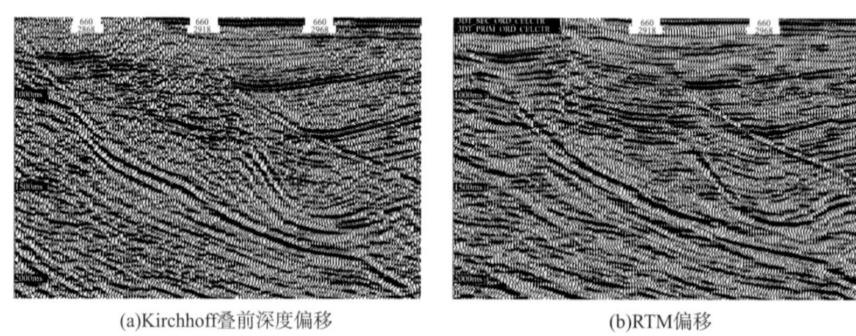
(a)Kirchhoff叠前深度偏移　　(b)RTM偏移

图 2－69　偏移效果对比

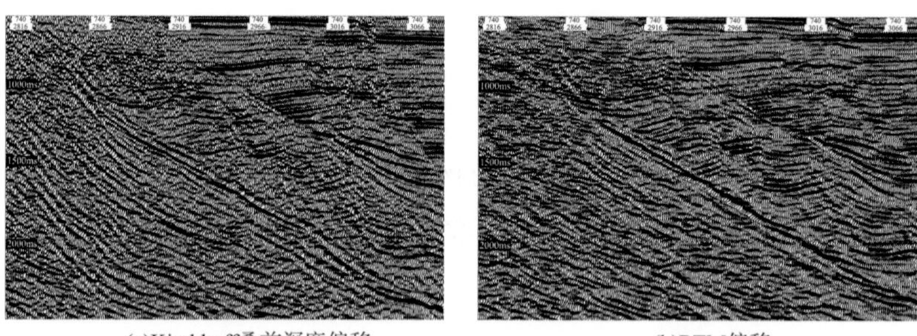
(a)Kirchhoff叠前深度偏移　　(b)RTM偏移

图 2－70　偏移效果对比

3　各向异性介质中的逆时偏移技术

地球介质实际上是一种非均匀、非完全弹性、各向异性、多相态的复杂介质。地震学理论是以地球介质为研究对象，通过地震波正演和反演进一步研究地球介质的结构和组分，在其理论发展过程中紧紧地和地球模型联系在一起的，有什么样的地球模型就有相应的地震学理论。地震学理论正是由简单的波动理论向真实地球介质波动理论步步逼近的过程，所建立的理论地球介质模型和实际地球介质越接近，以此为基础的地震学理论适应范围也越广，所描述的问题就越全面，随之而来的是造成定解问题复杂，求解困难。地震波理论属于地震学的范畴，地震波理论与弹性波理论在本质上是一致的。本章从各向异性弹性波传播的基本理论出发，直到获得目前能够实用化的纵波各向异性勘探理论，展示应用于实际资料的效果分析。

3.1　各向异性介质中的波动方程

各向异性介质弹性波波动方程是研究地震各向异性的理论基础，是研究地震波传播规律的根本出发点。弹性动力学问题涉及的物体都是弹性的，即物体在外力的作用下产生的变形属于弹性变形，外力撤销后，变形消失。地震波传播所依赖的介质变形可归结为弹性变形，属于弹性动力学的范畴。弹性动力学提供的三个基本方程：本构方程(Hooke's Law 方程)、运动微分方程(Navier 方程)和几何方程(Cauchy 方程)，它们是描述弹性介质内部质点的位移、应力、和应变之间相互联系的普遍规律，是建立各向异性弹性波动方程的基础。

3.1.1　本构方程

本构方程描述的是应力与应变之间的关系，它反映了介质所固有的物理性质，是在弹性范围内基于 Green 弹性和 Cauchy 弹性确立的。本构方程的一般表达式为：

$$\sigma_{ij} = C_{ijkl}e_{kl} \tag{3-1}$$

式(3－1)又称为广义虎克定律，描述的是在弹性形变范围内应力与应变的关系是一种线性关系。σ_{ij} 为应力张量，e_{kl} 为应变张量，C_{ijkl} 为刚度张量，又称弹性矩阵，其元素称为弹性刚度常数，简称弹性常数，每个下标(i,j,k,l)的取值范围为 1、2 和 3，每个应力和应变张量有 9 个分量，这样组成的刚度张量有 81 个分量。在 Hooke 定律公式中，每个下标(i,j,k,l)的取值范围为 1、2、3，分别代表 x、y、z 三个坐标轴的方向。应力单位是 N/m^2，即单位面积上所受的力，严格地说它不是一种力，是压强；应变是无量纲的量，因此刚度张量分量的单位是 N/m^2。地震波在地球介质中传播，除了在震源附近发生非线性形变外，都可用线性微分方程来描述。

根据应变张量的对称性，只有六个分量是独立的：

$$e_{kl} = e_{lk} = \frac{1}{2}\left(\frac{\partial u_k}{\partial x_l} + \frac{\partial u_l}{\partial x_k}\right) \tag{3-2}$$

应力是作用于单位截面积上平衡的面力，与平衡物体的内力有关，不包括非平衡力和扭转力。因此，应力张量也是对称的，只有六个独立分量：

$$\sigma_{ij} = \sigma_{ji} \tag{3-3}$$

根据应力、应变张量的对称性，可以证明刚度张量 C_{ijkl} 有如下的对称性：

$$\begin{aligned} C_{ijlk} &= C_{ijkl} \\ C_{jikl} &= C_{ijkl} \end{aligned} \tag{3-4}$$

基于上述对称性，弹性刚度张量由 81 个分量减为 36 个分量。另外，由弹性固体的应变能函数的存在，C_{ijkl} 的独立弹性常数由 36 个减到 21 个。

$$E_{\text{potential}} = \frac{1}{2}C_{ijkl}e_{ij}e_{kl} \tag{3-5}$$

式(3－5)是描述极端各向异性介质弹性刚度张量所需的弹性常数个数。当介质的对称性增加时，存在对称轴和对称面时，描述弹性介质所需的弹性常数还会进一步减少。

通常广义虎克定律可写成矩阵方程的形式，表示应力与应变的关系，弹性刚度系数矩阵是 6×6 的对称矩阵，其元素带 4 个下标：

$$\begin{bmatrix} \sigma_{11} \\ \sigma_{22} \\ \sigma_{33} \\ \sigma_{23} \\ \sigma_{31} \\ \sigma_{12} \end{bmatrix} = \begin{bmatrix} C_{1111} & C_{1122} & C_{1133} & C_{1123} & C_{1113} & C_{1112} \\ C_{2211} & C_{2222} & C_{2233} & C_{2223} & C_{2213} & C_{2212} \\ C_{3311} & C_{3322} & C_{3333} & C_{3323} & C_{3313} & C_{3312} \\ C_{2311} & C_{2322} & C_{2333} & C_{2323} & C_{2313} & C_{2312} \\ C_{1311} & C_{1322} & C_{1333} & C_{1323} & C_{1313} & C_{1312} \\ C_{1211} & C_{1222} & C_{1233} & C_{1223} & C_{1213} & C_{1212} \end{bmatrix} \begin{bmatrix} e_{11} \\ e_{22} \\ e_{33} \\ 2e_{23} \\ 2e_{31} \\ 2e_{12} \end{bmatrix} \tag{3-6}$$

上述系统还可以写成 Voigt 矩阵形式，弹性刚度矩阵元素带有两个下标，即：$C_{ijkl} = c_{mn}|_{(m,n=1,2,\cdots,6)}$，其对应关系如下：11 →1，22 →2，33 →3，23 和 32 →4，13 和 31 →5，12 和 21 →6：

$$\begin{bmatrix}\sigma_{11}\\\sigma_{22}\\\sigma_{33}\\\sigma_{23}\\\sigma_{31}\\\sigma_{12}\end{bmatrix}=\begin{bmatrix}c_{11}&c_{12}&c_{13}&c_{14}&c_{15}&c_{16}\\c_{21}&c_{22}&c_{23}&c_{24}&c_{25}&c_{26}\\c_{31}&c_{32}&c_{33}&c_{34}&c_{35}&c_{36}\\c_{41}&c_{42}&c_{43}&c_{44}&c_{45}&c_{46}\\c_{51}&c_{52}&c_{53}&c_{54}&c_{55}&c_{56}\\c_{61}&c_{62}&c_{63}&c_{64}&c_{65}&c_{66}\end{bmatrix}\begin{bmatrix}\varepsilon_{11}\\\varepsilon_{22}\\\varepsilon_{33}\\\varepsilon_{23}\\\varepsilon_{31}\\\varepsilon_{12}\end{bmatrix} \tag{3-7}$$

式(3－7)可简写为：

$$\boldsymbol{\sigma} = \boldsymbol{C}\cdot\boldsymbol{\varepsilon} \tag{3-8}$$

其中：

$$\boldsymbol{\sigma} = (\sigma_{11},\sigma_{22},\sigma_{33},\sigma_{23},\sigma_{31},\sigma_{12})^{\mathrm{T}}$$

$$\boldsymbol{\varepsilon} = (\varepsilon_{11},\varepsilon_{22},\varepsilon_{33},\varepsilon_{23},\varepsilon_{31},\varepsilon_{12})^{\mathrm{T}}$$

$$\boldsymbol{C} = \begin{bmatrix}c_{11}&c_{12}&c_{13}&c_{14}&c_{15}&c_{16}\\c_{21}&c_{22}&c_{23}&c_{24}&c_{25}&c_{26}\\c_{31}&c_{32}&c_{33}&c_{34}&c_{35}&c_{36}\\c_{41}&c_{42}&c_{43}&c_{44}&c_{45}&c_{46}\\c_{51}&c_{52}&c_{53}&c_{54}&c_{55}&c_{56}\\c_{61}&c_{62}&c_{63}&c_{64}&c_{65}&c_{66}\end{bmatrix} \tag{3-9}$$

显然矩阵 $\boldsymbol{C}$ 也是对称矩阵，矩阵 $\boldsymbol{C}$ 的逆矩阵 $\boldsymbol{A} = \boldsymbol{C}^{-1}$ 称为柔度矩阵。公式(3－8)即为常用的本构方程。

3.1.2 运动微分方程

当弹性物体受到非零外力时，该外力要转化为物体内的应力，并使弹性介质内部发生应变和位移，形成弹性波场。弹性介质的应力、应变和位移以及能量都是动态的运动过程。在微分体积元尺度下，弹性波场的这种动态变化可以用牛顿第二定律描述，由此可以建立运动微分方程：

$$\rho\frac{\partial^2}{\partial t^2}\boldsymbol{U} = \boldsymbol{L}\boldsymbol{\sigma} + \rho\boldsymbol{F} \tag{3-10}$$

式中，ρ 为介质密度；t 为时间变量；$\boldsymbol{U} = (u_x, u_y, u_z)^{\mathrm{T}}$ 为位移矢量；$\boldsymbol{F} = (f_x, f_y, f_z)^{\mathrm{T}}$ 为单位

质量元素上的体力向量；$\boldsymbol{\sigma}$ 为应力向量；$\boldsymbol{L}$ 为偏导数算子矩阵，具体可以表示为：

$$\boldsymbol{L}=\begin{bmatrix}\frac{\partial}{\partial x} & 0 & 0 & 0 & \frac{\partial}{\partial z} & \frac{\partial}{\partial y}\\ 0 & \frac{\partial}{\partial y} & 0 & \frac{\partial}{\partial z} & \frac{\partial}{\partial x} & 0\\ 0 & 0 & \frac{\partial}{\partial z} & \frac{\partial}{\partial y} & \frac{\partial}{\partial x} & 0\end{bmatrix} \tag{3-11}$$

3.1.3 几何方程

几何方程描述的是位移与应变之间的关系，其表达式为：

$$\boldsymbol{\varepsilon}=\boldsymbol{L}^{\mathrm{T}}\boldsymbol{U} \tag{3-12}$$

式中，ε 为应变向量；$\boldsymbol{U}$ 为位移矢量；$\boldsymbol{L}^{\mathrm{T}}$ 为偏导数算子矩阵 $\boldsymbol{L}$ 的转置；可以写成下标形式：

$$\varepsilon_{kl}=\frac{1}{2}\left(\frac{\partial u_k}{\partial x_l}+\frac{\partial u_l}{\partial x_k}\right) \tag{3-13}$$

3.1.4 各向异性介质波动方程

根据弹性动力学原理提供的本构方程、运动微分方程和几何方程，可进一步建立一般各向异性介质弹性波的波动方程：

$$\rho\frac{\partial^2}{\partial t^2}\boldsymbol{U}=\boldsymbol{L}(\boldsymbol{C}\boldsymbol{L}^{\mathrm{T}}\boldsymbol{U})+\rho\boldsymbol{F} \tag{3-14}$$

还可写成下标形式：

$$\rho\frac{\partial u_i}{\partial t^2}-C_{ijkl}\frac{\partial u_k}{\partial x_j\partial x_l}=\rho f_i \tag{3-15}$$

式(3-14)和式(3-15)即为以位移表示的一般各向异性介质弹性波的波动方程，详细描述了均匀各向异性完全弹性介质中各质点在不同时刻的位移情况和弹性波在该介质中的传播规律，再配以确定的初始条件和边界条件，便可构成特定的地震波动力学问题。弹性波波动方程是根据本构方程、几何方程和运动微分方程的内在联系综合导出的，本构方程、几何方程和运动微分方程都各自具有明确的物理意义。

3.1.5 各向异性介质弹性波 Christoffel 方程

一般各向异性介质弹性波方程是很复杂的，各向异性介质地震波传播特征在很多方面不同于各向同性的地震波。Christoffel 方程是由波动方程导出的，用以研究地震波的传

播特征(相速度、群速度等),在地震波理论研究与实际应用中起着非常重要的作用。弹性波场的规律特点本质体现在速度场的规律特点上(牛滨华,2002),通过速度场中时间与空间、运动学与动力学的分析研究,实现研究地震波场的分布特点和规律,进而认识地球介质构造和物性分布。因此,速度是研究地震波传播规律和描述介质特性的重要参数,是弹性波传播理论中的核心内容。

根据弹性波方程(3-14)推导 Christoffel 方程的一般形式,也适用于特定的各向异性介质。为了研究弹性波的传播特征,去掉式(3-14)的体力项,方程变为:

$$\rho \frac{\partial^2}{\partial t^2}\boldsymbol{U} = \boldsymbol{L}(\boldsymbol{C}\boldsymbol{L}^{\mathrm{T}}\boldsymbol{U}) \tag{3-16}$$

上述方程的平面波解为:

$$\boldsymbol{U} = \boldsymbol{P}\exp[ik(\boldsymbol{n}\cdot\boldsymbol{x} - vt)] \tag{3-17}$$

式中,$\boldsymbol{U} = (u_x, u_y, u_z)^{\mathrm{T}}$ 为位移矢量;$\boldsymbol{x} = (x, y, z)^{\mathrm{T}}$ 为位置矢量;$\boldsymbol{n} = (n_x, n_y, n_z)^{\mathrm{T}}$ 为波的传播方向;v 为平面波传播的速度即相速度;$k = \omega/v$ 为波数;t 为时间;$\boldsymbol{P} = (p_x, p_y, p_z)^{\mathrm{T}}$ 为波的偏振方向,在波前满足 $\boldsymbol{n}\cdot\boldsymbol{x} - vt = const$。

将平面波解式(3-17)代入波动方程(3-16)中,则有:

$$\begin{bmatrix} \Gamma_{11} - \rho v^2 & \Gamma_{12} & \Gamma_{13} \\ \Gamma_{21} & \Gamma_{22} - \rho v^2 & \Gamma_{23} \\ \Gamma_{31} & \Gamma_{32} & \Gamma_{33} - \rho v^2 \end{bmatrix} \begin{bmatrix} p_x \\ p_y \\ p_z \end{bmatrix} = 0 \tag{3-18}$$

式中,Γ 为 Christoffel 矩阵,其矩阵元素 Γ_{ij} 与介质的弹性参数、波的传播方向有关。根据弹性矩阵的对称性,Christoffel 矩阵也是对称的,即 $\Gamma_{12} = \Gamma_{21}$,$\Gamma_{13} = \Gamma_{31}$,$\Gamma_{23} = \Gamma_{32}$,公式(3-18)就是著名的 Kelvin-Christoffel 方程。

相关系数表达式如下:

$$\begin{aligned}
\Gamma_{11} &= c_{11}n_x^2 + c_{66}n_y^2 + c_{55}n_z^2 + 2c_{56}n_yn_z + 2c_{15}n_zn_x + 2c_{16}n_xn_y \\
\Gamma_{12} &= c_{16}n_x^2 + c_{26}n_y^2 + c_{45}n_z^2 + (c_{25} + c_{46})n_yn_z + (c_{14} + c_{56})n_zn_x + (c_{12} + c_{66})n_xn_y \\
\Gamma_{13} &= c_{15}n_x^2 + c_{46}n_y^2 + c_{35}n_z^2 + (c_{45} + c_{36})n_yn_z + (c_{13} + c_{55})n_zn_x + (c_{14} + c_{56})n_xn_y \\
\Gamma_{21} &= c_{16}n_x^2 + c_{26}n_y^2 + c_{45}n_z^2 + (c_{25} + c_{46})n_yn_z + (c_{14} + c_{56})n_zn_x + (c_{12} + c_{66})n_xn_y \\
\Gamma_{22} &= c_{66}n_x^2 + c_{22}n_y^2 + c_{44}n_z^2 + 2c_{24}n_yn_z + 2c_{46}n_zn_x + 2c_{26}n_xn_y \\
\Gamma_{23} &= c_{56}n_x^2 + c_{24}n_y^2 + c_{34}n_z^2 + (c_{23} + c_{44})n_yn_z + (c_{36} + c_{45})n_zn_x + (c_{25} + c_{46})n_xn_y \\
\Gamma_{31} &= c_{15}n_x^2 + c_{46}n_y^2 + c_{35}n_z^2 + (c_{36} + c_{45})n_yn_z + (c_{13} + c_{55})n_zn_x + (c_{14} + c_{56})n_xn_y \\
\Gamma_{32} &= c_{56}n_x^2 + c_{24}n_y^2 + c_{34}n_z^2 + (c_{23} + c_{44})n_yn_z + (c_{36} + c_{45})n_zn_x + (c_{25} + c_{46})n_xn_y \\
\Gamma_{33} &= c_{55}n_x^2 + c_{44}n_y^2 + c_{33}n_z^2 + 2c_{34}n_yn_z + 3c_{35}n_zn_x + 2c_{45}n_xn_y
\end{aligned} \tag{3-19}$$

从数学角度讲,Christoffel 方程描述的是本征值问题,为使波的偏振矢量 $\boldsymbol{P}$ 有非零解，就需要使 Christoffel 矩阵行列式为零，即：

$$\det\begin{bmatrix}\Gamma_{11}-\rho v^2 & \Gamma_{12} & \Gamma_{13}\\ \Gamma_{21} & \Gamma_{22}-\rho v^2 & \Gamma_{23}\\ \Gamma_{31} & \Gamma_{32} & \Gamma_{33}-\rho v^2\end{bmatrix}=0 \tag{3-20}$$

式(3－20)是 Kelvin-Christoffel 方程的另一种表示形式，它是关于 ρv^2 的一元三次方程。在各向异性介质中，给定任意传播方向，Christoffel 方程会产生三个可能的相速度根，分别对应 P 波和两个 S 波。因此，S 波通过各向异性介质时会产生横波分裂现象，两个 S 波分别以不同的相速度传播和偏振方向传播。在特定的方向上，分裂的 S 波的相速度是一致的，以相同的相速度传播，这时又会产生 S 波奇异性(shear－wave singularities)(Crampin，1991；Helbig，1991；Tsvankin，2001)。在各向同性介质中，两个 S 波以相同相速度和偏振方向传播。Christoffel 矩阵是实的对称矩阵，三个本征值对应的偏振矢量 $\boldsymbol{P}$ 是相互正交的。除了特定的传播方向外，偏振矢量 $\boldsymbol{P}$ 和传播方向 $\boldsymbol{n}$ 既不平行也不垂直，即在各向异性介质中没有纯 P 波和纯 S 波。由于这个原因，各向异性波动理论称弹性波为 quasi－P 波、quasi－S1 和 quasi－S2 波。

由式(3－20)可知，Christoffel 方程是关于波动方程相速度 ρv^2 的三次方程，一元三次方程根有显式的解析表达式，由此可得出极端各向异性介质相速度的显式表达式(Tsvankin，2001)。将 Christoffel 方程变换表示形式，令：

$$\begin{aligned}x&=\rho v^2\\ a&=-(\Gamma_{11}+\Gamma_{22}+\Gamma_{33})\\ b&=\Gamma_{11}\Gamma_{22}+\Gamma_{11}\Gamma_{33}+\Gamma_{22}\Gamma_{33}-\Gamma_{12}^2-\Gamma_{13}^2-\Gamma_{23}^2\\ c&=\Gamma_{11}\Gamma_{23}^2+\Gamma_{22}\Gamma_{13}^2+\Gamma_{33}\Gamma_{12}^2-\Gamma_{11}\Gamma_{22}\Gamma_{33}-2\Gamma_{12}\Gamma_{13}\Gamma_{23}\end{aligned} \tag{3-21}$$

将式(3－21)代入式(3－20)得：

$$x^3+ax^2+bx+c=0 \tag{3-22}$$

为方便求解，设中间变量 $x=y-a/3$，去掉上式中的二次项可得：

$$y^3+dy+q=0 \tag{3-23}$$

其中：

$$\begin{cases}d=-\dfrac{a^2}{3}+b\\ q=2\left(\dfrac{a}{3}\right)^3-\dfrac{ab}{3}+c\end{cases} \tag{3-24}$$

Christoffel 矩阵是实的对称矩阵，方程(3－23)的系数 d 是负数。因此当 $Q=\left(\dfrac{d}{3}\right)^3+$

$\left(\frac{q}{2}\right)^2 \leqslant 0$ 成立时，方程的根是实数，此时方程的解可以表示为：

$$y_{1,2,3} = 2\sqrt{\frac{-d}{3}}\cos\left(\frac{\beta}{3} + k\frac{2\pi}{3}\right) \tag{3-25}$$

式中，$k = 0,1,2$，$\beta = -\frac{q}{2\sqrt{(-d/3)^3}}$；$(0 \leqslant \beta \leqslant \pi)$。由此可得一般各向异性介质的相速度的表达式：

$$\rho v^2 = y - a/3 \tag{3-26}$$

由式(3-26)可知，当 $k = 0$ 时，方程有最大根对应着 P 波的相速度；当 $k = 1,2$ 时，方程的两个根对应着分裂 S 波的相速度。

3.2 经典各向异性介质逆时偏移算子

3.2.1 VTI 介质逆时偏移算子

1. 弹性波方程的声学近似

对于各向异性介质，严格意义上的声波是不可能存在的，但对于构造成像来说，与各向同性介质相类似，需要一个代表各向异性介质中 P 波运动学特征的声学近似就能进行 P 波波场的外推和成像。Alkhalifah(1998)首先提出了拟声波近似这一概念，在耦合的频散关系中令垂直方向上 SV 波速度为零，简化了频散关系，导出了可解的 qP 波方程。声学近似的意义在于用标量场而非矢量场去描述各向异性介质中的波场，不用外推矢量波的方程组，大大减少了计算量，这点在逆时偏移中十分重要；所导出的控制方程能很好地逼近实际介质中 P 波分量的运动学特征，能保证构造成像的精确性；不用做波场分离，就能较好地解决 P 波、S 波耦合的问题，使得 P 波成像不受 S 波的干扰(这点现阶段做得还不完美)。

二维情况下，求解 Christoffel 方程，并代入 Thomsen 表征，得到不同极化类型波的相速度公式：

$$\frac{V^2(\theta)}{V_{P0}^2} = 1 + \varepsilon\sin^2\theta - \frac{f}{2} \pm \sqrt{1 + \frac{4\sin^2\theta}{f}(2\delta\cos^2\theta - \varepsilon\cos2\theta) + \frac{4\varepsilon^2\sin^4\theta}{f^2}} \tag{3-27}$$

式中，$f = 1 - v_{S0}^2/v_{P0}^2 = 1 - c_{55}/c_{33}$，“+”和“-”分别代表 P 波和 SV 波。

Alkhalifah 利用耦合的频散做近似，将式(3-27)两边平方，经过整理，得到 P-SV 耦合的频散关系：

$$k_z^2 = \frac{v_{\text{nmo}}^2}{v_{\text{P0}}^2}\left[\frac{\omega^2}{v_{\text{nmo}}^2} - \frac{\omega^2(k_x^2 + k_y^2)}{\omega^2 - v_{\text{nmo}}^2\eta(k_x^2 + k_y^2)}\right] \tag{3-28}$$

式(3－28)两边同时乘上 F－K 域的波场 $F(k_x, k_y, k_z, \omega)$，反变换到时间域可以得到最终控制方程：

$$\frac{\partial^4 F}{\partial t^4} - (1 + 2\eta)v_{\text{nmo}}^2\left(\frac{\partial^4 F}{\partial x^2 \partial t^2} + \frac{\partial^4 F}{\partial y^2 \partial t^2}\right) = v_{\text{P0}}^2 \frac{\partial^4 F}{\partial z^2 \partial t^2} - 2\eta v_{\text{nmo}}^2 v_{\text{P0}}^2\left(\frac{\partial^4 F}{\partial x^2 \partial z^2} + \frac{\partial^4 F}{\partial y^2 \partial z^2}\right) \tag{3-29}$$

2. 控制方程的降阶

式(3－29)涉及时间的 4 阶偏导数项，若直接求解，涉及的时间层过多，所需储存的波场多，计算效率低。因此，国内外诸多学者提出了不同的解法来降低时间偏导阶数，可以概括为以下三种：

1) Alkhalifah 解法

引入中间辅助变量 p，对以下两个方程求解：

$$\begin{gathered}\frac{\partial^2 p}{\partial t^2} = (1 + 2\eta)v_{\text{nmo}}^2\left(\frac{\partial^2 p}{\partial x^2} + \frac{\partial^2 p}{\partial y^2}\right) + v_{\text{P0}}^2 \frac{\partial^2 p}{\partial z^2} - 2\eta v_{\text{nmo}}^2 v_{\text{P0}}^2\left(\frac{\partial^4 F}{\partial x^2 \partial z^2} + \frac{\partial^4 F}{\partial y^2 \partial z^2}\right) + f_{\text{source}} \\ p = \frac{\partial^2 F}{\partial t^2}\end{gathered} \tag{3-30}$$

2) Zhou 解法

记：

$$\begin{gathered}v_{\text{nmo}} = v_{\text{P0}}\sqrt{1 + 2\delta} \\ \eta = \frac{\varepsilon - \delta}{1 + 2\delta}\end{gathered} \tag{3-31}$$

式(3－28)可以重写为：

$$k_z^2 = \frac{\omega^2}{v_{\text{P0}}^2} - (1 + 2\delta)(k_x^2 + k_y^2) - (1 + 2\delta)(k_x^2 + k_y^2)\frac{2v_{\text{P0}}^2(\varepsilon - \delta)(k_x^2 + k_y^2)}{\omega^2 - 2v_{\text{P0}}^2(\varepsilon - \delta)(k_x^2 + k_y^2)} \tag{3-32}$$

将上式两端乘以 $p(\omega, k_x, k_y, k_z)$，并引入辅助变量：

$$q(\omega, k_x, k_y, k_z) = \frac{2v_{\text{P0}}^2(\varepsilon - \delta)(k_x^2 + k_y^2)}{\omega^2 - 2v_{\text{P0}}^2(\varepsilon - \delta)(k_x^2 + k_y^2)}p(\omega, k_x, k_y, k_z) \tag{3-33}$$

式(3－32)可以写作：

$$\begin{gathered}k_z^2 p(\omega, k_x, k_y, k_z) = \left[\frac{\omega^2}{v_{\text{P0}}^2} - (1 + 2\delta)(k_x^2 + k_y^2)\right]p(\omega, k_x, k_y, k_z) - \\ (1 + 2\delta)(k_x^2 + k_y^2)q(\omega, k_x, k_y, k_z)\end{gathered} \tag{3-34}$$

联立式(3－32)、式(3－33)，反变到时空域，得到控制方程：

$$\begin{aligned} \frac{\partial^2 p}{\partial t^2} &= v_{\text{nmo}}^2\left(\frac{\partial^2 p}{\partial x^2}+\frac{\partial^2 p}{\partial y^2}+\frac{\partial^2 q}{\partial x^2}+\frac{\partial^2 q}{\partial y^2}\right)+v_z^2\frac{\partial^2 p}{\partial z^2}+f_{\text{source}} \\ \frac{\partial^2 q}{\partial t^2} &= \left(v_x^2-v_{\text{nmo}}^2\right)\left(\frac{\partial^2 p}{\partial x^2}+\frac{\partial^2 p}{\partial y^2}+\frac{\partial^2 q}{\partial x^2}+\frac{\partial^2 q}{\partial y^2}\right) \end{aligned} \tag{3-35}$$

3) X Du 解法

为表述简洁，用 v_n 代表 nmo 速度，v_z 表示沿 z 方向的 P 波速度，$v_x = v_z\sqrt{1+2\varepsilon}$ 代表 x 方向上的 P 波速度。利用式(3－34)，将式(3－32)重写为：

$$\omega^4-\left[v_x^2\left(k_x^2+k_y^2\right)+v_z^2k_z^2\right]\omega^2-v_z^2\left(v_n^2-v_x^2\right)\left(k_x^2+k_y^2\right)k_z^2=0 \tag{3-36}$$

将式(3－36)两边乘上 $p(\omega,k_x,k_y,k_z)$，并引入辅助变量：

$$q(\omega,k_x,k_y,k_z)=\frac{\omega^2+(v_n^2-v_x^2)(k_x^2+k_y^2)}{\omega^2}p(\omega,k_x,k_y,k_z) \tag{3-37}$$

式(3－36)可以重写成：

$$\omega^2p(\omega,k_x,k_y,k_z)=v_x^2\left(k_x^2+k_y^2\right)p\left(\omega,k_x,k_y,k_z\right)+v_z^2k_z^2q\left(\omega,k_x,k_y,k_z\right) \tag{3-38}$$

联立式(3－37)、式(3－38)，反变到时间域，有：

$$\begin{aligned} \frac{\partial^2 p}{\partial t^2} &= v_x^2\left(\frac{\partial^2 p}{\partial x^2}+\frac{\partial^2 p}{\partial y^2}\right)+v_z^2\frac{\partial^2 q}{\partial z^2}+f_{\text{source}} \\ \frac{\partial^2 q}{\partial t^2} &= v_n^2\left(\frac{\partial^2 p}{\partial x^2}+\frac{\partial^2 p}{\partial y^2}\right)+v_z^2\frac{\partial^2 q}{\partial z^2}+f_{\text{source}} \end{aligned} \tag{3-39}$$

3. 伪横波压制

上述三种方程基于相同的频散关系只是引入的辅助变量的形式不一样，不同的辅助函数的引入导致求解的波场有差别(但 P 波的运动学特征一致，因为采用的是同一个频散关系)，但由于采用的都是耦合频散关系，令 $v_{S0}=0$ 是考虑控制方程的简化，无论用哪种具体形式的控制方程，P 波分量中都会有耦合的 SV 波分量(二维情况下)，如图 3－1所示。

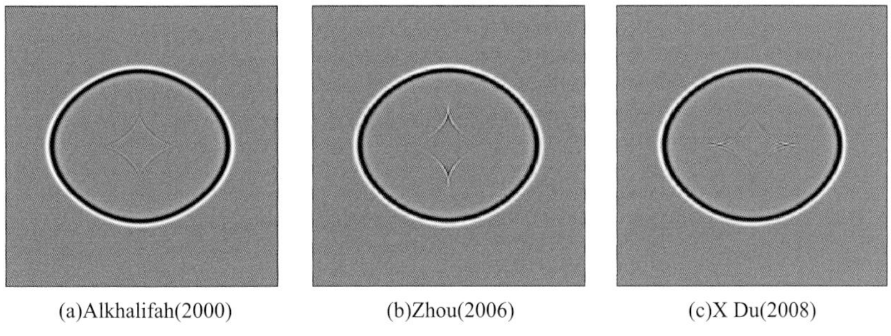

(a)Alkhalifah(2000)　(b)Zhou(2006)　(c)X Du(2008)

图 3－1　拟声近似下不同计算策略均匀介质波场快照

Grechka(2004)对声学各向异性中的横波干扰进行了全面的叙述，就是令 $v_{S0}=0$ 并不意味着 SV 波相速度处处为零，据 Thomsen(1986)，有：

$$\begin{aligned}\lim_{v_{S0}\to 0} v_{S0}^2(\theta) &= \lim_{v_{S0}\to 0}\left\{v_{S0}^2\left[1+\frac{v_{P0}^2}{v_{S0}^2}(\varepsilon-\delta)\sin^2\theta\cos^2\theta\right]\right\} \\ &= v_{P0}^2(\varepsilon-\delta)\sin^2\theta\cos^2\theta\end{aligned} \tag{3-40}$$

从式(3－40)可以看出，在 $v_{S0}=0$ 的假设下仅当相角为0°和90°时，才有 $v_{S0}=0$，在其余处均不为零。

比较三种不同的计算策略，第一种和第二种的物理意义比较明确，P 波波场的控制方程均可以看作一个椭圆各向异性部分再加上一个校正部分。我们知道在椭圆各向异性介质中，胀缩震源不产生转化的 SV 波，可以利用这一点对波场进行校正以减小波场中的横波分量的影响。

1)FK 域校正

Yu Zhang(2009)认为可做如下校正，首先定义校正项为：

$$q=\frac{(1+2\delta)k_x^2}{(1+2\delta)k_x^2+k_z^2} \tag{3-41}$$

则校正后的波场为：

$$p_c^n=p^n+q^n\frac{(1+2\delta)k_x^2}{(1+2\delta)k_x^2+k_z^2} \tag{3-42}$$

这种校正后的波场实际上是在常数假设下近似的纯 P 波波场。在常速介质的假设下，利用 Alkhalifah(2000)提出的控制方程进行这种校正所包含的有效 P 波能量更小，校正有更好的效果，定义新的校正项：

$$q=\frac{2\left[(\varepsilon-\delta)k_x^2k_z^2\right]v_z^4}{\left[(1+2\varepsilon)k_x^2+k_z^2\right]v_z^2} \tag{3-43}$$

校正后的波场可以表示为：

$$p_c=p+q\frac{2\left[(\varepsilon-\delta)k_x^2k_z^2\right]v_z^4}{\left[(1+2\varepsilon)k_x^2+k_z^2\right]v_z^2} \tag{3-44}$$

此时相当于对椭圆各向异性介质背景下的扰动场 q 用频散关系做了“rescaled”，本质上，还是利用了背景场和扰动场波场成分的差异。

然而，上述 FK 域中的校正注定无法在实际生产中发挥更大的作用，首先是常速介质的假设，在变速介质中上述的校正存在误差；另外，在大规模波场逆时外推中，每一个时间步都要进行 FT，这会大大降低计算效率(图 3－2)。

2）TX 域校正

H Guan（2011）直接利用式（3－37）时空域对应波场的特征，进行如下的校正：

$$p_c = v_n^2 H_2 (p + q) + v_z^2 H_1 p \tag{3-45}$$

式（3－45）本质上为式（3－42）在时空域的近似表达。利用式（3－42）和式（3－45）进行校正的比较如图 3－3 所示。在变速介质中式（3－45）的校正效果要好于式（3－42），但是这两种方式都没能完全消除 SV 波分量，因为都不是严格意义上的波场分离。

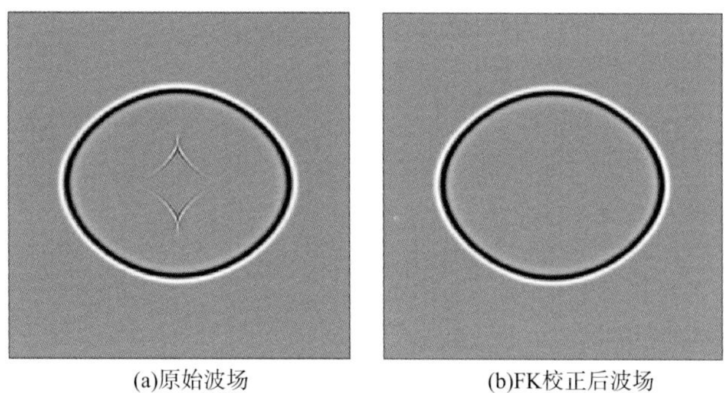

(a)原始波场　(b)FK校正后波场

图 3－2　常速介质下 FK 域校正示意图

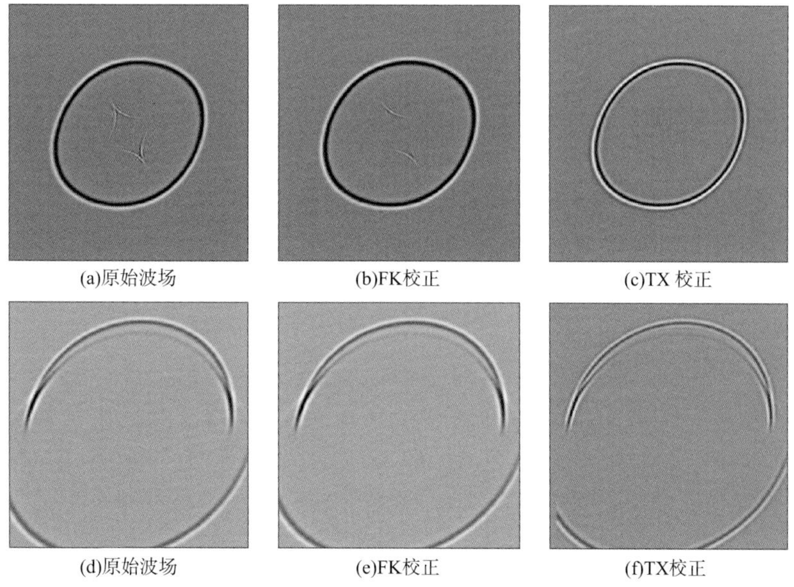

(a)原始波场　(b)FK校正　(c)TX 校正

(d)原始波场　(e)FK校正　(f)TX校正

图 3－3　常速/变速介质下 FK 域和 TX 域校正对比

3.3.2　TTI 介质 RTM 偏移算子

1. TI 介质标量波 RTM 问题分析

1）VTI 介质到 TTI 介质

从 VTI（TI with vertical axis of symmetry）介质到 TTI（TI with tilted axis of symmetry）介

质，并没有引入新的波现象，但是却会使得控制方程变得更为复杂，也就是引入了更多的交叉导数项，这会大大增加计算量。另外，在 TTI 介质中耦合的横波分量会导致计算不稳定，这个问题在后面的章节中进行讨论。通过对式(3－30)、式(3－35)、式(3－38)坐标进行旋转，可以方便地推广到 TTI 介质，例如二维情况下，对于式(3－30)推广到 TTI 介质后，变为：

$$\begin{aligned}\frac{\partial^2 p}{\partial t^2} &= v_n^2 H_2(p+q) + v_z^2 H_1 p + f_{\text{source}} \\ \frac{\partial^2 q}{\partial t^2} &= (v_x^2 - v_n^2) H_2(p+q)\end{aligned} \tag{3-46}$$

其中：

$$\begin{aligned}H_1 &= \sin^2\theta \frac{\partial^2}{\partial x^2} + \cos^2\theta \frac{\partial^2}{\partial z^2} + \sin 2\theta \frac{\partial^2}{\partial x \partial z} \\ H_2 &= \cos^2\theta \frac{\partial^2}{\partial x^2} + \sin^2\theta \frac{\partial^2}{\partial z^2} - \sin 2\theta \frac{\partial^2}{\partial x \partial z}\end{aligned} \tag{3-47}$$

2)数值稳定性

TTI 介质相较于各向同性 VTI 介质中的标量波数值模拟，会存在数值计算不稳定的问题，据 Tsvankin(2001)、Fletcher(2009)研究，主要原因可以归纳为：

(1)令 $v_{S0}=0$ 会导致 SV 波波前面形成三角结(triplications)(图 3－4)，这些三角结在对称轴变化剧烈的处会出现数值不稳定；

(2)SV 波在对称轴变化剧烈处的反射也会导致不稳定。

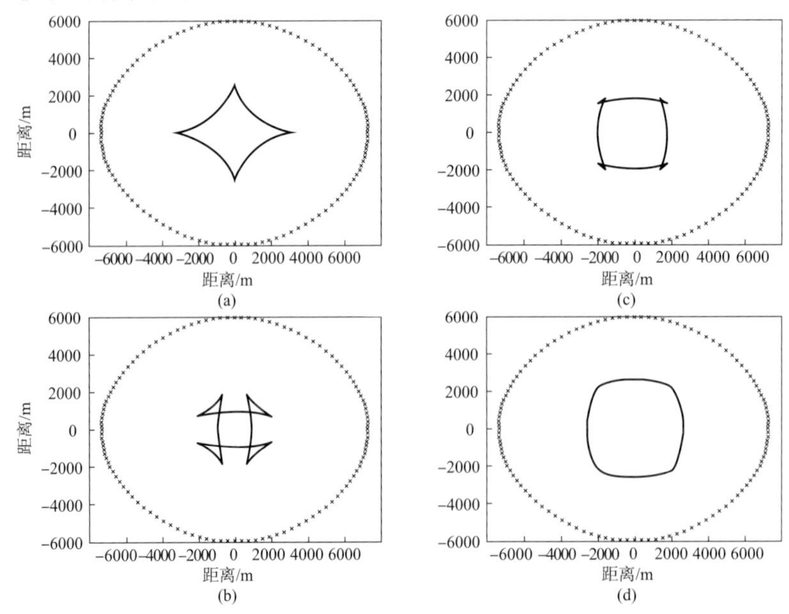

图 3－4　波前形态(Fletcher，2009)

$\sigma = (\varepsilon - \delta) v_{PZ}^2 / v_{SZ}^2$ 是与 SV 波波前面形态十分相关的一个量，不同 σ 值对应的 SV 波波前面的形态如图 3－4 所示，我们发现当 σ 足够小时，三角结会消失掉，因此，针对问题(a)，我们可以设定 σ 始终为一个小值(即设定 v_{SZ} 一个有限值)。对于问题(b)，有：

$$R_{\text{aniso,SV}}(\theta) = \frac{1}{2}(\sigma_1 - \sigma_2)\sin^2\theta \tag{3-48}$$

式中，$R_{\text{aniso,SV}}$ 为介质的各向异性反射系数；σ_1、σ_2 分别为界面两侧的 σ 值，若能使 σ 处为一常数，则 $R_{\text{aniso,SV}}$ 处处为零。显然，(a)(b)很容易同时满足。

2. TTI 介质中的 P－SV 波动方程

相速度表达了实际的地震波速度在 TTI 介质中的变化规律，描述能量的传播过程。通过对相速度研究可以获得很多关于地震波传播相关的信息，下面介绍如何利用相速度来获得表达 TTI 介质中的波动方程表达式。

地震波传播角度、相速度、频率与波数之间有如下关系：

$$\begin{aligned} \sin\theta &= \frac{V_P(\theta) k_x}{\omega} \\ \cos\theta &= \frac{V_P(\theta) k_z}{\omega} \\ V_P^2(\theta) &= \frac{\omega^2}{k_x^2 + k_z^2} = \frac{\omega^2}{k^2} \end{aligned} \tag{3-49}$$

将上式代入相速度的计算公式，可以得到 P－SV 波的频散关系如下：

$$\begin{aligned} \omega^4 = {} & V_{PZ}^4 \{ (1 + 2\varepsilon)(f - 1) k_x^4 + (f - 1) k_z^4 + [2(\delta - \varepsilon) - \\ & 2(1 - f)(1 + \delta) k_x^2 k_z^2] \} + \omega^2 V_{PZ}^2 [(1 + 2\varepsilon) + (1 - f) k_x^2 + (2 - f) k_z^2] \end{aligned} \tag{3-50}$$

将式(3－50)两边同时加入波函数 p，再利用反傅里叶变换可以得到相应的时空域的波动方程表达式。但是由于式(3－50)是一个四阶的多项式，对应时空域将是一个四阶的偏微分方程，引入辅助变量：

$$q = \frac{[(1 + 2\delta) - (1 - f)] V_{PZ}^2 k_z^2}{\omega^2 - (1 - f) V_{PZ}^2 k_z^2 - V_{PZ}^2 k_x^2} p \tag{3-51}$$

可将式(3－50)转化为两个二阶的多项式，表达如下：

$$\begin{aligned} \omega^2 p &= (1 + 2\varepsilon) V_{PZ}^2 k_z^2 p + (1 - f) V_{PZ}^2 k_x^2 p + f V_{PZ}^2 k_x^2 q \\ \omega^2 q &= [(1 + 2\delta) - (1 - f)] V_{PZ}^2 k_z^2 p + (1 - f) V_{PZ}^2 k_z^2 q + V_{PZ}^2 k_x^2 q \end{aligned} \tag{3-52}$$

令 $\eta = 1 - f$，其物理意义为横波速度与纵波速度之比，式(3－52)可化为：

$$\frac{\omega^2}{V_{PZ}^2}\begin{pmatrix} p \\ q \end{pmatrix} = \begin{pmatrix} (1 + 2\varepsilon) k_z^2 + \eta k_x^2 & k_x^2 - \eta k_x^2 \\ (1 + 2\delta) k_z^2 - \eta k_z^2 & k_x^2 + \eta k_z^2 \end{pmatrix} \begin{pmatrix} p \\ q \end{pmatrix} \tag{3-53}$$

利用时空域与频率波数域的对应关系式：

$$\begin{aligned} \omega^2 &\rightarrow \partial t^2 \\ k_x^2 &\rightarrow \partial x^2 \\ k_z^2 &\rightarrow \partial z^2 \end{aligned} \tag{3-54}$$

可以将式(3－53)转换到时空域偏微分方程组的表达式：

$$\frac{1}{V^2}\frac{\partial^2}{\partial t^2}\begin{pmatrix} p \\ q \end{pmatrix} = \begin{pmatrix} (1+2\varepsilon)\partial z^2 + \eta\partial x^2 & \partial x^2 - \eta\partial x^2 \\ (1+2\delta)\partial z^2 - \eta\partial z^2 & \partial x^2 + \eta\partial z^2 \end{pmatrix}\begin{pmatrix} p \\ q \end{pmatrix} \tag{3-55}$$

式(3－55)为 VTI 介质中的波动方程表达式，该表达式满足 P－SV 波在 VTI 介质中的相速度传播规律。利用坐标旋转可以得到相应的 TTI 介质中的波动方程表达式：

$$\frac{1}{V^2}\frac{\partial^2}{\partial t^2}\begin{pmatrix} p \\ q \end{pmatrix} = \begin{pmatrix} (1+2\varepsilon)H_2 + \eta H_1 & H_1 - \eta H_1 \\ (1+2\delta)H_2 - \eta H_2 & H_1 + \eta H_2 \end{pmatrix}\begin{pmatrix} p \\ q \end{pmatrix} \tag{3-56}$$

其中：

$$\begin{aligned} H_1 &= \sin^2\beta\partial^2 x + \cos^2\beta\partial^2 z + \sin 2\beta\partial x\partial z \\ H_2 &= \cos^2\beta\partial^2 x + \sin^2\beta\partial^2 z - \sin 2\beta\partial x\partial z \end{aligned} \tag{3-57}$$

式中，β 为 TTI 介质的对称轴与垂直方向的夹角，即 VTI 介质的对称轴旋转角度。

3. TTI 介质的波场正演差分模拟

利用二阶中心差分格式近似二阶时间偏导数，从式(3－56)可以得到如下的差分方程：

$$\begin{pmatrix} p \\ q \end{pmatrix}^{t+1} = 2\begin{pmatrix} p \\ q \end{pmatrix}^{t} - \begin{pmatrix} p \\ q \end{pmatrix}^{t-1} + V^2 dt^2\begin{pmatrix} (1+2\varepsilon)H_2 + \eta H_1 & H_1 - \eta H_1 \\ (1+2\delta)H_2 - \eta H_2 & H_1 + \eta H_2 \end{pmatrix}\begin{pmatrix} p \\ q \end{pmatrix}^{t} \tag{3-58}$$

空间微分利用高阶空间差分近似可得：

$$\begin{aligned} H_1 &\approx \sin^2\beta L^2 x + \cos^2\beta L^2 z + \sin 2\beta LxLz \\ H_2 &\approx \cos^2\beta\partial L^2 x + \sin^2\beta L^2 z - \sin 2\beta LxLz \\ L(x) &= \frac{\partial}{\partial x}, L(y) = \frac{\partial}{\partial y}, L(z) = \frac{\partial}{\partial z} \end{aligned} \tag{3-59}$$

利用 N 阶中心差分近似：

$$\begin{aligned} L^2(x)P_{x,z}^t &= \sum_{l=-N}^{N}\frac{a_l}{\Delta x^2}P_{x+l,z}^t \\ L^2(z)P_{x,z}^t &= \sum_{l=-N}^{N}\frac{a_l}{\Delta z^2}P_{x,z+l}^t \\ L(x)L(z)P_{x,z}^t &= \frac{1}{\Delta x\Delta z}\sum_{l=-N}^{N}\sum_{j=-N}^{N}b_n b_j P_{x+n,z+j}^t \end{aligned} \tag{3-60}$$

式中，Δx、Δy、Δz 为差分网格间距；a_l、b_l 为二阶偏导数和交叉导数的差分系数。

上述差分方程的稳定性条件，可以先假设方程中 $\varepsilon = \delta$，此时两个波场相等，即：$p = q$，那么求取其中一个方程的稳定性条件即可：

$$V^2 \mathrm{d}t^2 \left| (1 + 2\mu) H_2 + H_1 \right| < 4 \tag{3-61}$$

利用差分系数表示，并将延拓步长表示如下：

$$\mathrm{d}t < \frac{2h}{V_{\max} \sqrt{(2 + 2\mu)} \left(\sum_{n=-N}^{N} a_n + \sum_{j=1}^{N} \sum_{n=1}^{N} b_n b_j \right)} \tag{3-62}$$

$$\mu = \max(\varepsilon, \delta)$$

式中，$V_{\max}$ 为 P 波速度的最大值；h 为最大网格间距。

另一个物理稳定条件为 P－SV 波相速度的平方不能小于零：

$$1 - \frac{1}{2} + \varepsilon \sin^2\theta \pm \frac{f}{2} \sqrt{1 + \left(\frac{2\varepsilon \sin^2\theta}{f} \right) - \frac{4\varepsilon \sin^2\theta \cos 2\theta}{f} + \frac{2\delta}{f} \sin^2 2\theta} \geqslant 0 \tag{3-63}$$

当假设横波速度为零时，式(3－64)可化简为：

$$\varepsilon \geqslant \delta \tag{3-64}$$

对于各向异性介质中逆时偏移算法实现时，主要以各向异性介质弹性波方程为理论基础，对地面接收到的三分量波场进行逆时延拓，应用成像条件实现地震波场的偏移归位。这个思路的优点主要在于具有严谨的理论，对矢量波场进行成像，更接近地下介质的真实情况。但也有明显的局限性：①要求输入数据是三分量的数据，而目前地震勘探主要得到的是纵波数据；②偏移所需的参数模型难以获取，尤其是弹性参数在生产中很难提取；③外推弹性波方程组的计算量极大，内存消耗大，计算效率低。但是，如果以各向异性介质的拟声波方程为理论基础，利用纵波资料进行波场延拓，来实现各向异性介质的逆时偏移，那么以上问题将得以解决。因此，研究各向异性介质中的标量波逆时偏移成像问题，对各向异性逆时偏移技术在实际生产中的应用有着重要意义。

3.3.3 基于 GPU 平台的算法优化

相对于各向同性逆时偏移，各向异性逆时偏移算法更加复杂，数据量更大。在算法上，各向异性逆时偏移增加了交叉导数项，增加了计算量；在数据上，各向异性逆时偏移需要 5 个参数，是各向同性逆时偏移参数的 5 倍。GPU 的显存空间是有限的，各向异性逆时偏移需要更多的存储空间，这对 GPU 来说是一个挑战。因此，针对各向异性逆时偏移的特点，如何进行 GPU 并行优化是一项重要的研究内容。

GPU 具有三个层次的存储器，在执行期间，CUDA 线程可能访问来自多个存储器空间的数据，如图 3－5 所示。每个线程有私有的本地存储器。每个块有对块内所有线程可见的共享存储器，共享存储器的生命期和块相同，所有的线程可访问同一全局存储器。其中，全局存储器的访存速度是最慢的，共享存储器和本地存储器具有快速的数据读写速度。因此本项目着重利用共享存储器和本地存储器对算法进行优化改进。

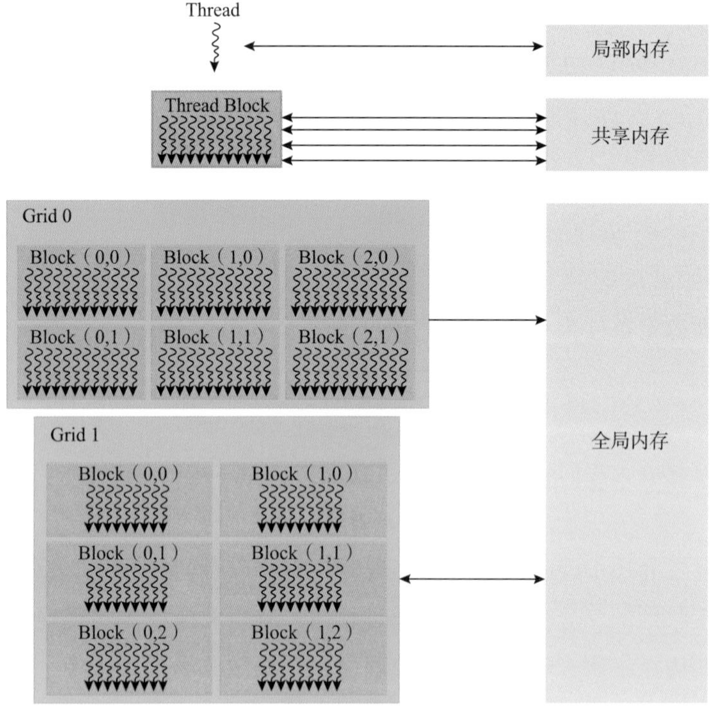

图 3－5　存储器层次

在算法实现上，TTI－RTM 算法比 ISO－RTM 算法更加复杂，它增加了交叉导数项。在 GPU 的计算中，这部分计算是既复杂又耗时的，为了优化这部分计算，首先设定两个共享存储器 s_pp 和 s_px 和三个本地寄存器 local_px、local_py、local_pxy，如图 3－6 和图 3－7 所示。

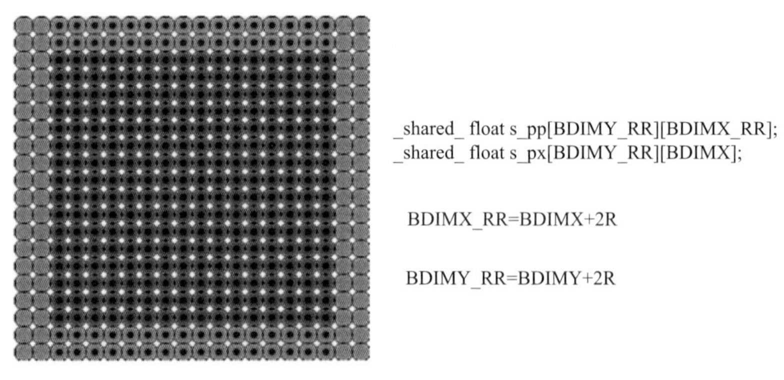

shared float s_pp[BDIMY_RR][BDIMX_RR];
shared float s_px[BDIMY_RR][BDIMX];
BDIMX_RR=BDIMX+2R
BDIMY_RR=BDIMY+2R
深度为Z的平面上16×16网格+2×2扩边

图 3－6　共享存储器数组分配方案

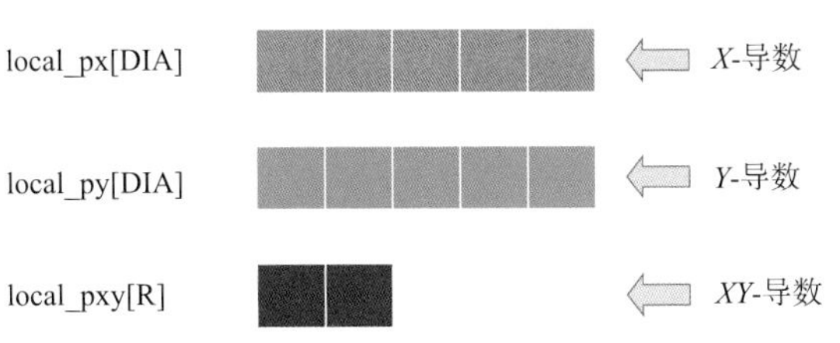

图 3-7 寄存器数组分配方案

具体计算过程如下：

(1)每个线程分别从共享存储器 s_pp 中读取数据并计算 x - 导数，放在局部存储器 local_px 中；

(2)每个线程分别从共享存储器 s_pp 中读取数据并计算 y - 导数，放在局部存储器 local_py 中；

(3)图中紫色的共享存储器 s_px 存放由 s_pp 中数据计算得出的 x - 导数，然后再计算 y - 导数，即得 xy - 导数，放在局部存储器 local_pxy 中。

通过上述计算可分别得到 x - 导数、y - 导数和 xy - 导数，并且整体计算效率得到了有效提升。

表 3-1 算法优化前后计算时间对比

工区	模型数据	实际资料
网格面元	15×15×10	25×25×10
成像范围	901×901×501	650×1000×1001
偏移孔径/m	14000	7500
CPU-TTI-RTM/(h/PreShot)	36	24
GPU-TTI-RTM(优化前)/(h/PreShot)	3	2
GPU-TTI-RTM(算法优化后)/(h/PreShot)	0.8	0.5

表 3-1 是算法优化前后的计算效率对比，可以看出在优化之后，计算时间能减少 2 倍多。

在 GPU 的性能优化中可分为三种类型：内存密集型优化、指令密集型优化和延迟密集型优化。之前的 GPU 算法优化主要就是针对内存密集进行的性能优化，下面主要从指令密集型和延迟密集型两个方面进行性能优化：

(1)针对指令密集型，我们采取的措施是减少 warp(cuda 计算单元)内的计算分支。warp0 中所有的线程都执行同样的命令，那么一次就可以完成计算；warp1 中有两个指令，那么就要分两次执行才能完成所有线程的计算，显然这种计算是事倍功半的。所以在线程的分配和处理中尽量避免 warp1 这种类型。另外，采用一些 cuda 自带的快速计算函数也可提高计算速度。

(2)针对延迟密集型计算的优化主要分为：①循环展开，提高 GPU 上 SM 的并行性，有效隐藏数据读取时间；②采用异步流技术实现计算和传输的异步执行，GPU 计算中可以创建多个流，每个流是按顺序执行的一系列操作，而不同的流与其他的流之间既可以乱序执行，也可以并行执行，能够使一个流的计算与另一个流的数据传输同时进行，从而提高 GPU 中资源的利用率；③全局读优化，将输入数据和系数合并读入共享存储器；④全局写优化，合并输出，通过设定临时变量，将部分和保存到寄存器中，直到全部写完。

通过上述两方面优化，可以将 GPU－TTI－RTM 计算效率大幅提升(表 3－2)。

表 3－2　GPU 优化前后计算时间对比

工区	模型数据	实际资料
网格面元	15×15×10	25×25×10
成像范围	901×901×501	650×1000×1001
偏移孔径/m	14000	7500
CPU－TTI－RTM/(h/PreShot)	36	24
GPU－TTI－RTM(优化前)/(h/PreShot)	3	2
GPU－TTI－RTM(算法优化后)/(h/PreShot)	0.8	0.5
GPU－TTI－RTM(算法优化＋性能优化后)/(h/PreShot)	0.5	0.2

3.3　纯纵波各向异性介质逆时偏移算子

目前主要的 TTI 传播方程以使用非解耦的 P 波传播方程为主。利用耦合的方程进行 qP 波传播和成像具有原理清晰、编程简单、qP 波方程能准确地反映弹性波波场中 P 波分量运动学信息等特点。因此，这种方式在当前工业界应用的较为广泛。

然而，利用耦合的 qP 波方程进行各向异性介质中波传播与成像也有一些问题，比如 qP 波依然和 qS 波耦合，处理不当容易出现数值计算不稳定现象，另外利用耦合的 qP 方程通常是耦合的偏微分方程组，显然这会大规模计算时的计算量和存储量。因此，研究各向异性介质中解耦的 qP 波方程传播和成像对于推动技术发展，使得各向异性 RTM 计算更好的服务实际生产仍然有十分重要的意义。

3.3.1　TTI 梯度法方程纯 P 波波场延拓技术

TI 介质中 P－SV 波耦合的频散关系为：

$$\omega^4 - \omega^2[(v_{Px}^2 + v_{S0}^2)k_x^2 + (v_{P0}^2 + v_{S0}^2)k_z^2] + v_{Px}^2 v_{S0}^2 k_x^4 + v_{P0}^2 v_{S0}^2 k_z^4 + [v_{P0}^2(v_{Px}^2 - v_{Pn}^2) + v_{S0}^2(v_{Pn}^2 + v_{P0}^2)]k_x^2 k_z^2 = 0 \tag{3-65}$$

其中：

$$\begin{aligned} v_{Px} &= v_{P0}\sqrt{1+2\varepsilon} \\ v_{Pn} &= v_{P0}\sqrt{1+2\delta} \\ v_{Pn}^2 - v_{Px}^2 &= 2v_{P0}^2(\varepsilon - \delta) \end{aligned} \tag{3-66}$$

将式(3-65)看做关于 ω 的高次多项式，从中可以分别解耦出 P-SV 对应的频散关系，其中对应 P 波的为：

$$\omega^2 - \frac{v_{P0}^2}{2}\left\{(1+2\varepsilon)(k_x^2+k_y^2)+k_z^2 - \sqrt{[(1+2\varepsilon)(k_x^2+k_y^2)+k_z^2]^2 - 8(\varepsilon-\delta)(k_x^2+k_y^2)k_z^2}\right\} = 0 \tag{3-67}$$

求解上式即可得到 TI 介质中单独传播的 qP 波。然而，解耦方程(3-67)是拟微分方程，传统上认为该类方程无法利用传统的数值求解方法(利用有限差分方法)求解，对于其中的拟微分算子一般采用数值逼近的方法求解。傅里叶基函数是最为常用的逼近基函数。

图 3-8 是拟微分算子的空间域和波数域波场快照以及相应的 VTI 和 TTI 介质波场快照，可以看出算法的有效性。

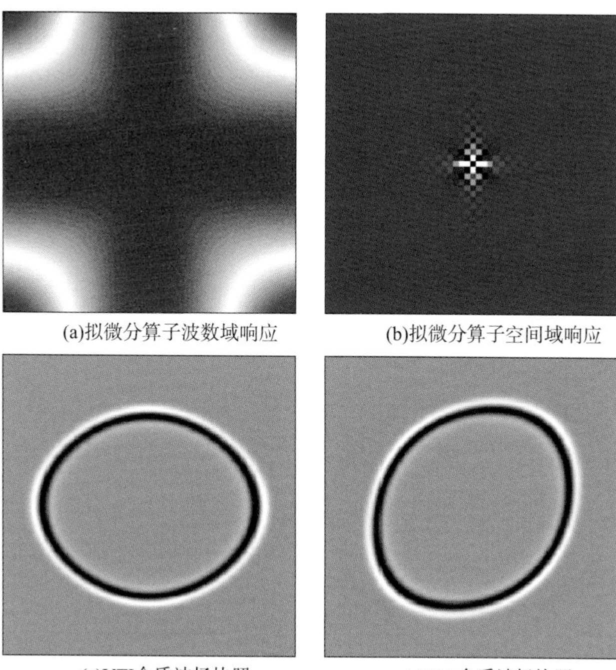

(a)拟微分算子波数域响应
(b)拟微分算子空间域响应
(c)VTI介质波场快照
(d)TTI介质波场快照

图 3-8　波前响应示意图

然而利用如上方式求解解耦的 qP 波方程效率比较低，主要是因为褶积算子大规模要大于常用的有限差分算子。那么如何提高纠结解耦后的 qP 波方程的计算效率呢？可以利用波前矢量的概念。现在来讨论利用旋转交错网格来求解 Xu(2014)提出的纯 P 波方程，方程的形式为：

$$\frac{\partial^2 u}{\partial t^2} = \nabla\cdot(v_0^2 S \nabla u) \tag{3-68}$$

式中，S 可以表示为：

$$S = \frac{1}{2}(1+2\varepsilon)(n_x^2+n_y^2)+n_z^2+\sqrt{\left[(1+2\varepsilon)(n_x^2+n_y^2)+n_z^2\right]^2-8(\varepsilon-\delta)(n_x^2+n_y^2)n_z^2} \tag{3-69}$$

当将方程(3-68)推广到 TTI 介质情景时，为了保持方程能量在传播过程中守恒，构造式(3-68)的 TTI 对应形式为：

$$\frac{\partial^2 \boldsymbol{u}}{\partial t^2} = \boldsymbol{D}^{\mathrm{T}}\cdot(v_0^2 S\boldsymbol{D}\boldsymbol{u}) \tag{3-70}$$

其中：

$$\boldsymbol{D} = \mathrm{diag}(\boldsymbol{R}_1^{\mathrm{T}}\nabla,\boldsymbol{R}_2^{\mathrm{T}}\nabla,\boldsymbol{R}_3^{\mathrm{T}}\nabla) \tag{3-71}$$

$\boldsymbol{R}_i$ 为如下旋转矩阵的列向量(按照 Duveneck 的定义)：

$$\boldsymbol{R} = \begin{bmatrix} \cos\theta\cos\varphi & -\sin\varphi & \sin\theta\cos\varphi \\ \cos\theta\sin\varphi & \cos\varphi & \sin\theta\sin\varphi \\ -\sin\theta & 0 & \cos\theta \end{bmatrix} \tag{3-72}$$

联立式(3-70)、式(3-71)、式(3-72)，将方程展开有：

$$\begin{aligned}\frac{\partial^2 u}{\partial t^2} = v_0^2 S[&\partial_x\cos\theta\cos\varphi(\cos\theta\cos\varphi\partial_x u)+\partial_x\cos\theta\cos\varphi(\cos\theta\sin\varphi\partial_y u)+\\&\partial_x\cos\theta\cos\varphi(-\sin\theta\partial_z u)+\partial_y\cos\theta\sin\varphi(\cos\theta\cos\varphi\partial_x u)+\partial_y\cos\theta\sin\varphi(\cos\theta\sin\varphi\partial_y u)+\\&\partial_y\cos\theta\sin\varphi(-\sin\theta\partial_z u)-\partial_z\sin\theta(\cos\theta\cos\varphi\partial_x u)-\partial_z\sin\theta(\cos\theta\sin\varphi\partial_y u)-\\&\partial_z\sin\theta(-\sin\theta\partial_z u)-\partial_x\sin\varphi(-\sin\varphi\partial_x u)-\partial_x\sin\varphi(\cos\varphi\partial_y u)+\partial_y\cos\varphi(-\sin\varphi\partial_x u)+\\&\partial_y\cos\varphi(\cos\varphi\partial_y u)+\partial_x\sin\theta\cos\varphi(\sin\theta\cos\varphi\partial_x u)+\partial_x\sin\theta\cos\varphi(\sin\theta\sin\varphi\partial_y u)+\\&\partial_x\sin\theta\cos\varphi(\cos\theta\partial_z u)+\partial_y\sin\theta\sin\varphi(\sin\theta\cos\varphi\partial_x u)+\partial_y\sin\theta\sin\varphi(\sin\theta\sin\varphi\partial_y u)+\\&\partial_y\sin\theta\sin\varphi(\cos\theta\partial_z u)+\partial_z\cos\theta(\sin\theta\cos\varphi\partial_x u)+\partial_z\cos\theta(\sin\theta\sin\varphi\partial_y u)+\\&\partial_z\cos\theta(\cos\theta\partial_z u)]\end{aligned} \tag{3-73}$$

在二维情况下，式(3-73)退化为：

$$\begin{aligned}\frac{\partial^2 u}{\partial t^2} = v_0^2 S[&\partial_x\cos\theta(\cos\theta\partial_x u)+\partial\partial_x\cos\theta(-\sin\theta\partial_z u)-\\&\partial_z\sin\theta(\cos\theta\partial_x u)-\partial_z\sin\theta(-\sin\theta\partial_z u)+\\&\partial_x\sin\theta(\sin\theta\partial_x u)+\partial_x\sin\theta(\cos\theta\partial_z u)+\\&\partial_z\cos\theta(\sin\theta\partial_x u)+\partial_z\cos\theta(\cos\theta\partial_z u)]\end{aligned} \tag{3-74}$$

为了更好地求解式(3－74)，对一阶形式声波方程进行讨论，从各向同性介质中的弹性波出发：

$$\begin{cases}\rho\dfrac{\partial v_1}{\partial t}=\dfrac{\partial\sigma_{11}}{\partial x_1}+\dfrac{\partial\sigma_{13}}{\partial x_3}\\ \rho\dfrac{\partial v_3}{\partial t}=\dfrac{\partial\sigma_{31}}{\partial x_1}+\dfrac{\partial\sigma_{33}}{\partial x_3}\\ \dfrac{\partial\sigma_{11}}{\partial t}=C_{11}\dfrac{\partial v_1}{\partial x_1}+C_{13}\dfrac{\partial v_3}{\partial x_3}\\ \dfrac{\partial\sigma_{33}}{\partial t}=C_{13}\dfrac{\partial v_1}{\partial x_1}+C_{33}\dfrac{\partial v_3}{\partial x_3}\\ \dfrac{\partial\sigma_{13}}{\partial t}=C_{44}\left(\dfrac{\partial v_1}{\partial x_3}+\dfrac{\partial v_3}{\partial x_1}\right)\end{cases}\tag{3－75}$$

令$\mu=0$，则有：

$$\begin{aligned}&C_{11}=C_{33}=C_{13}=\lambda=\rho v^2\\&C_{44}=0\end{aligned}\tag{3－76}$$

将式(3－76)代入式(3－75)，有：

$$\begin{cases}\rho\dfrac{\partial v_1}{\partial t}=\dfrac{\partial\sigma_{11}}{\partial x_1}\\ \rho\dfrac{\partial v_3}{\partial t}=\dfrac{\partial\sigma_{33}}{\partial x_3}\\ \dfrac{1}{C_{11}}\dfrac{\partial\sigma_{11}}{\partial t}=\dfrac{\partial v_1}{\partial x_1}+\dfrac{\partial v_3}{\partial x_3}\\ \dfrac{1}{C_{11}}\dfrac{\partial\sigma_{33}}{\partial t}=\dfrac{\partial v_1}{\partial x_1}+\dfrac{\partial v_3}{\partial x_3}\end{cases}\tag{3－77}$$

对应力更新方程两边求时间导数，消除速度分量有：

$$\begin{aligned}&\frac{\partial}{\partial t}\left(\frac{1}{C_{11}}\frac{\partial\sigma_{11}}{\partial t}\right)=\frac{\partial}{\partial x_1}\left(\frac{1}{\rho}\frac{\partial\sigma_{11}}{\partial x_1}\right)+\frac{\partial}{\partial x_3}\left(\frac{1}{\rho}\frac{\partial\sigma_{33}}{\partial x_3}\right)\\&\frac{\partial}{\partial t}\left(\frac{1}{C_{11}}\frac{\partial\sigma_{33}}{\partial t}\right)=\frac{\partial}{\partial x_1}\left(\frac{1}{\rho}\frac{\partial\sigma_{11}}{\partial x_1}\right)+\frac{\partial}{\partial x_3}\left(\frac{1}{\rho}\frac{\partial\sigma_{33}}{\partial x_3}\right)\end{aligned}\tag{3－78}$$

注意到此时两个变量是一致的，则式(3－78)可以进一步简化为：

$$\frac{\partial}{\partial t}\left(\frac{1}{C_{11}}\frac{\partial u}{\partial t}\right)=\frac{\partial}{\partial x_1}\left(\frac{1}{\rho}\frac{\partial u}{\partial x_1}\right)+\frac{\partial}{\partial x_3}\left(\frac{1}{\rho}\frac{\partial u}{\partial x_3}\right)\tag{3－79}$$

式(3－79)可以化为如下一阶方程组：

$$
\begin{aligned}
\partial_t u &= C_{11}\partial_{x1}p + C_{11}\partial_{x3}p \\
\partial_t p &= \frac{1}{\rho}\partial_{x1}u, \partial_t q = \frac{1}{\rho}\partial_{x3}u
\end{aligned}
\tag{3-80}
$$

矩阵形式可以表示为：

$$
\partial_t \begin{bmatrix} u \\ p \\ q \end{bmatrix} = \begin{bmatrix} 0 & C_{11} & 0 \\ \frac{1}{\rho} & 0 & 0 \\ 0 & 0 & 0 \end{bmatrix} \partial_{x1} \begin{bmatrix} u \\ p \\ q \end{bmatrix} + \begin{bmatrix} 0 & 0 & C_{11} \\ 0 & 0 & 0 \\ \frac{1}{\rho} & 0 & 0 \end{bmatrix} \partial_{x3} \begin{bmatrix} u \\ p \\ q \end{bmatrix} \tag{3-81}
$$

类似的，可以将式(3－74)写为：

$$
\begin{cases}
\partial_t u = v_0^2 \partial_{r\mathrm{T}x_1} p + v_0^2 \partial_{r\mathrm{T}x_x} q \\
\partial_t p = S\partial_{rx_1} u \\
\partial_t q = S\partial_{rx_3} u
\end{cases}
\tag{3-82}
$$

其中：

$$
\begin{cases}
\partial_{r\mathrm{T}x_1} p = (\boldsymbol{R}_1^{\mathrm{T}} \nabla)^{\mathrm{T}} = (\partial_{x1}\cos\theta - \partial_{x3}\sin\theta)p \\
\partial_{r\mathrm{T}x_3} q = (\boldsymbol{R}_3^{\mathrm{T}} \nabla)^{\mathrm{T}} = (\partial_{x1}\sin\theta + \partial_{x3}\cos\theta)p \\
\partial_{rx_1} u = \boldsymbol{R}_1^{\mathrm{T}} \nabla = (\cos\theta\partial_{x1} - \sin\theta\partial_{x3})u \\
\partial_{rx_3} u = \boldsymbol{R}_3^{\mathrm{T}} \nabla = (\sin\theta\partial_{x1} + \cos\theta\partial_{x3})u
\end{cases}
\tag{3-83}
$$

据 Xu(2015)，可以将 TI 介质中的频散关系改写为：

$$
\begin{aligned}
\omega^2 &= \frac{v_{\mathrm{P0}}^2}{2}\left\{(1+2\varepsilon)\left(k_x^2+k_y^2\right)+k_z^2+\sqrt{\left[(1+2\varepsilon)\left(k_x^2+k_y^2\right)+k_z^2\right]^2-8(\varepsilon-\delta)\left(k_x^2+k_y^2\right)k_z^2}\right\} \\
&= \frac{v_{\mathrm{P0}}^2}{2}\left\{(1+2\varepsilon)\left(k_x^2+k_y^2\right)+k_z^2+\left[(1+2\varepsilon)\left(k_x^2+k_y^2\right)+k_z^2\right]\right. \\
&\qquad \left.\sqrt{1-\left[8(\varepsilon-\delta)\left(k_x^2+k_y^2\right)k_z^2\right]\Big/\left[(1+2\varepsilon)\left(k_x^2+k_y^2\right)+k_z^2\right]^2}\right\} \\
&= v_{\mathrm{P0}}^2\left[(1+2\varepsilon)\left(k_x^2+k_y^2\right)+k_z^2\right]+\frac{v_{\mathrm{P0}}^2}{2}\left[(1+2\varepsilon)\left(k_x^2+k_y^2\right)+k_z^2\right] \\
&\qquad \left\{\sqrt{1-\left[8(\varepsilon-\delta)\left(k_x^2+k_y^2\right)k_z^2\right]\Big/\left[(1+2\varepsilon)\left(k_x^2+k_y^2\right)+k_z^2\right]^2}-1\right\} \\
&= v_{\mathrm{P0}}^2\left[(1+2\varepsilon)\left(k_x^2+k_y^2\right)+k_z^2\right]+v_{\mathrm{P0}}^2\left[(1+2\varepsilon)\left(k_x^2+k_y^2\right)+k_z^2\right]\frac{1}{2} \\
&\qquad \left\{\sqrt{1-\left[8(\varepsilon-\delta)\left(k_x^2+k_y^2\right)k_z^2\right]\Big/\left[(1+2\varepsilon)\left(k_x^2+k_y^2\right)+k_z^2\right]^2}-1\right\}
\end{aligned}
\tag{3-84}
$$

对于根号下的项，上下同时除以 k^4，其定义为 $k^2 = k_x^2 + k_y^2 + k_z^2$，并利用：

$$\vec{n} = (k_x, k_y, k_z) / |k_x^2 + k_y^2 + k_z^2| = \frac{\nabla u}{|\nabla u|} \tag{3-85}$$

则式(3-84)可以写成：

$$\omega^2 = v_{P0}^2 \left[(1+2\varepsilon)\left(k_x^2 + k_y^2\right) + k_z^2 \right] + v_{P0}^2 \left[(1+2\varepsilon)\left(k_x^2 + k_y^2\right) + k_z^2 \right]$$

$$\frac{1}{2}\left\{ \sqrt{1 - \left[8(\varepsilon - \delta)\left(n_x^2 + n_y^2\right) n_z^2\right] \Big/ \left[(1+2\varepsilon)\left(n_x^2 + n_y^2\right) + n_z^2\right]^2} - 1 \right\} \tag{3-86}$$

记：

$$\Delta s_e = \frac{1}{2}\left\{ \sqrt{1 - \left[8(\varepsilon - \delta)\left(n_x^2 + n_y^2\right) n_z^2\right] \Big/ \left[(1+2\varepsilon)\left(n_x^2 + n_y^2\right) + n_z^2\right]^2} - 1 \right\} \tag{3-87}$$

把式(3-87)代入式(3-86)，可得：

$$\omega^2 = v_{P0}^2 \left[(1+2\varepsilon)\left(k_x^2 + k_y^2\right) + k_z^2 \right] + v_{P0}^2 \left[(1+2\varepsilon)\left(k_x^2 + k_y^2\right) + k_z^2 \right] \Delta s_e \tag{3-88}$$

在 TTI 介质中，式(3-87)与式(3-88)变为：

$$\omega^2 = v_{P0}^2 \left[(1+2\varepsilon)\left(k_{x'}^2 + k_{y'}^2\right) + k_{z'}^2 \right] + v_{P0}^2 \left[(1+2\varepsilon)\left(k_{x'}^2 + k_{y'}^2\right) + k_{z'}^2 \right] \Delta s_e$$

$$\Delta s_e = \frac{1}{2}\left\{ \sqrt{1 - \left[8(\varepsilon - \delta)\left(n_{x'}^2 + n_{y'}^2\right) n_{z'}^2\right] \Big/ \left[(1+2\varepsilon)\left(n_{x'}^2 + n_{y'}^2\right) + n_{z'}^2\right]^2} - 1 \right\} \tag{3-89}$$

式中，$k_{x'}$、$k_{y'}$、$k_{z'}$ 和 $n_{x'}$、$n_{y'}$、$n_{z'}$ 分别为旋转坐标系下波矢量及单位波矢量，对于 TTI 介质，其定义为：

$$\begin{cases} k_{x'} = \cos\theta\cos\varphi k_x + \cos\theta\sin\varphi k_y - \sin\theta k_z \\ k_{y'} = -\sin\varphi k_x + \cos\varphi k_y \\ k_{z'} = \sin\theta\cos\varphi k_x + \sin\theta\sin\varphi k_y + \cos\theta k_z \end{cases} \tag{3-90}$$

两边平方可得：

$$\begin{cases} k_{x'}^2 = \cos^2\theta\cos^2\varphi k_x^2 + \cos^2\theta\sin^2\varphi k_y^2 + \sin^2\theta k_z^2 + \cos^2\theta\sin2\varphi k_x k_y - \\ \qquad \sin2\theta\sin\varphi k_y k_z - \sin2\theta\cos\varphi k_x k_z \\ k_{y'}^2 = \sin^2\varphi k_x^2 + \cos^2\varphi k_y^2 - \sin2\varphi k_x k_y \\ k_{z'}^2 = \sin^2\theta\cos^2\varphi k_x^2 + \sin\theta^2\sin^2\varphi k_y^2 + \cos^2\theta k_z^2 + \sin^2\theta\sin2\varphi k_x k_y + \\ \qquad \sin2\theta\sin\varphi k_y k_z + \sin2\theta\cos\varphi k_x k_z \end{cases} \tag{3-91}$$

对于二维情况，式(3-91)简化为：

$$
\begin{aligned}
k_{x'}^2 &= \cos^2\theta k_x^2 + \sin^2\theta k_z^2 - \sin 2\theta k_x k_z \\
k_{z'}^2 &= \sin^2\theta k_x^2 + \cos^2\theta k_z^2 + \sin 2\theta k_x k_z
\end{aligned}
\tag{3-92}
$$

为了数值实施方便，将式(3－88)写成一阶形式：

$$
\begin{aligned}
\omega^2 &= v_{\mathrm{P0}}^2[(1+2\varepsilon)(k_{x'}^2+k_{y'}^2)+k_{z'}^2] + v_{\mathrm{P0}}^2[(1+2\varepsilon)(k_{x'}^2+k_{y'}^2)+k_{z'}^2]\Delta s_e \\
&= v_{\mathrm{P0}}^2[(1+2\varepsilon)(k_{x'}^2+k_{y'}^2)+k_{z'}^2](1+\Delta s_e)
\end{aligned}
\tag{3-93}
$$

可以进一步写为：

$$
\begin{aligned}
\omega^2 &= v_{\mathrm{P0}}^2[(1+2\varepsilon)(k_{x'}^2+k_{y'}^2)+k_{z'}^2]s_e \\
s_e &= (1+\Delta s_e)
\end{aligned}
\tag{3-94}
$$

变回到时间—空间域可以得到二阶形式的纯 P 波方程：

$$
\partial_t^2 u = v_{\mathrm{P0}}^2[(1+2\varepsilon)(\partial_{x'}^2 u+\partial_{y'}^2 u)+\partial_{z'}^2 u]s_e \tag{3-95}
$$

3.3.2 不分裂的完全匹配层吸收边界

首先利用传统的拉伸函数导出 NPML 的表达式，然后再加以改进。以各向同性介质中声波方程为例：

$$
\begin{cases}
\rho \dfrac{\partial v_x}{\partial t} = \dfrac{\partial p}{\partial x} \\[2ex]
\rho \dfrac{\partial v_z}{\partial t} = \dfrac{\partial p}{\partial z} \\[2ex]
\dfrac{\partial p}{\partial t} = \lambda\left(\dfrac{\partial v_x}{\partial x} + \dfrac{\partial v_z}{\partial z}\right)
\end{cases}
\tag{3-96}
$$

PML 的基本思想是引入拉伸坐标系来替换掉原来的坐标，使得波在新坐标系下传播随着距计算边界的距离而逐步衰减，新旧坐标关系可由如下积分式表达：

$$
\tilde{x} = \int_0^x s_x(\eta)\,\mathrm{d}\eta \tag{3-97}
$$

据式(3－97)，新旧坐标系下微分关系式（以 x 方向正方向为例）：

$$
\frac{\partial \tilde{p}}{\partial \tilde{x}} = \frac{\partial \tilde{p}}{\partial x}\frac{\partial x}{\partial \tilde{x}} = \frac{\partial \tilde{p}}{\partial x}\frac{1}{\dfrac{\partial \tilde{x}}{\partial x}} = \frac{\partial \tilde{p}}{\partial x}\frac{1}{\dfrac{\partial\left[\int_0^x s_x(\eta)\,\mathrm{d}\eta\right]}{\partial x}} = \frac{\partial \tilde{p}}{\partial x}\frac{1}{s_x(x)} \tag{3-98}
$$

其中：

$$
s_i = \beta_i + \frac{d_i}{\alpha_i + i\omega}, i \in \{x,y,z\} \tag{3-99}
$$

对于式(3－98)中拉伸函数的倒数 $1/s_x(x)$，有：

$$1/s_x = 1/\left(\beta_x + \frac{d_x}{\alpha_x + i\omega}\right) = 1/\left[\frac{d_x + \beta_x(\alpha_x + i\omega)}{\alpha_x + i\omega}\right] = \frac{\alpha_x + i\omega}{d_x + \beta_x(\alpha_x + i\omega)}$$

$$= 1/\beta_x - \frac{d_x}{\beta_x^2}\frac{1}{(d_x/\beta_x + \alpha_x) + i\omega} \tag{3-100}$$

注意到式(3－100)中 s_x 是所谓的拉伸函数(Complex－Frequency－Shifted，CFS)，当 $\beta_i = 1, \alpha_i = 0$ 时，拉伸函数变为标准的拉伸函数，此时有：

$$1/s_x = \frac{i\omega}{d_x + i\omega} \tag{3-101}$$

将上式代入式(3－96)得到 PML 区域内方程式为：

$$\begin{cases} \rho \dfrac{\partial v_x}{\partial t} = \dfrac{\partial \tilde{p}^x}{\partial x} \\ \rho \dfrac{\partial v_z}{\partial t} = \dfrac{\partial \tilde{p}^z}{\partial z} \\ \dfrac{\partial p}{\partial t} = \lambda\left(\dfrac{\partial \tilde{v}_x^x}{\partial x} + \dfrac{\partial \tilde{v}_z^z}{\partial z}\right) \end{cases} \tag{3-102}$$

式中，$\tilde{p}^x$、$\tilde{p}^z$、$\tilde{v}_x^x$、$\tilde{v}_z^z$ 为经过拉伸后的波场，其定义为：

$$\tilde{p}^i = p/s_i, \tilde{v}_i^i = v_i/s_i \tag{3-103}$$

为了接下来推导的方便，将新坐标系下的导数写开：

$$\frac{\partial \tilde{v}_x^x}{\partial x} = \frac{1}{s_x}\frac{\partial v_x}{\partial x} = \left[1/\beta_x - \frac{d_x}{\beta_x^2}\frac{1}{(d_x/\beta_x + \alpha_x) + i\omega}\right]\frac{\partial v_x}{\partial x} \tag{3-104}$$

引入辅助函数：

$$Q_x^{v_x} = -\frac{d_x}{\beta_x^2}\frac{1}{(d_x/\beta_x + \alpha_x) + i\omega}\frac{\partial v_x}{\partial x} \tag{3-105}$$

式(3－104)可以写成：

$$\frac{\partial \tilde{v}_x^x}{\partial x} = 1/\beta_x \frac{\partial v_x}{\partial x} + Q_x^{v_x} \tag{3-106}$$

为了得到辅助函数的更新方程，将式(3－104)进一步变形有：

$$Q_x^{v_x}(d_x/\beta_x + \alpha_x + i\omega) = -\frac{d_x}{\beta_x^2}\frac{\partial v_x}{\partial x} \tag{3-107}$$

将式(3－107)变到时空域中有：

$$Q_x^{v_x}(d_x/\beta_x + \alpha_x) + \frac{\partial Q_x^{v_x}}{\partial t} = -\frac{d_x}{\beta_x^2}\frac{\partial v_x}{\partial x} \tag{3-108}$$

利用式(3－106)及式(3－108)可以计算 PML 区域控制方程(3－102)中的 $\partial_x \tilde{v}_x^x$ 项，其余项的计算可以由类似的方式给出。最终可以将式(3－102)写成：

$$\begin{cases}\rho\dfrac{\partial v_x}{\partial t}=1/\beta_x\dfrac{\partial p}{\partial x}+Q_x^p\\ \rho\dfrac{\partial v_z}{\partial t}=1/\beta_z\dfrac{\partial p}{\partial x}+Q_z^p\\ \dfrac{\partial p}{\partial t}=\lambda\left(1/\beta_x\dfrac{\partial v_x}{\partial x}+Q_x^{v_x}+1/\beta_z\dfrac{\partial v_z}{\partial z}+Q_z^{v_z}\right)\\ \dfrac{\partial Q_x^{v_x}}{\partial t}=-\dfrac{d_x}{\beta_x{}^2}\dfrac{\partial v_x}{\partial x}-Q_x^{v_x}(d_x/\beta_x+\alpha_x)\\ \dfrac{\partial Q_z^{v_z}}{\partial t}=-\dfrac{d_z}{\beta_z{}^2}\dfrac{\partial v_z}{\partial z}-Q_z^{v_z}(d_z/\beta_z+\alpha_z)\\ \dfrac{\partial Q_x^p}{\partial t}=-\dfrac{d_x}{\beta_x{}^2}\dfrac{\partial v_x}{\partial x}-Q_x^p(d_x/\beta_x+\alpha_x)\\ \dfrac{\partial Q_z^p}{\partial t}=-\dfrac{d_z}{\beta_z{}^2}\dfrac{\partial v_z}{\partial z}-Q_z^p(d_z/\beta_z+\alpha_z)\end{cases}\tag{3-109}$$

为了导出二阶方程对应 PML 区域内满足的方程，将应力更新方程两边对时间求偏导：

$$\frac{\partial^2 p}{\partial t^2}=\lambda\frac{\partial}{\partial t}\left(1/\beta_x\frac{\partial v_x}{\partial x}+Q_x^{v_x}+1/\beta_z\frac{\partial v_z}{\partial z}+Q_z^{v_z}\right)\tag{3-110}$$

交换微分顺序并代入速度更新方程(常密度假设下)，有：

$$\frac{\partial^2 p}{\partial t^2}=\lambda\left[1/\beta_x\frac{\partial}{\partial x}\left(1/\beta_x\frac{\partial p}{\partial x}+Q_x^p\right)+\frac{\partial Q_x^{v_x}}{\partial t}+1/\beta_z\frac{\partial}{\partial z}\left(1/\beta_z\frac{\partial p}{\partial z}+Q_z^p\right)+\frac{\partial Q_z^{v_z}}{\partial t}\right]\tag{3-111}$$

式(3-111)中的速度辅助变量时间导数 $\partial_t Q_x^{v_x}$, $\partial_t Q_z^{v_z}$ 仍然包含速度变量，为了消去速度变量利用如下关系：

$$\begin{aligned}\frac{\partial Q_x^{v_x}}{\partial t}&=-\frac{d_x}{\beta_x{}^2}\frac{\partial v_x}{\partial x}-Q_x^{v_x}(d_x/\beta_x+\alpha_x)\\&=-\frac{d_x}{\beta_x{}^2}\left(1/\beta_x\frac{\partial p}{\partial x}+Q_x^p\right)-Q_x^{v_x}(d_x/\beta_x+\alpha_x)\\ \frac{\partial Q_z^{v_z}}{\partial t}&=-\frac{d_z}{\beta_z{}^2}\frac{\partial v_z}{\partial z}-Q_z^{v_z}(d_z/\beta_z+\alpha_z)\\&=-\frac{d_z}{\beta_z{}^2}\left(1/\beta_z\frac{\partial p}{\partial z}+Q_z^p\right)-Q_z^{v_z}(d_z/\beta_z+\alpha_z)\end{aligned}\tag{3-112}$$

最终可以得到二阶方程非分裂格式 PML 边界中的控制方程为：

$$\begin{cases}\dfrac{\partial^2 p}{\partial t^2}=\lambda\left[1/\beta_x\dfrac{\partial}{\partial x}\left(1/\beta_x\dfrac{\partial p}{\partial x}+Q_x^p\right)+\dfrac{\partial Q_x^{v_x}}{\partial t}+1/\beta_z\dfrac{\partial}{\partial z}\left(1/\beta_z\dfrac{\partial p}{\partial z}+Q_z^p\right)+\dfrac{\partial Q_z^{v_z}}{\partial t}\right]\\ \dfrac{\partial Q_x^{v_x}}{\partial t}=-\dfrac{d_x}{{\beta_x}^2}\left(1/\beta_x\dfrac{\partial p}{\partial x}+Q_x^p\right)-Q_x^{v_x}(d_x/\beta_x+\alpha_x)\\ \dfrac{\partial Q_z^{v_z}}{\partial t}=-\dfrac{d_z}{{\beta_z}^2}\left(1/\beta_z\dfrac{\partial p}{\partial z}+Q_z^p\right)-Q_z^{v_z}(d_z/\beta_z+\alpha_z)\\ \dfrac{\partial Q_x^p}{\partial t}=-\dfrac{d_x}{{\beta_x}^2}\dfrac{\partial v_x}{\partial x}-Q_x^p(d_x/\beta_x+\alpha_x)\\ \dfrac{\partial Q_z^p}{\partial t}=-\dfrac{d_z}{{\beta_z}^2}\dfrac{\partial v_z}{\partial z}-Q_z^p(d_z/\beta_z+\alpha_z)\end{cases}\tag{3-113}$$

忽略β_i空变，可以将(3－111)中应力的更新方程进一步写为：

$$\begin{aligned}\frac{\partial^2 p}{\partial t^2}&=\lambda\left[1/\beta_x\frac{\partial}{\partial x}\left(1/\beta_x\frac{\partial p}{\partial x}+Q_x^p\right)+\frac{\partial Q_x^{v_x}}{\partial t}+1/\beta_z\frac{\partial}{\partial z}\left(1/\beta_z\frac{\partial p}{\partial z}+Q_z^p\right)+\frac{\partial Q_z^{v_z}}{\partial t}\right]\\&=\lambda\left[1/\beta_x^2\left(\frac{\partial^2 p}{\partial x^2}+\frac{\partial^2 p}{\partial z^2}\right)+1/\beta_x\left(\frac{\partial Q_x^p}{\partial x}+\frac{\partial Q_z^p}{\partial z}\right)+\frac{\partial Q_x^{v_x}}{\partial t}+\frac{\partial Q_z^{v_z}}{\partial t}\right]\end{aligned}\tag{3-114}$$

当$\beta_i=1,\alpha_i=0$时，可以得到利用传统拉伸函数的非分裂二阶 PML 边界条件：

$$\begin{cases}\dfrac{\partial^2 p}{\partial t^2}=\lambda\left(\dfrac{\partial^2 p}{\partial x^2}+\dfrac{\partial^2 p}{\partial z^2}+\dfrac{\partial Q_x^p}{\partial x}+\dfrac{\partial Q_z^p}{\partial z}+\dfrac{\partial Q_x^{v_x}}{\partial t}+\dfrac{\partial Q_z^{v_z}}{\partial t}\right)\\ \dfrac{\partial Q_x^{v_x}}{\partial t}=-d_x\left(\dfrac{\partial p}{\partial x}+Q_x^p\right)-Q_x^{v_x}d_x\\ \dfrac{\partial Q_z^{v_z}}{\partial t}=-d_z\left(\dfrac{\partial p}{\partial z}+Q_z^p\right)-Q_z^{v_z}d_z\\ \dfrac{\partial Q_x^p}{\partial t}=-d_x\dfrac{\partial v_x}{\partial x}-Q_x^p d_x\\ \dfrac{\partial Q_z^p}{\partial t}=-d_z\dfrac{\partial v_z}{\partial z}-Q_z^p d_z\end{cases}\tag{3-115}$$

PML 边界条件中涉及到诸多参数，对这些参数的选择，许多学者做了很多细致的研究工作。这里利用 Zhang(2010)给出的推荐参数：

$$\begin{cases}d_x=d_0\left(\dfrac{x}{L}\right)p_d\\ \beta_x=1+(\beta_0-1)\left(\dfrac{x}{L}\right)p_\beta\\ \alpha_x=d_0\left[1-\left(\dfrac{x}{L}\right)p_a\right]\end{cases}\tag{3-116}$$

式中，L 是 PML 边界层的厚度，其余参数的选择为：

$$
\begin{cases}
p_{\alpha} = 1 \\
p_{\beta} = 2 \\
p_{d} = 2 \\
d_0 = -\dfrac{(p_d + 1)v_p}{2L}\ln R \\
\lg R = -\dfrac{\lg N - 1}{\lg 2} - 3 \\
\alpha_0 = \pi f_0 \\
\beta_0 = \dfrac{v_p}{0.5PPW_0 \Delta h f_0}
\end{cases}
\tag{3-117}
$$

式中，PPW_0 表示数值方法中一个波长内所需的最少点数。

3.3.3 数值模型测试

首先采用简单常速模型进行测试。设计网格大小为 256×256，间距均为 10m，使用主频为 25Hz 的雷克子波，模型纵波速度为 3000m/s，不同方程的波场快照如图 3-9、图 3-10 所示。

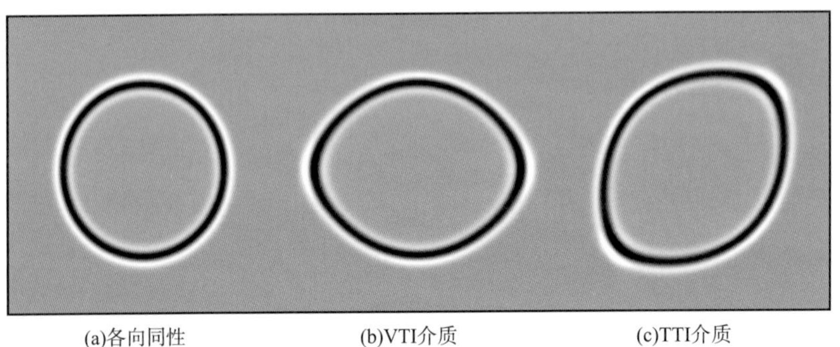

(a)各向同性　(b)VTI介质　(c)TTI介质

图 3-9　纯 P 波方程点源响应

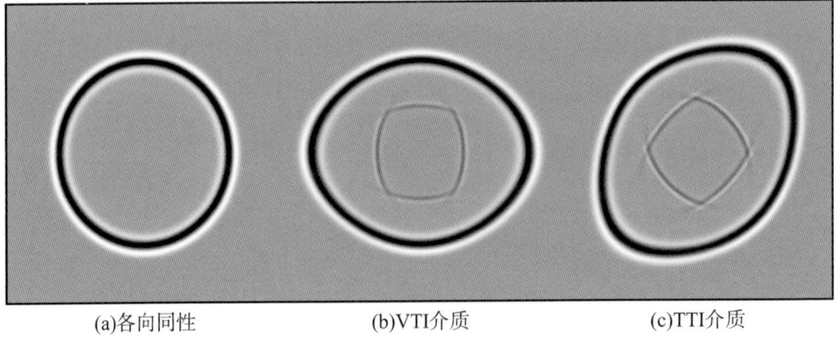

(a)各向同性　(b)VTI介质　(c)TTI介质

图 3-10　qP 波点源响应

通过对比波场快照可以看出：传统 qP 波方程正演能量以 P 波为主，但是也会产生伪横波干扰。使用纯 P 波方程就可以只模拟纵波成分，不产生任何横波干扰。并且通过与弹性波正演对比可以看出，纯 P 波方程模拟的纵波与弹性波方程模拟的纵波从运动学到动力学上均一致，可以保证成像位置和振幅的有效性。

Foothill 模型是一个经典的 TTI 模型，通过这个模型可以验证方法在大倾角复杂情况下的稳定性。图 3－11 ~ 图 3－13 是 FootHill 模型的速度和各向异性参数模型。

通过对比波场快照和单炮记录可以看出，纯 P 波方程正演的结果更像通常使用的声波方程，并且纯 P 波方程在走时方面与传统的 qP 波方程高度一致。在噪声方面纯 P 波方程没有横波干扰，正演结果更为干净，在横波干扰比较强烈的位置很好地保持了纵波同相轴的连续性。

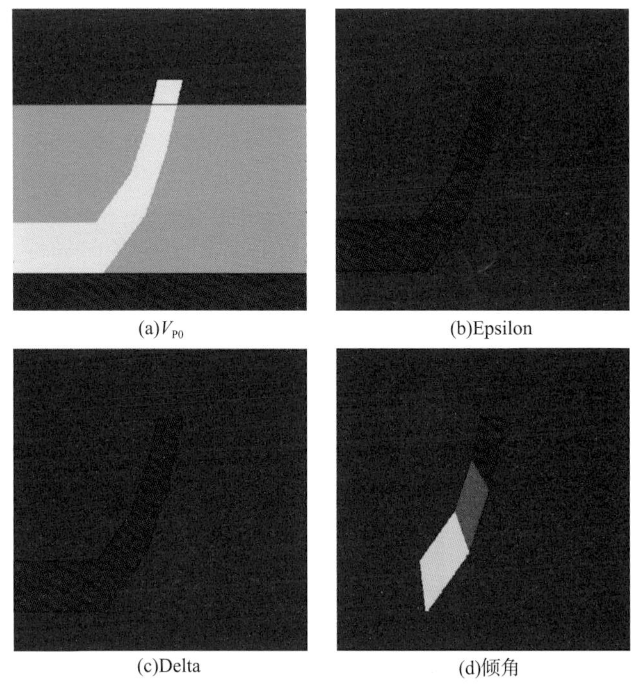

图 3－11　FootHill 模型参数

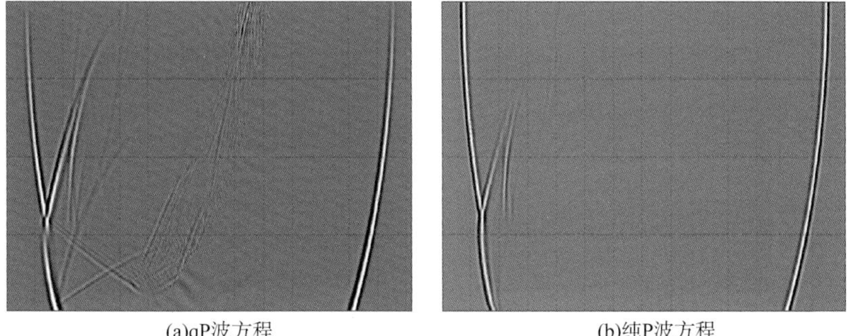

图 3－12　FootHill 模型 1200ms 波场快照

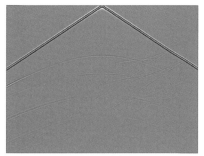

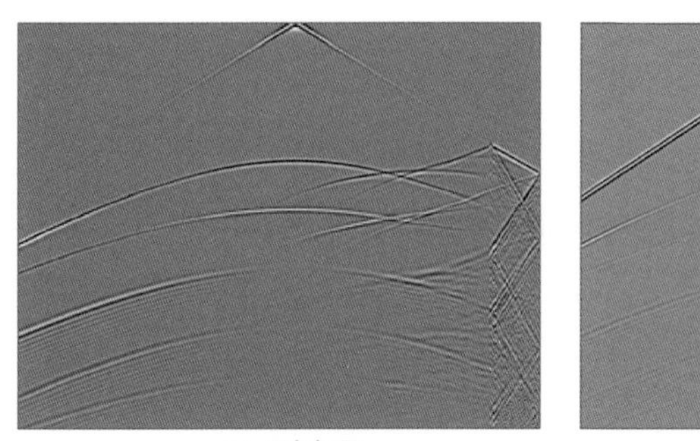
(a)qP波方程

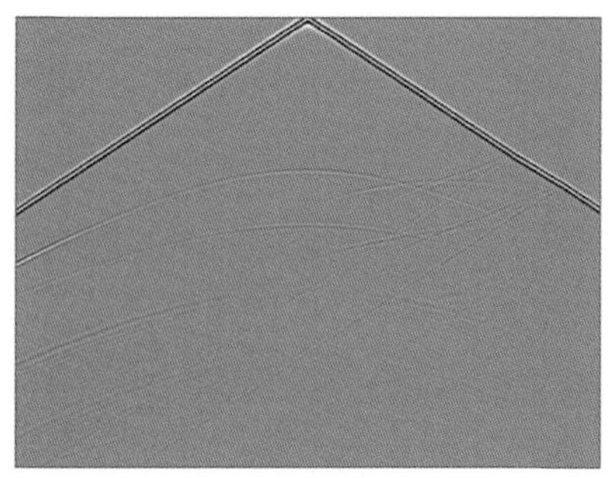
(b)纯P波方程

图 3－13　FootHill 模型单炮记录

3.4　实际资料试处理

3.4.1　探区 1 试处理

首先通过探区 1 对算法进行测试，该探区存在较明显的各向异性，并给成像结果带来较大影响。同时该探区构造主体表现为一套背斜构造，在倾角较大的构造侧翼会有相对明显的 TTI 特征，因此该数据适合进行 TTI 叠前深度偏移处理。

探区的速度场和各向异性参数场如图 3－14 所示。图 3－15～图 3－18 分别为该工区 2 条 Inline 线和 2 条 Crossline 线的偏移效果对比图。可以看到，由于 TTI 特性的影响，

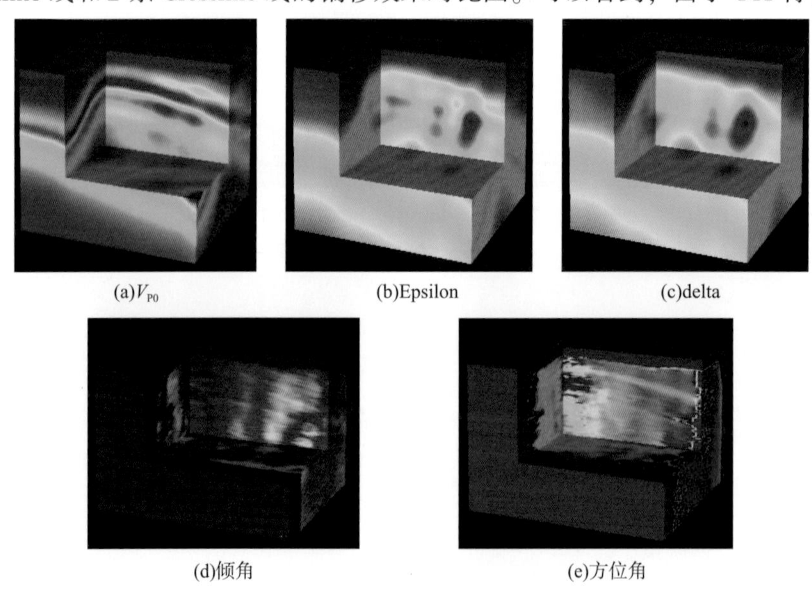
(a)V_{P0}　(b)Epsilon　(c)delta

(d)倾角　(e)方位角

图 3－14　探区 1 参数场

VTI 处理后的偏移成像剖面仍然存在较大的深度差。而 TTI 处理之后，进一步消除了井震误差，目的层位与测井分层数据之间几乎没有明显的深度差，与测井数据的匹配更加准确。图 3－19 的井位误差统计图更加验证了这一点。

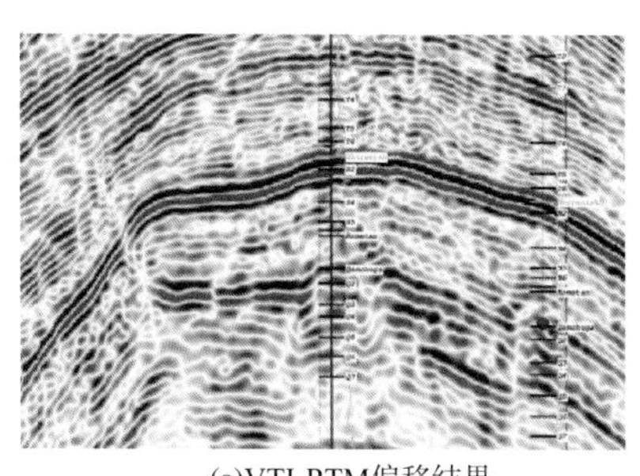

(a)VTI-RTM偏移结果

(b)TTI-RTM偏移结果

图 3－15　Inline 剖面对比 1

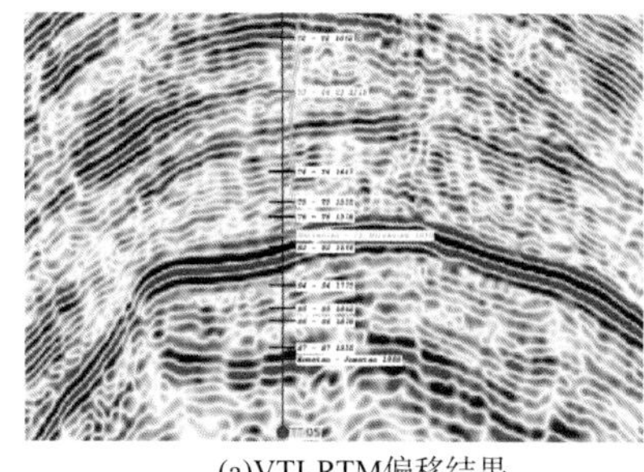

(a)VTI-RTM偏移结果

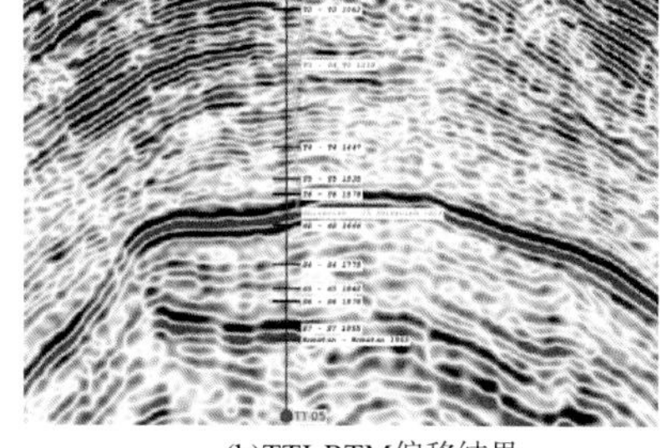

(b)TTI-RTM偏移结果

图 3－16　Inline 剖面对比 2

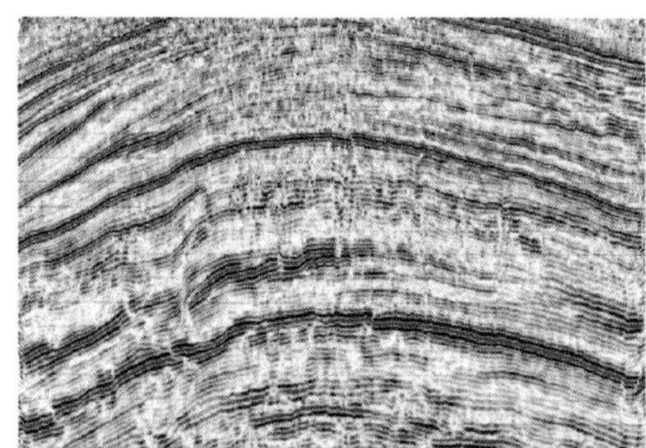

(a)VTI-RTM偏移结果

(b)TTI-RTM偏移结果

图 3－17　Crossline 剖面对比 1

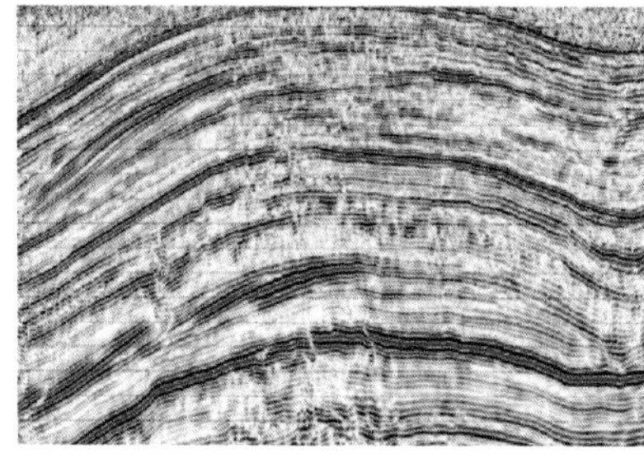

(a)VTI-RTM偏移结果

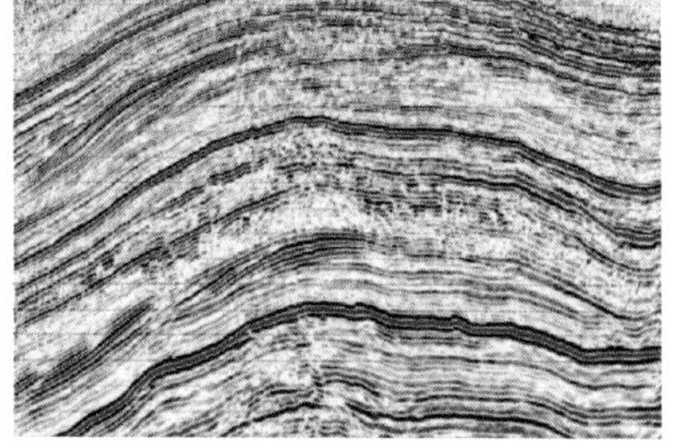

(b)TTI-RTM偏移结果图

图 3－18　Crossline 剖面对比 2

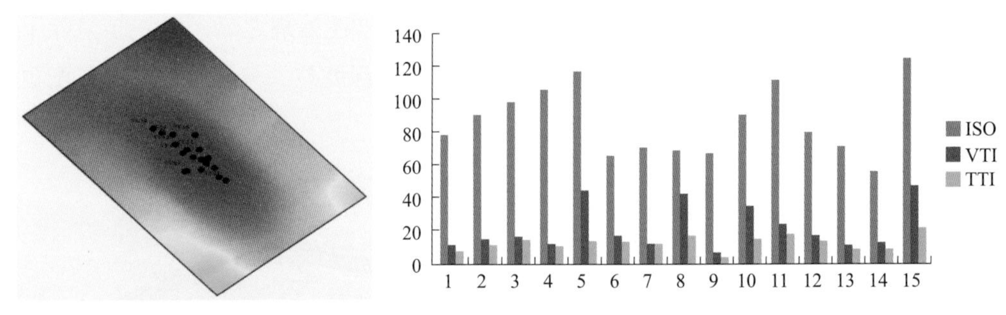

井号	01	02	03	04	05	06	07	08	09	10	11	12	13	14	15
■ISO	76	89	97	104	115	64	69	67	65	89	110	78	69	54	123
■VTI	9	13	15	10	43	15	10	41	5	33	22	15	9	11	45
■TTI	6	10	13	9	12	12	10	15	2	13	16	12	7	7	20

图 3－19　井数据位置与三种方法的误差图(单位：m)

3.4.2　探区 2 试处理

探区 2 各向异性偏移成像处理属于山地区复杂地表和地下、成像难度非常大的综合性勘探、开发研究项目。图 3－20 为探区的速度场和各向异性参数场，可以看出构造的复杂性。

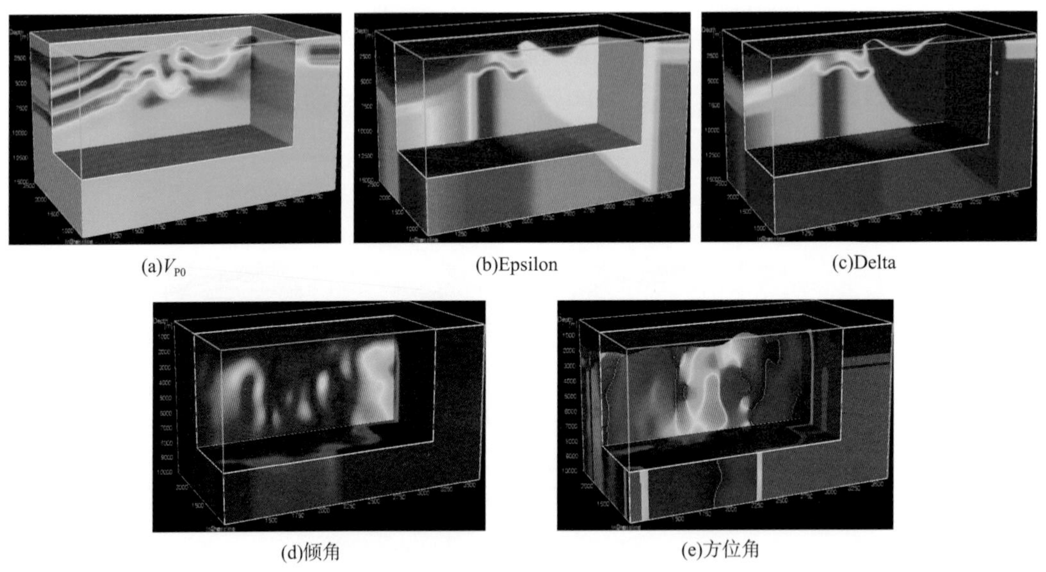

图 3－20　探区速度场和各向异性参数场

图 3－21 和图 3－22 为两条测线的成像结果对比。相比于 TTI－Kirchhoff 偏移，TTI－RTM 的偏移对构造的刻画更为清晰，同相轴聚焦性更好、连续性更强、能量分布更为均匀，剖面总体质量更高。

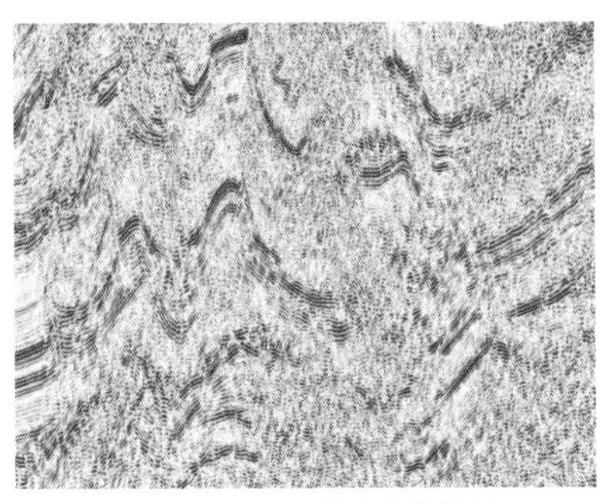

(a)TTI-Kirchhoff偏移成像结果 (b)TTI-RTM偏移结果偏移成像结果

图 3－21 Line1 成像结果对比

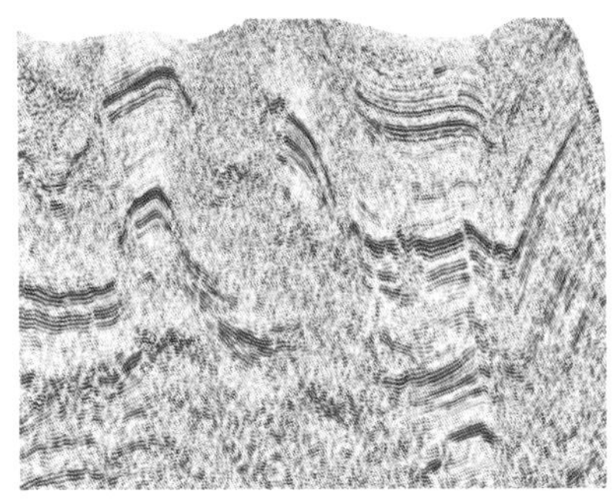

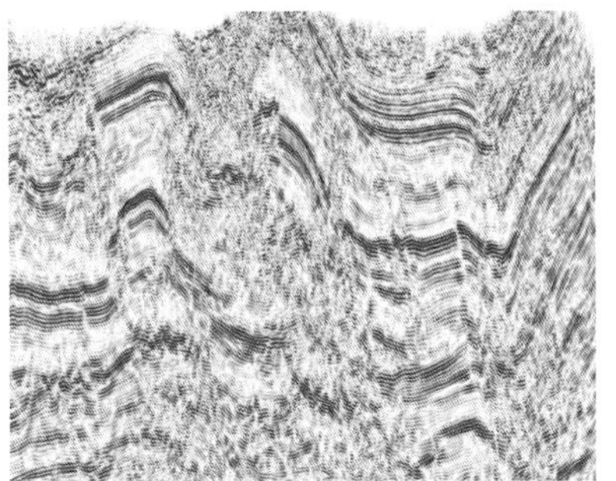

(a)TTI-Kirchhoff偏移成像结果 (b)TTI-RTM偏移结果偏移成像结果

图 3－22 Line2 成像结果对比

图 3－23 和图 3－24 为两个过井剖面对比，从靶点附近偏移剖面来看，在 TTI－RTM 偏移成像结果中，背斜深度偏移成像位置向北西方向移动 300m 左右。从井位置来看，与实钻井纵向误差量 386m，水平位移量 640m，纵向误差缩小为 48m，地震预测的目的层倾角 30°，水平位移量 640m，对应纵向位移量为 370m。图 3－25 为水平切片的对比，可以看出 TTI－RTM 偏移成像结果更为清晰准确。

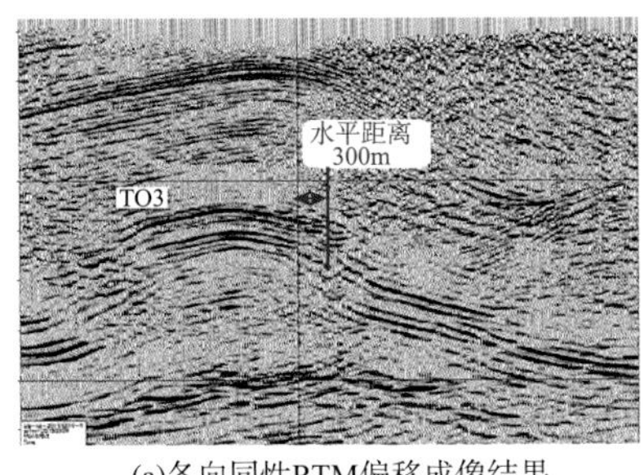

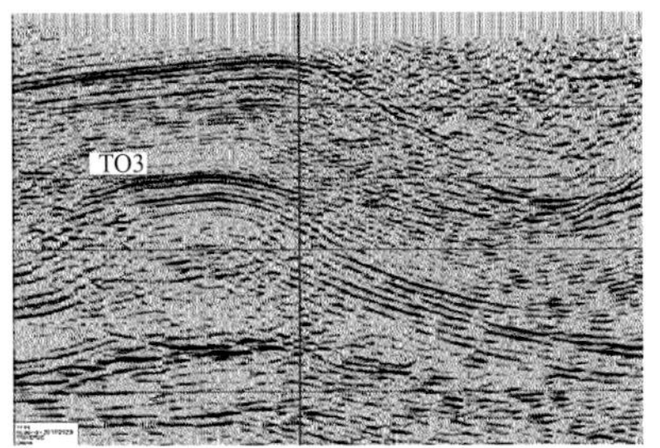

(a)各向同性RTM偏移成像结果 (b)TTI-RTM偏移成像结果

图 3－23 过井剖面对比

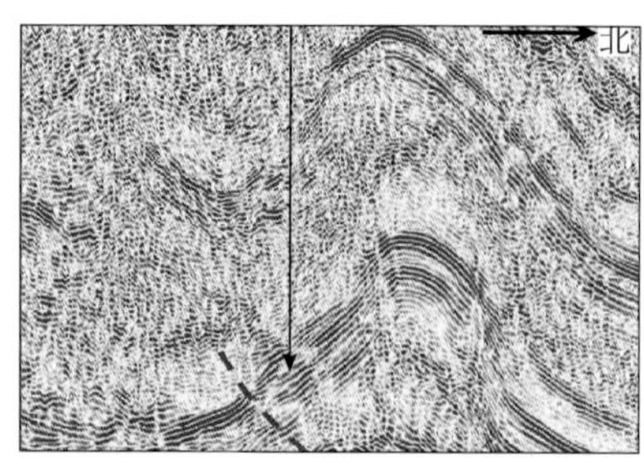

(a)各向同性RTM偏移成像结果

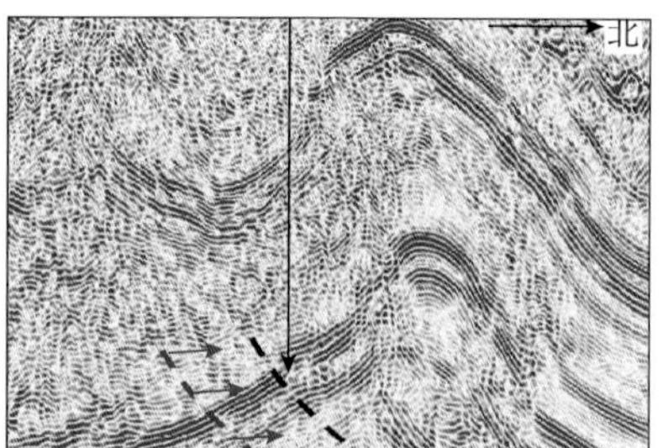

(b)TTI-RTM偏移成像结果

图3－24　过井剖面对比

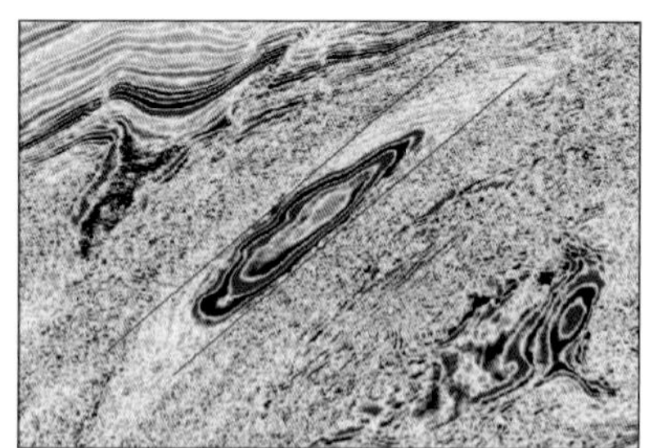
(a)各向同性RTM偏移成像结果

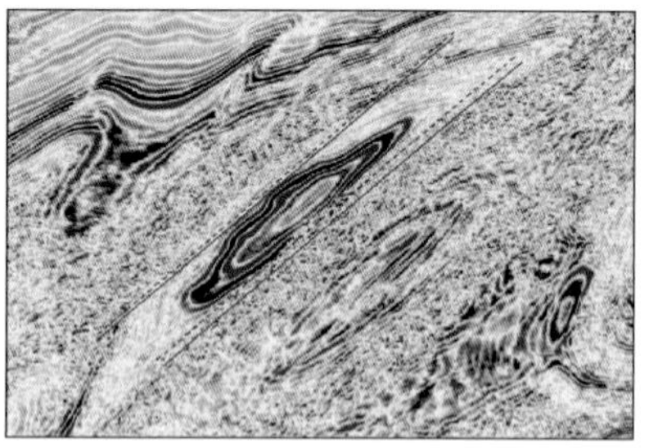
(b)TTI-RTM偏移成像结果

图3－25　水平切片对比

4 吸收衰减介质中的逆时偏移

在地下介质中黏滞性是普遍存在的，如果运用完全弹性的地震勘探方法来处理吸收现象严重区域的地震数据，不仅会导致成像位置偏离，而且还会引起振幅的畸变，进而影响后续的地震解释工作。随着勘探的复杂性增加，对高精度地震数据处理手段的要求也越来越高，关于黏滞性介质的地震数据处理技术方法和成像理论也逐步成为当前的研究热点问题。

本章首先基于传统谱比法对吸收衰减介质中品质因子 Q 值估计进行了介绍，进而从吸收衰减介质波场传播理论出发，研究了多参数 Q 值拟合算法与基于 Lowrank 分解的高精度正演模拟算法。随后过反传算子构建技术、正则化稳定性技术、相位多级优化校正等关键技术，对 Q－RTM 叠前深度偏移成像算法进行了研究，最后通过理论模型测试和应用实例对算法进行了验证。

4.1 吸收衰减介质中品质因子 Q 值估计

4.1.1 地质构造约束初始建模技术

1. 时间归一化加权频谱比法

初始建模目的是为精细建模提供一个初始输入。该模型主要对大套地层的 Q 值进行轮廓刻画，能够大致描绘出地层的 Q 值构造。通过拾取叠后资料的目的层，结合频谱分析，利用谱比法估算层 Q 值，建立初始 Q 模型，其技术流程见图 4－1。

谱比法是目前工业界中常用的 Q 值估算方法。其算法可以表示为：

$$\ln\frac{u(r_2,f)}{u(r_1,f)}=\ln\frac{s_2(f)g_2(f)}{s_1(f)g_1(f)}+\ln\frac{p_2(r_2)}{p_1(r_1)}-\frac{\pi f(r_2-r_1)}{Qv} \tag{4-1}$$

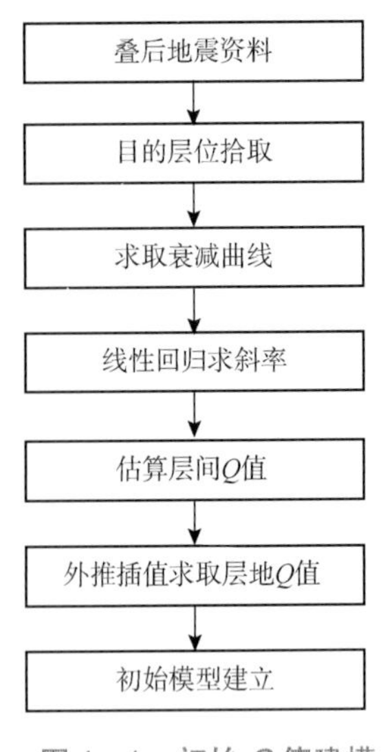

图4－1　初始 Q 值建模技术流程

将式(4－1)简化为：

$$R(f) = a - \frac{\pi \Delta t}{Q} f \tag{4-2}$$

品质因子 Q 可以通过拟合衰减曲线的斜率进行估算：

$$Q = -\frac{\pi \Delta t}{p} \tag{4-3}$$

可以看出，该方法不仅原理简单，而且计算量较小，适合生产应用。然而地震资料并不会每一道都满足我们的精度要求，信噪比低或者地质结构复杂情况下，单道求取 Q 值稳定性较差。

2. 多窗谱分析技术

多窗谱估计(MTM)技术通过对数据应用多个相互正交(互不相关)的时窗，之后对不同时窗对应的频谱求取平均值得到平滑的频谱。该技术通过对数据应用多个相互正交(互不相关)的时窗，之后对不同时窗对应的频谱求取平均值得到平滑的频谱。相比于直接对频谱进行平滑，该技术所得的平滑谱更具有物理意义(图4－2)。地震信号可以表示为：

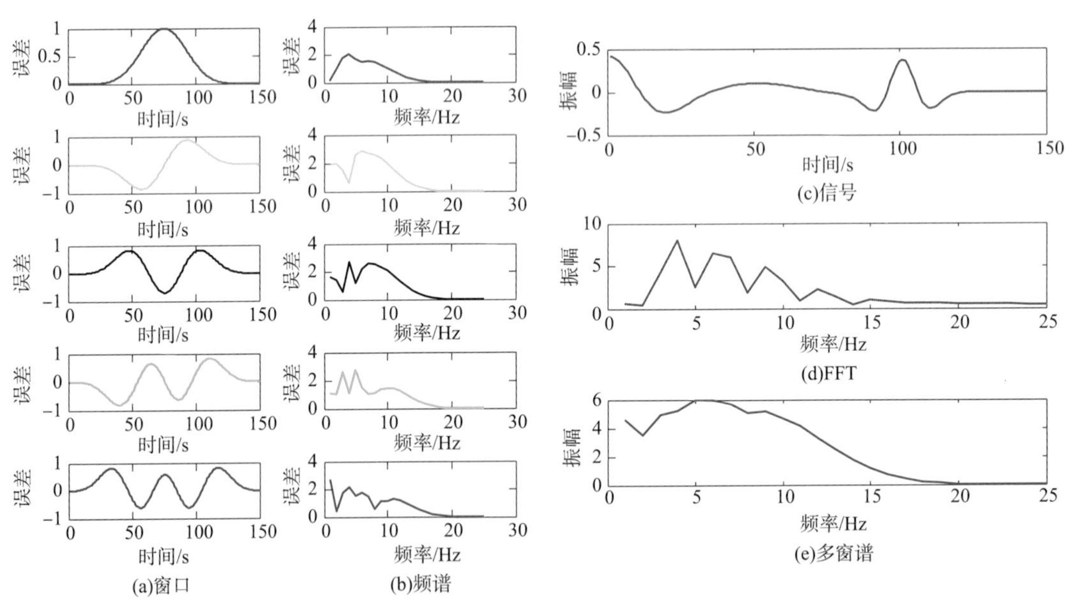

图4－2　多窗谱分析技术的平滑解

$$Y_n = \frac{1}{N} \sum_{k=0}^{N-1} w_k a_M \exp\left[\frac{i 2\pi (M-n) k}{n}\right] \tag{4-4}$$

计算信号的能量谱为：

$$\sum_{n=M-P}^{M+P} |Y_n|^2 = \frac{|a_M|^2}{N^2} \boldsymbol{w}^H \boldsymbol{T} \boldsymbol{w} \tag{4-5}$$

对能量谱做归一化处理：

$$\lambda = \frac{\sum_{n=M-P}^{M+P} |Y_n|^2}{\sum_{n=0}^{N-1} |Y_n|^2} \tag{4-6}$$

则有：

$$\boldsymbol{T} \boldsymbol{w}^{(p)} = \lambda^{(p)} \boldsymbol{w}^{(p)} \tag{4-7}$$

式(4－7)中 $\boldsymbol{T}$ 所对应的特征向量即为最优化的窗口。

图4－3展示了该方法的正确性，对未受干扰的地震信号分别进行傅里叶(FFT)和多窗谱分析(MTP)变化，从图中可看出，蓝线(傅里叶变换)与红线(多窗谱分析变换)两者结果一样，这证明多窗谱分析技术并不会改变有效信号的频谱。

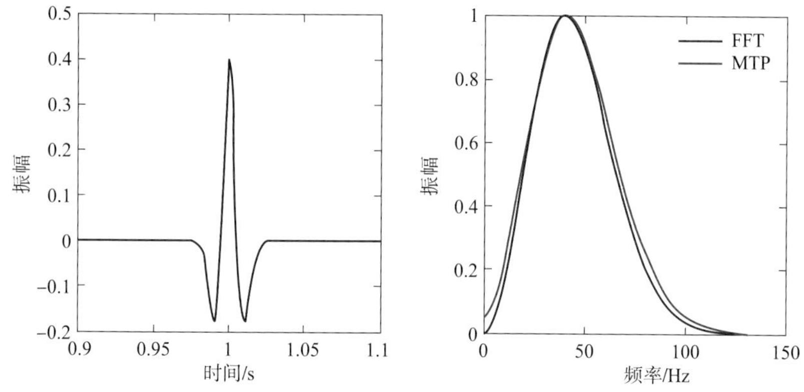

图4－3 傅里叶变换(蓝线)与多窗谱分析(红线)变换结果对比

4.1.2 微测井约束近地表 Q 值建模方法

基于近地表 Q 值观测和估算的特殊性，给出一种不受激发因素影响的 Q 因子层析反演方法。

假设有 ns 炮激发，ng 个检波点接收。则第 i 炮激发，第 j 个检波点接收的地震记录 $x_{ij}(t)$ 在频率域表示为：

$$x_{ij}(f) = q_{ij} \cdot s_i(f) \cdot g_j(f) \cdot \exp\left(\sum_{k=1}^{nl} -\pi f Q_k^{-1} t_{ijk}\right) \tag{4-8}$$

式中，$s_i(f)$ 为第 i 炮的振幅谱；$g_j(f)$ 是第 j 个检波器的响应；q_{ij} 是包含几何扩散和透射损失等与频率无关的算子；nl 是地层的数目；Q_k^{-1} 是第 k 层的逆品质因子，也称作吸收系数；t_{ijk} 是地震波在第 k 层的传播时间。对式(4－8)两边取对数，有：

$$\bar{x}_{ij}(f) = \bar{q}_{ij} + \bar{s}_i(f) + \bar{g}_j(f) - \pi f \sum_{k=1}^{nl} Q_k^{-1} t_{ijk} \tag{4-9}$$

式中，变量上方的短线符号代表对数运算。为消除炮点 $\bar{s}_i(f)$ 的影响，将第 i 炮的某个地震记录，例如将第一个地震道作为参考道，然后，将该炮激发的其他地震记录的对数谱与参考道的对数谱相减：

$$\bar{y}_{ij}(f) = \bar{b}_{ij} + \bar{g}_j(f) - \bar{g}_1(f) - \pi f \sum_{k=1}^{nl} Q_k^{-1} \Delta t_{ijk} \tag{4-10}$$

式中，$\bar{y}_{ij}(f) = \bar{x}_{ij}(f) - \bar{x}_{i1}(f)$，$\bar{b}_{ij} = \bar{q}_{ij} - \bar{q}_{i1}$，$\Delta t_{ijk} = t_{ijk} - t_{i1k}$。假设所有的检波器具有相同的自然频率和耦合响应，则式(4-10)可简化为：

$$\bar{y}_{ij}(f) = \bar{b}_{ij} - \pi f \sum_{k=1}^{nl} Q_k^{-1} \Delta t_{ijk} \tag{4-11}$$

式(4-11)构成一个包含 $ns \cdot (ng-1)$ 个方程的线性方程组，其矩阵形式表示为：

$$\begin{vmatrix} \boldsymbol{y}_1 \\ \boldsymbol{y}_2 \\ \vdots \\ \boldsymbol{y}_{na} \end{vmatrix} = \begin{vmatrix} \boldsymbol{F}_1 & \boldsymbol{I} & \boldsymbol{O} & \cdots & \boldsymbol{O} \\ \boldsymbol{F}_2 & \boldsymbol{O} & \boldsymbol{I} & \cdots & \boldsymbol{O} \\ \vdots & \vdots & \vdots & \cdots & \vdots \\ \boldsymbol{F}_{na} & \boldsymbol{O} & \boldsymbol{O} & \cdots & \boldsymbol{I} \end{vmatrix} \begin{vmatrix} Q_1^{-1} \\ Q_2^{-1} \\ \vdots \\ Q_{nl}^{-1} \\ \bar{b}_1 \\ \bar{b}_2 \\ \vdots \\ \bar{b}_{na} \end{vmatrix} \tag{4-12}$$

式中，$na = ns \cdot (ng-1)$ 为方程的个数；$\boldsymbol{I}$ 是所有元素均为 1 的矩阵；$\boldsymbol{O}$ 是所有元素均为零的矩阵；$\boldsymbol{y}_k = \left[\bar{y}_k(f_1), \bar{y}_k(f_2), \cdots, \bar{y}_k(f_{nf})\right]^{\mathrm{T}}$ 为式(4-10)构成的衰减向量，且 $k = (i-1)(ng-1)+j-1$，算子 $\boldsymbol{F}_k$ 为吸收配置矩阵，可以表示为：

$$\boldsymbol{F}_k = \pi \begin{vmatrix} f_1 \Delta t_{k,1} & f_1 \Delta t_{k,2} & \cdots & f_1 \Delta t_{k,nl} \\ f_2 \Delta t_{k,1} & f_2 \Delta t_{k,2} & \cdots & f_2 \Delta t_{k,nl} \\ \vdots & \vdots & \vdots & \vdots \\ f_{nf} \Delta t_{k,1} & f_{nf} \Delta t_{k,2} & \cdots & f_{nf} \Delta t_{k,nl} \end{vmatrix} \tag{4-13}$$

式中，nf 为频率的个数，将式(4-12)简写为：

$$\boldsymbol{y} = \boldsymbol{Fm} \tag{4-14}$$

包含各层品质因子的模型向量 $\boldsymbol{m}$ 可以通过下面目标函数的最小化获得：

$$e = (\boldsymbol{y} - \boldsymbol{Fm})^{\mathrm{T}} \boldsymbol{W}^2 (\boldsymbol{y} - \boldsymbol{Fm}) + \boldsymbol{m}^{\mathrm{T}} \boldsymbol{D}^{\mathrm{T}} \boldsymbol{Dm} \tag{4-15}$$

式中，$\boldsymbol{W}$ 对角线加权函数，强调不同衰减函数对模型空间的贡献，通常选择为与旅行时差成正比，约束算子 $\boldsymbol{D}$ 控制稳定性和计算精度。

图4－4是近地表 Q 值建模流程，图4－5是微测井资料中抽出的共检波点道集及其对应的直达波频谱。图4－6是利用二维测线上的微测井建立的近地表 Q 值模型，可以看出清晰地反映了近地表形态。

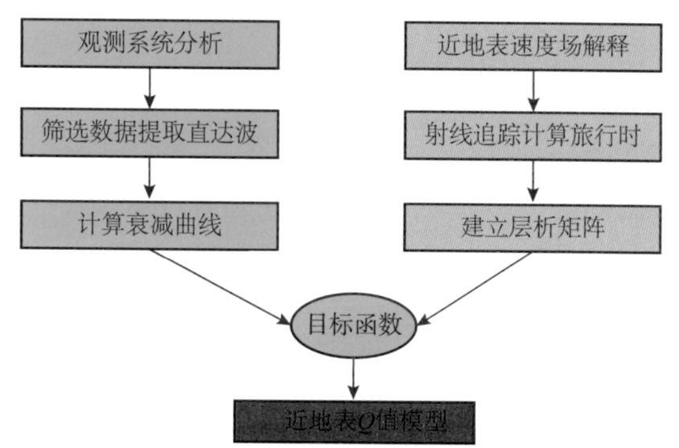

图4－4　近地表 Q 值建模流程

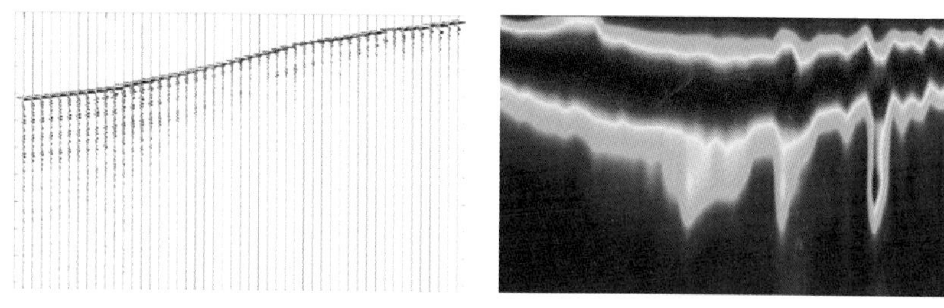

图4－5　微测井共检波点道集及直达波频谱

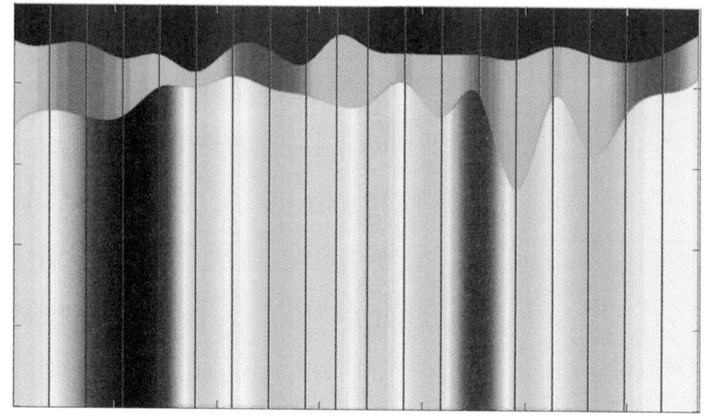

图4－6　层析反演的近地表 Q 值模型

4.1.3　Q 值层析建模技术

1. 传统叠前 Q 值反演技术

1962年 Futterman 将吸收衰减归纳为地层基本属性后，诸多学者分别在时间域和频率域研究了吸收参数反演的算法，主要包括谱比法、质心频率偏移法、子波模拟法等。随着研究的不断深入，地层吸收参数的反演逐渐从利用 VSP 资料向地面地震资料、从利用叠后地震资料向叠前地震资料转变。

谱比法的实质是利用地震波在黏弹性介质中传播后振幅谱的变化对 Q 值进行估计，该方法是目前最常用的吸收参数反演算法。但是，谱比法的估算精度强烈地依赖于地震资料的品质，噪声和频谱干涉等因素往往导致估算结果存在较大误差。首先介绍谱比法基本原理，进而发展一种横向谱比 Q 值反演方法，最后利用模型试验对算法的有效性进行了验证。

假设震源处子波的振幅谱为 $s_0(f)$ ，地震波在黏弹性介质中传播 t 时间后振幅谱 $s(f)$ 表示为：

$$s(f) = As_0(f)\mathrm{e}^{-\frac{\pi ft}{Q}} \tag{4-16}$$

式中，A 为与频率无关的振幅衰减项，比如几何扩散、透射损失等；f 为频率；Q 为介质品质因子。考虑目的层上、下反射界面处的振幅谱分别为 $s_1(f)$ ，$s_2(f)$ ：

$$s_1(f) = A_1 s_0(f)\mathrm{e}^{-\frac{\pi ft_1}{Q}} \tag{4-17}$$

$$s_2(f) = A_2 s_0(f)\mathrm{e}^{-\frac{\pi ft_2}{Q}} \tag{4-18}$$

式(4－17)、式(4－18)相比后取对数可得：

$$\ln\frac{s_2(f)}{s_1(f)} = \ln\frac{A_2}{A_1} - \frac{\pi f\Delta t}{Q} \tag{4-19}$$

式中，$\Delta t = t_2 - t_1$ ，为旅行时之差。利用谱比值对数与频率进行线性拟合求取斜率，进一步计算即可得到目的层的 Q 值。但是，由于地震波的振幅谱容易受到噪声和频谱干涉等因素的影响，从而导致利用谱比法估算的 Q 值往往存在较大误差。因此，为了提高吸收参数的估算精度，发展了一种横向谱比 Q 值反演方法。

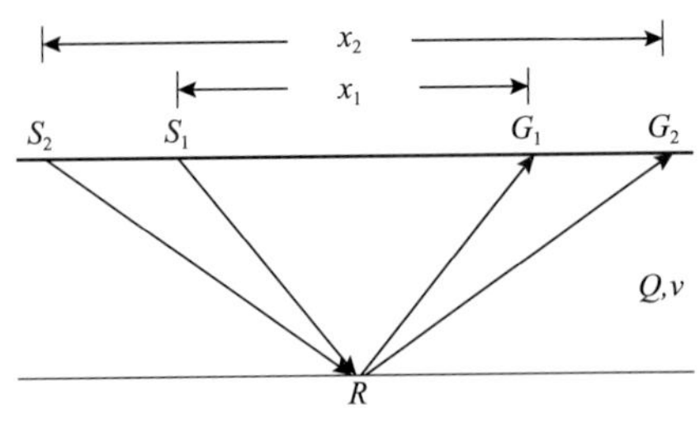

图 4－7　地震波在单层水平层状介质中的传播示意图

图 4－7 为地震波在单层水平层状介质中的传播示意图。Q、v 分别为地层品质因子及速度。假设零炮检距地震道的振幅谱为 $d_0(f)$ ，那么炮检距分别为 x_1、x_2 的地震道的振幅谱，可以表示为：

$$d_1(x_1,f) = P_1 d_0(f)\mathrm{e}^{-\frac{\pi f\Delta t_1}{Q}} \tag{4-20}$$

$$d_2(x_2,f) = P_2 d_0(f)\mathrm{e}^{-\frac{\pi f\Delta t_2}{Q}} \tag{4-21}$$

式中，$d_1(x_1,f)$、$d_2(x_2,f)$ 分别为炮检距为 x_1、x_2 的地震道的振幅谱；P_1、P_2 为与频率无关的振幅衰减项；Δt_1、Δt_2 分别为炮检距为 x_1、x_2 的地震道的正常时差，根据正常时差公式，可以近似得到：

$$\Delta t_1 = \sqrt{t_0^2 + \frac{x_1^2}{v^2}} - t_0 \approx \frac{x_1^2}{2v^2 t_0} \tag{4-22}$$

$$\Delta t_2 = \sqrt{t_0^2 + \frac{x_2^2}{v^2}} - t_0 \approx \frac{x_2^2}{2v^2 t_0} \tag{4-23}$$

式中，t_0 为零炮检距道反射时间。

将式(4-22)、式(4-23)分别代入到式(4-20)和式(4-21)中，然后进行谱比，可以得到：

$$\frac{d_2(x_1,f)}{d_1(x_2,f)} = \frac{P_2}{P_1}\mathrm{e}^{-\frac{\pi f\left(x_2^2-x_1^2\right)}{2v^2t_0Q}} \tag{4-24}$$

式(4-24)两边同时取对数：

$$d = m - \beta\Delta xf \tag{4-25}$$

式中，$d = \ln\frac{d_2(x_1,f)}{d_1(x_2,f)}$；$m = \ln\frac{P_2}{P_1}$；$\beta = \frac{\pi}{2v^2t_0Q}$；$\Delta x = x_2^2 - x_1^2$，为炮检距平方差。

理论上讲，提取出叠前 CRP 道集中任意两个地震道，根据式(4-24)即可计算得到地层的品质因子。但是，两个地震道的道间距相差越远，其所经历的地层吸收差异越大，因此，由这两个地震道构成的谱比方程也就越稳定。假设 CRP 道集中有 N 个地震道，用前 $N/2$ 个地震道分别与第 N 个地震道进行谱比，后 $N/2$ 个地震道分别与第一个地震道进行谱比，得到 $N-1$ 个类似于式(4-24)的方程，然后利用反演的算法同时对频率 f 和炮检距平方差 Δx 进行拟合来求取品质因子，其矩阵形式表示为：

$$\begin{pmatrix} d_{1,1} \\ d_{2,1} \\ \vdots \\ d_{N-1,1} \\ d_{1,2} \\ d_{2,2} \\ \vdots \\ d_{N-1,2} \\ \vdots \\ d_{N-1,M} \end{pmatrix} = \begin{pmatrix} \Delta x_1 f_1 & 1 & 0 & \cdots & 0 \\ \Delta x_2 f_1 & 0 & 1 & \cdots & 0 \\ \vdots & \vdots & \vdots & \ddots & \vdots \\ \Delta x_{N-1} f_1 & 0 & 0 & \cdots & 1 \\ \Delta x_1 f_2 & 1 & 0 & \cdots & 0 \\ \Delta x_2 f_2 & 0 & 1 & \cdots & 0 \\ \vdots & \vdots & \vdots & \ddots & \vdots \\ \Delta x_{N-1} f_2 & 0 & 0 & \cdots & 1 \\ \vdots & \vdots & \vdots & \ddots & \vdots \\ \Delta x_{N-1} f_M & 0 & 0 & \cdots & 1 \end{pmatrix} \begin{pmatrix} \beta \\ m_1 \\ m_2 \\ \vdots \\ m_{N-1} \end{pmatrix} \tag{4-26}$$

式中，$f_{i,i=1,2,\cdots,M}$ 为选取的谱比拟合频带范围。式(4-26)的矩阵形式可以表示为：

$$\boldsymbol{d} = \boldsymbol{Gm} \tag{4-27}$$

其中：

$$\begin{cases} \boldsymbol{G} = \begin{pmatrix} \Delta x_1 f_1 & 1 & 0 & \cdots & 0 \\ \Delta x_2 f_1 & 0 & 1 & \cdots & 0 \\ \vdots & \vdots & \vdots & \ddots & \vdots \\ \Delta x_{N-1} f_1 & 0 & 0 & \cdots & 1 \\ \Delta x_1 f_2 & 1 & 0 & \cdots & 0 \\ \Delta x_2 f_2 & 0 & 1 & \cdots & 0 \\ \vdots & \vdots & \vdots & \ddots & \vdots \\ \Delta x_{N-1} f_2 & 0 & 0 & \cdots & 1 \\ \vdots & \vdots & \vdots & \ddots & \vdots \\ \Delta x_{N-1} f_M & 0 & 0 & \cdots & 1 \end{pmatrix} \\ \boldsymbol{d} = (d_{1,1}, d_{2,1}, \cdots, d_{N-1,1}, d_{1,2}, d_{2,2}, \cdots, d_{N-1,2}, \cdots, d_{N-1,M})^{\mathrm{T}} \\ \boldsymbol{m} = (\beta, m_1, m_2, \cdots, m_{N-1})^{\mathrm{T}} \end{cases} \tag{4-28}$$

引入 Tikhonov 正则化，利用 l_2 范数约束建立如下目标函数：

$$OBJ = \min \| \boldsymbol{d} - \boldsymbol{G}\boldsymbol{m} \|_2^2 + \lambda \| \boldsymbol{m} \|_2^2 \tag{4-29}$$

式中，λ 为正则化参数。求解上式得到数值解为：

$$\boldsymbol{m} = (\boldsymbol{G}^{\mathrm{T}}\boldsymbol{G} + \lambda \boldsymbol{I})^{-1} \boldsymbol{G}^{\mathrm{T}}\boldsymbol{d} \tag{4-30}$$

利用式(4－30)计算即可得到层 Q 值。在多层水平层状介质情况下，根据式(4－30)求出的品质因子为等效 Q 值，因此，需要进一步计算得到层 Q 值。首先考虑两层水平层状介质情况，根据等效品质因子的概念可以得到：

$$\mathrm{e}^{-\frac{\pi f t_1}{Q_1}} \mathrm{e}^{-\frac{\pi f t_2}{Q_2}} = \mathrm{e}^{-\frac{\pi f t}{Q_{eff}}} \tag{4-31}$$

式中，t_1、t_2 为地震波分别在第一层和第二层介质中的旅行时；Q_1、Q_2 分别为第一层和第二层介质的品质因子；Q_{eff} 为两层介质的等效品质因子。在已经求取得到 Q_1 及 Q_{eff} 的情况下，第二层介质的品质因子 Q_2 表示为：

$$Q_2 = \frac{t_2 Q_1 Q}{(t_1 + t_2) Q_1 - t_1 Q} \tag{4-32}$$

考虑 N 层水平层状介质情况下，式(4－32)可以改写成：

$$\mathrm{e}^{-\frac{\pi f t_1}{Q_1}} \mathrm{e}^{-\frac{\pi f t_2}{Q_2}} \cdots \mathrm{e}^{-\frac{\pi f t_N}{Q_N}} = \mathrm{e}^{-\frac{\pi f t}{Q_{eff}^{N-1}}} \mathrm{e}^{-\frac{\pi f t_N}{Q_N}} = \mathrm{e}^{-\frac{\pi f t}{Q_{eff}^{N}}} \tag{4-33}$$

式中，$t_i, (i = 1, 2, \cdots, N)$ 为地震波在第 i 层介质中的旅行时；$Q_j, (j = 1, 2, \cdots, N)$ 为第 j 层介质的品质因子；$Q_{eff}^k, (k = N-1, N)$ 为 k 层水平介质的等效品质因子。根据上式可以求得第 N 层介质的 Q 值为：

$$Q_N = \frac{\Delta t_{N-1} Q_{eff}^{N-1} Q_{eff}^{N}}{\Delta t_N Q_{eff}^{N-1} - \Delta t_{N-1} Q_{eff}^{N}} \tag{4-34}$$

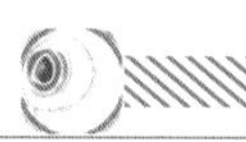

式中，Δt_N 为地震波在 N 层水平层状介质中的旅行时。

首先利用主频 60Hz 的雷克子波合成了具有两层反射界面的 CMP 道集，如图 4－8(a)所示。合成记录的最小炮检距为零，最大炮检距为 1500m，道间距为 50m。两层介质的品质因子分别为 30 和 40，模型 Q 值及本项目方法估算得到的 Q 值分别如图 4－8(b)(c)所示。从图中可以看出，横向谱比 Q 值反演方法估算得到的两层介质的 Q 值分别为 30.12、40.68，估算值接近于真实模型值，估算误差较小。

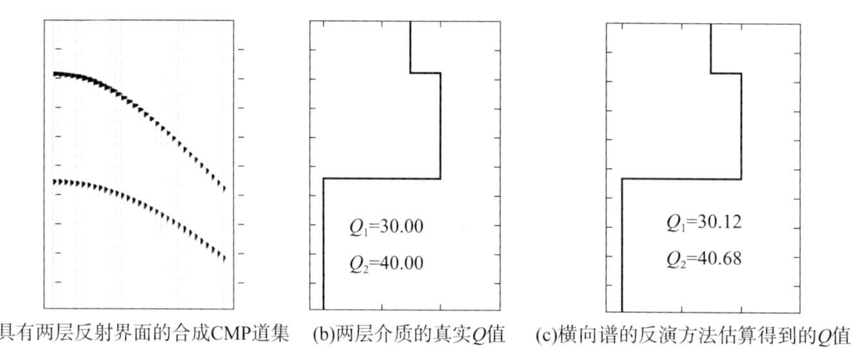

(a)具有两层反射界面的合成CMP道集　(b)两层介质的真实Q值　(c)横向谱的反演方法估算得到的Q值

图 4－8　横向谱比 Q 值反演方法估算结果

传统谱比法的估算精度强烈地依赖于地震资料的品质，噪声和频谱干涉等因素往往导致估算结果存在较大误差。在此对横向谱比 Q 值反演方法对噪声和频谱干涉的稳定性进行了测试。在图 4－9(a)的合成 CMP 道集中加入信噪比为 10 的随机噪声，然后利用横向谱比 Q 值反演方法估算得到两层介质的 Q 值。从图中可知，估算得到的两层介质的 Q 值分别为 32.65、45.27。与无噪情况下相比，估算误差增大，噪声影响了 Q 值的估算精度。尽管如此，横向谱比法的估算误差保持在 15% 之内，估算结果依然可以接受。

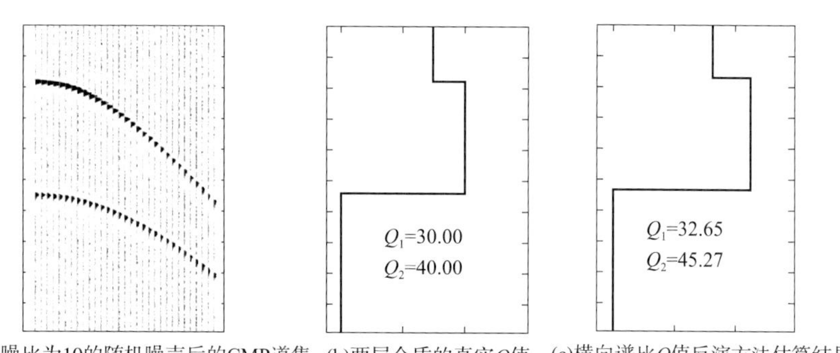

(a)加入信噪比为10的随机噪声后的CMP道集　(b)两层介质的真实Q值　(c)横向谱比Q值反演方法估算结果

图 4－9　横向谱比 Q 值反演方法估算结果

随后，合成了具有五层反射界面的薄互层 CMP 道集，如图 4－10(a)所示。模型的上部包含两个反射界面，在炮检距较小时，两个反射界面清晰可见，随着炮检距的增大，子波发生相互干涉，两个反射界面逐渐合并成一个；模型下部包含三个反射界面，由于子波干涉效应形成了图中所示的复合波。利用横向谱比 Q 值反演方法估算得到该合成记录的 Q 值，如图 4－10(c) 所示。从图中可知，估算得到的 Q 值分别为 31.80、43.36。估算误差小于 10%，具有较高的估算精度。

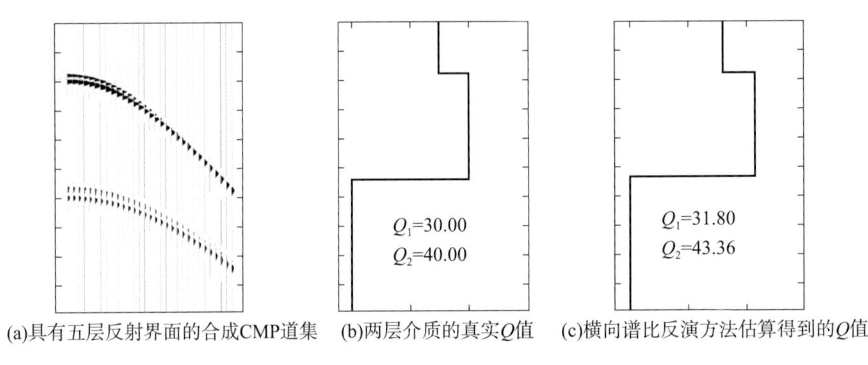

(a)具有五层反射界面的合成CMP道集　(b)两层介质的真实Q值　(c)横向谱比反演方法估算得到的Q值

图 4－10　横向谱比 Q 值反演方法估算结果

2. 反演衰减旅行时射线追踪技术

衰减旅行时射线追踪是在常规射线追踪的基础上考虑传播路径中 Q 的影响，由于 Q 值层析是在速度层析之后进行的，因此此时慢度为已知量，Q 为未知量，其核函数表达式可以用二维 Radon 公式表示：

$$u(x)=\int_0^{\pi}\mathrm{d}\theta\int_0^{\infty}\int_0^{\infty}s\cdot Q^{-1}\mathrm{d}s\mathrm{d}Q\int_{-\infty}^{+\infty}Ru(l,\xi)\mathrm{e}^{-i2\pi s(l-\xi\cdot x)}\mathrm{d}l \tag{4-35}$$

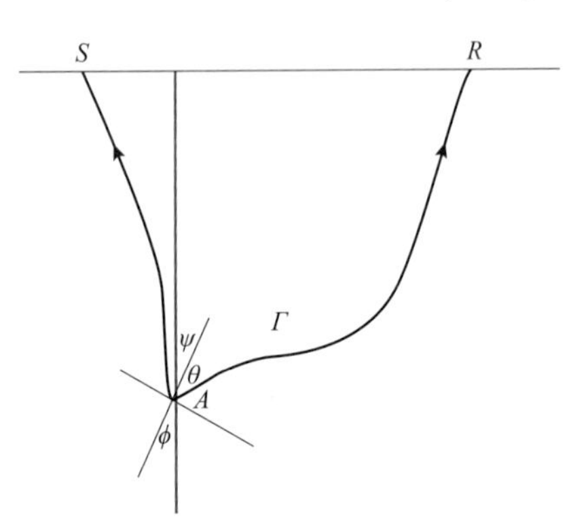

图 4－11　射线追踪示意图

有了核函数表达式之后，便可利用运动学射线追踪建立 Q 层析反演矩阵，图 4－11 展示了射线追踪示意图。采用反射波射线追踪，由成像点往上追踪炮点和检波点，这种射线追踪方式更加实用，适用于实际资料。常规 Q 值求取方法采用的操作模式为成对运算，利用两个地震记录的差异确定它们之间的 Q 值。这种操作模式的缺陷是，当有多个地震波穿过某一地层时，不同地震道的组合可能给出不同的估算结果，且这样得到的是层间等效 Q 值，不能处理 Q 值横向变化等情况。Q 层析反演较好地解决了该问题。Q 层析实际上是将常规的 Q 值求取方法与层析反演技术相结合，该理论最早起源于速度层析反演，速度层析反演是通过网格划分正演射线路径建立初至旅行时与速度的关系。与之不同的是，Q 层析则是建立信号衰减量与 Q 的关系。两者计算模式看似一致，实际上具有较大的差别。速度层析利用走时信息建立矩阵，而 Q 层析则利用振幅信息反演，相对于走时的提取，振幅信息往往更不稳定。

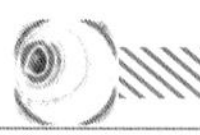

目前，Q 层析反演中应用较为广泛的是基于射线的方法。这里以谱比法 Q 层析反演为例，对其原理进行简单介绍。类似于速度层析，地震波沿射线路径传播，会经历与路径相关的衰减，其振幅信息可用于反演地下 Q 值分布。图 4－12 为一简单二维模型，首先对其进行网格划分，如图所示，每一网格内有独立的速度和 Q 值，且速度和 Q 值均为常量。

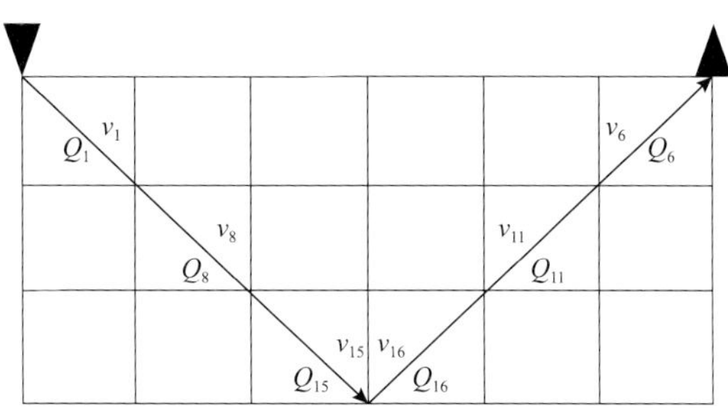

图 4－12　网格划分示意图

第(i, j)网格内的衰减旅行时定义为：

$$t_{ij}^{*} = \int_{path\ ij} Q^{-1}(l)v^{-1}(l)dl = \sum_{ij} \frac{l_{ij}}{v_{ij}} Q_{ij}^{-1} \tag{4-36}$$

式中，l_{ij}为(i, j)网格中的传播距离，t_{ij}为(i, j)网格中的传播时间。将公式改写为矩阵形式：

$$\begin{bmatrix} t_{11} & \cdots & t_{1n} \\ \vdots & \ddots & \vdots \\ t_{m1} & \cdots & t_{mn} \end{bmatrix} \times \begin{bmatrix} Q_1^{-1} \\ \vdots \\ Q_n^{-1} \end{bmatrix} = \begin{bmatrix} t_1^{*} \\ \vdots \\ t_m^{*} \end{bmatrix} \tag{4-37}$$

式(4－37)可以简化为：

$$\boldsymbol{Am} = \boldsymbol{T}^{*} \tag{4-38}$$

其中系数矩阵 $\boldsymbol{A}$ 为射线追踪后每个网格的旅行时。由于 Q 层析是在速度层析之后进行，因此传播路径及速度模型均为已知，通常可以直接利用速度层析时追踪的射线路径建立系数矩阵 $\boldsymbol{A}$。$\boldsymbol{m}$ 是包含有不同网格 Q 值的未知量。衰减旅行时矩阵 $\boldsymbol{T}^{*}$ 要根据射线所对应的地震信号计算，通常采用谱比法，计算公式如下：

$$\ln \frac{u_i(f)}{u_1(f)} = \ln \frac{G_2}{G_1} - \pi f t^{*} \tag{4-39}$$

式中，$u_i(f)$ 为矩阵 $\boldsymbol{A}$ 中第 i 条射线对应的信号振幅谱；$u_1(f)$ 为选取的参考地震信号。通过线性回归谱比值与频率的斜率，可以得到信号的衰减旅行时信息 $\boldsymbol{T}^{*}$。根据公式可知，这是一个线性问题，求解方法有多种。对于层析反演而言，通常系数矩阵的病态化程度较高，采用 LSQR 方法避免直接求逆，求解相对稳定。

3. 基于CIG道集的衰减旅行时计算技术

接下来介绍基于CIG道集的衰减旅行时计算计算方法。CIG道集信噪比高，便于层位的精确拾取。首先将CIG道集时深转换到时间域，然后通过层位中任意两个偏移距和数据即可计算该层位偏移距对应的衰减旅行时，具体计算公式如下：

$$\ln R_{ij}^{r}(f) = C - \pi\left(t_{r,j}^{*} - t_{r,j+1}^{*}\right)f = C - \pi\left(\sum_{j} l_{i,j}\alpha_i - \sum_{j+1} l_{i,j+!}\alpha_i\right)f \tag{4-40}$$

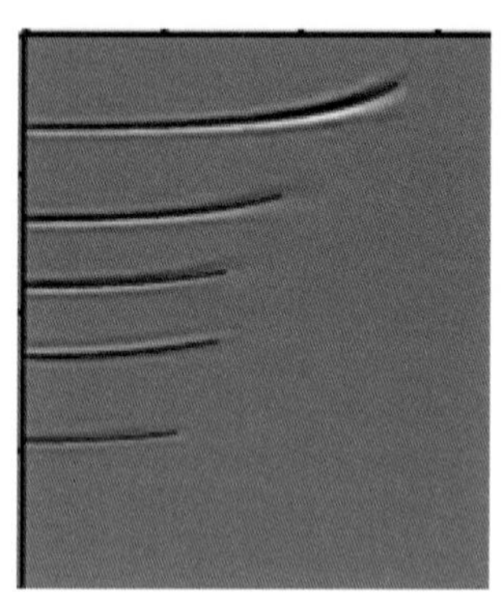

图4－13　CIG道集反射信号提取示意图

采用横向计算策略，衰减旅行时的计算仅利用CIG道集中同一层的数据进行，这样可以避免与初始建模中纵向建模的策略冲突，又可以提高模型的横向分辨率。图4－13展示了CIG道集中反射信号的提取。

采用CIG道集计算具有以下优势，首先该算法无需假设所有炮点均相等，另外，该算法该算法额能够与FVO判别准则相结合，更易判断Q值精度。基于炮集的衰减旅行时计算方法如下：

$$S_{i+1} = S_i \cdot e^{-\pi f t Q^{-1}} = S_i \cdot e^{-\pi f t^{*}} \tag{4-41}$$

这种情况下，在假设所有炮点S_i均相等的情况下，$t^{*} = tQ^{-1}$，显然这并不适用于实际情况，因此可采用如下公式计算衰减旅行时，无需炮点一致性假设：

$$\begin{aligned} S_{i+1} &= (S_i + \Delta S) \cdot e^{-\pi f t Q^{-1}} \\ &= S_i \cdot e^{-\pi f t\left[Q^{-1} - \ln\left(1+\frac{\Delta S}{S}\right)\cdot\left(\pi f t\right)^{-1}\right]} \\ &= S_i \cdot e^{-\pi f t^{*}} \end{aligned} \tag{4-42}$$

这样，$t^{*} = tQ^{-1} - t \cdot ln\left(1 + \dfrac{\Delta S}{S}\right)\cdot(\pi f t)^{-1}$，所求等效$Q$包含炮点差异项，无需假设所有炮点相等。

4. 吸收衰减Q值分频层析反演技术

通过针对Q值反演的衰减旅行时射线追踪算法及基于CIG道集的衰减旅行时计算方法可以分别得到层析矩阵的核函数以及右端项，即下式中的$L(f)$和$\Delta t^{*}(f)$：

$$L(f) \cdot \Delta m(f) = \Delta t^{*}(f),\ f \in (f_i,\ f_{i+1}) \tag{4-43}$$

其中：

$$\begin{cases} L(f) = \left[L(f)\dfrac{\partial F_1}{\partial Q^{-1}} \quad L(f)\dfrac{\partial F_2}{\partial Q^{-1}} \quad \cdots \quad \cdots \quad L(f)\dfrac{\partial F_{n-1}}{\partial Q^{-1}} \quad L(f)\dfrac{\partial F_n}{\partial Q^{-1}}\right] \\ F_i = \pi[f_i\Delta t_1 \quad f_i\Delta t_2 \quad \cdots \quad \cdots \quad f_i\Delta t_n] \\ \Delta m(f) = [\Delta Q^{-1} \quad a_1 \quad a_2 \quad \cdots \quad a_{n-1} \quad a_n]^{T} \end{cases} \tag{4-44}$$

采用 SIRT 或 LSQR 方法求解上式，即可得到 $\Delta m(f)$，同时这里引入模型正则化加数据正则化的策略：

$$\boldsymbol{S}\,\boldsymbol{S}^{\mathrm{T}}\boldsymbol{F}^{\mathrm{T}}\,\boldsymbol{W}^{\mathrm{T}}\boldsymbol{W}\boldsymbol{F}\boldsymbol{m} + \varepsilon \boldsymbol{m} = \boldsymbol{S}\,\boldsymbol{S}^{\mathrm{T}}\boldsymbol{F}^{\mathrm{T}}\,\boldsymbol{W}^{\mathrm{T}}y \tag{4-45}$$

式中，$S_i^j = Q(x_i, y_i, z_i)$，$W_i = Siml_i^{image} \times Siml_i^{cig}$。这里模型正则化即为地质构造信息，数据正则化为初始建模中得到的近地表 Q 模型，这样既可以利用模型正则化保证构造信息的可靠性，又可以利用数据正则化提高反演稳定性，特别是近地表建模的稳定性和精度。

面向吸收衰减的 Q 值分频层析反演技术流程如图 4－14 所示。

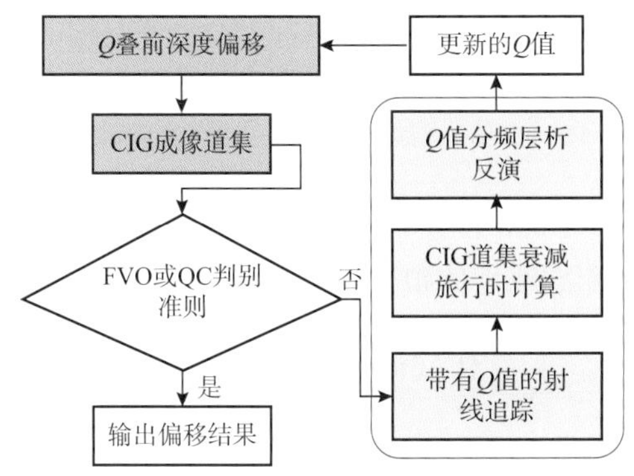

图 4－14　面向吸收衰减的 Q 值层析反演技术流程

4.2　吸收衰减介质高精度正演模拟技术

本节基于吸收衰减介质波场传播理论，对多参数 Q 值拟合算法与基于 Lowrank 分解的高精度正演模拟算法进行研究，形成吸收衰减介质在时间空间域的高精度正演模拟技术。基于多参数 Q 值拟合技术，推导时间—空间域波场控制方程，构建高精度的波场正传算子，高效率高精度地压制波场高频频散，提高 Q－RTM 的成像精度。

4.2.1　多参数 Q 值最优化拟合技术

Q 值拟合技术在 Q 值建模和 Q－RTM 中起到桥梁作用，其可将 Q 值模型转化为黏声时空域控制方程中表征黏弹性的参数，常用的拟合方法主要有常 Q Pade 近似方法、LM 迭代反演算法等。常 Q Pade 近似方法需要多次求解拉格朗日多项式，LM 迭代反演算法需要进行多步迭代求解，其均不利于大规模 Q 值拟合。相比较而言，故本研究研发了最优化多参数 Q 值拟合技术，其在保证拟合精度的同时，保证拟合效率。

常拟合 SLS 模型计算出的 Q(虚线)与速度(实线)随频率变化关系(图 4－15)，在常规地震数据频带范围内，Q 值近似不随频率变化，基于广义标准线性体模型（SLS），通过引入辅助变量对常 Q（不随频率变化，但空间变化）模型进行拟合，推导能利用有限差分法进行高效求解的非拟微分波场传播控制方程，大幅提高计算效率。

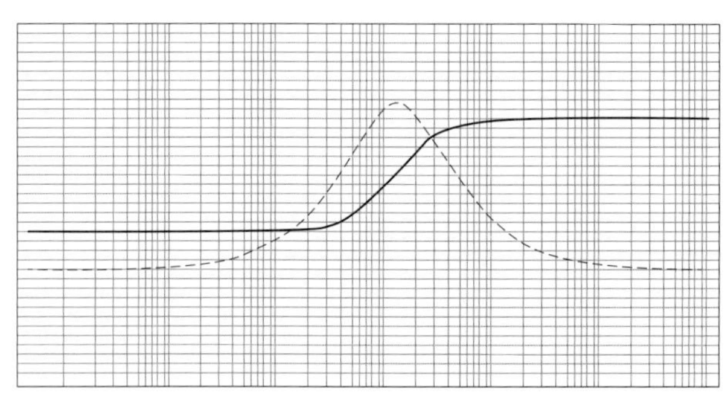

图 4－15　Q 值（虚线）与速度（实线）随频率变化关系

在地震数据的有效频带范围内，依据给定的 Q 模型，构建拟合目标函数，求解目标函数最小，得到 L 个广义标准线性体拟合后的优化参数。建立如下目标函数：

$$\int_{w_a}^{w_b}[Q^{-1}(w,\tau_{\sigma l},\tau)-Q_0^{-1}]^2\mathrm{d}w \tag{4-46}$$

定义求解积分函数：

$$F(w,\tau_{\sigma l})=\sum_{l=1}^{L}\frac{w\tau_{\sigma l}}{1+w^2\tau_{\sigma l}^2} \tag{4-47}$$

求解目标函数最小，即求目标函数的导数为零：

$$\frac{\mathrm{d}J}{\mathrm{d}\tau}=\int_{w_a}^{w_b}\tau[F(w,\tau_{\sigma l})]^2-Q_0^{-1}F(w,\tau_{\sigma l})\mathrm{d}w=0 \tag{4-48}$$

综合上述，得到拟合参数求解式为：

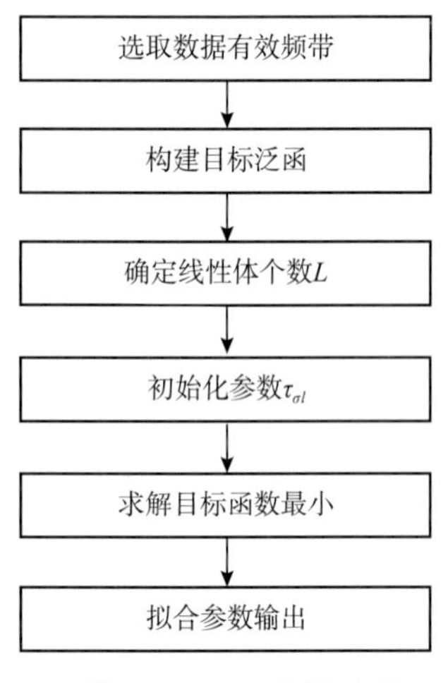

图 4－16　多参数 Q 值拟合实现流程

$$\tau=\frac{1}{Q_0}\frac{\int_{w_a}^{w_b}F(w,\tau_{\sigma l})\mathrm{d}w}{\int_{w_a}^{w_b}[F(w,\tau_{\sigma l})]^2\mathrm{d}w} \tag{4-49}$$

则有多参数拟合下高精度 Q 值表达式为：

$$Q\approx\left(\sum_{l=1}^{L}\frac{w\tau_{\sigma l}\tau}{1+w^2\tau_{\sigma l}^2}\right)^{-1} \tag{4-50}$$

通过该技术实现了将 Q 值用多参数的 T 值进行表征，便于将频率波数域频散关系推导出新的波场控制方程，其实现流程见图 4－16。

常 Q 分别取值为 20、40，80，在 2～60Hz 的频带范围内对 $Q(w)$ 进行拟合，得到下述拟合曲线及对应的误差曲线如

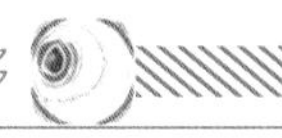
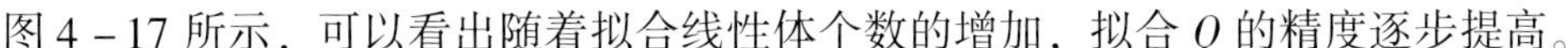

图 4－17 所示，可以看出随着拟合线性体个数的增加，拟合 Q 的精度逐步提高。

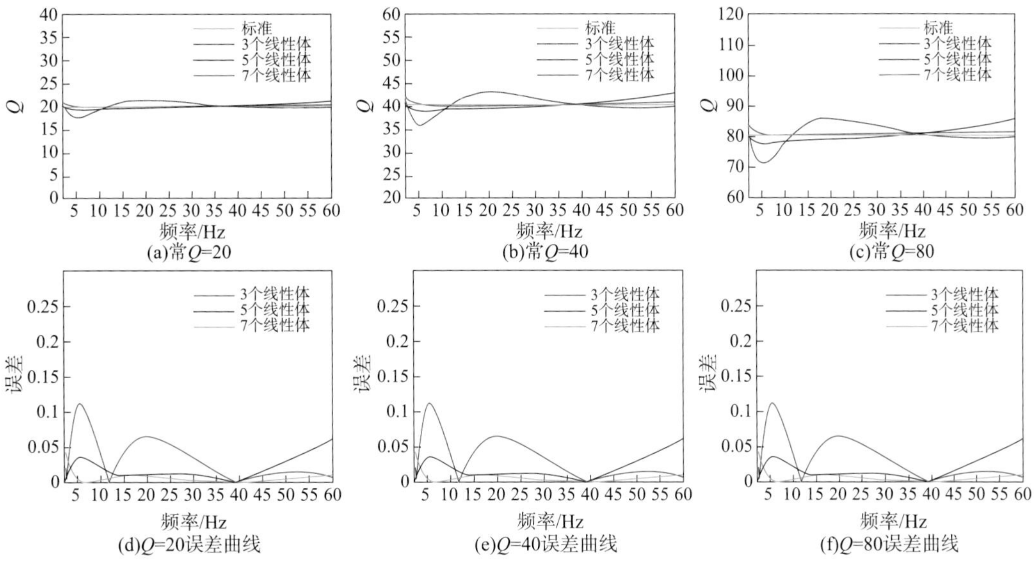

图 4－17　Q 值多参数拟合精度测试

经过上述理论整理及模型测试，可以得出以下两点认识：

(1)广义标准线性体的个数越多，对常 Q 的拟合越精确。最大误差小于 5%，满足精度要求。

(2)黏声介质波场传播理论及基于 T 方法的 Q 值多参数拟合方法为面向实际生产应用的时空域 Q－RTM 的实现提供了理论基础。

4.2.2　时空域频散关系及控制方程推导

实际介质的黏滞性是普遍存在的。在黏性介质中，地震波传播会引起振幅衰减和速度频散，使反射信号频带宽度变窄，振幅降低、相位产生畸变，导致地震资料的分辨率和保幅性降低，对深层构造成像的影响尤为严重。真振幅成像需要校正由介质的黏滞性引起的振幅衰减与速度频散。因此，对黏声介质地震波传播理论的研究是本次方法研究的基础。为了揭示吸收与衰减的异同，学者建立了不同的衰减模型，分别是：Kolsky－Futterman 模型、Powerlaw 模型、Kjartansson 模型、Müller 模型、Azimi 第二和第三模型、Cole－Cole 模型和标准线性固体(SLS)模型。试验结果表明 SLS 模型有不同于其他模型的属性：标准线性固体模型在无限频率处具有有限相速度和衰减系数，而且其相速度在零频率处不等于零，其他模型可以互换使用。为了描述地震波在介质中的非弹性衰减现象，必须引入一些特征参量，品质因子 Q 与吸收系数是两个用于表征介质吸收效应的常用特征参数，前者定义为一个调谐周期内损失能量与存储能量之比，后者表征地震波传播单位距离后的振幅损失。

黏声介质中常 Q 频散关系式为：

$$\frac{w^2}{V^2} = c_0^{2\gamma+2} w_0^{-2\gamma} \cos(\pi\gamma) \frac{w^{2\gamma+2}}{c_p^{2\gamma+4}} + i c_0^{2\gamma+1} w_0^{-2\gamma} \sin(\pi\gamma) \frac{w^{2\gamma+2}}{c_p^{2\gamma+3}} \tag{4-51}$$

其频散关系对应的波场传播控制方程为：

$$\frac{1}{v^2}\frac{\partial^2 p}{\partial t^2} = \nabla^2 p + \beta_1 \{\boldsymbol{L} - \nabla^2\} p + \beta_2 \tau \frac{\partial}{\partial t}\boldsymbol{H}p \tag{4-52}$$

直接求解 Q 频散关系对应的控制方程理论上是完美的，能够解耦速度频散项与能量衰减项；但是包含 Q 的频散关系变换到时空域是拟微分算子，不能用一般的差分法求解，通常采用 FFT 或者空间域的短褶积算子求解，但由于效率低，无法满足大规模生产要求。

由于 SLS 模型具有高效性，基于 SLS 衰减模型得到如下线性应力矩阵方程：

$$\begin{bmatrix} \partial_t\sigma_{11} \\ \partial_t\sigma_{22} \\ \partial_t\sigma_{33} \\ \partial_t\sigma_{23} \\ \partial_t\sigma_{31} \\ \partial_t\sigma_{12} \end{bmatrix} = \partial_t \begin{bmatrix} \lambda' + 2\mu' & \lambda' & \lambda' & 0 & 0 & 0 \\ \lambda' & \lambda' + 2\mu' & \lambda' & 0 & 0 & 0 \\ \lambda' & \lambda' & \lambda' + 2\mu' & 0 & 0 & 0 \\ 0 & 0 & 0 & \mu' & 0 & 0 \\ 0 & 0 & 0 & 0 & \mu' & 0 \\ 0 & 0 & 0 & 0 & 0 & \mu' \end{bmatrix} * \begin{bmatrix} \partial_t\varepsilon_{11} \\ \partial_t\varepsilon_{22} \\ \partial_t\varepsilon_{33} \\ 2\partial_t\varepsilon_{23} \\ 2\partial_t\varepsilon_{31} \\ 2\partial_t\varepsilon_{12} \end{bmatrix} \tag{4-53}$$

通过式(4-53)推导，可以得到以下正、反传播相速度公式，即基于 SLS 衰减模型的黏声介质频散关系式。

正传播频散关系：

$$M_c(w) = M_R\left(\frac{1 + iw\tau_\varepsilon^p}{1 + iw\tau_\sigma}\right) = M_R\left[1 + \frac{w^2\tau_\sigma^2(\tau_\varepsilon^p - \tau_\sigma)}{1 + w^2\tau_\sigma^2} + i\frac{w(\tau_\varepsilon^p - \tau_\sigma)}{1 + w^2\tau_\sigma^2}\right] \tag{4-54}$$

反传播频散关系：

$$M_c(w) = M_R\left(\frac{1 - iw\tau_\varepsilon^p}{1 - iw\tau_\sigma}\right) = M_R\left[1 + \frac{w^2\tau_\sigma^2(\tau_\varepsilon^p - \tau_\sigma)}{1 + w^2\tau_\sigma^2} - i\frac{w(\tau_\varepsilon^p - \tau_\sigma)}{1 + w^2\tau_\sigma^2}\right] \tag{4-55}$$

波场传播的频散关系以及对应的控制方程描述了黏声介质中带衰减的波场传播的一般规律。黏声介质二阶拟微分方程，可以采用伪谱法进行数值模拟，并且易于实现，但是计算效率很低，不能用于实际生产。根据黏声介质中带衰减的波场传播理论，推导出频散关系与波场正传时空域控制方程：

$$\begin{aligned} \partial_t^2\sigma_{11} &= v^2\left(\partial_{x_1}^2\sigma_{11} + \partial_{x_3}^2\sigma_{11}\right) + \partial_t r_{11} \\ \partial_t^2 r_{11} &= -\frac{1}{\tau_\sigma}\left[\partial_t r_{11} + v^2\left(\frac{\tau_\varepsilon^P}{\tau_\sigma} - 1\right)(\partial_{x_1}^2\sigma_{11} + \partial_{x_3}^2\sigma_{11})\right] \end{aligned} \tag{4-56}$$

相对于声波方程，仅增加了一些代数运算及一个时间导数的计算，基于以上控制方

程就可以利用时空域有限差分法进行黏声介质中波场的正演模拟研究，为逆时偏移提供技术支撑。

4.2.3 基于 Lowrank 分解的黏声正演

Lowrank 分解方法是近年来兴起的一种重要的高精度波场延拓技术，由于其同时具备时间—空间高精度波场延拓的特性引起国际学术界的广泛关注，成为研究的热点问题。众所周知，有限差分方法和伪谱法是两种常用的波场数值模拟方法。为满足高精度波场延拓的需求，有限差分方法在对网格空间进行离散时，选取的采样间隔通常比实际地震子波波场小 8 ~ 10 倍左右，一般为过采样。同时，为满足 Courant - Friedrch - Lewy (CFL)稳定性条件，时间采样间隔同样需要取较小的数值，此举将造成计算量大幅增加。伪谱法是利用正反傅里叶变换求解空间偏导数，其不适用于强横向变速介质，且难以满足较大时间采样间隔的高精度波场延拓需求。同常规的有限差分方法和伪谱法相比，基于 Lowrank 分解的波场延拓算子能够通过调节分解权值来达到效率和精度权衡的效果，保证波场延拓精度的同时，保持运算高效的特性。依据平面波分解原理，对公式(4 - 56)进一步整理可得到解析解，对解析解进行时间方向离散，可得：

$$\tilde{p}(t+\Delta t) = 2e^{\alpha\Delta t}\cos(\beta\Delta t)\tilde{p}(t) - e^{2\alpha\Delta t}\tilde{p}(t-\Delta t) \tag{4-57}$$

对指数项 $e^{\alpha\Delta t}$，做如下近似：

$$e^{\alpha\Delta t} \approx 1+\alpha\Delta t, e^{2\alpha\Delta t} \approx 1+2\alpha\Delta t \tag{4-58}$$

将式(4 -58)代入式(4 -56)，并做相应整理，可得：

$$\frac{\tilde{p}(t+\Delta t)+\tilde{p}(t-\Delta t)-2\tilde{p}(t)}{(\bar{\eta}\Delta t)^2} = L_{\alpha,\beta}\tilde{p}(t) + \frac{\bar{\tau}}{\bar{\eta}^2\Delta t}k^{2\gamma+1}[\tilde{p}(t)-\tilde{p}(t-\Delta t)] \tag{4-59}$$

式(4 -59)中 $\bar{\eta}, L_{\alpha,\beta}, \bar{\tau}$ 的表达式如下：

$$\begin{aligned}
\bar{\eta} &= \frac{1}{2}c_0^{\gamma+1}\omega_0^{-\gamma}\cos\left(\frac{\pi\gamma}{2}\right)\left[4\cos(\pi\gamma) - \cos^2\left(\frac{\pi\gamma}{2}\right)\sin^2(\pi\gamma)\right]^{1/2} \\
L_{\alpha,\beta} &= \frac{2[\cos(\beta\Delta t)-1](1+\alpha\Delta t)}{(\bar{\eta}\Delta t)^2} \\
\bar{\tau} &= -c_0^{2\gamma+1}\omega_0^{-2\gamma}\cos^2\left(\frac{\pi\gamma}{2}\right)\sin(\pi\gamma)
\end{aligned} \tag{4-60}$$

令 N_x 表示总的离散网格点数，$\boldsymbol{L}_{\alpha,\beta}$ 是 $N_x \times N_x$ 大小的矩阵，为降低计算复杂度，可以对其进行分解近似，降低计算复杂度，经低秩分解近似后，可表示为：

$$\boldsymbol{L}_{\alpha,\beta} = W(\boldsymbol{x},\boldsymbol{k}) \approx \sum_{m=1}^{M}\sum_{n=1}^{N} w(\boldsymbol{x},\boldsymbol{k}_m)a_{mn}w(\boldsymbol{x}_n,\boldsymbol{k}) \tag{4-61}$$

式中，$\boldsymbol{x}=(x,z)$ 为笛卡尔坐标矢量；$\boldsymbol{k}=(k_x,k_z)$ 为波数矢量；m 和 n 为矩阵 $W(\boldsymbol{x},\boldsymbol{k})$ 的

秩；$w(\boldsymbol{x},\boldsymbol{k}_m)$ 为空间相关矩阵，$w(\boldsymbol{x}_n,\boldsymbol{k})$ 为波数相关矩阵，a_{mn} 为中间矩阵。将式(4－61)代入(4－59)，可得：

$$\frac{p(t+\Delta t)+p(t-\Delta t)-2p(t)}{(\bar{\eta}\Delta t)^2}=\frac{\bar{\tau}}{\bar{\eta}^2\Delta t}F^{-1}\left\{k^{2\gamma+1}F[p(t)]-F[p(t-\Delta t)]\right\}+\sum_{m=1}^{M}w(\boldsymbol{x},\boldsymbol{k}_m)\sum_{n=1}^{N}a_{mn}F^{-1}\left\{w(\boldsymbol{x}_n,\boldsymbol{k})F[p(t)]\right\} \tag{4-62}$$

为了验证算法的正确性和有效性，对基于 Lowrank 分解方法的黏声正演算子进行了测试。图 4－18 为不同 Q 值的波场快照，可以看出在 Q 值为 15 时，衰减效应最为明显，而随着 Q 值的增加，衰减效应越来越小。图 4－19 则为不同步长波场快照对比，可以看出相同步长时，Lowrank 分解法的稳定性要优于有限差分方法。

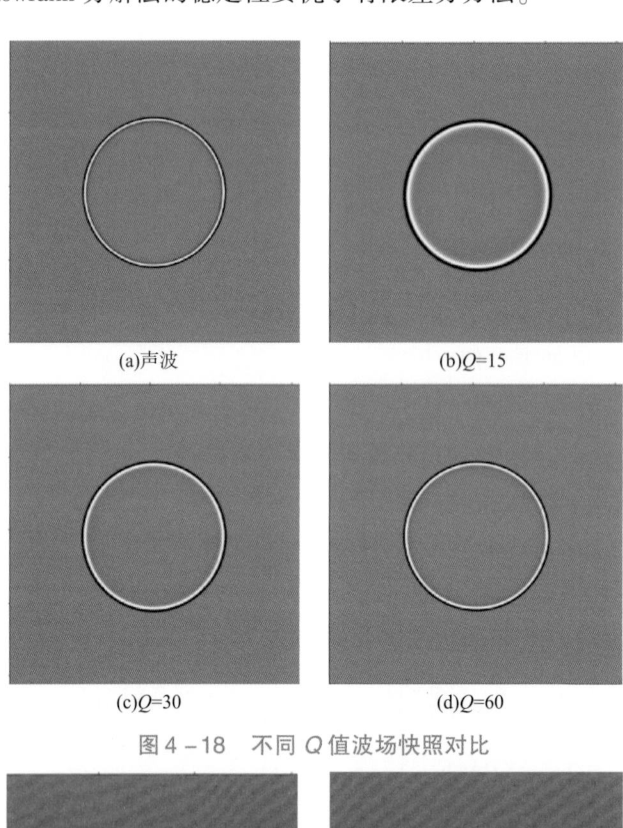

(a)声波　(b)Q=15

(c)Q=30　(d)Q=60

图 4－18　不同 Q 值波场快照对比

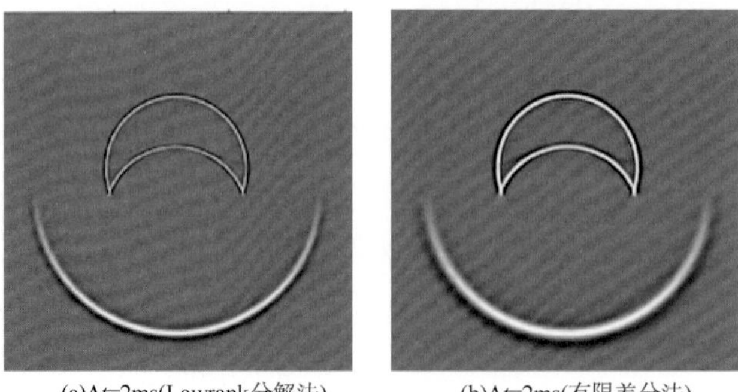

(a)Δt=2ms(Lowrank分解法)　(b)Δt=2ms(有限差分法)

图 4－19　不同步长波场快照对比

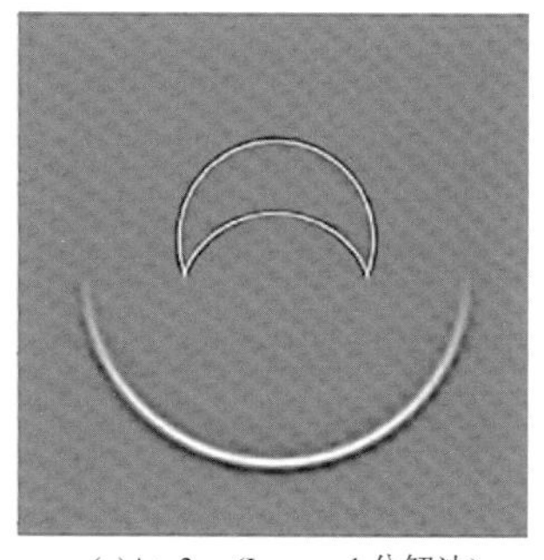
(c)Δt=3ms(Lowrank分解法)

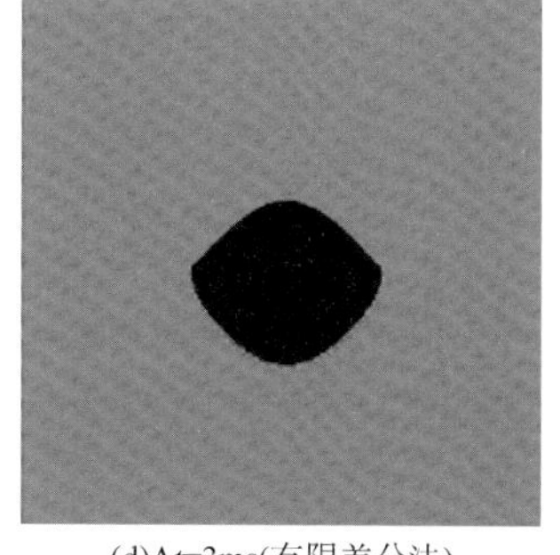
(d)Δt=3ms(有限差分法)

图 4－19 不同步长波场快照对比(续)

图 4－20 和图 4－21 为另一模型的数值测试，对比波场快照和地震记录可以看出，有限差分方法在给定参数时，频散严重，而在 Lowrank 分解法则很好地压制了数值频散，精度也更高。

(a)速度模型

(b)Lowrank分解法

(c)有限差分方法

图 4－20 波场快照对比

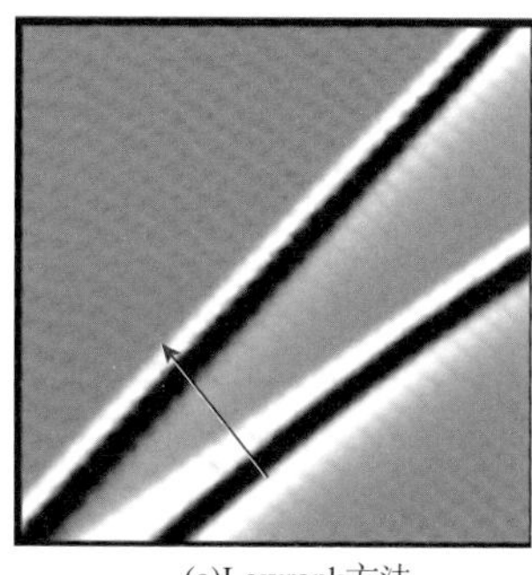
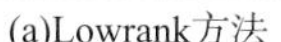
(a)Lowrank方法

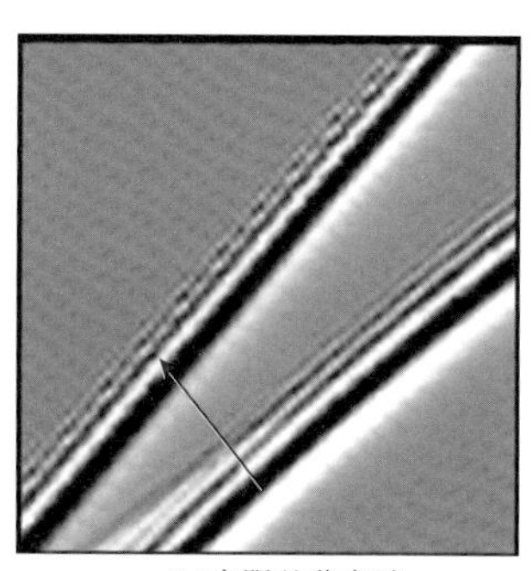
(b)有限差分方法

图 4－21 地震记录对比

4.2.4 理论模型正演模拟数值实验

为了验证算法的正确性和有效性，对黏声介质理论模型进行了正演测试。图 4－22 为简单模型的速度场和 Q 值场，图 4－23 和图 4－24 分别为波场快照和单炮记录。对比可以看出，在黏声波正演结果中，地震波传播振幅和相位发生均发生了变化。

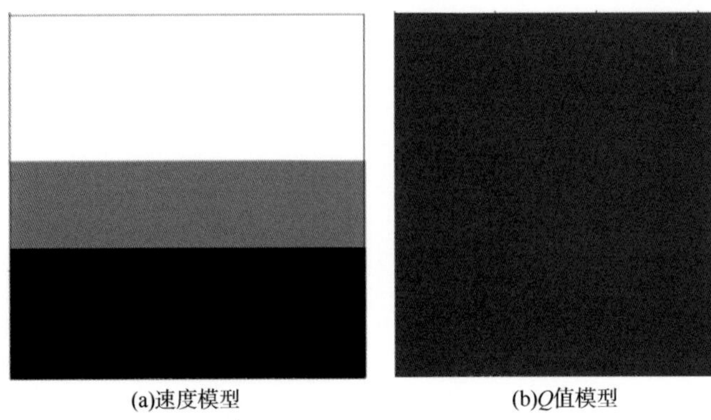
(a)速度模型 (b)Q值模型

图 4－22　简单模型

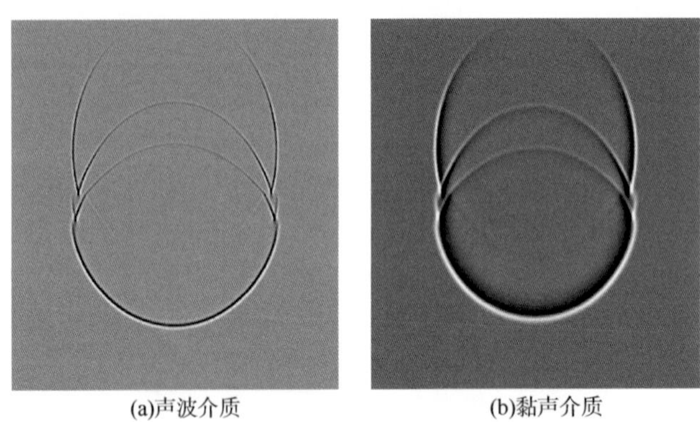
(a)声波介质 (b)黏声介质

图 4－23　波场快照

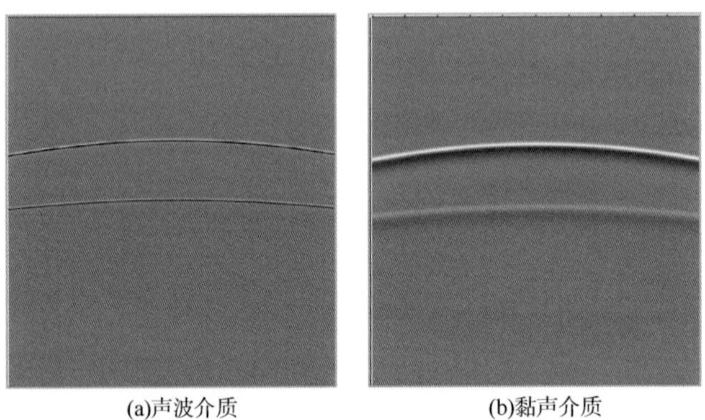
(a)声波介质 (b)黏声介质

图 4－24　单炮记录

接下来采用三维复杂模型来对算法进行测试。模型速度场和 Q 值场分别如图 4－25 所示，波场快照和单炮记录分别如图 4－26 ~ 图 4－28 所示。可以看出波场快照和地震记录比较复杂，同时由于黏滞性的影响，黏声介质地震记录中深层明显被衰减，振幅弱、分辨率低。

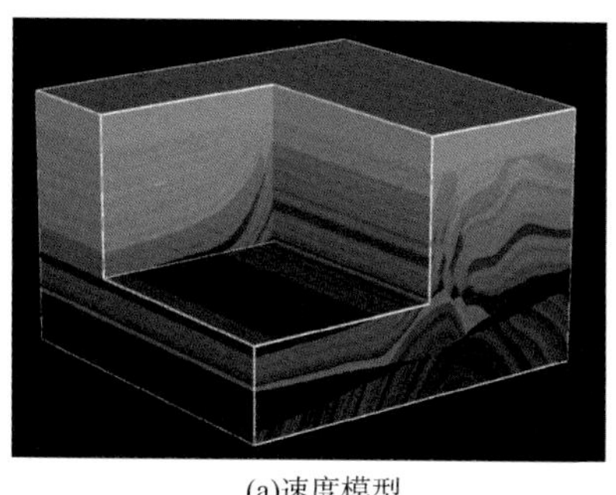

(a)速度模型

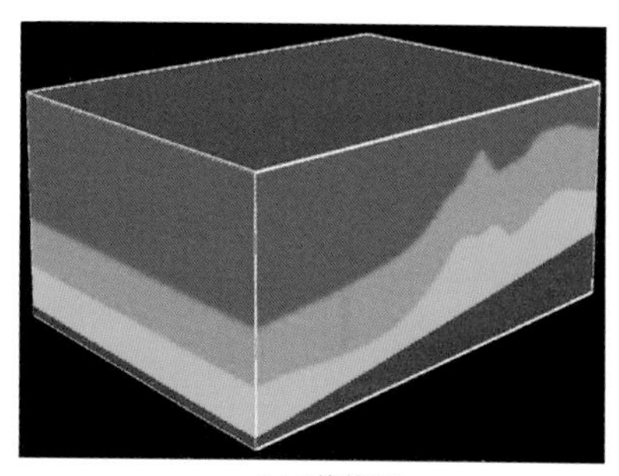

(b)Q值模型

图 4－25　三维复杂模型

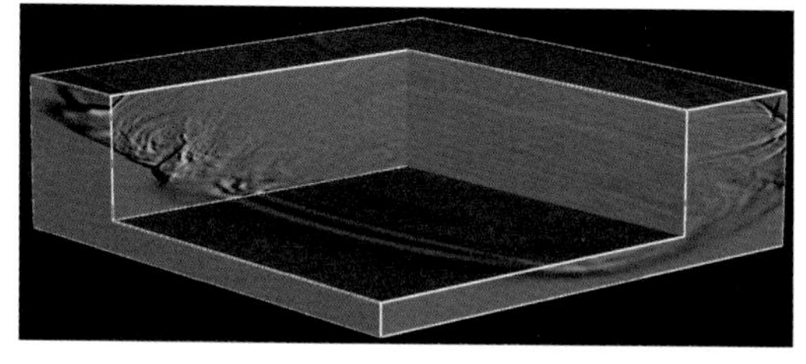

图 4－26　声波介质波场快照(t=1.5s)

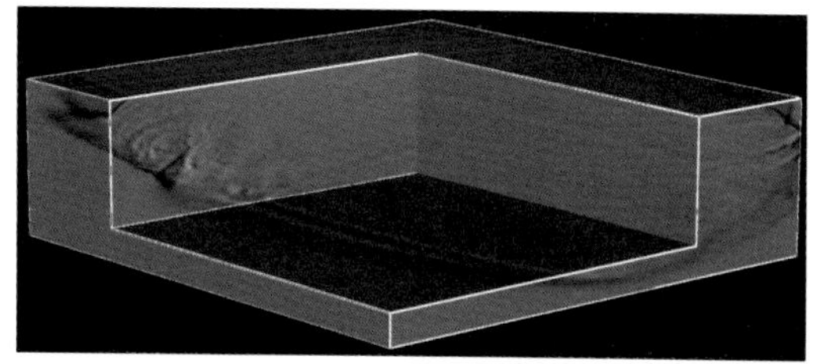

图 4－27　黏声介质波场快照(t=1.5s)

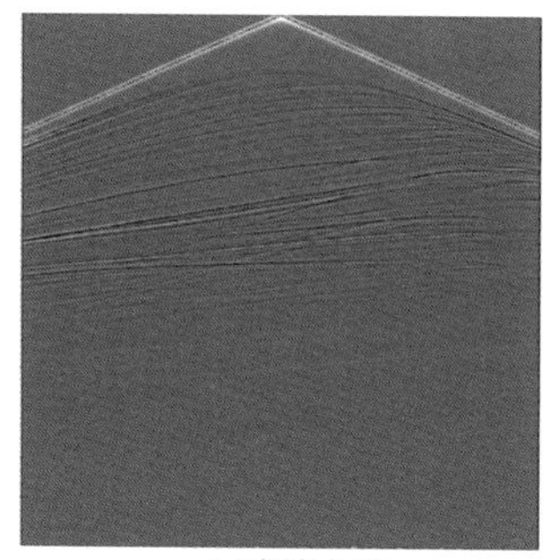

(a)声波介质

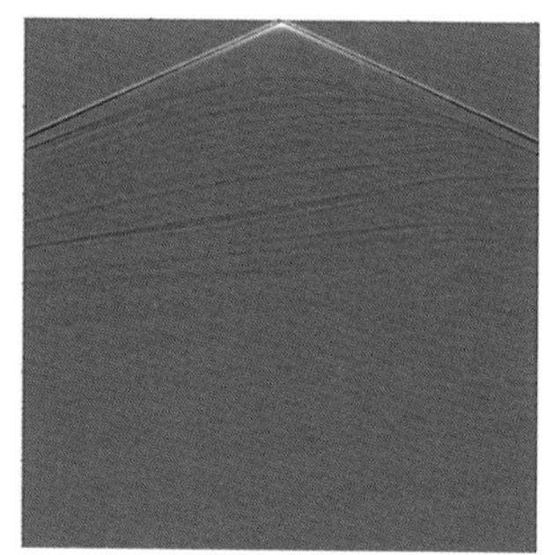

(b)黏声介质

图 4－28　单炮记录

4.3　吸收衰减介质 Q－RTM 偏移成像技术

本节基于多参数 Q 值拟合技术，推导时间—空间域波场控制方程，通过反传算子构建技术、正则化稳定性技术、相位多级优化校正等关键技术，形成了吸收衰减介质 Q－RTM 叠前深度偏移成像技术，实现流程见图 4－29。

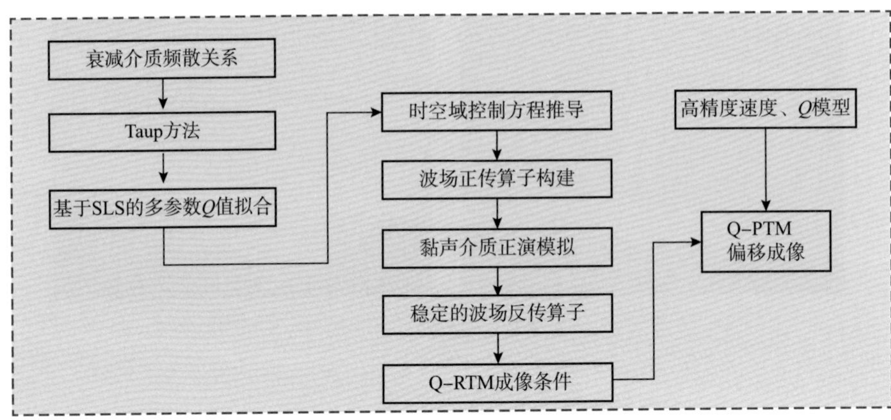

图 4-29　吸收衰减介质 Q-RTM 偏移成像技术流程

4.3.1　带振幅补偿的逆时传播算子构建技术

基于 SLS 衰减模型，可以推导黏声介质中反传播频散关系以及时空域正、反传控制方程：

$$
\begin{aligned}
\partial_t^2\sigma_{11} &= v^2\left(\partial_{x_1}^2\sigma_{11}+\partial_{x_3}^2\sigma_{11}\right)+\partial_t r_{11} \\
\partial_t^2 r_{11} &= -\frac{1}{\tau_\sigma}\left[\partial_t r_{11}+v^2\left(\frac{\tau_\varepsilon^P}{\tau_\sigma}-1\right)\left(\partial_{x_1}^2\sigma_{11}+\partial_{x_3}^2\sigma_{11}\right)\right]
\end{aligned}
\qquad (4-63)
$$

由式(4-63)可知，时空域黏声波介质波场反传控制方程与正传方程除了一个符号的差异，具有类似的形式，这与声波波场反传具有相似的特性(图 4-30)。其方程中含有衰减项的补偿项，校正了由于介质的黏滞引起的振幅衰减与速度频散。

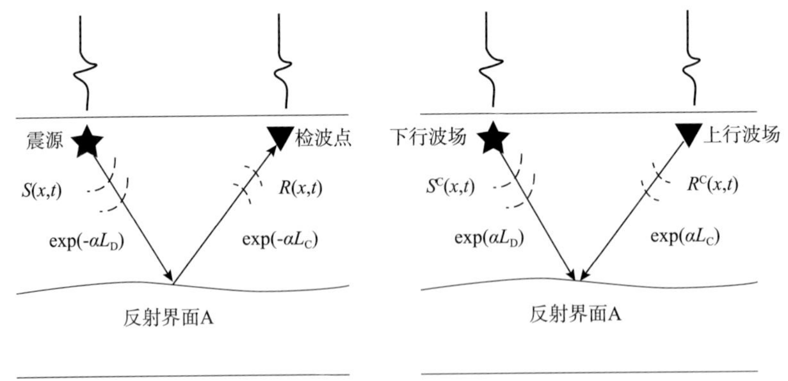

图 4-30　Q-RTM 波场传播过程

逆时偏移成像条件主要有三类：激发时刻成像条件、互相关成像条件和除法成像条件。激发成像条件的优点是只需要储存走时表，而不需要储存炮点波场传播历史信息，

 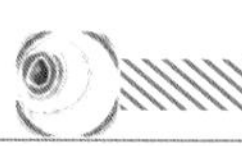

缺点是多波至问题处理困难，容易丢失波场信息，影响成像效果；互相关成像条件的优点是可以处理多波至问题，并且无稳定性问题，缺点是保幅效果较差，需要存储波场传播历史信息，存储量大；除法成像条件是基于反射界面存在于炮点下行波和接收点上行波在时间和空间重合的位置这一原理，优点是分辨率高，缺点是存储波场传播信息，存储量大。

实际应用中，更多的是采用互相关成像条件，其物理意义更加明确。常规声波介质中互相关成像条件为：

$$R(\vec{x}) = \int S(\vec{x},t) \times R(\vec{x},t)\mathrm{d}t \tag{4-64}$$

黏声介质中互相关成像条件为：

$$R(\vec{x}) = \int \Lambda_t^{-1} S(\vec{x},t) \times \Lambda_t R(\vec{x},t)\mathrm{d}t \tag{4-65}$$

式中，$\Lambda_t = f(Q)$ 为地层品质因子 Q 的函数。对于衰减项的补偿，考虑了实际地质构造的黏性特点，更加真实地反映了波场传播效应，使得成像结果的振幅更加均衡，振幅、相位归位更加准确，同时拓宽了有效频带，提高了成像分辨率。

4.3.2 稳定性逆时波场传播技术

在反向波场延拓过程中，补偿以指数形式随着 Q 值呈现指数增长的形式，这样在进行补偿的过程中能量就会出现迅速增长，尤其是其中的高频成分，地震波中的高频成分如果过多的增长，就会导致地震波的振幅出现震荡现象，有效信息也被这些高频不稳定信号所湮没掉。因此在兼顾地震波衰减能量补偿的同时还要保证补偿能量的稳定性问题。针对稳定性问题的解决方法总体可分为两类，频率域滤波处理和正则化处理。这两种方法虽然在实现方式上存在差异，但其实质都是对补偿后的地震波进行低通滤波处理，压制高频噪声。传统的滤波方法，主要采用如下公式：

$$\Lambda(\Delta\tau,\omega) = \begin{cases} \exp\left[\omega\left|\dfrac{\omega}{\omega_0}\right|^{-\gamma}\sin\left(\dfrac{\pi\gamma}{2}\right)\Delta\tau\right](\omega < \omega_q) \\ \Lambda(\Delta\tau,\omega_q)(\omega > \omega_q) \end{cases} \tag{4-66}$$

式(4-66)需要人工选取滤波门限值，截止频率不容易确定，因此可以在反传方程中引入稳定性正则化因子，消除高频噪声成分，提高算法的稳定性。引入正则化因子后，反传方程可以表达为：

$$\frac{\partial^2 p}{\partial t^2} = v^2(1 + n\tau)\nabla^2 p + \frac{\varepsilon}{v}\frac{\partial}{\partial t}\nabla^2 p - \sum_{i=1}^{n}\gamma_i + D \tag{4-67}$$

引入正则化因子后，其可在反传的过程中，自动保持反传波场的稳定性，避免人工干预，提升算法的适应性。通过图 4-31 测试可以看出引入正则化因子，能够有效保持波场的稳定性。

(a)不稳定波场

(b)稳定波场

图 4－31　逆时波场稳定技术

4.3.3　相位多级优化校正技术

经有限差分法近似后的时间—空间域黏声离散化波动方程的相速度同准确的相速度呈现反向关系，直接利用此方程实现 Q－RTM 时，会导致成像结果出现滞后时移，影响成像过程。为此，从经典的相速度公式出发，准确的相速度方程如下式所示：

$$c\left[(1+L\tau)-\sum_{l=1}^{L}\frac{\tau}{1+\omega^2\tau_{\sigma l}^2}\right]^{\frac{1}{2}} \tag{4-68}$$

同时，在经典有限差分离散化得到的相速度中引入多级优化校正算子，其具体表达形式为：

$$c\left[1-L\tau+\sum_{l=1}^{L}\frac{\tau}{1+\omega^2\tau_{\sigma l}^2}+\alpha-\gamma\omega^2\right]^{\frac{1}{2}} \tag{4-69}$$

利用准确的相速度及加入多级优化校正因子的近似相速度公式建立目标泛函，并利用最小二乘方法进行求解，目标泛函可表达为：

$$S=||f(\omega)||_2^2 \tag{4-70}$$

其中：

$$\begin{aligned} f(\omega) &= c_p(\omega)-c_p^{op}(\omega) \\ &= c\left[(1+L\tau)-\sum_{l=1}^{L}\frac{\tau}{1+\omega^2\tau_{\sigma l}^2}\right]\frac{1}{2}-c\left[1-L\tau+\sum_{l=1}^{L}\frac{\tau}{1+\omega^2\tau_{\sigma l}^2}+\alpha-\gamma\omega^2\right]^{\frac{1}{2}} \end{aligned} \tag{4-71}$$

将求得的多级优化校正因子代入到离散化得黏声波动方程中，形成基于相位多级优化的黏声波动方程，以此方程作为正反向沿拓方程，可保证振幅和相位的耦合校正（图 4－32）。

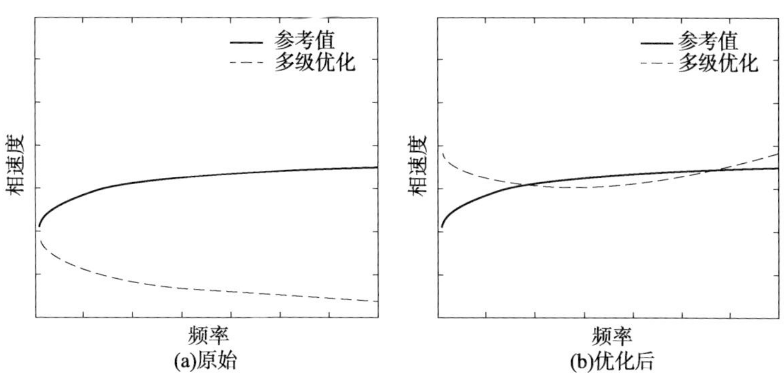

图 4-32 优化前后相速度曲线

4.3.4 理论模型测试

1. 二维异常体模型

首先采用二维异常体模型对算法进行测试，图 4-33 为模型的速度场和相应的 Q 值场。

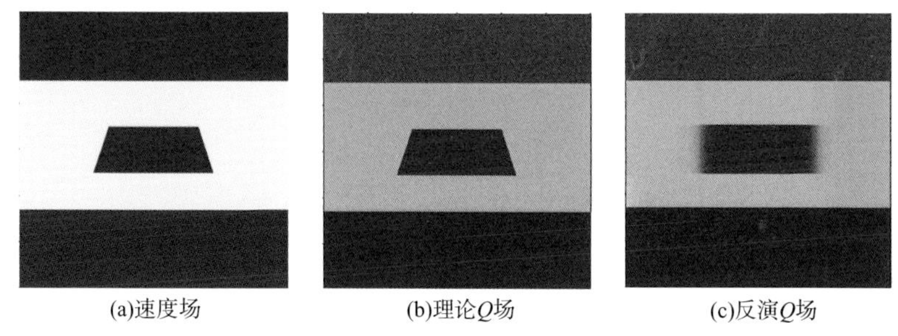

图 4-33 复杂模型

图 4-34 为 Q 值反演误差曲线。对比可以看出，通过 Q 值层析建模技术可以得到较为准确的反演结果，但模型由于存在边界倾斜的异常体，Q 值建模在边界处可能存在模糊现象。

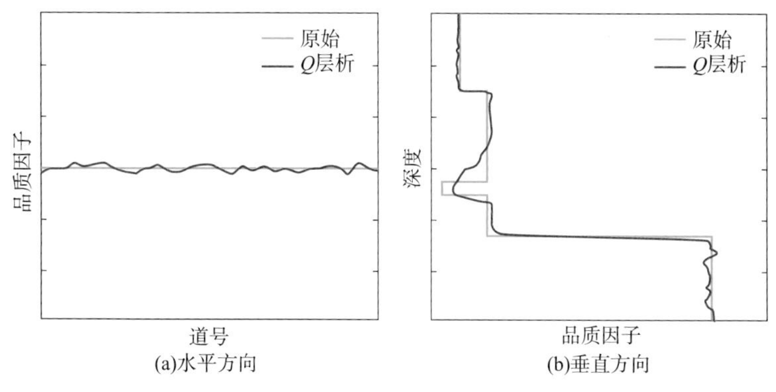

图 4-34 Q 值反演误差曲线

图 4－35～图 4－38 为声波和黏声波的波场快照及单炮记录，通过对比单道波形可以看出，在黏声波中不仅振幅衰减比较严重，而且相位也发生了变化。因此需要在地震偏移成像过程中合理考虑黏滞性的影响。

图 4－39 是采用常规 RTM 分别对声波数据和黏声波进行成像得到的结果，可以看出在黏声波成像结果中，反射波不能准确归位，同相轴的连续性和聚焦性比较差，而且存在大量的成像噪声，而在声波成像结果中对异常体进行了清晰的刻画，成像位置准确，同相轴连续性和聚焦性更好。

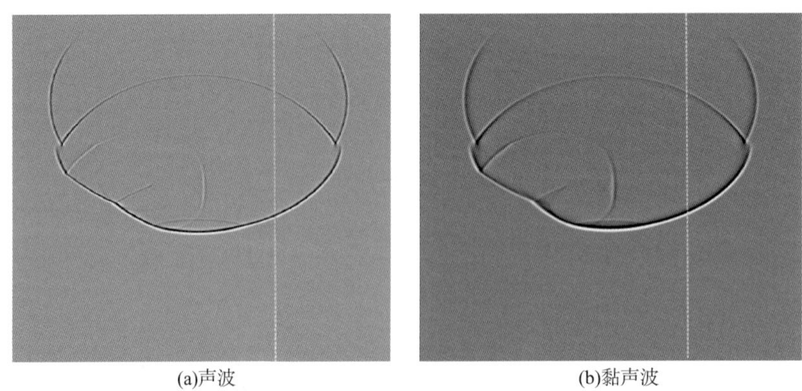

(a)声波　　(b)黏声波

图 4－35　波场快照对比

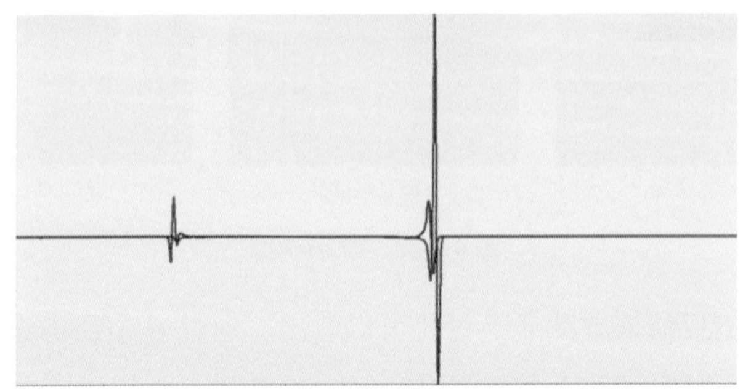

图 4－36　单道波形对比（红色声波，蓝色黏声波）

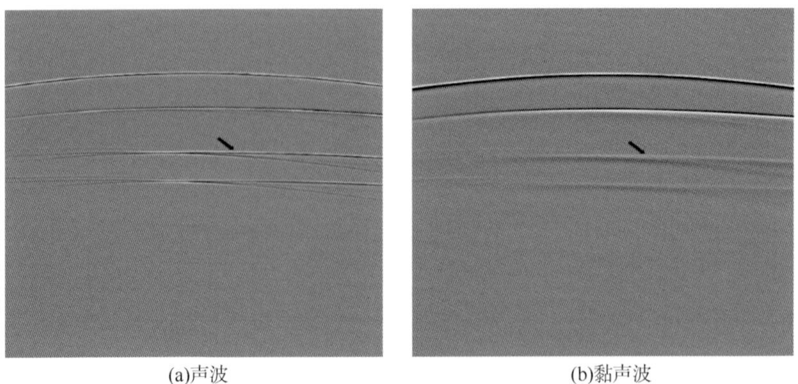

(a)声波　　(b)黏声波

图 4－37　单炮记录对比

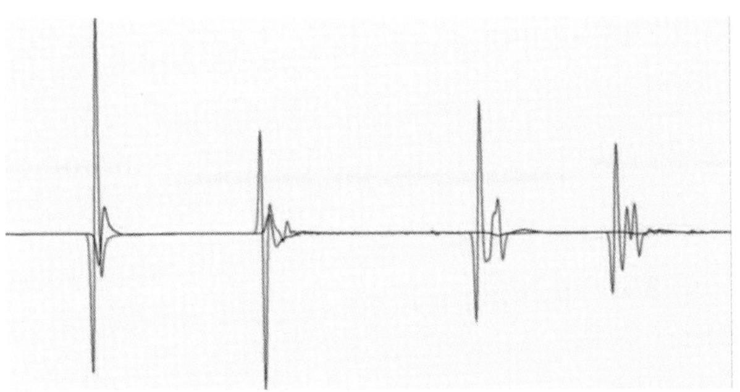

图 4－38　单道波形对比(红色声波，蓝色黏声波)

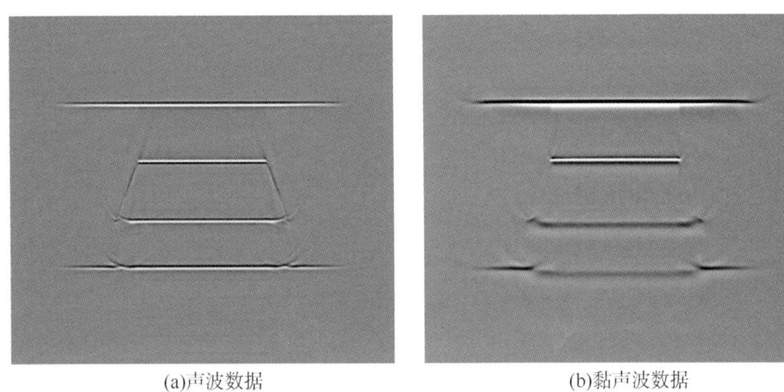

图 4－39　不同数据常规 RTM 结果

图 4－40 为不同 Q 模型的 Q－RTM 成像结果，通过对比可以看出，在准确模型和层析模型的成像结果中，反射界面回归于地下真实位置，异常体也得到了很好的成像。而在初始模型的成像结果中，同相轴聚焦性和连续性非常差，异常体也未准确成像。图 4－41 为不同方法数据波形对比，可以看出在声波数据常规 RTM 和黏声数据 Q－RTM 结果中，反射波能够准确归位，同相轴聚焦性也更好。图 4－42 是偏移结果频谱对比，从中可以看出，Q－RTM 能够有效地恢复振幅和相位信息。

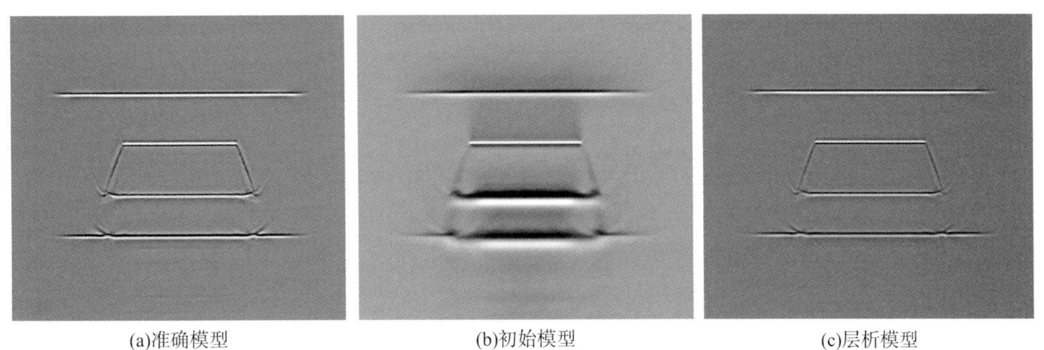

图 4－40　不同 Q 模型 Q－RTM 结果

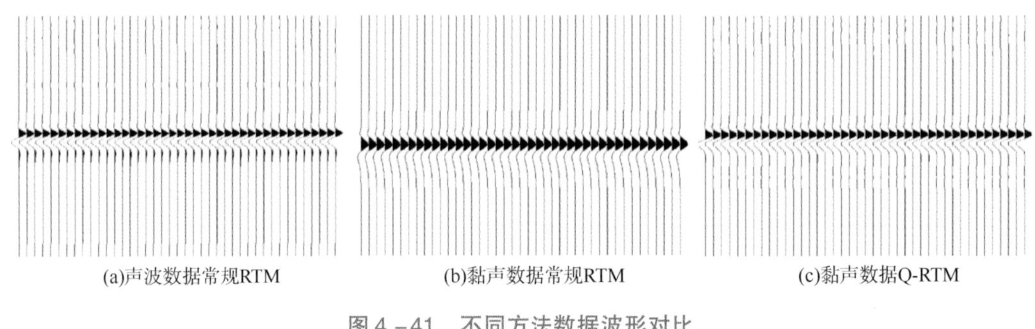

(a)声波数据常规RTM　(b)黏声数据常规RTM　(c)黏声数据Q-RTM

图 4-41　不同方法数据波形对比

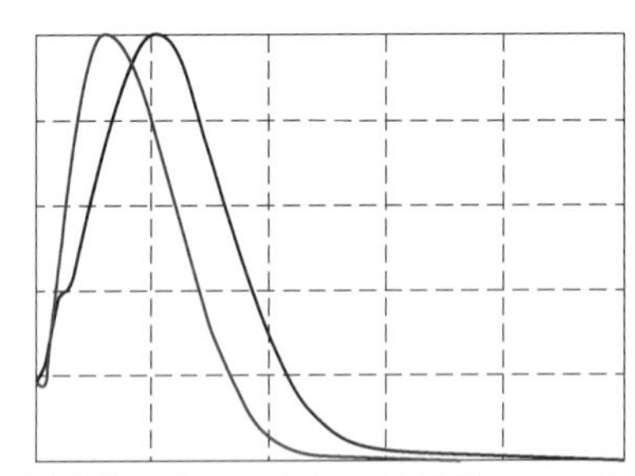

(a)黏声数据声波RTM(红色),黏声数据Q-RTM(蓝色)

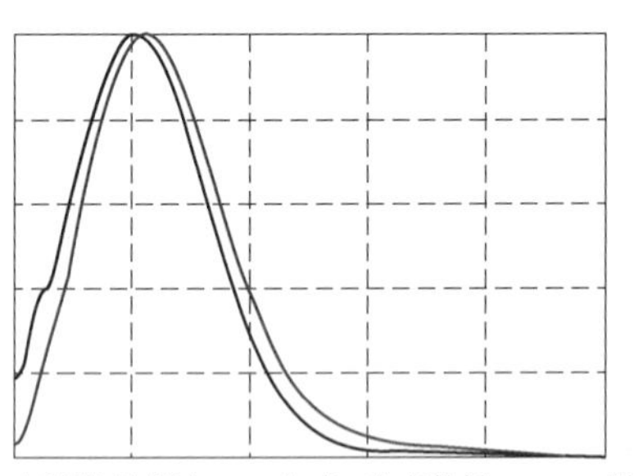

(b)声波数据声波RTM(红色),黏声数据Q-RTM(蓝色)

图 4-42　偏移结果频谱对比

2. 三维复杂模型测试

为了进一步验证层析反演算法的精度，这里采用了标准模型 Marmousi 模型进行验证。图 4-43 是 Marmousi 模型对应的真实速度模型及 Q 值模型。Q 值反演结果如图 4-44所示，可以看出整体反演精度较高，仅在复杂构造区存在微小差别。

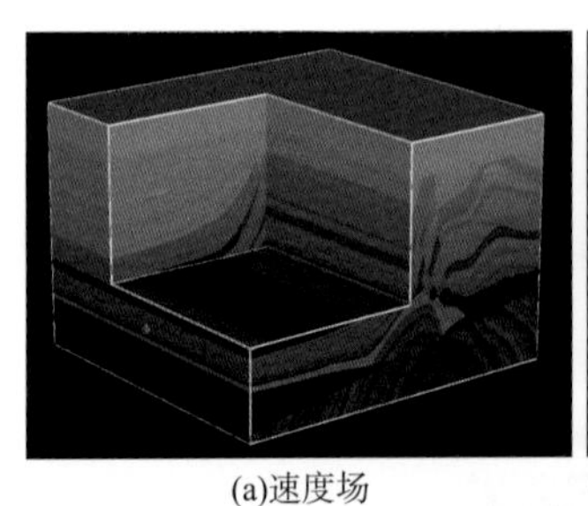

(a)速度场　(b)真实Q场

图 4-43　Marmousi

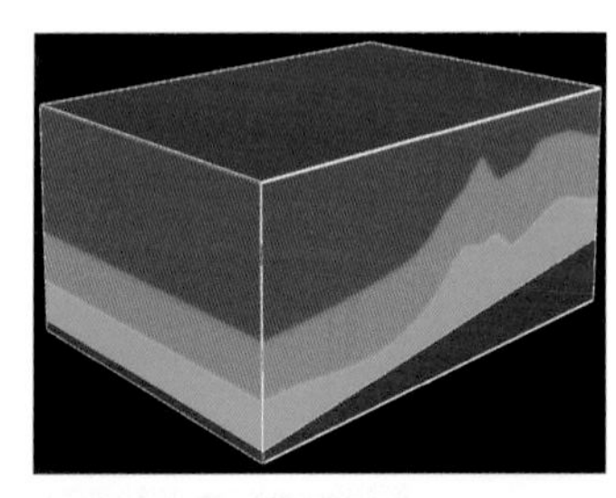

图 4-44　Marmousi 模型反演 Q 模型

图 4-45(a)、(b)、(c)分别是无衰减数据 RTM、衰减数据 RTM 以及衰减数据 Q-RTM 的结果对比，显然对于衰减数据而言，常规的 RTM 算法无法恢复深层信号的能量及频率，采用图 4-44 的反演结果结合 Q-RTM 可以较好地恢复深层弱信号的能量及频率。图 4-46 为三者的频谱对比，对比可以看出 Q-RTM 能够有效拓宽频谱，校正介质中黏滞性对成像的影响。

图 4-47、图 4-48 是对于图 4-45 成像结果简单构造区域以及复杂构造区域的细

节对比，可以看出高精度的 Q 值建模结合 Q－RTM 能够实现深层更高精度的成像效果。从图 4－49 的单道对比也可以看出，高精度 Q 值建模结合 Q－RTM 可以很好地恢复信号的频率及相位。

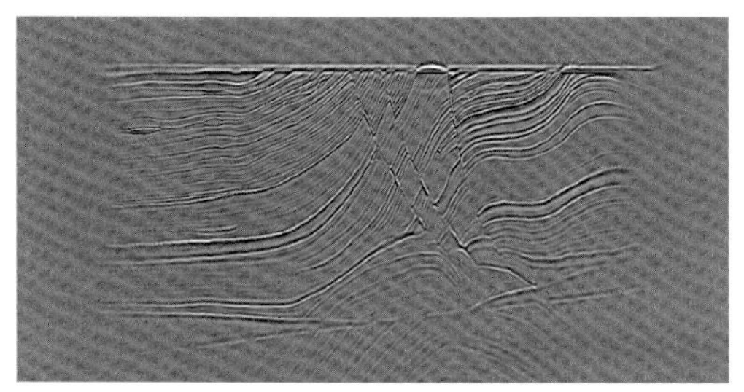
(a)无衰减数据RTM成像结果

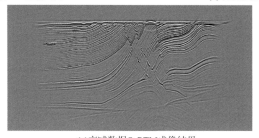

(b)衰减数据RTM成像结果

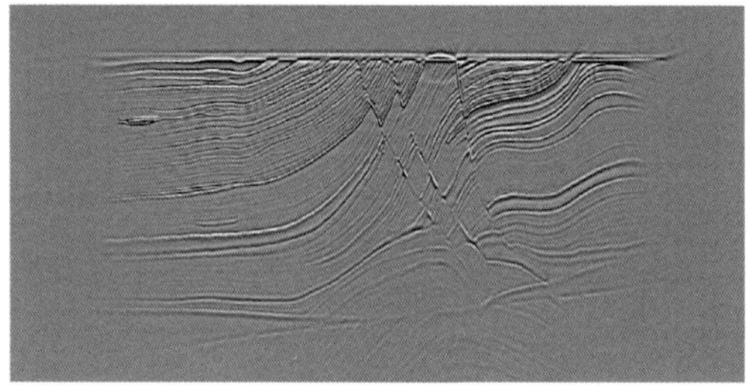
(c)衰减数据Q-RTM成像结果

图 4－45 成像结果对比

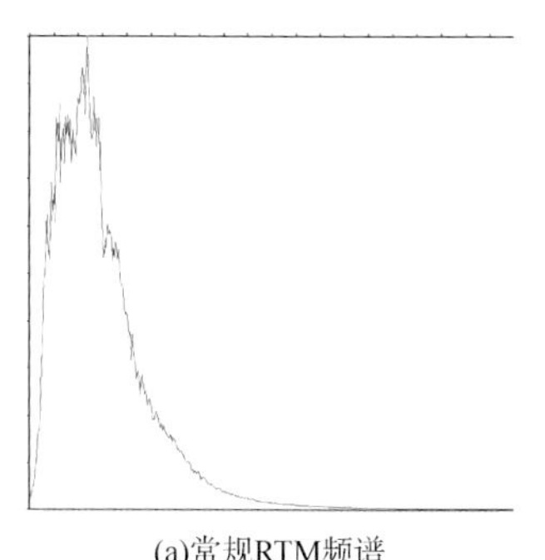
(a)常规RTM频谱

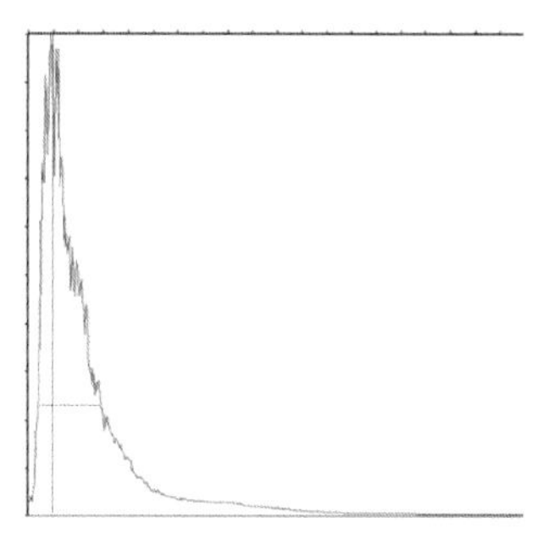
(b)带衰减RTM频谱

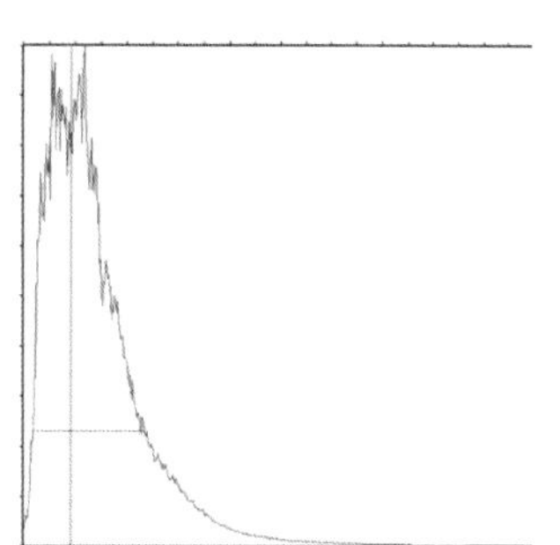
(c)Q-RTM频谱

图 4－46 频谱对比

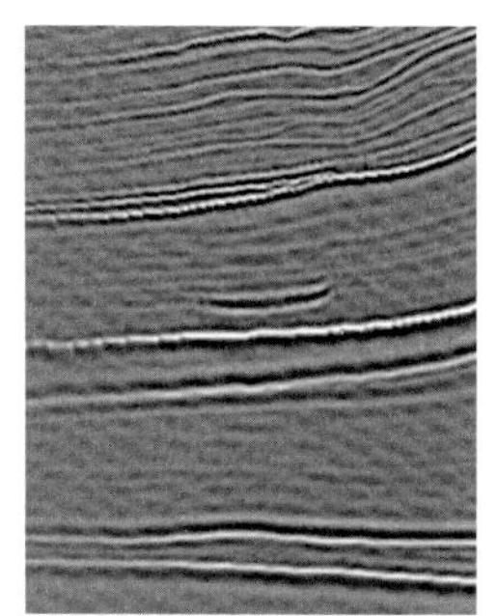
(a)无衰减数据RTM成像结果

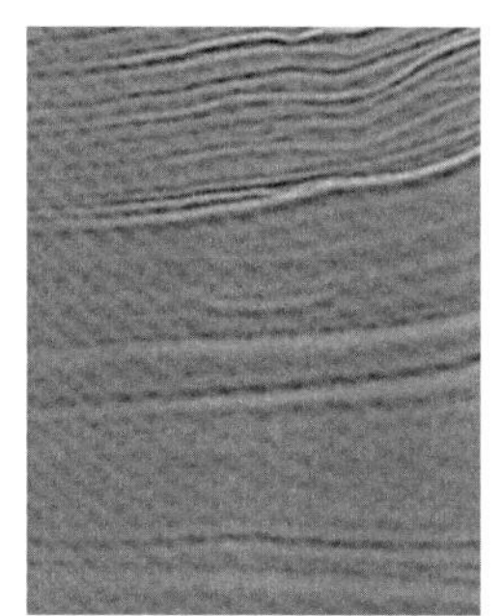
(b)衰减数据RTM成像结果

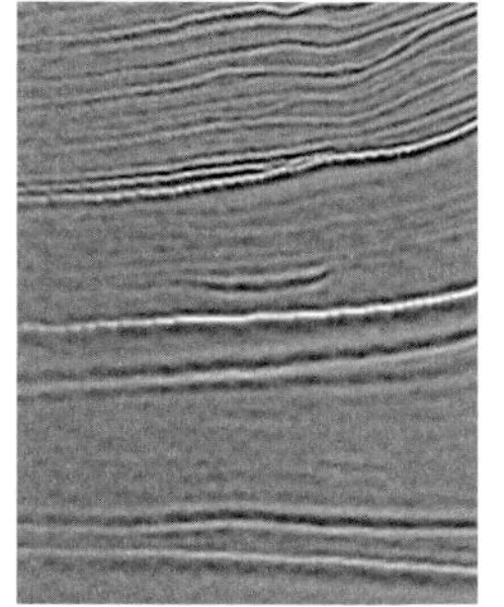
(c)衰减数据Q-RTM成像结果

图 4－47 简单构造区域细节对比

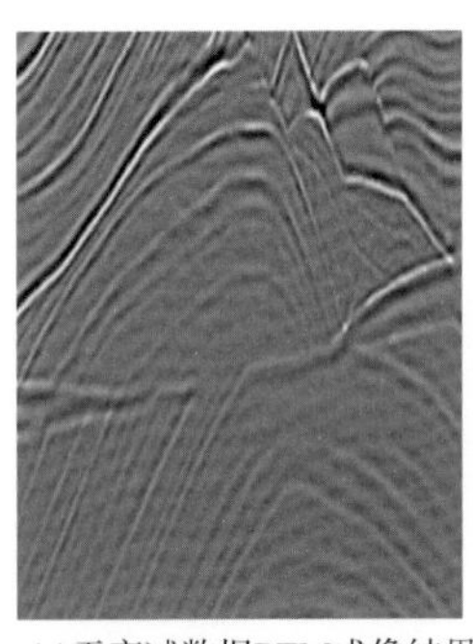
(a)无衰减数据RTM成像结果

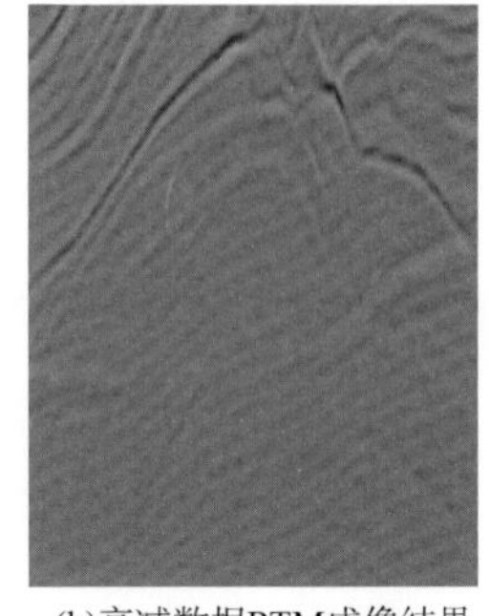
(b)衰减数据RTM成像结果

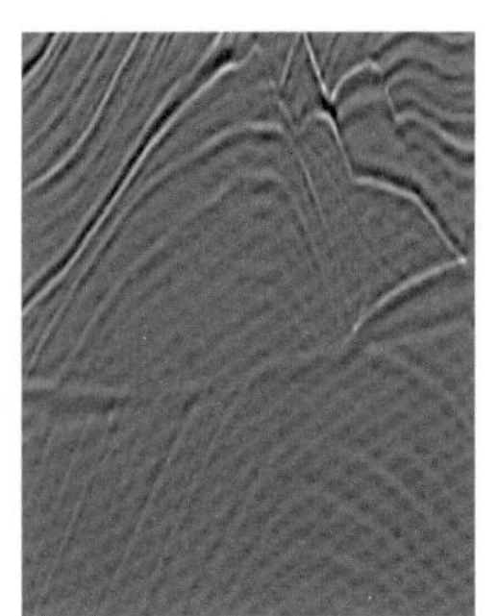
(c)衰减数据Q-RTM成像结果

图 4－48　复杂构造区域细节对比

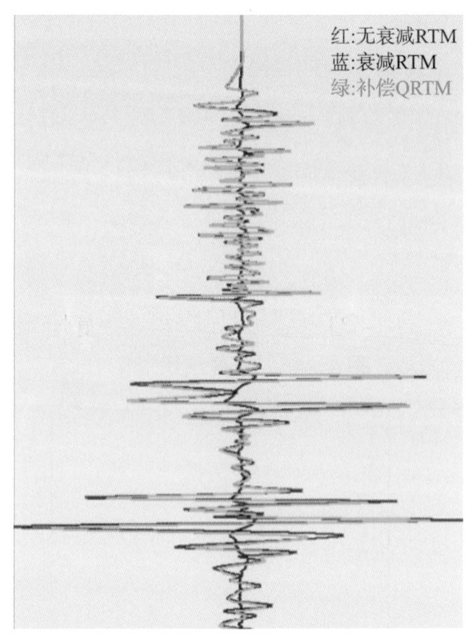

图 4－49　单道对比

4.4　应用实例

4.4.1　探区 1 应用

首先通过探区 1 实际资料进行处理应用研究。该探区地表类型主要为沙漠浮土区，对反射波的吸收衰减严重，能够验证 Q－RTM 偏移的适应性与有效性。通过 Q 初始建模与层析建模建立了高精度的速度模型和 Q 值模型(图 4－50)。

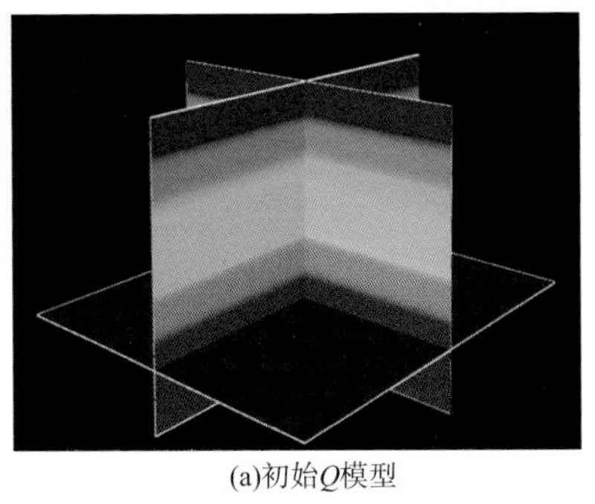
(a)初始Q模型

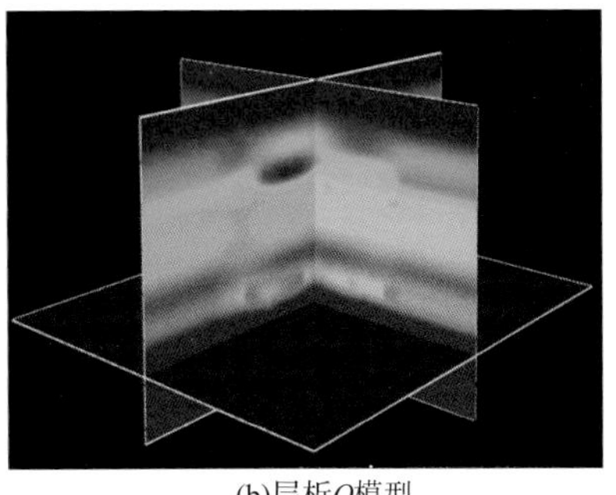
(b)层析Q模型

图 4－50 Q 模型

图 4－51 是纯波偏移结果对比，可以看出相比常规 RTM，吸收衰减 Q－RTM 偏移成像结果整体分辨率提高，中深层吸收衰减的能量得到了有效恢复。图 4－52～图 4－54 为三条测线的成像效果对比。从 Line1 测线成像结果可以看出 Q－RTM 成像不仅对能量进行了有效恢复，而且断面识别更为清晰，串珠能量也更为聚焦。对比 Line2 测线成像结果，可以看出 Q－RTM 成像在浅层有一定的提频作用。分析 Line3 测线成像结果可知，Q－RTM 深层提频效果明显，而且成像范围更广。说明由于深层的波场传播时间更长，吸收衰减的影响更明显，通过 Q－RTM 偏移成像能够恢复地震波的振幅能量，拓宽频带范围，是深层油气勘探的重要技术。

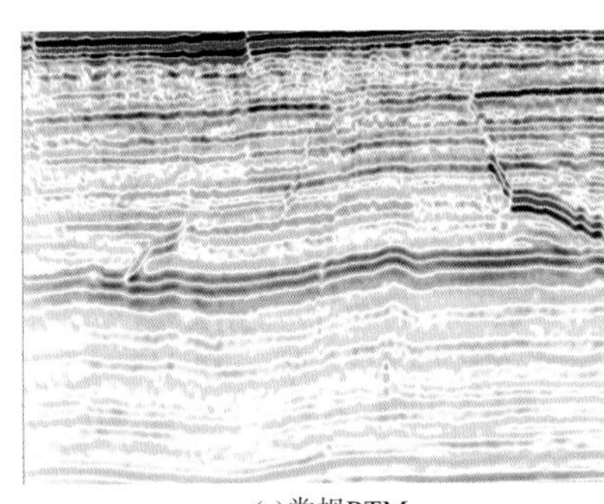
(a)常规RTM

(b)Q-RTM

图 4－51 纯波偏移结果

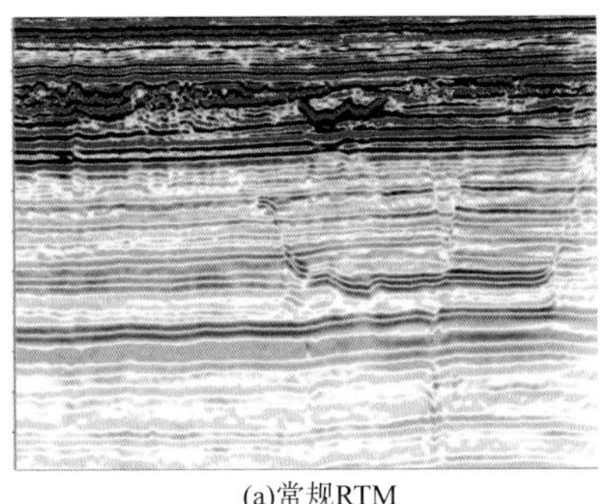
(a)常规RTM

(b)Q-RTM

图 4－52 Line1 偏移结果对比

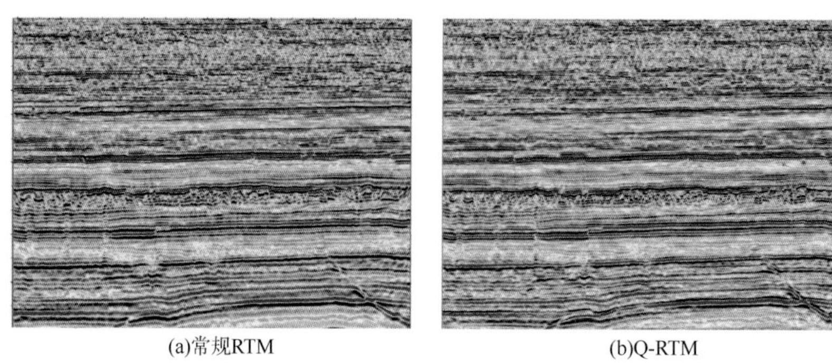

图 4－53　Line2 偏移结果对比

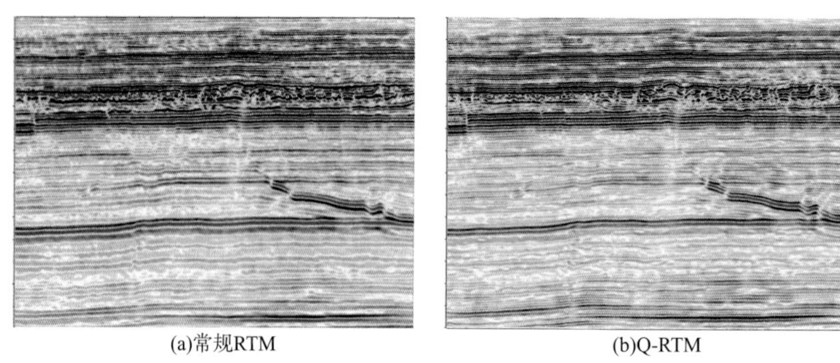

图 4－54　Line3 偏移结果对比

图 4－55 是常规 RTM 与 Q－RTM 频谱对比，可以看出相比常规 RTM，吸收衰减Q－RTM 成像结果中，成像剖面主频拓宽 6Hz 左右，频带拓宽 10Hz 左右。

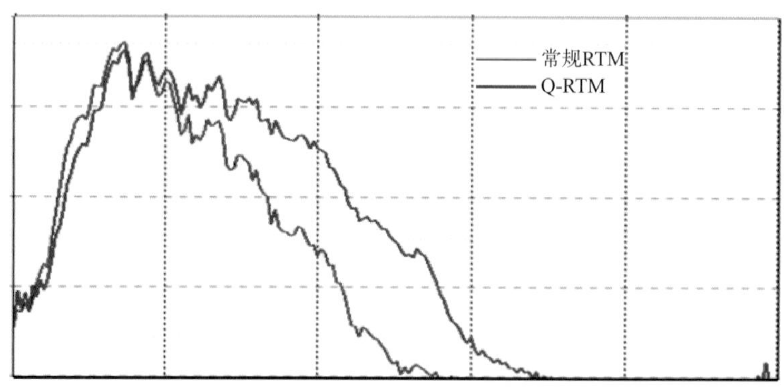

图 4－55　常规 RTM 与 Q－RTM 频谱对比

图 4－56 和图 4－57 为两条测线的相干属性对比，可以看出相比于常规 RTM，Q－RTM 结果中整体分辨率的更高，对断裂的边界刻画更为清晰，连续性与聚焦性都得到明显提高。

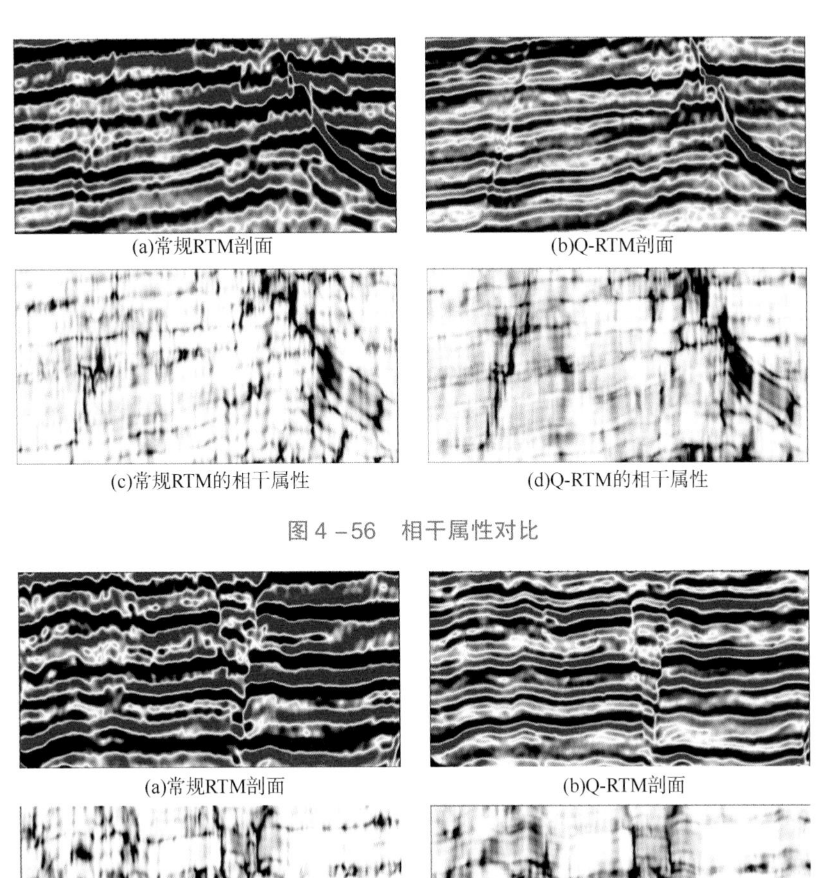

(a)常规RTM剖面　(b)Q-RTM剖面

(c)常规RTM的相干属性　(d)Q-RTM的相干属性

图4－56　相干属性对比

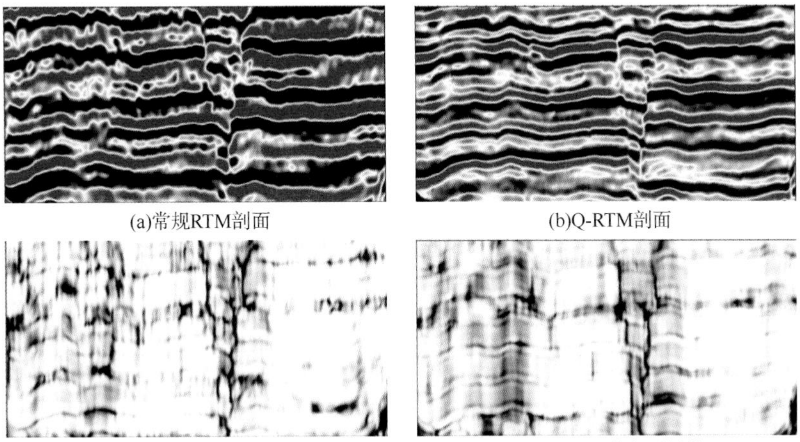

(a)常规RTM剖面　(b)Q-RTM剖面

(c)常规RTM的相干属性　(d)Q-RTM的相干属性

图4－57　相干属性对比

图4－58和图4－59则为两条测线的地震张量属性对比。从图4－58的对比可以看出，Q－RTM成像能够有效恢复吸收衰减的能量，提高分辨率，同时串珠的识别性和聚焦性更好。而在图4－59的成像结果中可以知道，Q－RTM成像结果中不仅能够有效提高深层弱反射信号，而且同相轴连续性更好，总体剖面更加清晰。

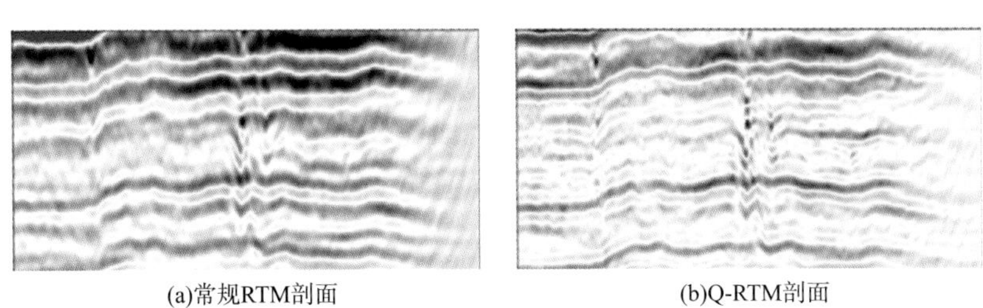

(a)常规RTM剖面　(b)Q-RTM剖面

图4－58　地震张量属性对比

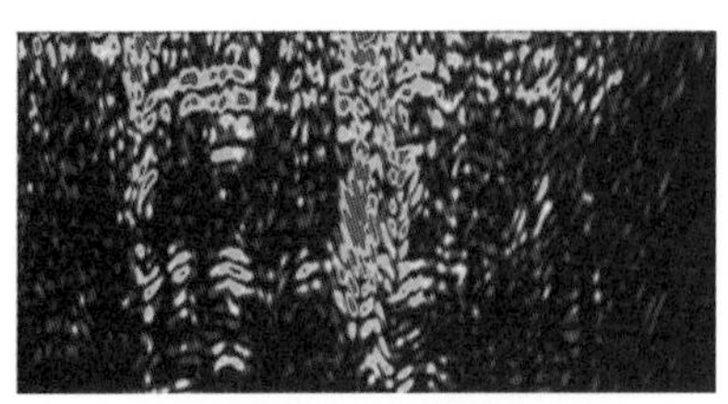

(c)常规RTM的张量属性

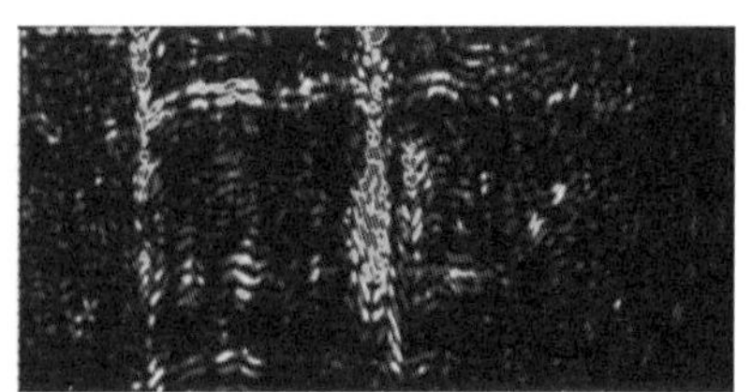

(d)Q-RTM的张量属性

图 4－58　地震张量属性对比(续)

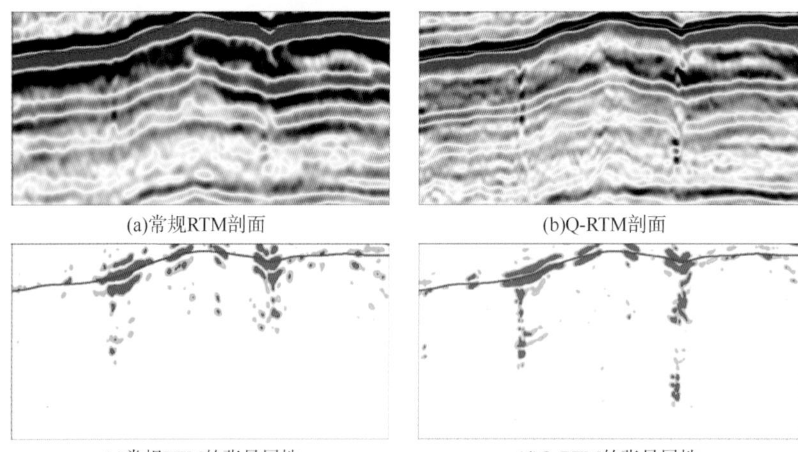

(a)常规RTM剖面　(b)Q-RTM剖面

(c)常规RTM的张量属性　(d)Q-RTM的张量属性

图 4－59　地震张量属性对比

4.4.2　探区 2 应用

接下来通过探区 2 实际资料对算法进一步进行测试。该探区主要为黄土塬地貌，煤层屏蔽性较强，深层地震波衰减严重。首先通过 Q 初始建模与层析建模建立了高精度的速度模型和 Q 值模型(图 4－60)，基于地质构造约束与层位信息约束的 Q 层析算法，使得 Q 模型具有更好的地层相关性，确保了 Q 背景场符合实际地下构造规律，同时实现了高波数 Q 值的层析更新，为 Q－RTM 偏移提供了高精度的 Q 场。

(a)Q模型　(b) Q模型与剖面叠合显示

图 4－60　探区 Q 值场及剖面叠合

对全区三维数据进行 Q－RTM 偏移，以此验证算法对实际数据的适应性及有效性。图 4－61 和图 4－62 是两条测线的成像结果对比，吸收衰减的 Q－RTM 偏移技术得到的剖面中深层能量得到了有效恢复，振幅具有更好的一致性，尤其是深层的断裂系统的成像信噪比和分辨率明显提升。如图 4－64 所示，偏移数据的有效频带得到展宽，提高了整体成像分辨率。图 4－63 是成像结果局部放大对比，可以看出在 Q－RTM 偏移结果中构造刻画更清晰，目标层同相轴连续性得到改善，对中深层振幅实现了有效的补偿。

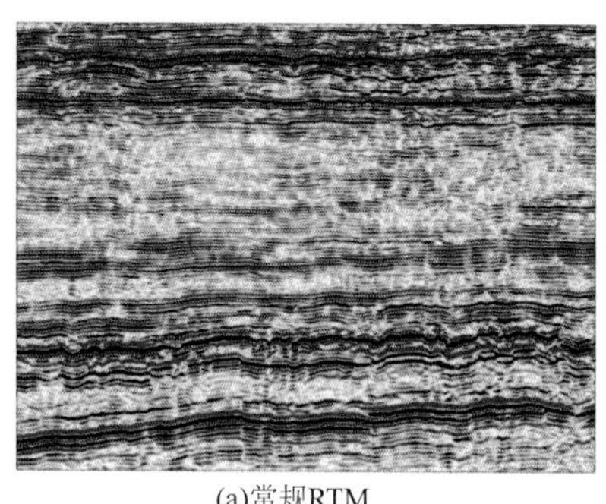
(a)常规RTM

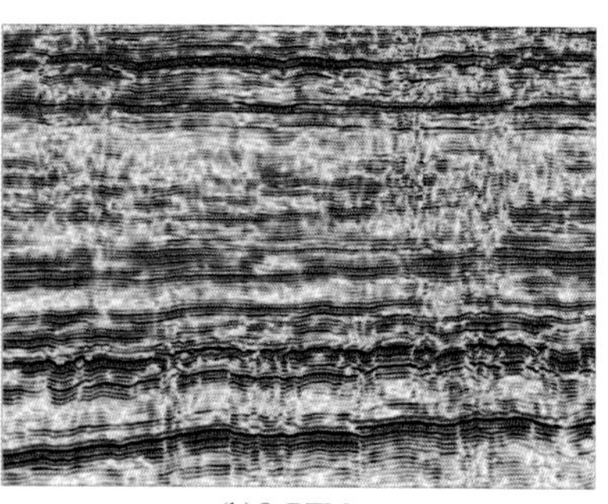
(b)Q-RTM

图 4－61　Line1 偏移结果对比

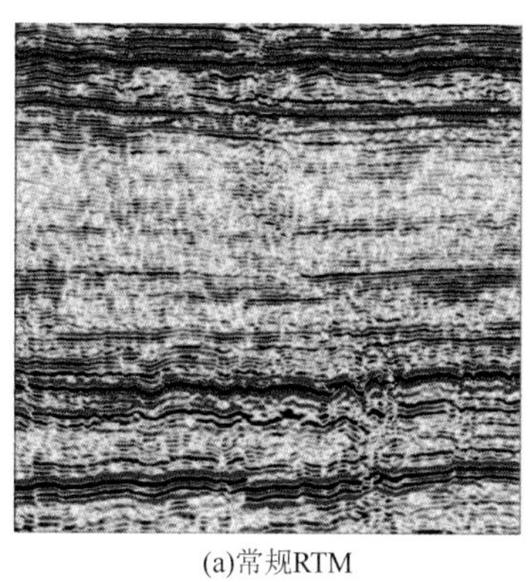
(a)常规RTM

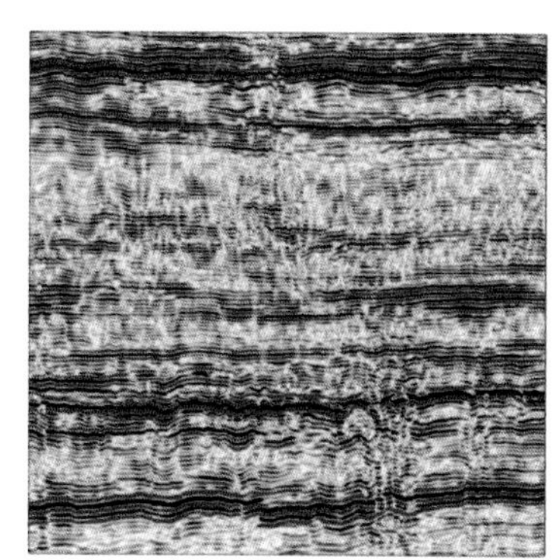
(b)Q-RTM

图 4－62　Line2 偏移结果对比

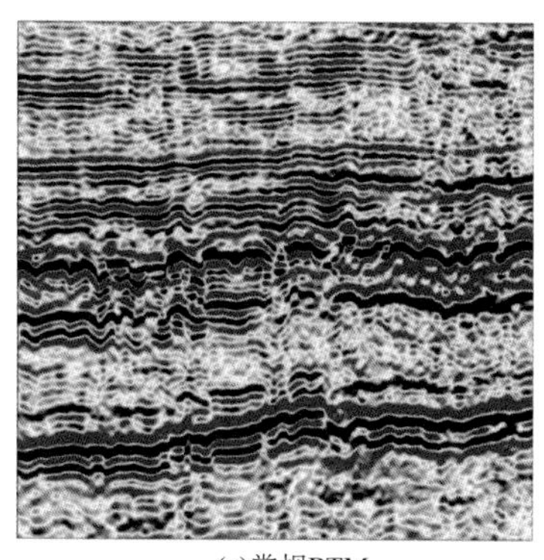
(a)常规RTM

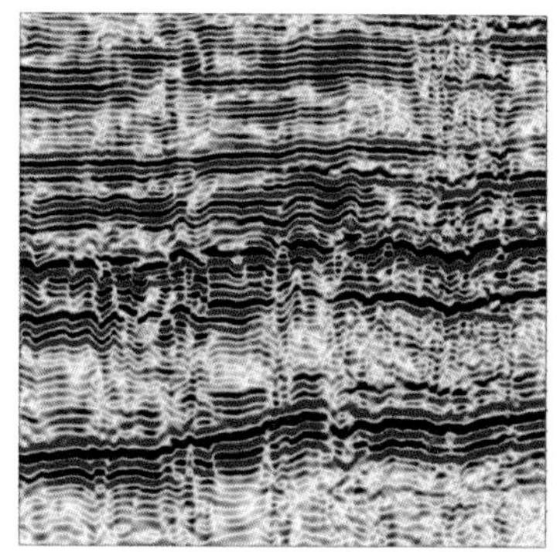
(b)Q-RTM

图 4－63　局部成像结果对比

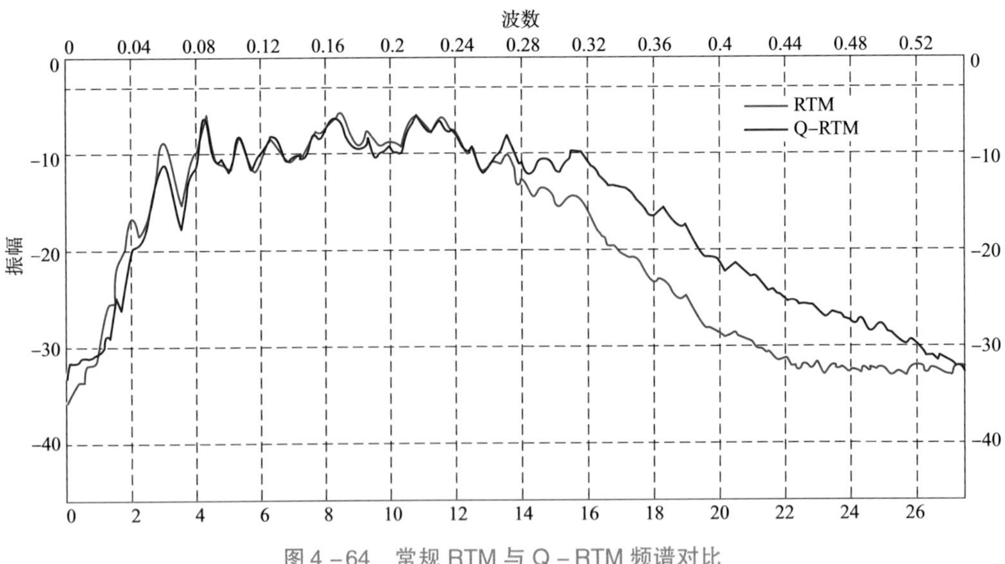

图 4-64　常规 RTM 与 Q-RTM 频谱对比

5 弹性波逆时偏移成像理论和技术

随着勘探技术的不断发展，采集的多分量地震数据越来越多。传统多分量数据处理方法是将水平分量当作转换波来进行处理，而垂直分量则是采用纵波成像方法来进行成像。此种方法不仅没有考虑地震波的矢量特征，而且成像效果主要取决于波场分离的精度。倘若波场分离不彻底，残存的非本型能量波会严重影响成像质量。因此，研究基于弹性波矢量特性的成像算法具有重要意义。本章从弹性波成像的研究现状和弹性波传播基本理论方法出发，介绍了交错网格差分格式、人工边界条件、基于 Helmholtz 分解的 P 波、S 波互相关成像条件等，形成弹性波逆时偏移的完整流程及高性能并行计算的模式，并完成模型和实际资料测试与分析。

5.1 弹性波成像概述

随着我国勘探程度的不断深入，隐蔽油气藏和岩性油气藏成为近年来重要的勘探目标。现有以纵波为主的勘探地球物理技术，在岩性成像甚至构造成像以及油气预测等领域，难以满足复杂油气藏勘探开发和增储上产的需求。目前地震勘探通常基于声学假设，而实际介质中地震波的传播是以矢量波的形式存在的。

为了更好地描述地下介质构造和刻画油气藏特性，业界越来越重视多分量地震数据的采集和处理。相对于纵波勘探而言，多波多分量勘探和成像具有诸多的优势。弹性波偏移成像可以较好地解决真振幅偏移问题，并且横波资料由于速度较低，在精细识别小断层、小构造、薄层及地层尖灭的地质现象具有明显的优势。在受高速碳酸盐岩、火成岩、硬石膏等因素影响造成纵波能量弱、信噪比低的地区，应用弹性波信息也可以获得较好的成像结果。此外，天然气勘探是我国油气勘探中的重要部分，而如气藏富集带通常存在纵波衰减严重而横波衰减较少的现象，相对纵波偏移而言弹性波偏移可以使得气藏地震成像更清晰。因此，研究开发与中国石化隐蔽油气藏、岩性油气藏和天然气勘探相适应的弹性波逆时偏移成像技术，对于提高地震油气勘探精度具有重要意义。

利用多分量数据开展弹性波偏移成像的研究由来已久，除了早期的 Kirchhoff 积分法外，大部分工作都是基于弹性双程波方程。原因在于弹性波方程中不同方向的位移相互耦合，使得要导出深度域波场延拓所需的频散方程相当困难，而积分法偏移和双程波偏移都是基于时间域波场延拓，它们实现过程较为容易。然而，早期弹性波逆时偏移仅仅处于理论研究状态。传统弹性波成像则采用先波场分离再单独偏移的技术手段，忽略了矢量波的许多特征，不利于真振幅偏移成像，而且会产生大量噪声串扰，不能有效发挥弹性波偏移的优势。为了解决这种问题，研究人员回归先全波场延拓再提取成像值的弹性波逆时偏移策略。其中，采用何种成像条件实现弹性波成像是最关键的一步。针对这一问题，业界研究人员开展了诸多相关工作，取得了许多重要进展，但截至目前弹性波逆时偏移成像实现和应用依然面临着一些难题，需要通过进一步研究予以克服。

国外，弹性波逆时偏移研究始于 20 世纪 80 ~ 90 年代。Chang 和 McMechan(1987、1994)利用基于射线追踪的成像条件重构矢量波场，从而避免了地表的纵横波分离，为弹性波精确成像奠定了理论基础。然而，由于逆时偏移对计算能力和硬件资源要求很高，直到 21 世纪初逆时偏移发展受到诸多限制。近年来，随着计算机的快速发展和计算能力的大幅提高，声波逆时偏移日渐成为地震成像领域非常关键的技术手段。与此同时，基于弹性波双程波方程的逆时偏移方法也得到快速发展。由于 P 波、S 波耦合与转换产生的偏移噪声会给成像结果带来不确定性，弹性波逆时偏移相关研究工作主要集中于采用何种成像条件解决这一问题。Jia Yan 和 Paul Sava(2008、2009)提出各向同性、各向异性介质中基于弹性势能的成像条件，在波场外推以后利用 Helmholtz 分解方法分离 P 波、S 波波场势能，然后利用矢量和标量势能进行互相关成像。Denli 等(2008)为了减少传统互相关成像条件引入的低频偏移假象，提出了在给定方向上的波场分离、PS 或 SP 成像极化校正及相反方向上波场传播互相关的新的弹性波逆时偏移成像方法。Rui Yan 和 Xie(2010)将弹性波的震源波场和接收波场分解为局部平面波以及分解为纯 P 波和纯 S 波，对不同方向的平面波进行互相关获得局部 PP 波和 PS 波成像结果，然后将成像条件表述为角度域算子和局部成像的乘积。Lu 等(2010)分析了 TTI 各向异性弹性波逆时偏移中不同波场分离方法的成像效果，认为对运动学成像而言，弹性波各向异性逆时偏移中利用 Helmholtz 分解进行波场分离是可以接受的。此外，研究学者针对弹性波逆时偏移的其他问题也开展了相关研究工作，如 Lu 等(2009)分析认为各向同性弹性波逆时偏移计算效率是声波逆时偏移计算效率的三分之一，Rui Yan 和 Xie(2011)给出了各向同性弹性波逆时偏移角度道集提取方法。西方地球物理公司 Jiao 等(2012)将弹性波逆时偏移用于墨西哥湾实际资料成像，获得优于声波逆时偏移的成像结果。这些研究工作推动了

弹性波逆时偏移成像技术一步步向前发展。

国内关于弹性波逆时偏移技术研究起步较晚。底青云(1997)、张美根(2001)研究了基于有限元方法的逆时偏移技术。李国发等(2002)导出了横向各向同性介质情况下2D弹性波有限差分逆时传播算子，并利用激发时间成像条件实现了多波多分量数据的逆时偏移成像。李文杰(2005、2008)研究了弹性波数值模拟和叠前逆时深度偏移方法，并对弹性波逆时偏移中的波场分离技术进行了探讨，提出了对弹性波波场分量在整个模型范围内进行波场逆时延拓，在波场延拓过程中对符合成像条件的网格点进行波场分离、偏移成像和转换波极性校正。陈可洋(2010、2011)分别提出了各向同性和各向异性弹性波高阶有限差分法叠前逆时深度偏移技术，采用内插旅行时作为多分量记录叠前逆时成像条件，实现了2D模型多波多分量弹性波场的准确归位。杜启振等(2012)借鉴国外思想实现了基于波场解耦成像条件的弹性波逆时偏移方法。客观上讲，国内弹性波逆时偏移研究工作与国外相比存在一定差距，在方法理论和技术应用等方面，有待国内院校及企业相关研究人员进一步开展相应的研究工作。

5.2 弹性波波场传播方法

在各向同性介质条件下，由应力应变本构方程、位移应变几何方程和应力运动方程可以导出各向同性介质一阶速度应力方程。二阶位移运动方程和一阶应力－速度方程都可以描述波场的传播过程。前者波场为位移，后者波场为质点速度。在实际地震勘探中，通常有两种检波器，即速度检波器和加速度检波器，如图5－1所示。不管检波器记录的波场是何种场，由于位移、速度、加速度的关系式，地震波场传播都可以由二阶位移运动方程和一阶应力－速度方程描述。

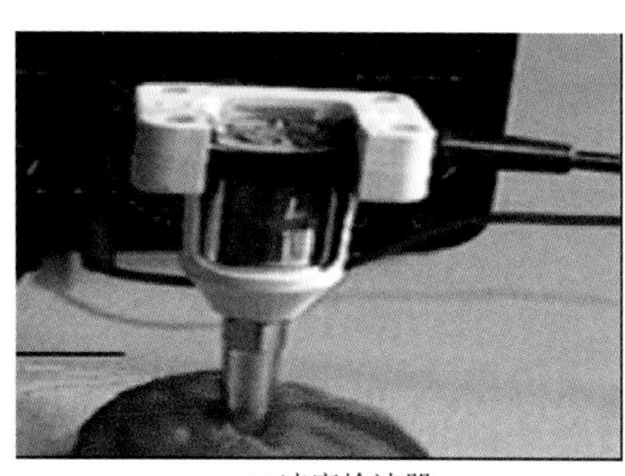
(a)速度检波器

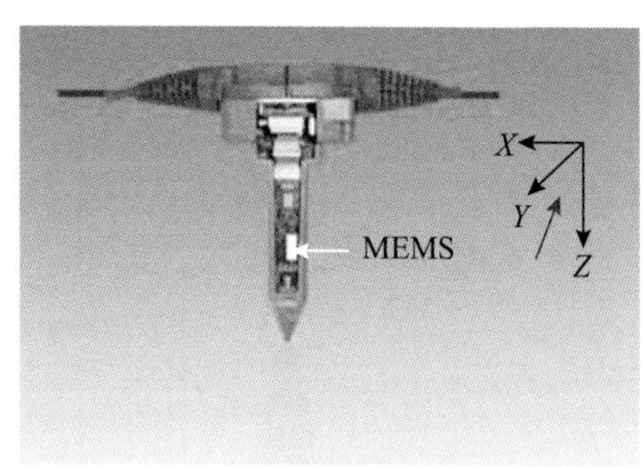

(b)加速度检波器

图5－1 不同检波器

在弹性波波场模拟中，由于一阶方程求解方式直观，并且能够引入快速差分格式算法，故一阶应力－速度方程应用更为广泛。通常，可以假设介质密度是常数，可以得到更为简单的一阶应力 - 速度方程。本章节研究中采用一阶应力 - 速度公式描述弹性波传播，下面将详细介绍弹性波模拟算法。

弹性波波场模拟，主要涉及交错网格差分、边界条件和震源加载等方面。

5.2.1 交错网格差分格式

一致网格与交错网格是有限差分中解波动方程常用的两种网格形式。交错网格相当于有限元方法中的混合阶插值函数，一致网格相当于同阶插值函数。就交错网格而言，一方面可以提高数值模拟的局部精度，还可以使得收敛速度加快，而高阶交错网格差分格式能令截断误差非常小，差分算子更加逼近微分算子，进一步提高差分精度。

交错网格有限差分法的主要思想是把对空间导数的计算放在两个空间网格点中间，该方法的好处是可以在不增加计算量的前提下提高差分精度。网格划分为主体网格和交错网格，两者差半个网格间距。为了满足时间和空间差分格式的需要，需对方程涉及的参数(质点速度分量、应力分量以及介质参数)进行网格定义。对于空间网格，本文将正应力放在主体网格，切应力和质点速度分量放在交错网格上，二维情况如图 5 - 2 所示，三维情况如图 5 - 3 所示。

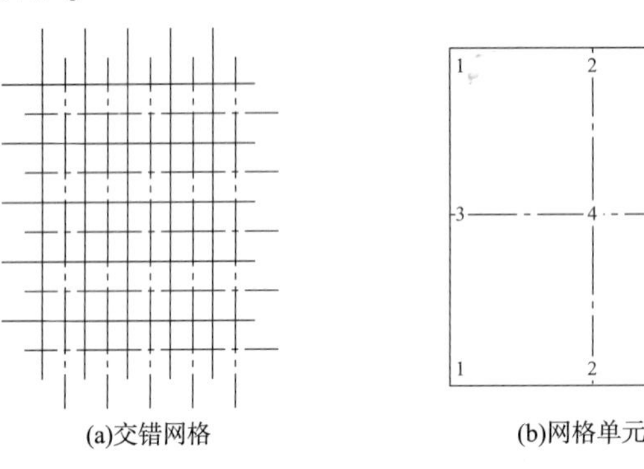

图 5 - 2　二维交错网格参数分布

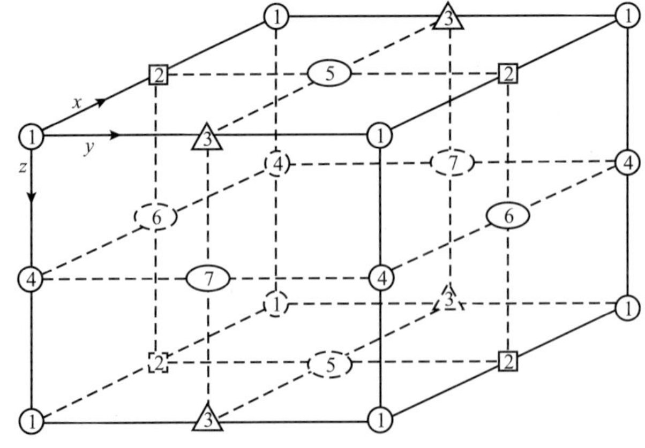

图 5 - 3　三维交错网格参数分布

二维和三维参数分布如表 5－1、表 5－2 所示。

表 5－1 二维弹性波场与弹性参数空间位置分布表

网格点	1	2	3	4
网格类型	主体网格	交错网格	交错网格	交错网格
弹性波场分量及参数	$v_x\ \rho^{-1}$	σ_{xx} σ_{zz} $\lambda+2\mu$	$\tau_{xz}\ \mu$	$v_z\ \rho^{-1}$

表 5－2 三维弹性波场与弹性参数空间位置分布表

网格点	1	2	3	4	5	6	7
网格类型	主体网格	交错网格	交错网格	交错网格	交错网格	交错网格	交错网格
弹性波场分量及参数	σ_{xx} σ_{yy} σ_{zz} $\lambda+2\mu$	v_x ρ^{-1}	v_y ρ^{-1}	v_z ρ^{-1}	τ_{xy} μ	τ_{xz} μ	τ_{yz} μ

在交错网格技术中，变量的导数是在相应的变量网格点之间的半程上计算。为此，采用式(5－1)计算一阶空间导数。

设 $u(x)$ 有 $2L+1$ 阶导数，则 $u(x)$ 在 $x=x_0\pm(2m-1)\Delta x/2$ 处 $2L+1$ 阶泰勒展开式为：

$$u\left(x_0\mp\frac{2m-1}{2}\Delta x\right)=u(x_0)+\sum_{i=1}^{2L+1}\frac{\left(\mp\frac{2m-1}{2}\right)^i(\Delta x)^i}{i!}u^{(i)}(x_0)+o(\Delta x^{2L+2}) \quad (5-1)$$

由于交错网格一阶导数 2L 阶精度差分近似式可表示为：

$$\Delta x\frac{\partial u(x)}{\partial x}=\sum_{m=1}^{L}a_m\left[u\left(x_0+\frac{2m-1}{2}\Delta x\right)-u\left(x_0-1\frac{2m-1}{2}\Delta x\right)\right]+o(\Delta x^{2L}) \quad (5-2)$$

对式(5－2)进一步化简有：

$$\Delta xu^1(x_0)\approx\sum_{m=1}^{L}(2m-1)\Delta xa_mu^1(x_0)+\sum_{m=1}^{L}\sum_{i=1}^{L-1}\frac{(2m-1)^{(2i+1)}\Delta x^{(2i+1)}}{(2i-1)!}\Delta xa_mu^{(2i+1)}(x_0) \quad (5-3)$$

其中，待定系数由以下方程确定：

$$\begin{pmatrix}1 & 3 & \cdots & 2L-1\\ 1 & 3^3 & \cdots & (2L-1)^3\\ \vdots & \vdots & \vdots & \vdots\\ 1 & 3^{2L-1} & \cdots & (2L-1)^{2L-1}\end{pmatrix}\begin{pmatrix}a_1\\ a_2\\ \vdots\\ a_L\end{pmatrix}=\begin{pmatrix}1\\ 0\\ \vdots\\ 0\end{pmatrix} \quad (5-4)$$

由系数方程(5-4)计算得：

(1) $L=1$ 时，$a_1=1$。

(2) $L=2$ 时，$a_1=1.125$，$a_2=-0.04166667$。

(3)当 $L>2$ 时，有：

$$a_m=\frac{(-1)^{m+1}\prod_{i=1,i\neq m}^{L}(2i-1)^2}{(2m-1)\prod_{i=1}^{L-1}\left[(2m-1)^2-(2i-1)^2\right]} \tag{5-5}$$

由此可得到交错网格不同差分精度的差分权系数值(表5-3)。

表5-3 交错网格一阶导数对应于各阶精度的权系数值

$2L$	a_1	a_2	a_3	a_4	a_5	a_6
2	1.00000					
4	1.12500	-4.16667×10^{-2}				
6	1.17187	-6.51042×10^{-2}	4.68750×10^{-3}			
8	1.19629	-7.97526×10^{-2}	9.57031×10^{-3}	-6.97545×10^{-4}		
10	1.21124	-8.97217×10^{-2}	1.38428×10^{-2}	-1.76566×10^{-3}	1.18680×10^{-4}	
12	1.22134	-9.69315×10^{-2}	1.74477×10^{-2}	-2.96729×10^{-3}	3.59005×10^{-4}	-2.18478×10^{-5}

由以上交错网格差分表达式，可以构建一阶应力-速度方程的交错网格差分格式。二维情况如下：

$$V_{x,i,j}^{k+1/2}=V_{x,i,j}^{k-1/2}-\frac{1}{\rho_{i,j}}\left[\frac{\Delta t}{\Delta x}\sum_{l=1}^{N}C_l\left(\sigma_{xx,i+l-1/2,j}^{k}-\sigma_{xx,i-l+1/2,j}^{k}\right)+\frac{\Delta t}{\Delta z}\sum_{l=1}^{N}C_l\left(\tau_{xz,i,j+l-1/2}^{k}-\tau_{xz,i,j-l+1/2}^{k}\right)\right] \tag{5-6}$$

$$V_{z,i+1/2,j+1/2}^{k+1/2}=V_{z,i+1/2,j+1/2}^{k-1/2}-\frac{1}{\rho_{i+1/2,j+1/2}}\left[\frac{\Delta t}{\Delta x}\sum_{l=1}^{N}C_l\left(\tau_{xz,i+l,j+1/2}^{k}-\tau_{xz,i-l+1,j+1/2}^{k}\right)+\frac{\Delta t}{\Delta z}\sum_{l=1}^{N}C_l\left(\sigma_{zz,i+1/2,j+l}^{k}-\sigma_{zz,i+1/2,j-l+1}^{k}\right)\right] \tag{5-7}$$

$$\sigma_{xx,i+1/2,j}^{k+1}=\sigma_{xx,i+1/2,j}^{k}-\rho_{i+1/2,j}\left[v_{p,i+1/2,j}^2\frac{\Delta t}{\Delta x}\sum_{l=1}^{N}C_l\left(V_{x,i+l,j}^{k+1/2}-V_{x,i-l+1,j}^{k+1/2}\right)+\left(v_{p,i+1/2,j}^2-2v_{s,i+1/2,j}^2\right)\frac{\Delta t}{\Delta z}\sum_{l=1}^{N}C_l\left(V_{z,i+1/2,j+l-1/2}^{k+1/2}-V_{z,i+1/2,j-l+1/2}^{k+1/2}\right)\right] \tag{5-8}$$

$$\sigma_{zz,i+1/2,j}^{k+1}=\sigma_{zz,i+1/2,j}^{k}-\rho_{i+1/2,j}\left[\left(v_{p,i+1/2,j}^2-2v_{s,i+1/2,j}^2\right)\frac{\Delta t}{\Delta x}\sum_{l=1}^{N}C_l\left(V_{x,i+l,j}^{k+1/2}-V_{x,i-l+1,j}^{k+1/2}\right)+v_{p,i+1/2,j}^2\frac{\Delta t}{\Delta z}\sum_{l=1}^{N}C_l\left(V_{z,i+1/2,j+l-1/2}^{k+1/2}-V_{z,i+1/2,j-l+1/2}^{k+1/2}\right)\right] \tag{5-9}$$

$$\tau_{xz,i,j+1/2}^{k+1} = \tau_{xz,i,j+1/2}^{k} - \rho_{i,j+1/2}\left[v_{s,i,j+1/2}^2 \frac{\Delta t}{\Delta x}\sum_{l=1}^{N} C_l\left(V_{z,i+l-1/2,j+1/2}^{k+1/2} - V_{z,i-l+1/2,j+1/2}^{k+1/2}\right) + v_{s,i,j+1/2}^2 \frac{\Delta t}{\Delta z}\sum_{l=1}^{N} C_l\left(V_{x,i,j+l}^{k+1/2} - V_{x,i,j-l+1}^{k+1/2}\right)\right] \quad (5-10)$$

三维情况为：

$$v_x^{n+\frac{1}{2}}\left(i,j+\frac{1}{2},k\right) = v_x^{n-\frac{1}{2}}\left(i,j+\frac{1}{2},k\right) + \frac{1}{\rho}\frac{\Delta t}{\Delta x}\left[\tau_{xx}^n\left(i+\frac{1}{2},j+\frac{1}{2},k\right) - \tau_{xx}^n\left(i-\frac{1}{2},j+\frac{1}{2},k\right)\right] + \frac{1}{\rho}\frac{\Delta t}{\Delta y}\left[\tau_{xy}^n(i,j+1,k) - \tau_{xy}^n(i,j,k)\right] + \frac{1}{\rho}\frac{\Delta t}{\Delta z}\left[\tau_{xz}^n\left(i,j+\frac{1}{2},k+\frac{1}{2}\right) - \tau_{xz}^n\left(i,j+\frac{1}{2},k-\frac{1}{2}\right)\right] \quad (5-11)$$

$$v_y^{n+\frac{1}{2}}\left(i+\frac{1}{2},j,k\right) = v_y^{n-\frac{1}{2}}\left(i+\frac{1}{2},j,k\right) + \frac{1}{\rho}\frac{\Delta t}{\Delta x}\left[\tau_{xy}^n(i+1,j,k) - \tau_{xy}^n(i,j,k)\right] + \frac{1}{\rho}\frac{\Delta t}{\Delta y}\left[\tau_{yy}^n\left(i+\frac{1}{2},j+\frac{1}{2},k\right) - \tau_{yy}^n\left(i+\frac{1}{2},j-\frac{1}{2},k\right)\right] + \frac{1}{\rho}\frac{\Delta t}{\Delta z}\left[\tau_{yz}^n\left(i+\frac{1}{2},j,k+\frac{1}{2}\right) - \tau_{yz}^n\left(i+\frac{1}{2},j,k-\frac{1}{2}\right)\right] \quad (5-12)$$

$$v_z^{n+\frac{1}{2}}\left(i+\frac{1}{2},j+\frac{1}{2},k+\frac{1}{2}\right) = v_z^{n-\frac{1}{2}}\left(i+\frac{1}{2},j+\frac{1}{2},k+\frac{1}{2}\right) + \frac{1}{\rho}\frac{\Delta t}{\Delta x}\left[\tau_{xz}^n\left(i+1,j+\frac{1}{2},k+\frac{1}{2}\right) - \tau_{xz}^n\left(i,j+\frac{1}{2},k+\frac{1}{2}\right)\right] + \frac{1}{\rho}\frac{\Delta t}{\Delta y}\left[\tau_{yz}^n\left(i+\frac{1}{2},j+1,k+\frac{1}{2}\right) - \tau_{yz}^n\left(i+\frac{1}{2},j,k+\frac{1}{2}\right)\right] + \frac{1}{\rho}\frac{\Delta t}{\Delta z}\left[\tau_{zz}^n\left(i+\frac{1}{2},j+\frac{1}{2},k+1\right) - \tau_{zz}^n\left(i+\frac{1}{2},j+\frac{1}{2},k\right)\right] \quad (5-13)$$

$$\tau_{xx}^{n+1}\left(i+\frac{1}{2},j+\frac{1}{2},k\right) = \tau_{xx}^{n+1}\left(i+\frac{1}{2},j+\frac{1}{2},k\right) + (\lambda+2\mu)\frac{\Delta t}{\Delta x}\left[v_x^{n+\frac{1}{2}}\left(i+1,j+\frac{1}{2},k\right) - v_x^{n+\frac{1}{2}}\left(i,j+\frac{1}{2},k\right)\right] + \lambda\frac{\Delta t}{\Delta y}\left[v_y^{n+\frac{1}{2}}\left(i+\frac{1}{2},j+1,k\right) - v_y^{n+\frac{1}{2}}\left(i+\frac{1}{2},j,k\right)\right] + \lambda\frac{\Delta t}{\Delta z}\left[v_z^{n+\frac{1}{2}}\left(i+\frac{1}{2},j+\frac{1}{2},k+\frac{1}{2}\right) - v_z^{n+\frac{1}{2}}\left(i+\frac{1}{2},j+\frac{1}{2},k-\frac{1}{2}\right)\right] \quad (5-14)$$

$$\tau_{yy}^{n+1}\left(i+\frac{1}{2},j+\frac{1}{2},k\right) = \tau_{yy}^{n+1}\left(i+\frac{1}{2},j+\frac{1}{2},k\right) + \lambda\frac{\Delta t}{\Delta x}\left[v_x^{n+\frac{1}{2}}\left(i+1,j+\frac{1}{2},k\right) - v_x^{n+\frac{1}{2}}\left(i,j+\frac{1}{2},k\right)\right] +$$

$$(\lambda+2\mu)\frac{\Delta t}{\Delta y}\left[v_y^{n+\frac{1}{2}}\left(i+\frac{1}{2},j+1,k\right)-v_y^{n+\frac{1}{2}}\left(i+\frac{1}{2},j,k\right)\right]+$$

$$\lambda\frac{\Delta t}{\Delta z}\left[v_z^{n+\frac{1}{2}}\left(i+\frac{1}{2},j+\frac{1}{2},k+\frac{1}{2}\right)-v_z^{n+\frac{1}{2}}\left(i+\frac{1}{2},j+\frac{1}{2},k-\frac{1}{2}\right)\right] \tag{5-15}$$

$$\tau_{zz}^{n+1}\left(i+\frac{1}{2},j+\frac{1}{2},k\right)=\tau_{zz}^{n+1}\left(i+\frac{1}{2},j+\frac{1}{2},k\right)+\lambda\frac{\Delta t}{\Delta x}\left[v_x^{n+\frac{1}{2}}\left(i+1,j+\frac{1}{2},k\right)-v_x^{n+\frac{1}{2}}\left(i,j+\frac{1}{2},k\right)\right]+$$

$$\lambda\frac{\Delta t}{\Delta y}\left[v_y^{n+\frac{1}{2}}\left(i+\frac{1}{2},j+1,k\right)-v_y^{n+\frac{1}{2}}\left(i+\frac{1}{2},j,k\right)\right]+$$

$$(\lambda+2\mu)\frac{\Delta t}{\Delta z}\left[v_z^{n+\frac{1}{2}}\left(i+\frac{1}{2},j+\frac{1}{2},k+\frac{1}{2}\right)-v_z^{n+\frac{1}{2}}\left(i+\frac{1}{2},j+\frac{1}{2},k-\frac{1}{2}\right)\right] \tag{5-16}$$

$$\tau_{xy}^{n+1}(i,j,k)=\tau_{xy}^{n+1}(i,j,k)+\mu\frac{\Delta t}{\Delta x}\left[v_y^{n+\frac{1}{2}}\left(i+\frac{1}{2},j,k\right)-v_y^{n+\frac{1}{2}}\left(i-\frac{1}{2},j,k\right)\right]+$$

$$\mu\frac{\Delta t}{\Delta y}\left[v_x^{n+\frac{1}{2}}\left(i,j+\frac{1}{2},k\right)-v_x^{n+\frac{1}{2}}\left(i,j-\frac{1}{2},k\right)\right] \tag{5-17}$$

$$\tau_{xz}^{n+1}\left(i,j+\frac{1}{2},k+\frac{1}{2}\right)=\tau_{xz}^{n+1}\left(i,j+\frac{1}{2},k+\frac{1}{2}\right)+$$

$$\mu\frac{\Delta t}{\Delta x}\left[v_z^{n+\frac{1}{2}}\left(i+\frac{1}{2},j+\frac{1}{2},k+\frac{1}{2}\right)-v_z^{n+\frac{1}{2}}\left(i-\frac{1}{2},j+\frac{1}{2},k+\frac{1}{2}\right)\right]+$$

$$\mu\frac{\Delta t}{\Delta z}\left[v_x^{n+\frac{1}{2}}\left(i,j+\frac{1}{2},k+1\right)-v_x^{n+\frac{1}{2}}\left(i,j+\frac{1}{2},k\right)\right] \tag{5-18}$$

$$\tau_{yz}^{n+1}\left(i+\frac{1}{2},j,k+\frac{1}{2}\right)=\tau_{yz}^{n+1}\left(i+\frac{1}{2},j,k+\frac{1}{2}\right)+$$

$$\mu\frac{\Delta t}{\Delta y}\left[v_z^{n+\frac{1}{2}}\left(i+\frac{1}{2},j+\frac{1}{2},k+\frac{1}{2}\right)-v_z^{n+\frac{1}{2}}\left(i+\frac{1}{2},j-\frac{1}{2},k+\frac{1}{2}\right)\right]+$$

$$\mu\frac{\Delta t}{\Delta z}\left[v_y^{n+\frac{1}{2}}\left(i+\frac{1}{2},j,k+1\right)-v_y^{n+\frac{1}{2}}\left(i+\frac{1}{2},j,k\right)\right] \tag{5-19}$$

对以上公式，首先需要计算速度参数，然后计算应力参数，从而实现弹性波场的传播模拟。

5.2.2 边界条件

在地震波数值模拟时，对人工截断边界的处理是一个关键问题。下面介绍两种边界条件：衰减边界和 PML 吸收边界。

1. 衰减边界

Cerjan(1985)提出在吸收区域添加衰减带，使进入吸收区域的波场逐渐衰减掉。这

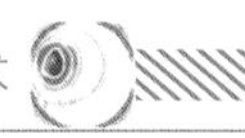

种处理方式就避免了地表反射波、面波的产生，对后续的成像有很大意义。具体实现方式是在计算的波场上乘以衰减因子，操作简单，吸收效果也好，一直被广大学者采纳。衰减因子表示式为：

$$G = \exp\{-\alpha[(I-i)]^2\} \tag{5-20}$$

式中，I 为扩展边界的总节点数；i 为扩展边界内节点号；$1 < i < I$，α 为与 I 关系密切的衰减系数。

2. PML 吸收边界

PML 吸收边界条件最早由 Berebger(1994)提出，用于消除模拟无界区域中的电磁场传播时来自人工边界的反射，后被成功引入到弹性波数值模拟中。下面以二维为例，利用声波方程的 PML 边界系数，给出弹性波方程 PML 边界的实现方法。

二维标量波动方程时间域表达式为：

$$\frac{\partial^2 u(x,z,t)}{\partial x^2} + \frac{\partial^2 u(x,z,t)}{\partial z^2} = \frac{1}{v^2(x,z)} \frac{\partial^2 u(x,z,t)}{\partial t^2} \tag{5-21}$$

式中，$u(x,z,t)$ 为位移函数；$v(x,z)$ 为介质速度。

分解上述方程，并且引入中间变量 u_1、u_2、A_1、A_2，可以得到相应的完全匹配层控制方程：

$$\begin{cases} u = u_1 + u_2 \\ \dfrac{\partial u_1}{\partial t} + d(x)u_1 = v^2(x,z)\dfrac{\partial A_1}{\partial x} \\ \dfrac{\partial u_2}{\partial t} + d(x)u_2 = v^2(x,z)\dfrac{\partial A_2}{\partial z} \\ \dfrac{\partial A_1}{\partial t} + d(x)A_1 = \dfrac{\partial u_1}{\partial x} + \dfrac{\partial u_2}{\partial x} \\ \dfrac{\partial A_2}{\partial t} + d(z)A_2 = \dfrac{\partial u_1}{\partial z} + \dfrac{\partial u_2}{\partial z} \end{cases} \tag{5-22}$$

式(5-22)的解是衰减的，$d_1(x)$ 和 $d_2(z)$ 分别为 x 方向和 z 方向的衰减系数，选择其为：

$$d(x) = \begin{cases} -\dfrac{V_{\max}\ln\alpha}{L}\left[a\dfrac{x_i}{L} + b\left(\dfrac{x_i}{L}\right)^2\right] & \text{匹配层区域} \\ 0 & \text{非匹配层区域} \end{cases} \tag{5-23}$$

$$d(z) = \begin{cases} -\dfrac{V_{\max}\ln\alpha}{L}\left[a\dfrac{z_i}{L} + b\left(\dfrac{z_i}{L}\right)^2\right] & \text{匹配层区域} \\ 0 & \text{非匹配层区域} \end{cases} \tag{5-24}$$

式中，x_i 为到匹配层区域与内部区域界面的横向距离；z_i 为到匹配层区域与内部区域界面的纵向距离；V_{max} 为最大的纵波速度值；L 为匹配层宽度；$\alpha = 10^{-6}$；系数 $a = 0.25$，$b = 0.75$。

在弹性波方程中，将应力和速度分量分裂为 x 方向和 z 方向的分量：

$$\begin{cases} v_x = v_x^x + v_x^z \\ v_z = v_z^x + v_z^z \\ \sigma_{xx} = \sigma_{xx}^x + \sigma_{xx}^z \\ \sigma_{zz} = \sigma_{zz}^x + \sigma_{zz}^z \\ \sigma_{xz} = \sigma_{xz}^x + \sigma_{xz}^z \end{cases} \tag{5-25}$$

对式(5-25)中各分量按其方向分别引入 x 方向和 z 方向的衰减因子 $d(x)$、$d(z)$ 并代入到波动方程中，可得：

$$\begin{cases} \dfrac{\partial v_x^X}{\partial t} + d(x)v_x^X = \dfrac{1}{\rho}\dfrac{\partial(\sigma_{xx}^X + \sigma_{xx}^Z)}{\partial x} \\ \dfrac{\partial v_x^Z}{\partial t} + d(z)v_x^Z = \dfrac{1}{\rho}\dfrac{\partial(\tau_{zx}^X + \tau_{zx}^Z)}{\partial z} \\ \dfrac{\partial v_z^X}{\partial t} + d(x)v_z^X = \dfrac{1}{\rho}\dfrac{\partial(\tau_{zx}^X + \tau_{zx}^Z)}{\partial x} \\ \dfrac{\partial v_z^Z}{\partial t} + d(z)v_z^Z = \dfrac{1}{\rho}\dfrac{\partial(\sigma_{zz}^X + \sigma_{zz}^Z)}{\partial z} \\ \dfrac{\partial \sigma_{xx}^X}{\partial t} + d(x)\sigma_{xx}^X = (\lambda + 2\mu)\dfrac{\partial(v_x^X + v_x^Z)}{\partial x} \\ \dfrac{\partial \sigma_{xx}^z}{\partial t} + d(z)\sigma_{xx}^Z = \lambda\dfrac{\partial(v_z^X + v_z^Z)}{\partial z} \\ \dfrac{\partial \sigma_{zz}^X}{\partial t} + d(x)\sigma_{zz}^X = \lambda\dfrac{\partial(v_z^X + v_z^Z)}{\partial x} \\ \dfrac{\partial \sigma_{zz}^Z}{\partial t} + d(z)\sigma_{zz}^Z = (\lambda + 2\mu)\dfrac{\partial(v_z^X + v_z^Z)}{\partial z} \\ \dfrac{\partial \tau_{zx}^X}{\partial t} + d(x)\tau_{zx}^X = \mu\dfrac{\partial(v_z^X + v_z^Z)}{\partial x} \\ \dfrac{\partial \tau_{zx}^Z}{\partial t} + d(z)\tau_{zx}^Z = \mu\dfrac{\partial(v_x^X + v_x^Z)}{\partial z} \end{cases} \tag{5-26}$$

将上述 PML 边界条件代入弹性波动方程中，就可以得到吸收边界的控制方程。用 D_x、D_z 表示 x、z 方向的差分算子，可以得到二维 PML 吸收边界条件的各向同性介质弹性波场数值模拟离散格式：

$$
\begin{cases}
v_{x\ i,j}^{x\ n+1} = \dfrac{1}{1+\dfrac{\Delta t d(x)}{2}}\left[\left(1-\dfrac{\Delta t d(x)}{2}\right)v_{x\ i,j}^{x\ n} + \dfrac{\Delta t}{\rho_{i,j}}D_x\left(\sigma_{xx\ i,j}^{n+\frac{1}{2}}\right)\right] \\
v_{x\ i,j}^{z\ n+1} = \dfrac{1}{1+\dfrac{\Delta t d(z)}{2}}\left[\left(1-\dfrac{\Delta t d(z)}{2}\right)v_{x\ i,j}^{z\ n} + \dfrac{\Delta t}{\rho_{i,j}}D_z\left(\sigma_{xz\ i,j}^{n+\frac{1}{2}}\right)\right] \\
v_{x\ i,j}^{n+1} = v_{x\ i,j}^{x\ n+1} + v_{x\ i,j}^{z\ n+1} \\
v_{z\ i,j}^{x\ n+1} = \dfrac{1}{1+\dfrac{\Delta t d(x)}{2}}\left[\left(1-\dfrac{\Delta t d(x)}{2}\right)v_{x\ i,j}^{x\ n} + \dfrac{\Delta t}{\rho_{i,j}}D_x\left(\sigma_{xz\ i,j}^{n+\frac{1}{2}}\right)\right] \\
v_{z\ i,j}^{z\ n+1} = \dfrac{1}{1+\dfrac{\Delta t d(z)}{2}}\left[\left(1-\dfrac{\Delta t d(z)}{2}\right)v_{z\ i,j}^{z\ n} + \dfrac{\Delta t}{\rho_{i,j}}D_z\left(\sigma_{zz\ i,j}^{n+\frac{1}{2}}\right)\right] \\
v_{z\ i,j}^{n+1} = v_{z\ i,j}^{x\ n+1} + v_{z\ i,j}^{z\ n+1}
\end{cases}
\tag{5-27}
$$

$$
\begin{cases}
\sigma_{xx\ i+\frac{1}{2},j+\frac{1}{2}}^{x\ n+\frac{1}{2}} = \dfrac{1}{1+\dfrac{\Delta t d(x)}{2}}\left[\left(1-\dfrac{\Delta t d(x)}{2}\right)\sigma_{xx\ i+\frac{1}{2},j+\frac{1}{2}}^{x\ n-\frac{1}{2}} + \Delta t c_{11\ i+\frac{1}{2},j+\frac{1}{2}}D_x\left(v_{x\ i+\frac{1}{2},j+\frac{1}{2}}^{n}\right)\right] \\
\sigma_{xx\ i+\frac{1}{2},j+\frac{1}{2}}^{z\ n+\frac{1}{2}} = \dfrac{1}{1+\dfrac{\Delta t d(z)}{2}}\left[\left(1-\dfrac{\Delta t d(z)}{2}\right)\sigma_{xx\ i+\frac{1}{2},j+\frac{1}{2}}^{z\ n-\frac{1}{2}} + \Delta t c_{13\ i+\frac{1}{2},j+\frac{1}{2}}D_z\left(v_{z\ i+\frac{1}{2},j+\frac{1}{2}}^{n}\right)\right] \\
\sigma_{xx\ i+\frac{1}{2},j+\frac{1}{2}}^{n+\frac{1}{2}} = \sigma_{xx\ i+\frac{1}{2},j+\frac{1}{2}}^{x\ n+\frac{1}{2}} + \sigma_{xx\ i+\frac{1}{2},j+\frac{1}{2}}^{z\ n+\frac{1}{2}} \\
\sigma_{zz\ i+\frac{1}{2},j+\frac{1}{2}}^{x\ n+\frac{1}{2}} = \dfrac{1}{1+\dfrac{\Delta t d(x)}{2}}\left[\left(1-\dfrac{\Delta t d(x)}{2}\right)\sigma_{zz\ i+\frac{1}{2},j+\frac{1}{2}}^{x\ n-\frac{1}{2}} + \Delta t c_{13\ i+\frac{1}{2},j+\frac{1}{2}}D_x\left(v_{x\ i+\frac{1}{2},j+\frac{1}{2}}^{n}\right)\right] \\
\sigma_{zz\ i+\frac{1}{2},j+\frac{1}{2}}^{z\ n+\frac{1}{2}} = \dfrac{1}{1+\dfrac{\Delta t d(z)}{2}}\left[\left(1-\dfrac{\Delta t d(z)}{2}\right)\sigma_{zz\ i+\frac{1}{2},j+\frac{1}{2}}^{z\ n-\frac{1}{2}} + \Delta t c_{33\ i+\frac{1}{2},j+\frac{1}{2}}D_z\left(v_{z\ i+\frac{1}{2},j+\frac{1}{2}}^{n}\right)\right] \\
\sigma_{zz\ i+\frac{1}{2},j+\frac{1}{2}}^{n+\frac{1}{2}} = \sigma_{zz\ i+\frac{1}{2},j+\frac{1}{2}}^{x\ n+\frac{1}{2}} + \sigma_{zz\ i+\frac{1}{2},j+\frac{1}{2}}^{z\ n+\frac{1}{2}} \\
\tau_{xz\ i+\frac{1}{2},j+\frac{1}{2}}^{x\ n+\frac{1}{2}} = \dfrac{1}{1+\dfrac{\Delta t d(x)}{2}}\left[\left(1-\dfrac{\Delta t d(x)}{2}\right)\tau_{xz\ i+\frac{1}{2},j+\frac{1}{2}}^{x\ n-\frac{1}{2}} + \Delta t c_{44\ i+\frac{1}{2},j+\frac{1}{2}}D_x\left(v_{z\ i+\frac{1}{2},j+\frac{1}{2}}^{n}\right)\right] \\
\tau_{xz\ i+\frac{1}{2},j+\frac{1}{2}}^{z\ n+\frac{1}{2}} = \dfrac{1}{1+\dfrac{\Delta t d(z)}{2}}\left[\left(1-\dfrac{\Delta t d(z)}{2}\right)\tau_{xz\ i+\frac{1}{2},j+\frac{1}{2}}^{z\ n-\frac{1}{2}} + \Delta t c_{44\ i+\frac{1}{2},j+\frac{1}{2}}D_z\left(v_{x\ i+\frac{1}{2},j+\frac{1}{2}}^{n}\right)\right] \\
\tau_{xz\ i+\frac{1}{2},j+\frac{1}{2}}^{n+\frac{1}{2}} = \tau_{xz\ i+\frac{1}{2},j+\frac{1}{2}}^{x\ n+\frac{1}{2}} + \tau_{xz\ i+\frac{1}{2},j+\frac{1}{2}}^{z\ n+\frac{1}{2}}
\end{cases}
\tag{5-28}
$$

三维情况与二维类似。图 5 -4 和图 5 -5 分别为 PML 边界条件下的波场快照剖面和切片，可以看出边界反射得到了非常好的吸收。

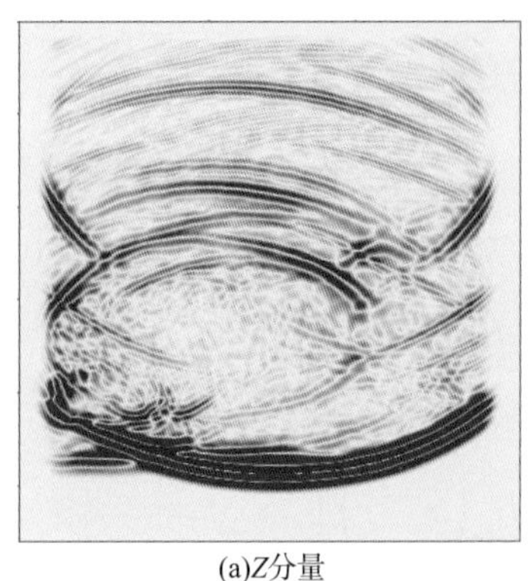
(a)Z分量

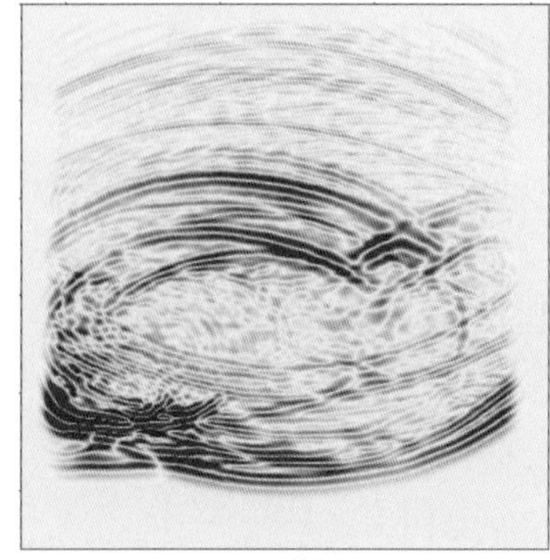
(b)X分量

(c)Y分量

图 5 -4　PML 边界时 1. 6s 的波场快照(剖面)

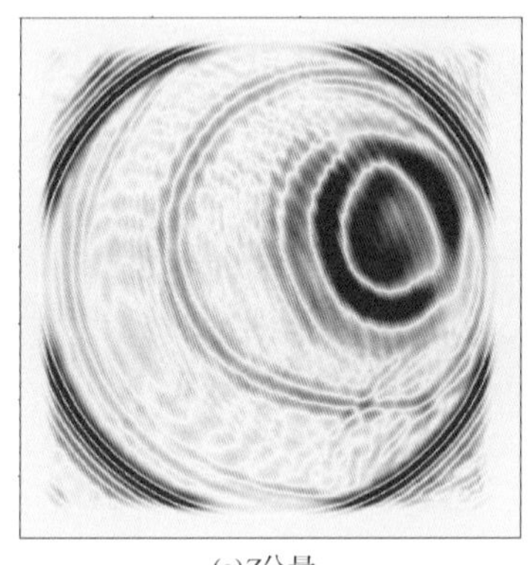
(a)Z分量

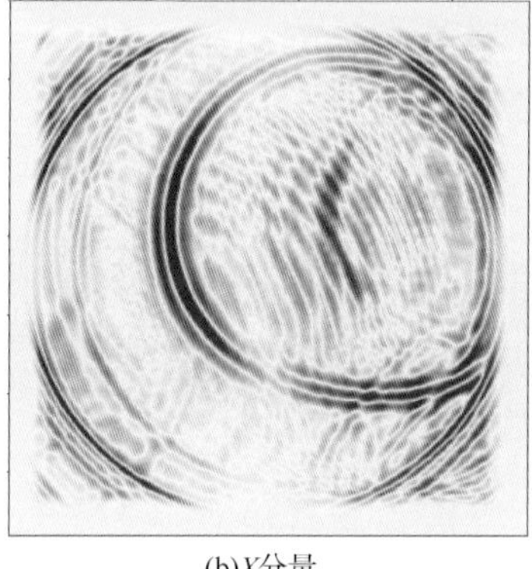
(b)X分量

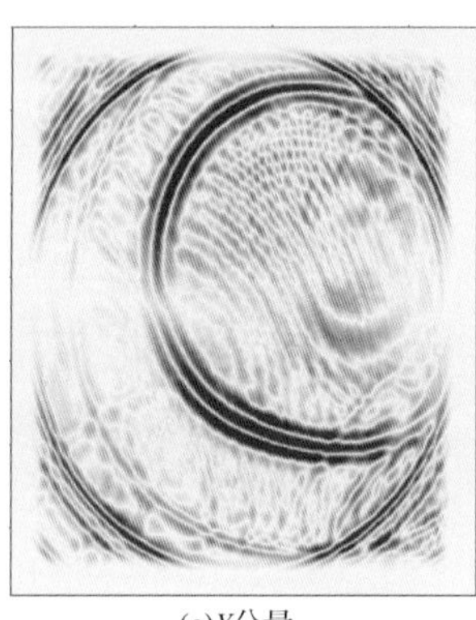
(c)Y分量

图 5 -5　PML 边界时 1. 6s 的波场快照(切片)

5.3　弹性波成像条件

逆时偏移包括波场传播和成像两个步骤。对弹性波逆时偏移而言，如何提取成像值、提取什么样的成像值是一个重要问题。本节首先介绍几种常用的成像条件，在此基础上给出两类适用于弹性波逆时偏移的成像条件。

逆时偏移中常用成像条件包括三类：激励时间成像条件、比值成像条件和零延迟互相关成像条件。激励时间成像条件由 Calearbout(1976)提出，认为成像点的位置与下行波的到达时等于上行波出发时的位置重合，逆时偏移成像示意图见图 5 -6。对于共炮点道集来讲，叠前逆时偏移的激发时间成像条件定义为从震源点起始到每个成像网格点终止的单程旅行时。用法简而言之就是：在地震记录的整个逆时延拓过程中，利用激发时间成像条件从每个时间步中找出所有满足成像条件的点，进而提取出成像值。具体应用流程可以表述为：首先由射线追踪或波前追踪等方法计算初至走时，然后利用差分算子将地震记录从最大时刻逆时外推到零时刻，在每一个逆时外推时间步中，按照初值走时将成像值提取出来。

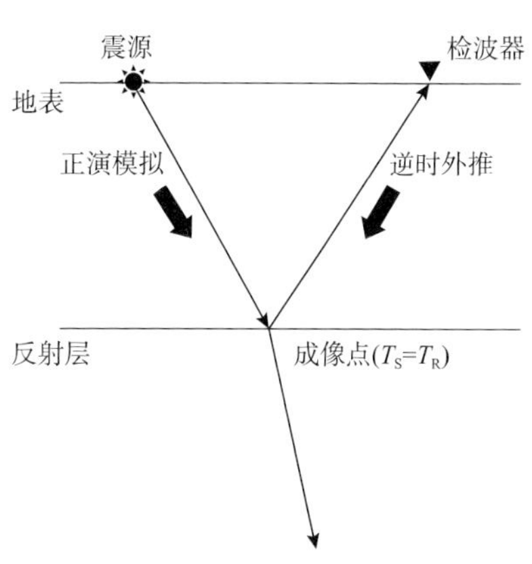

图 5－6　Calearbout 成像条件

激励时间成像条件的优点是应用过程中不用存储震源和检波点的波场信息，只需要存储走时表，从而极大地节省了计算机内存空间，具有很高的计算效率。但是，该成像条件缺点也很明显：获得的振幅和反射系数并不正确，存在着偏差；求取的过程中采用的是射线追踪等方法，而该方法存在着焦散和多次走时问题。因此，最终得到的偏移剖面的成像质量并不是很高。

比值成像条件同样是基于上述 Claerbout 提出的成像原则，即地下反射界面的位置应位于能量最强处。其成像值提取公式为：

$$I(x,z) = \frac{U(x,z,t)}{D(x,z,t)} \tag{5-29}$$

式中，$U(x,z,t)$ 为上行波场（震源波场）；$D(x,z,t)$ 为下行波场（检波点波场）。该成像条件有两种应用方式：一种与激励时间成像条件相类似，在成像时刻用上下行波振幅比代替了简单地从检波点波场提取的振幅值；另一种可以看成互相关成像条件中做了震源波场归一化处理。此方法产生的振幅值具有与反射系数一样的物理量纲，与实际情况相符。然而当公式中分母很小时，比值成像条件出现不稳定，可以采取一些改进方法，如在分母上加入一个小量、利用平滑窗（高斯窗、三角窗等）进行平滑处理等。

零延迟互相关成像条件同样是基于 Claerbout 成像原则，认为当满足下行波的到达时等于上行波出发时这一条件时，互相关值最大。该成像条件应用简单、操作方便而且能够保证计算的稳定性，故得到广泛使用。其数学表达式为：

$$I(x,z) = \sum_{s} \sum_{t} S_s(x,z,t) R_s(x,z,t_{\max} - t) \tag{5-30}$$

式中，$t_{\max}$ 为最大记录时间；$S(x,z,t)$ 为正向外推的震源波场；$R(x,z,t)$ 为逆时延拓的检波点波场；$I(x,z)$ 为成像空间。对于单炮叠前逆时偏移来讲，通过 t_0 时刻时间片的震源波场和检波点波场进行互相关提取成像值，然后将每个时间片的成像值叠加，就得到了最终单炮偏移的成像结果。由于在同一时刻对整个波场做了一次成像运算，并且最后对所有时间片中成像值进行了叠加，所以该成像条件充分利用了波场信息。

零延迟互相关成像条件因其成像时能够保证数值的稳定性而受到广泛地应用。然而该成像条件不能保幅，对模型深部区域成像照明效果差，更为重要的是其会产生逆时偏移方法所固有的低频噪声。国内外许多学者提出了各种改进方法，其中 Kaelin 等研究分析了两种不同的归一化互相关成像条件。通过归一化处理可以压制低频噪声，并且提高模型深部成像质量。

震源照明归一化互相关成像条件：

$$I(x,z) = \sum_{s} \frac{\sum_{t} S_s(x,z,t) R_s(x,z,t)}{\sum_{t} S_s^2(x,z,t)} \tag{5-31}$$

检波照明归一化互相关成像条件：

$$I(x,z) = \sum_{s} \frac{\sum_{t} S_s(x,z,t) R_s(x,z,t)}{\sum_{t} R_s^2(x,z,t)} \tag{5-32}$$

从以上分析中可以看出，激励时间成像条件、比值成像条件和零延迟互相关成像条件的基本成像原则是一致的，在实际应用中互相关成像条件更为普遍。本节研究中，我们同样采用互相成像条件实现弹性波逆时偏移。与声波逆时偏移相比，弹性波逆时偏移的一个关键问题是利用什么样的波场进行成像，其中包括两类波场：矢量波场和模式波场。由于矢量波场中 P 波、S 波耦合在一起，其物理意义不太明确，因而矢量波场互相关尽管实现简单，但应用并不普遍。

5.3.1　基于 Helmholtz 分解的 P 波、S 波互相关成像条件研究

地震资料的常规处理、偏移成像、速度分析以及地震反演，都是简单地将波场的垂直分量视为 P 波波场，水平分量视为 S 波波场，这种假设仅对于含有低速带的表层合理。弹性波逆时偏移的思路就是先进行波场传播再进行波场分离和成像，P 波、S 波互相关成像条件是将波场传播中的矢量波场分解为 P 波和 S 波，而这其中一个关键问题是 P 波和 S 波的波场分离。

Lu 等(2010)分析了 TTI 各向异性弹性波逆时偏移中不同波场分离方法的成像效果，认为对运动学成像而言，弹性波各向异性逆时偏移中利用 Helmholtz 分解进行波场分离是可以接受的。国内，李振春、张华等根据纵波为无旋场横波为无散场的原理，推导出弹性波波场分离方程，通过数值求解该方程到达波场分离的目的，虽然分离效果较好，但计算步骤烦琐。马德堂提出用伪谱法对弹性波场进行波场分离，保留了能量转换信息，但处理起伏地表不灵活。程玖兵(2013)提出了一种新的实现 Helmholtz 的方式。整体而言，P 波和 S 波基本都是采取 Helmholtz 分解的方式进行波场分离。本节也利用这种方法实现弹性波逆时偏移成像。

均匀各向同性介质中运动平衡方程、位移方程，也就是著名的拉梅方程表达式为：

$$(\lambda + \mu)\nabla(\nabla\cdot\vec{U}) + \mu\nabla^2\vec{U} = \rho\frac{\partial^2\vec{U}}{\partial t^2} \tag{5-33}$$

其中 $\nabla^2\vec{U} = \nabla(\nabla\cdot\vec{U}) - \nabla\times\nabla\times\vec{U}$，代入式(5－33)可得：

$$(\lambda + 2\mu)\nabla(\nabla\cdot\vec{U}) - \mu\nabla\times\nabla\times\vec{U} = \rho\frac{\partial^2\vec{U}}{\partial t^2} \tag{5-34}$$

式(5－34)等号左边第一项只包含纵波信息，第二项只包含横波信息。

由 Helmholtz 涡流理论，如果给定了散度、旋度和边界条件，那么则可唯一确定一矢量场。因此位移场可以用无旋场和无散场的矢量和来表示，即用一个标量位的梯度和一个矢量位的旋度来表示。从运动平衡方程的变形方程(5－34)可以看出，位移矢量是纵波位移矢量和横波位移矢量的线性组合：

$$\vec{U} = \vec{U}_P + \vec{U}_S = \nabla\varphi + \nabla\times\vec{\psi} \tag{5-35}$$

式中，φ 和 $\vec{\psi}$ 为位移位；φ 为标量位；$\vec{\psi}$ 为矢量位；$\vec{U}_P$ 为标量位的梯度，其旋度为零，为无旋场；$\vec{U}_S$ 为矢量位的旋度，其散度为零，为无散场。即：

$$\begin{aligned} curl(grad\varphi) &= 0 \\ div(curl\vec{\psi}) &= 0 \end{aligned} \tag{5-36}$$

将式(3－36)代入式(5－35)可得：

$$(\lambda + \mu)\nabla[\nabla\cdot(\nabla\varphi + \nabla\times\vec{\psi})] + \mu\nabla^2(\nabla\varphi + \nabla\times\vec{\psi}) - \rho\frac{\partial^2}{\partial t^2}(\nabla\varphi + \nabla\times\vec{\psi}) = 0 \tag{5-37}$$

整理可得：

$$\nabla\left[(\lambda + 2\mu)\nabla^2\varphi - \rho\frac{\partial^2\varphi}{\partial t^2}\right] + \nabla\times\left(\mu\nabla^2\vec{\psi} - \rho\frac{\partial^2\vec{\psi}}{\partial t^2}\right) = 0 \tag{5-38}$$

由规范不变性条件得：

$$\begin{aligned} (\lambda + 2\mu)\nabla^2\varphi - \rho\frac{\partial^2\varphi}{\partial t^2} &= 0 \\ \mu\nabla^2\vec{\psi} - \rho\frac{\partial^2\vec{\psi}}{\partial t^2} &= 0 \end{aligned} \tag{5-39}$$

式(5－39)分别对应的是纵波方程和横波方程。从而可以得出结论：均匀各向同性介质中，纵波和横波是可以分离的。

依据上述理论可以对 P 波、S 波进行波场分离，P 波为位移矢量场的散度，S 波为位移矢量场的旋度。得到如下方程：

$$
\begin{cases}
\nabla\cdot\vec{U}=\dfrac{\partial u}{\partial x}+\dfrac{\partial v}{\partial y}+\dfrac{\partial \omega}{\partial z}\\
\nabla\times\vec{U}=\begin{pmatrix}\dfrac{\partial \omega}{\partial y}-\dfrac{\partial v}{\partial z}\\ \dfrac{\partial u}{\partial z}-\dfrac{\partial \omega}{\partial x}\\ \dfrac{\partial v}{\partial x}-\dfrac{\partial u}{\partial y}\end{pmatrix}
\end{cases}
\tag{5-40}
$$

式(5－40)是分量位移与纵横波位移之间的关系，同理可以证明分量质点速度与纵横波质点速度之间也存在着同样的关系式。因此，对于弹性波一阶速度应力方程，用质点速度分量或应力分量替换相应分量的位移即可。

通过上面的推导可以看出，不需要解额外的方程，只需对模拟得到的 X 分量和 Z 分量波场求空间一阶导数，做一次加和运算就得到了分离后的纵波波场和横波波场，操作简单，易于实现。接下来分别介绍 2D 和 3D 情况下的 Helmholtz 分解及互相关成像。

5.3.2　2D Helmholtz 分解及成像

2D 情况下，P 波和 S 波分别表示为：

$$
\begin{cases}
P=\dfrac{\partial u_x}{\partial x}+\dfrac{\partial u_z}{\partial z}\\
\vec{S}=\left\{0,0,\dfrac{\partial u_z}{\partial x}-\dfrac{\partial u_x}{\partial z}\right\}
\end{cases}
\tag{5-41}
$$

从公式中可以看出 S 波是矢量波，但在 2D 情况下，S 波表现为 SV 波，是一种标量波，表示为：

$$
SV=\frac{\partial u_z}{\partial x}-\frac{\partial u_x}{\partial z}
\tag{5-42}
$$

由分解后的 P 波、S 波可以进行互相关成像，得：

$$
\begin{cases}
I_{\mathrm{PP}}=\int P_s(\vec{X},t)P_r(\vec{X},t)\,\mathrm{d}t\\
I_{\mathrm{PS}}=\int P_s(\vec{X},t)S_r(\vec{X},t)\,\mathrm{d}t\\
I_{\mathrm{SP}}=\int S_s(\vec{X},t)P_r(\vec{X},t)\,\mathrm{d}t\\
I_{\mathrm{SS}}=\int S_s(\vec{X},t)s_r(\vec{X},t)\,\mathrm{d}t
\end{cases}
\tag{5-43}
$$

然而，在实际勘探中地震震源通常是纵波震源，因此 I_{SP} 和 I_{SS} 并不需要，通常仅仅实现 I_{PP} 和 I_{PS} 成像。

下面我们给出 2D Helmholtz 分解的模型实例。

1. 简单模型的正传波场

图 5－7 是 1s 时刻的波场快照，包括 Z 分量和 X 分量。图 5－8 是 Helmholtz 分解后的波场。图 5－9 是 1.2s 时刻的波场快照，包括 Z 分量和 X 分量。图 5－10 是 Helmholtz 分解后的波场。从图中可以看出，利用 Helmholtz 分解可以将耦合在一起的纵横波有效的分离开。

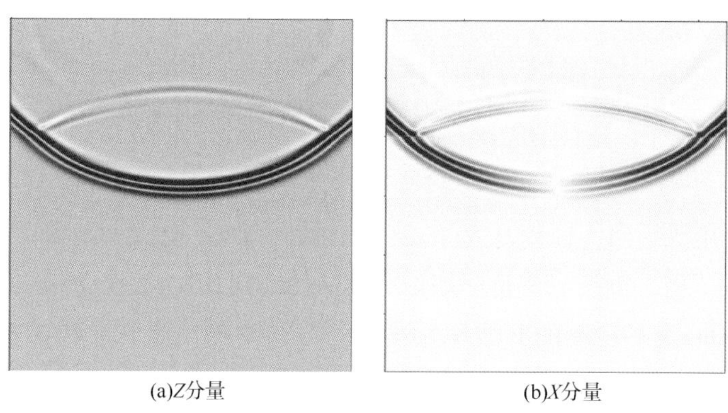

(a)Z分量 (b)X分量

图 5－7 1s 时刻的波场快照

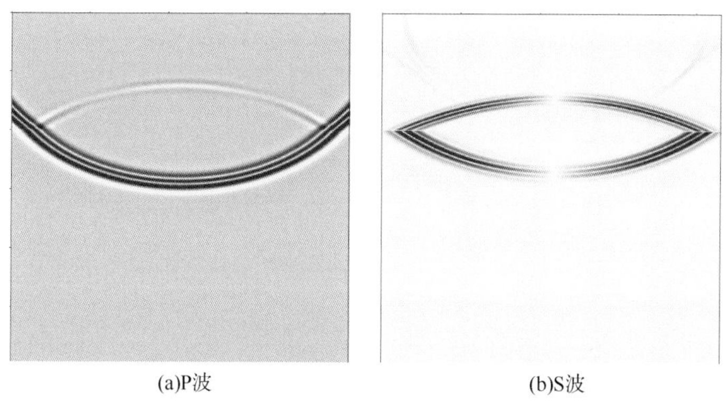

(a)P波 (b)S波

图 5－8 1s 时刻 Helmholtz 分解后的波场

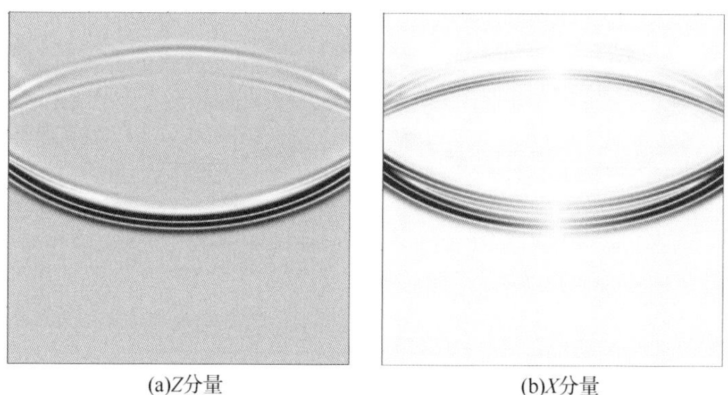

(a)Z分量 (b)X分量

图 5－9 1.2s 时刻的波场快照

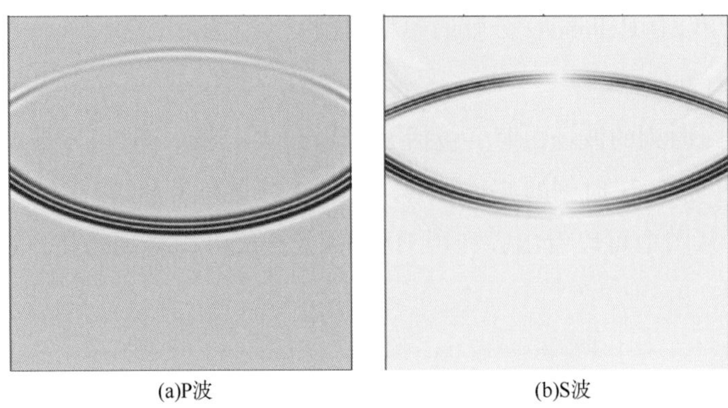

图 5 – 10　1. 2s 时刻 Helmholtz 分解后的波场

2. 复杂模型正向传播和逆向传播的波场

图 5 – 11 是震源正向传播到 0. 8s 的波场快照，图 5 – 12 是该时刻利用 Helmholtz 分解得到的 P 波和 S 波，图 5 – 13 是一炮记录逆向传播到 0. 8s 的波场快照，图 5 – 14 是该时刻利用 Helmholtz 分解得到的 P 波和 S 波。由 0. 8s 时刻震源 P 波和 0. 8s 时刻记录波场 P 波和 S 波，可以得到该时刻的 PP 波成像和 PS 波成像(图 5 – 15)。把所有时刻的成像值累加可以得到一炮的成像结果。从中可以看出，Helmholtz 分解能够有效地对 P 波和 S 波分离，并进行准确的成像。

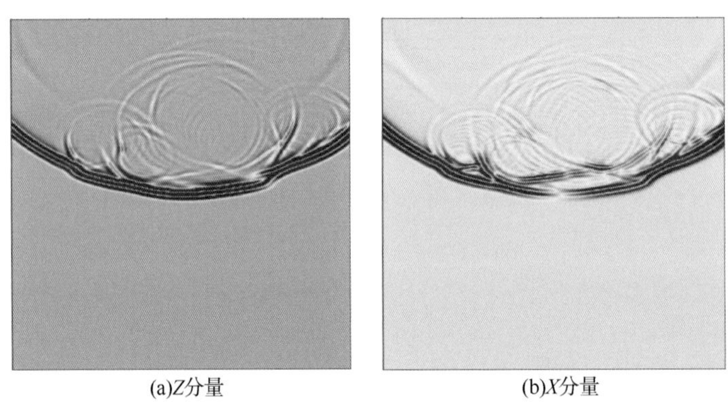

图 5 – 11　0. 8s 时刻的震源波场

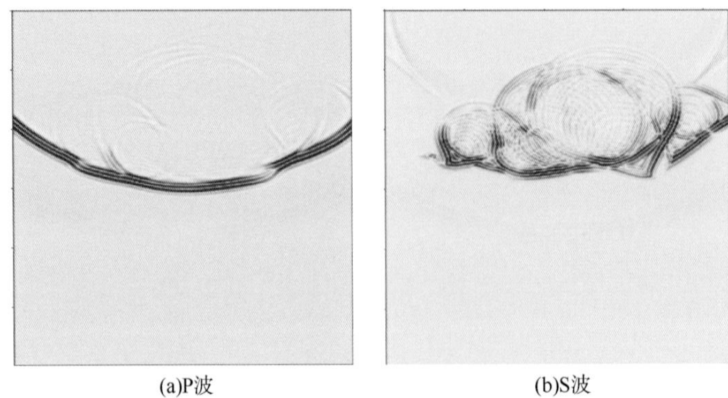

图 5 – 12　0. 8s 时刻 Helmholtz 分解后的震源波场

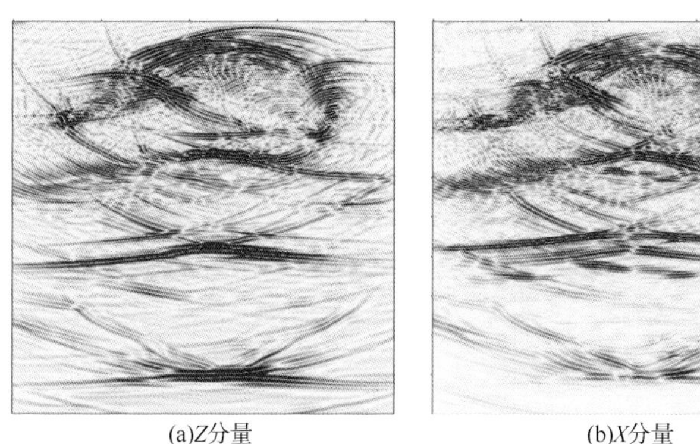

(a)Z分量 (b)X分量

图 5－13 0.8s 时刻的记录波场

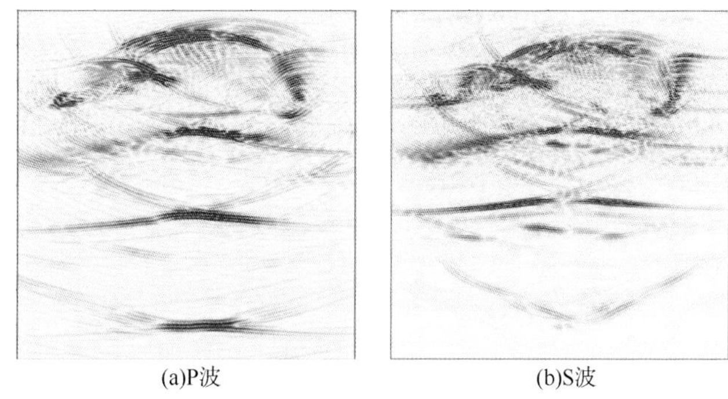

(a)P波 (b)S波

图 5－14 0.8s 时刻 Helmholtz 分解后的记录波场

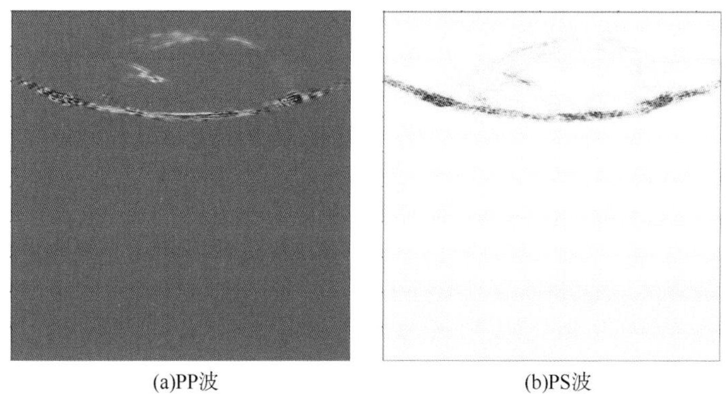

(a)PP波 (b)PS波

图 5－15 0.8s 时刻 PP 波和 PS 波成像值

5.3.3 3D Helmholtz 分解及成像

3D 情况下，利用 Helmholtz 分解，P 波和 S 波分别表示为：

$$\begin{cases} P = \dfrac{\partial u_x}{\partial x} + \dfrac{\partial u_y}{\partial y} + \dfrac{\partial u_z}{\partial z} \\ \vec{S} = \left\{ \dfrac{\partial u_z}{\partial y} - \dfrac{\partial u_y}{\partial z}, \dfrac{\partial u_x}{\partial z} - \dfrac{\partial u_z}{\partial x}, \dfrac{\partial u_y}{\partial x} - \dfrac{\partial u_x}{\partial y} \right\} \end{cases} \tag{5-44}$$

式中，P 波为标量波；S 波为矢量波。利用分离后的波场可以计算 I_{PP} 和 I_{PS}。然而，由于S波是矢量波，标量波与矢量波直接互相关成像物理意义不甚明确。为此，首先分析对弹性波的反射进行分析(图5－16)。

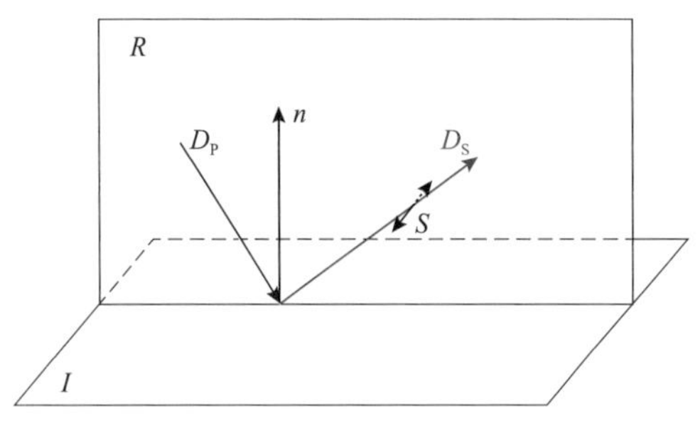

图5－16　弹性波反射示意图

图5－16中 I 为反射截面，R 为反射平面，n 是反射界面的法向量，D_P 是P波的传播方向，是一个位于反射平面的矢量值，可以由P波的梯度来表示，D_S 是S波的传播方向，也是一个位于反射平面的矢量值，而矢量波S波则不在反射平面内，可以分解为SV波和SH波，通常而言SH波很弱，因此S波主要表现为SV波。为了实现 I_{PS} 成像，我们将 D_P 与 n 进行叉乘运算，得到一个平行于SV波的矢量值，然后与SV波进行点乘运算，可以得到一个标量值的 I_{PS} 成像结果，公式表示为：

$$I_{PS} = \sum_{s} \sum_{t} (\nabla P \times \vec{n}) \cdot \vec{S} \tag{5-45}$$

通常而言 I_{PS} 成像存在相位反转的问题，当入射波在反射界面法向量两侧入射时，成像结果的相位存在相反的情况，一般做法是成像以后根据入射点位置进行相位校正。本节中采取的这种成像方式，在成像值计算过程中已实现了相位校正，因此不存在相位反转的问题。

下面通过一个三维模型验证3D Helmholtz分解的效果。对图5－11所示的某炮0.8s的波场进行3D Helmholtz分解，图5－17是分解后的P波和S波。可以看出矢量波场中耦合在一起的P波和S波得到较好的分解。

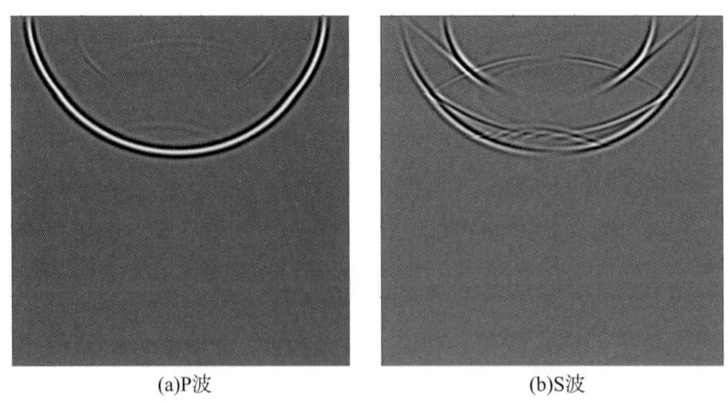

(a)P波　　(b)S波

图5－17　0.8s时刻Helmholtz分解后波场

图5－18是1.2s的震源波场，图5－19是分解后的P波和S波。同样可以看出，P波和S波得到较好的分解。

由分离后的 P 波和 S 波很容易实现 PP 互相关成像和 PS 波互相关成像。图 5－20～图 5－22 依此为 PP、PS、SS 波成像结果。

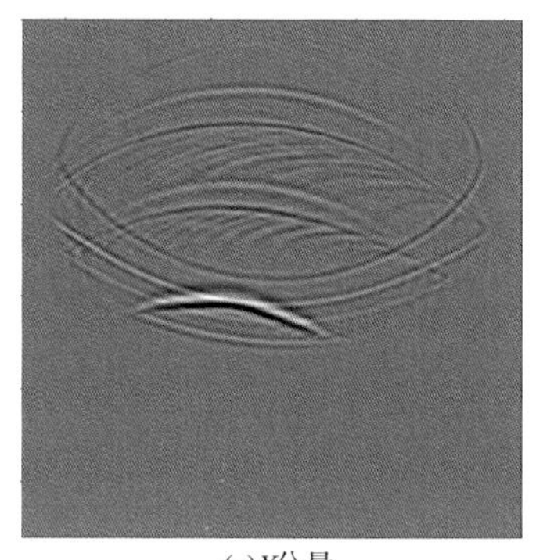
(a)X分量

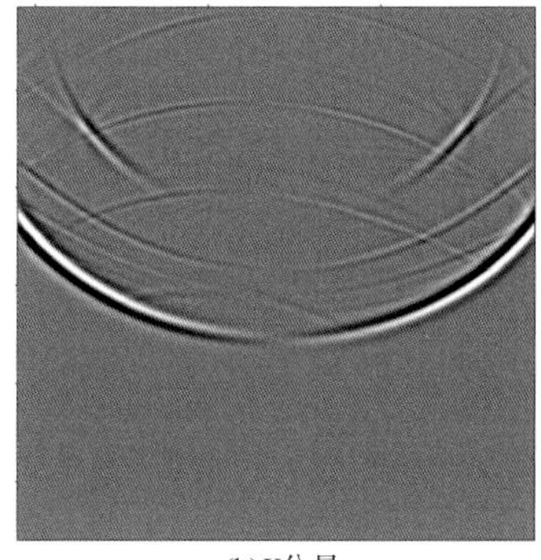
(b)Y分量

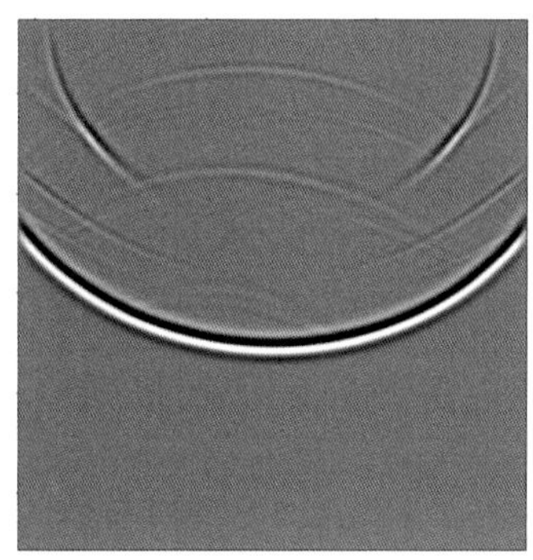
(c)Z分量

图 5－18　1.2s 时刻的波场快照

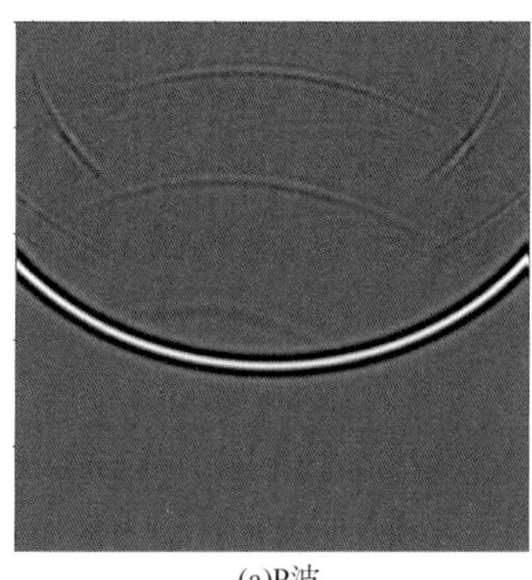
(a)P波

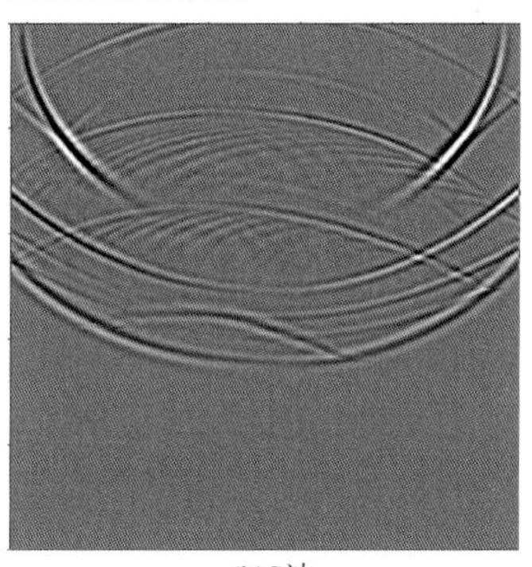
(b)S波

图 5－19　1.2s 时刻 Helmholtz 分解后波场

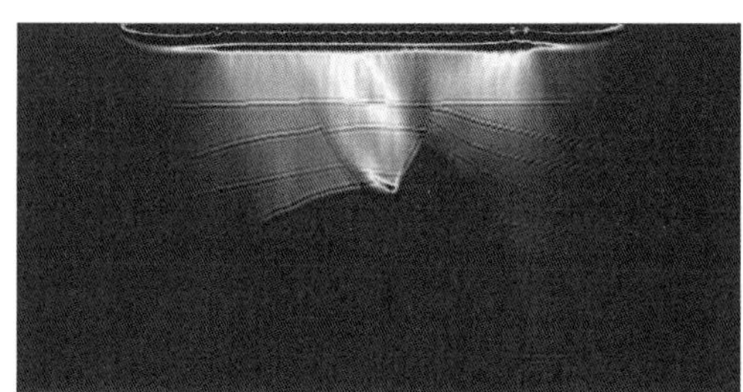
图 5－20　PP 波成像剖面

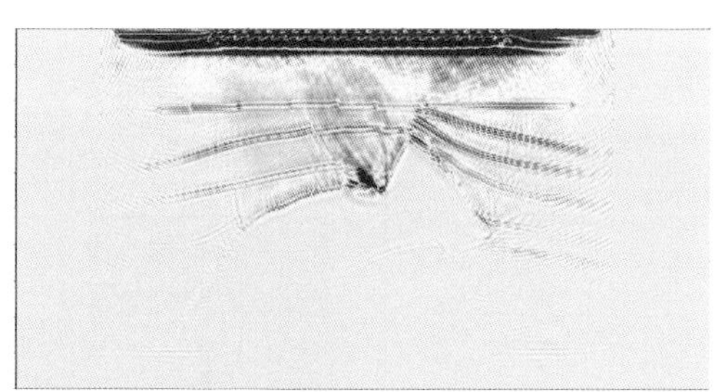
图 5－21　PS 波成像剖面

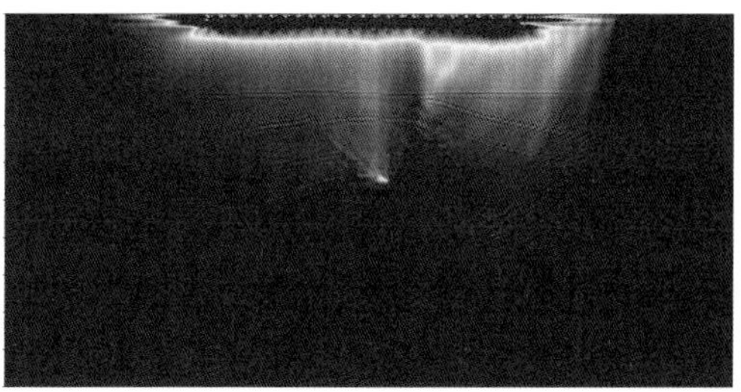
图 5－22　SS 波成像剖面

P 波、S 波互相关会产生较强的低频噪声，可以采用 Laplace 滤波方法有效压制。

5.4 弹性波逆时偏移实现

5.4.1 弹性波逆时偏移实现流程

弹性波逆时偏移与声波逆时偏移实现方式基本相同，都是基于炮域数据的偏移成像。对每一炮地震数据进行偏移，最终将所有炮成像值叠加在一起，即得到最终的弹性波逆时偏移结果。

本章节采用 MPI 并行计算模式，实现弹性波逆时偏移。其中，主进程负责对地震数据进行索引，获取每一炮的炮点坐标、炮域范围等信息，逐炮向从进程发送。从进程接收主进程发送的信息后，读取相应的地震数据和速度值，进行弹性波逆时偏移计算。最终所有炮偏移结束后，把结果归约叠加输出偏移成像剖面。弹性波逆时偏移流程见图 5－23。

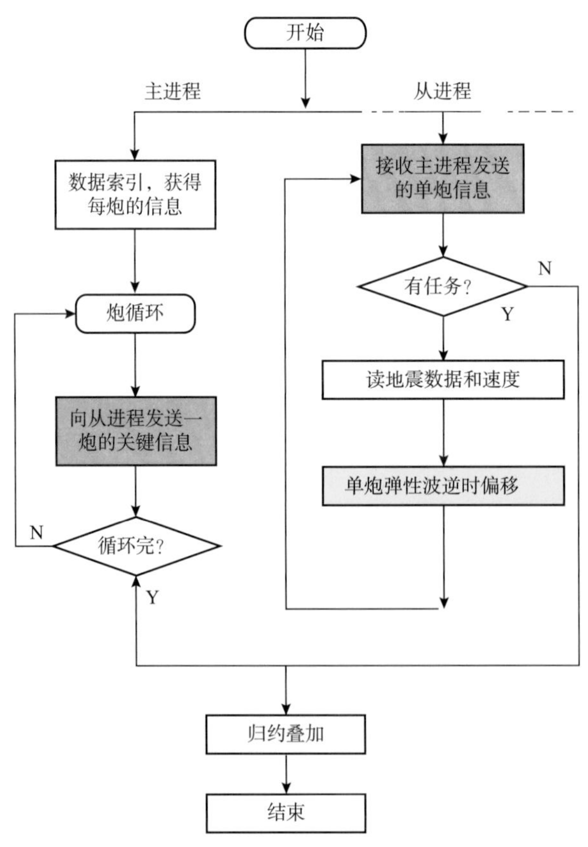

图 5－23 弹性波逆时偏移实现流程

其中，单炮弹性波逆时偏移实现方法如前面两节描述，包括弹性波震源波场的正向传播和记录波场的逆向传播以及利用合适的成像条件提取成像值，其流程见图 5－24。

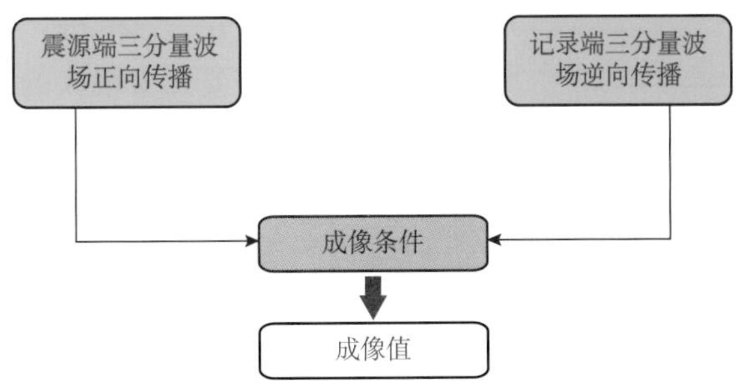

图 5－24　单炮弹性波逆时偏移流程

5.4.2　OPENMPI 并行计算

逆时偏移涉及波场的双向传播，通常采用有限差分方法实现，因而其计算量巨大。弹性波逆时偏移中要计算三个波场分量，计算量基本是常规声波偏移的三倍，计算效率很低。为了提高弹性波逆时偏移的计算效率，本章节在差分算法中采用 OPENMP 并行计算模式，通过多线程实现弹性波逆时偏移的加速计算。

OpenMP 是一种面向共享内存以及分布式共享内存的多处理器多线程并行编程语言，或者说是在共享存储体系结构上的一个编程模型，其包含编译制导、运行库例程和环境变量三大部分，并支持增量并行化，用于实现并行性运算的优化解决方法。OpenMP 基于 Fork－join 的编程模式而设计(图 5－25)。OpenMP 程序起初以一条单线程的形式开始运行。如果希望在程序中利用并行，那么就需将额外的线程进行分支，以创建线程组。这些线程在称为“并行区域”的代码区域内并行执行。在并行区域末尾，将等待所有线程全部完成工作，并将其重新结合在一起。那时，最初线程或主线程将继续执行，直至遇到下一个并行区域(或程序结束)。

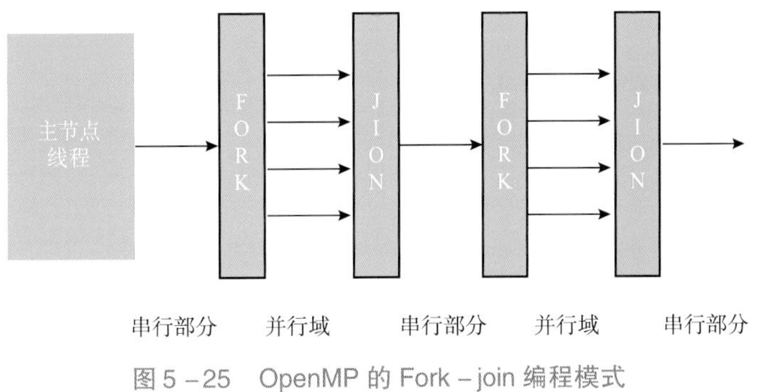

图 5－25　OpenMP 的 Fork－join 编程模式

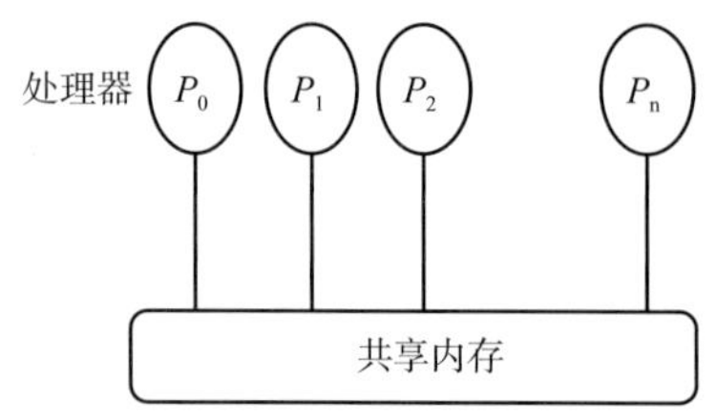

图 5 –26　OpenMP 内存共享模式

这种多线程并行模式的一大优点就是共享内存，多线程共同执行一个作业进程(图5 –26)。这对弹性波逆时偏移而言是相当重要的，因为弹性波逆时偏移计算变量很多，需要开支很大的内存空间，而我们所用的并行计算机一个节点的内存是有限的，通常为几十吉字节。如此，一个计算节点只能同时运算 1 ~ 2 个弹性波逆时偏移作业，这种情况下，计算机的 CPU 计算能力无法得到充分发挥。采用 OPENMP 并行模式，则可以实现内存共享，所有 CPU 处理器同时处理一个弹性波逆时偏移计算，CPU 利用效率大大提高。

本章节弹性波逆时偏移中 OpenMP 并行计算模式实现方式为利用“parallel”结构在 OpenMP 中创建线程：

```
#pragma omp parallel
{
    A block of statements
}
```

其中，第一行为制导语句，中间部分为要多线程并行的部分。

弹性波逆时偏移波场传播过程中包括四级循环：时间循环、z 方向循环、y 方向循环、x 方向循环。其中时间循环是逐个时刻实现波场延拓，前后时刻是相关的，无法进行多线程并行计算。而空间域的几个循环则是相互无关的，可以利用 OpenMP 并行计算模式，实现多线程同时计算：

```
for(it =0; it <nt; it + +)
{
for(iz =0; iz <nz; iz + +)
{
for(iy =0; iy <ny; iy + +)
{
    for(ix =0; ix <nx; ix + +)
{
   差分计算
}
}
}
}
```

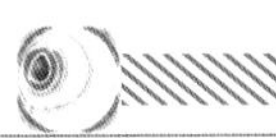

多线程计算的实现方式为在 y 循环处加上一个制导语句，启动并行域计算。由于弹性波波场传播计算时，首先计算质点速度，再计算应力，因此每进行一个时刻的波场外推，需要介入两次 OpenMP 并行，如下：

```
#pragma omp parallel for
for(iz =0; iz <nz; iz + +)
{
for(iy =0; iy <ny; iy + +)
{
    for(ix =0; ix <nx; ix + +)
{
   计算 vx、vy、vz
}
}
}
```

```
#pragma omp parallel for
for(iz =0; iz <nz; iz + +)
{
for(iy =0; iy <ny; iy + +)
{
    for(ix =0; ix <nx; ix + +)
{
   计算 txx、tyy、tzz、txy、txz、tyz
}
}
}
```

通过以上方式，可以实现 z 循环的多线程并行。

由于弹性波逆时偏移包括震源波场正向传播、记录波场逆向传播和 Helmholtz 分解成像条件，以上几个过程都涉及差分计算，因此 OpenMP 计算模式在弹性波逆时偏移中应用很多。

图 5－27 为震源波场正向传播时程序结构图，图 5－28 为接收波场反向传播的程序结构图，可见每个时刻的波场计算中，OpenMP 均介入多次，因而采用 OpenMP 对提高弹性波逆时偏移计算效率具有重要意义。

本章节研究过程中，采用了 12 核 CPU 节点进行数据测试，如果利用传统 MPI 模式，考虑到 3D 弹性波逆时偏移内存要求太大，1 节点仅能执行 2 个作业，CPU 占用率为 200%，而利用 MPI + OpenMP 模式，1 节点多进程并行执行 1 个作业，CPU 占用率可达到 1200%，大幅提高了计算效率和计算资源利用率。

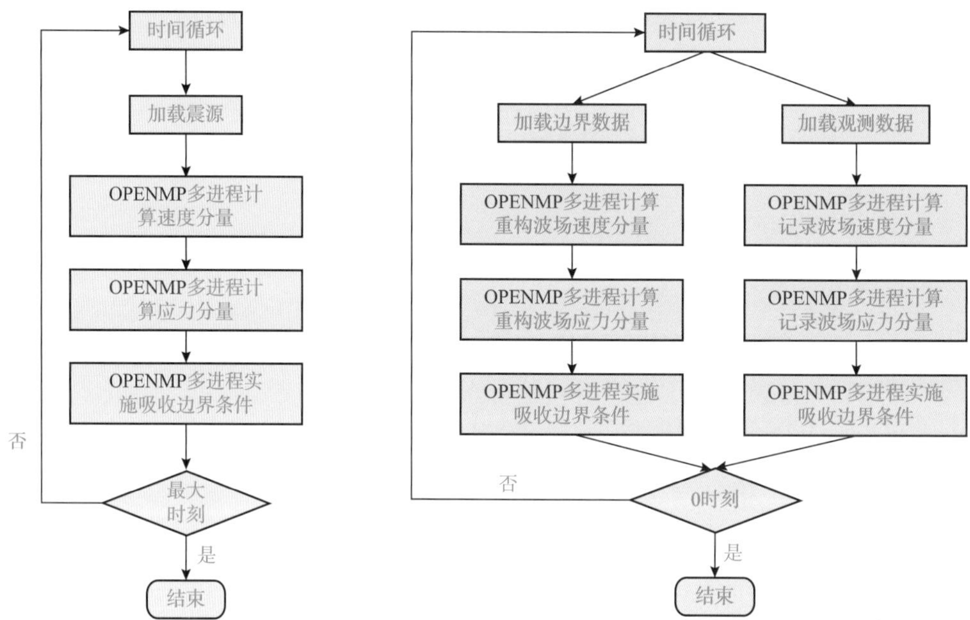

图 5 -27　震源波场正向传播程序结构图

图 5 -28　接收波场反向传播程序结构图

5.4.3　震源波场存储与重构

逆时偏移对每个时刻的正传波场和逆传波场进行零延迟互相关成像，而逆时偏移计算过程中通常是先计算正向传播再计算逆向传播，因此在正向传播过程中需要把每个时刻的震源波场保存下来。然而，依据目前的计算条件，要保存所有波场是不可能的，因为数据量太大。针对这一问题，主要有两种解决思路，一种是依据频率反假频的需求按时间间隔保存震源波场，并进行压缩减少数据量把数据保存到节点计算机的磁盘上，当记录波场逆时传播时，再把震源波场解压缩与记录波场进行互相关成像；另外一种思路是震源正向传播过程中不保存波场或仅保存波场边界，在记录波场逆时传播时，再由弹性波方程将震源波场重构出来与记录波场互相关。第一种思路在声波偏移中应用较为广发，通常计算机设备能够满足保存震源波场的需求，然而由于弹性波逆时偏移需要保存三个波场分量，一般计算机无法满足条件，故本章节中我们采取第二种思路。

震源波场重构有两种方式，一是随机边界方式，二是吸收边界方式。下面对这两种方式进行说明。

随机边界由 Robert(2009)提出，在模拟计算区域的外围增加一定厚度的随机离散的速度层(图 5 -29)。波在研究区域中自由传播，不受任何干扰。而在随机层内，波的能量将被无规律地离散。由此形成的边界反射波相关性很差，不会与模拟计算区域的波产

生互相关成像。因此基本不会对最终的成像效果产生太大影响。由于该边界没有对传播到此区域的波场能量吸收衰减，因此可以借助差分算子重新将波场逆推重构回去。随机边界的构造表达式为：

$$V_{\text{rand}}(x,z)=V(x,z)-\xi*N \tag{5-46}$$

式中，$V_{\text{rand}}(x,z)$ 为虚拟区的随机离散速度点值；$V(x,z)$ 为模拟区外围速度点值；ξ 为离散程度控制量；N 为距模拟区的网格点数。

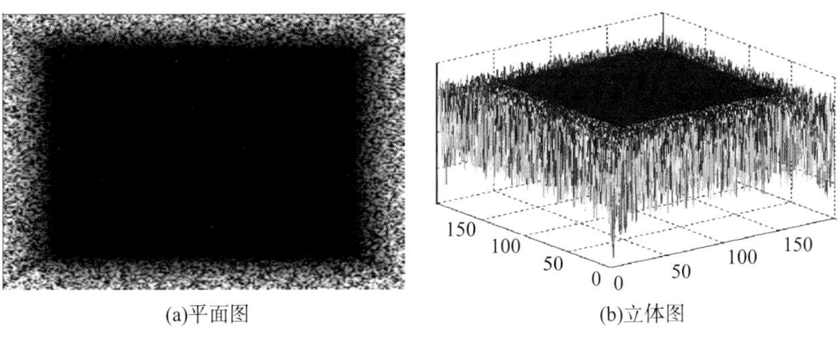

(a)平面图　(b)立体图

图 5－29　随机边界条件的建立

随机边界方式不需要保存正向传播的震源波场。实现方式为：首先将震源波场按照时间轴的正向外推到最大时刻 $t=T_{\max}$，保持该时刻的波场值；将检波点波场由 $t=T_{\max}$ 时刻逆时延拓到 $t=0$ 时刻，与此同时按可逆原理把最大时刻的震源波场值作为初始值逆推到 $t=0$ 时刻，重构出每个时刻的震源波场，并对同一逆时时刻的波场值通过成像条件提取成像值，最终形成成像结果。

由于随机边界方式不需要保存正向传播的震源波场，大大降低了逆时偏移的内存需求和震源波场存储需求。但是，相对于震源波场存储方式而言，随机边界方式计算量有所增加，相当于原来的 1.5 倍，因此这种方式可以理解为利用时间换空间的一种策略。此外，随机边界方式还有一个不容忽视的问题，就是采用这种方式进行震源波场重构时，重构的波场中存在较强的随机噪声，对相关成像结果产生一定的影响。特别对于较为复杂的构造介质，在有复杂的波场存在的情况下，例如强度较大的散射源波场等，该方法很难取得很好的成像效果。

弹性波逆时偏移中采用吸收边界震源波场存储和重构的方式(图 5－30)，其实现方式与常规声波偏移基本一致，差别在于保存了更多波场的边界。

弹性波逆时偏移震源波场存储和重构这一策略的关键点是由边值条件和初值条件重构波场。式(5－47)是波场重构方程，其中式(5－47a)是一阶速度应力弹性波方程，式(5－47b)为震源正传时记录的边界波场，作为波场重构的边值条件，式(5－47c)为震源正传时最后时刻的完整波场，作为波场重构的初值条件。

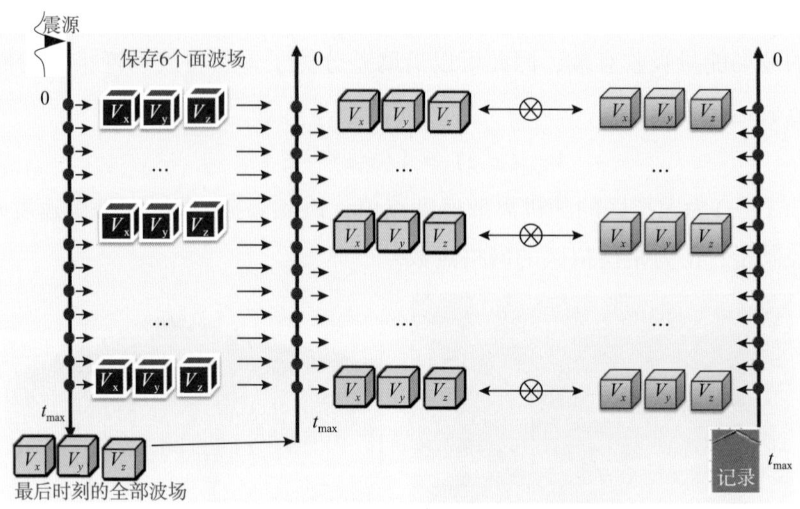

图 5-30 震源波场存储和重构实现流程

$$
\begin{cases}
\dfrac{\partial v_x}{\partial t} = \dfrac{1}{\rho}\left(\dfrac{\partial \sigma_{xx}}{\partial x} + \dfrac{\partial \tau_{xy}}{\partial y} + \dfrac{\partial \tau_{xz}}{\partial z}\right) \\
\dfrac{\partial v_y}{\partial t} = \dfrac{1}{\rho}\left(\dfrac{\partial \tau_{xx}}{\partial x} + \dfrac{\partial \sigma_{xy}}{\partial y} + \dfrac{\partial \tau_{xz}}{\partial z}\right) \\
\dfrac{\partial v_z}{\partial t} = \dfrac{1}{\rho}\left(\dfrac{\partial \tau_{xx}}{\partial x} + \dfrac{\partial \tau_{xy}}{\partial y} + \dfrac{\partial \sigma_{xz}}{\partial z}\right) \\
\dfrac{\partial \sigma_{xx}}{\partial t} = \rho\left[v_p^2 \dfrac{\partial v_x}{\partial x} + (v_p^2 - 2v_s^2)\dfrac{\partial v_y}{\partial y} + (v_p^2 - 2v_s^2)\dfrac{\partial v_z}{\partial z}\right] \\
\dfrac{\partial \sigma_{yy}}{\partial t} = \rho\left[(v_p^2 - 2v_s^2)\dfrac{\partial v_x}{\partial x} + v_p^2 \dfrac{\partial v_y}{\partial y} + (v_p^2 - 2v_s^2)\dfrac{\partial v_z}{\partial z}\right] \\
\dfrac{\partial \sigma_{zz}}{\partial t} = \rho\left[(v_p^2 - 2v_s^2)\dfrac{\partial v_x}{\partial x} + (v_p^2 - 2v_s^2)\dfrac{\partial v_y}{\partial y} + v_p^2 \dfrac{\partial v_z}{\partial z}\right] \\
\dfrac{\partial \tau_{xy}}{\partial t} = \rho v_s^2\left(\dfrac{\partial v_x}{\partial y} + \dfrac{\partial v_y}{\partial x}\right) \\
\dfrac{\partial \tau_{xz}}{\partial t} = \rho v_s^2\left(\dfrac{\partial v_x}{\partial z} + \dfrac{\partial v_z}{\partial x}\right) \\
\dfrac{\partial \tau_{yz}}{\partial t} = \rho v_s^2\left(\dfrac{\partial v_y}{\partial z} + \dfrac{\partial v_z}{\partial y}\right)
\end{cases}
\tag{5-47a}
$$

$$
\begin{cases}
v_x(\vec{x},t)\mid_{\vec{x}\in\partial\Omega} = B_x(\vec{x}) \\
v_y(\vec{x},t)\mid_{\vec{x}\in\partial\Omega} = B_y(\vec{x}) \\
v_z(\vec{x},t)\mid_{\vec{x}\in\partial\Omega} = B_z(\vec{x})
\end{cases}
\tag{5-47b}
$$

$$\begin{cases} v_x(\vec{x}, t = T_{\max}) = v_x{}^N(\vec{x}) \\ v_y(\vec{x}, t = T_{\max}) = v_y{}^N(\vec{x}) \\ v_z(\vec{x}, t = T_{\max}) = v_z{}^N(\vec{x}) \end{cases} \tag{5-47c}$$

波场重构时，时间步长间隔依据董良国(2000)提出的一阶弹性波方程交错网格高阶差分稳定性条件。

接下来通过 Salt 模型一炮数据的弹性波逆时偏移分析一下震源波场存储与重构这种方式的效果。该炮数据空间范围是：X 偏移距为 -1800 ~ 1800m，Y 偏移距为 -1800 ~ 1800m，深度 5000m，成像网格为 241 × 241 × 501，网格间隔是 15m × 15m × 10m，加上吸收边界网格数，波场传播差分计算网格为 301 × 301 × 561。时间计算步数为 10000，步长为 0.4ms，按照稳定性条件每 5 步即 2ms 保存一下波场。如果采用存储完整波场的方式，震源波场总存储量为 3 × 2000 × 501 × 241 × 241 × 4 = 650.4GB，目前研究中所能使用的最高性能的计算机的内存仅仅是 64GB，巨大的震源波场数据显然无法保存在计算机内存中。如果采取存储边界波场 + 波场重建方式，震源波场总存储量为 3 × 2000 × (501 × 241 × 4 + 241 × 241 × 2) × 4 + 3 × 501 × 241 × 241 × 4 = 13GB，改存储量仅为存储完整波场方式的 1/50，目前计算机可以满足其存储需求。可见存储边界波场 + 波场重建方式只需增加少量计算即可完成。

5.4.4 弹性波逆时偏移算例

1. 盐丘模型

首先采用三维盐丘模型进行测试，设计炮线距 120m，炮点距 240m，道间距 60m，检波线距 60m，接收道数位 61 × 61 = 3601 道，总炮数 50 × 25 = 1250 炮，面元大小 30m × 30m(图 5-31、图 5-32)。

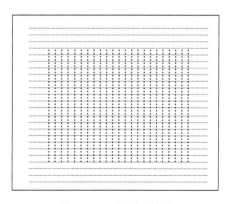

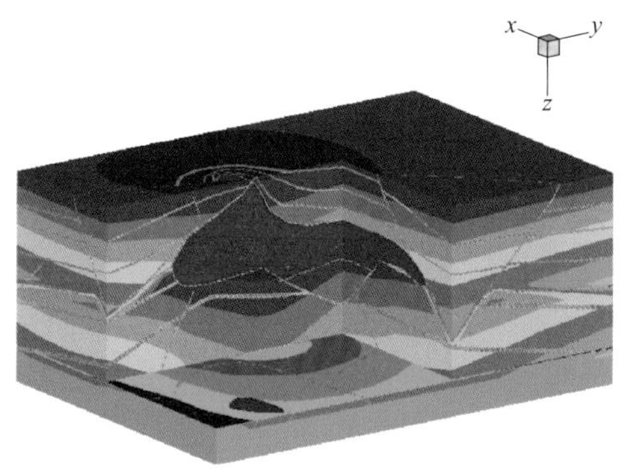

图 5-31 盐丘模型

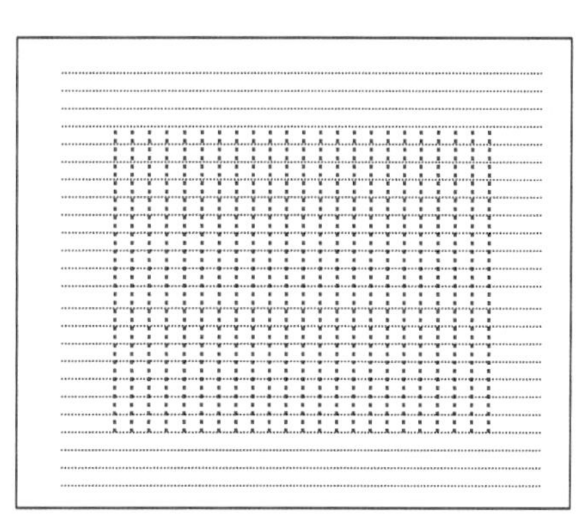

图 5-32 观测系统图

图 5－33 是 PP 波成像、PS 波成像、SS 波成像对比，图 5－34 是纵波成像与弹性波成像对比，图 5－35 和图 5－36 分别是纵波成像与弹性波成像的频谱以及切片对比图。测试发现，弹性波逆时偏移对储层反射系数刻画更有优势，且构造成像更加清晰，同时具有更高的成像分辨率，而且由于波场解耦，弹性波逆时偏移的成像噪声更少。

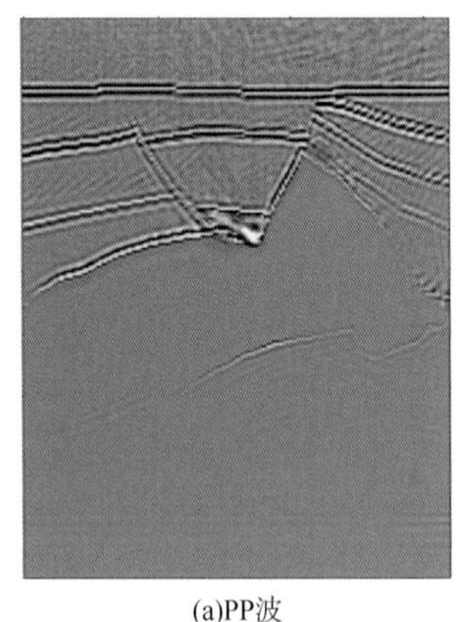

(a)PP波

(b)PS波

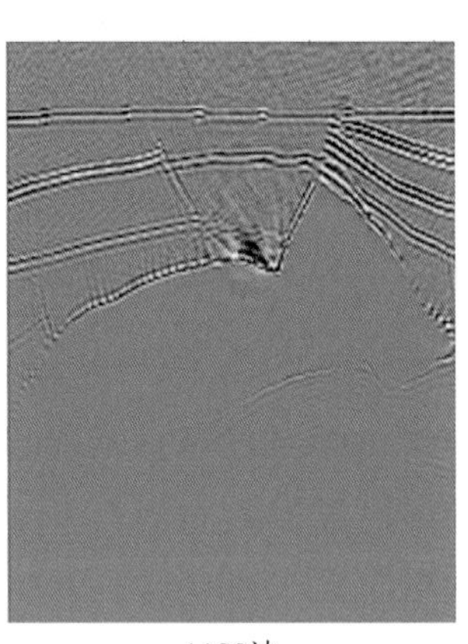

(c)SS波

图 5－33　成像结果

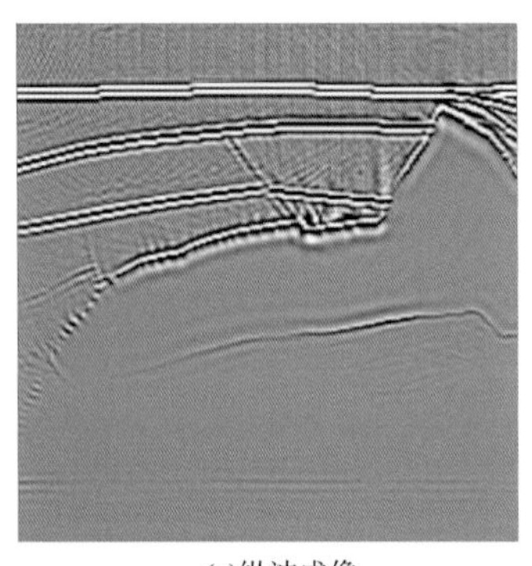

(a)纵波成像

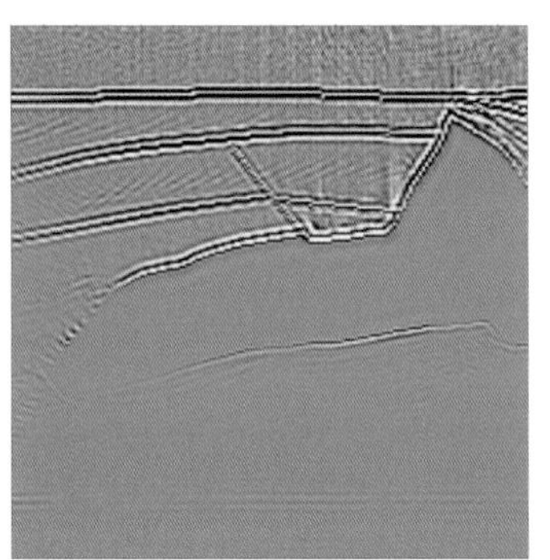

(b)弹性波PP成像

图 5－34　成像结果对比

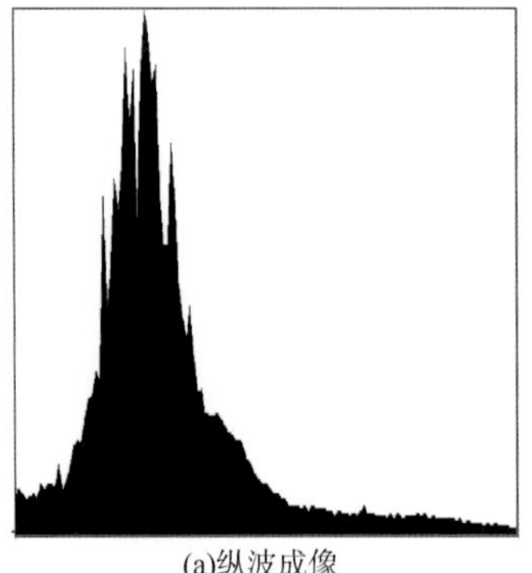

(a)纵波成像

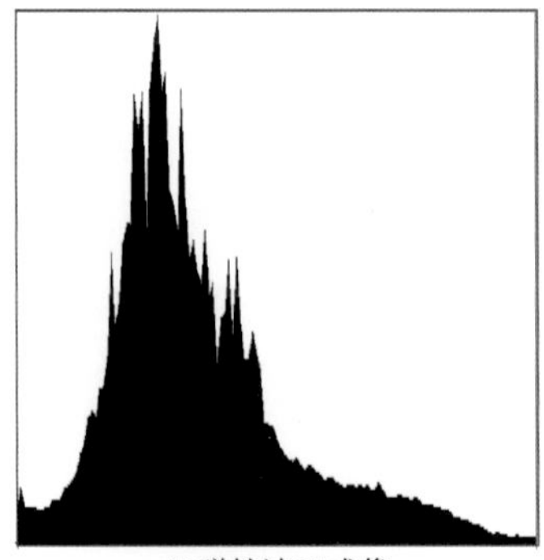

(b)弹性波PP成像

图 5－35　频谱对比

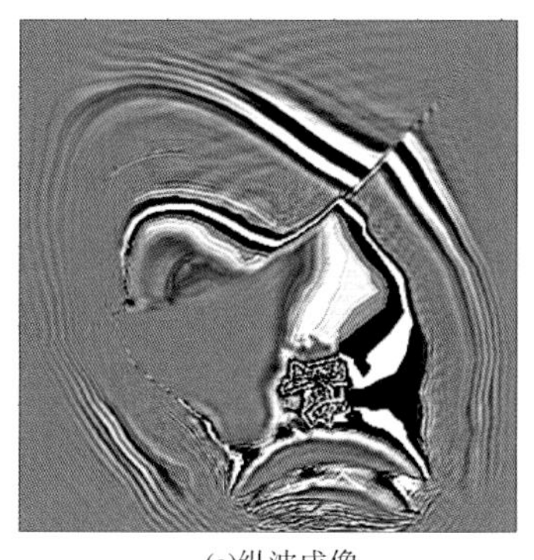
(a)纵波成像

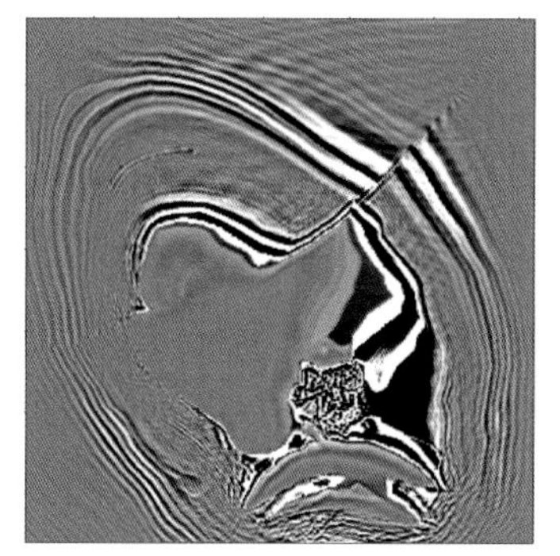
(b)弹性波PP成像

图 5－36　2400m 处成像切片

2. 实际资料应用

该探区深层地震地质条件为：目标勘探区为奥陶系油气藏，奥陶系碳酸盐岩经风化剥蚀而形成的众多低幅度的风蚀残丘，裂缝及溶蚀孔洞发育，储层的非均质性极强。

偏移所用深度域速度模型由前期时间域纵波速度模型和时间域转换波速度模型得到。认为转换波速度是纵波速度与横波速度之和的一半，由此可以计算时间域的横波速度模型。再由时间域纵波速度模型和时间域横波速度模型，通过时深转换得到深度域纵波速度模型和深度域横波速度模型，进而进行弹性波逆时偏移计算。

图 5－37(a)是通过计算得到弹性波逆时偏移的 PP 波成像结果，图 5－37(b)是常规高密度数据 PSTM 剖面，为了对比前期成像结果，已将深度域结果转换到时间域。通过对比分析，可以获得如下认识：

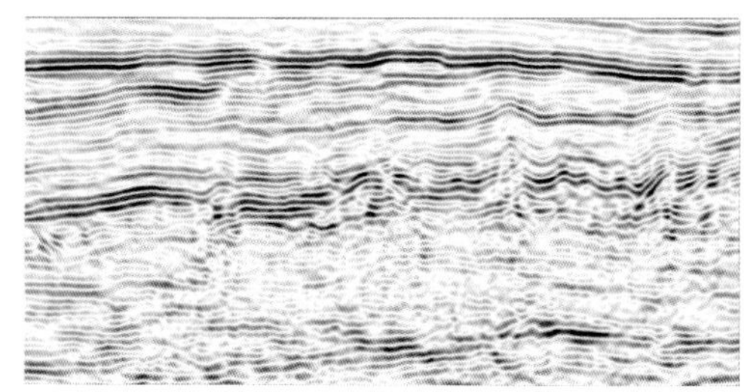
(a)弹性波逆时偏移

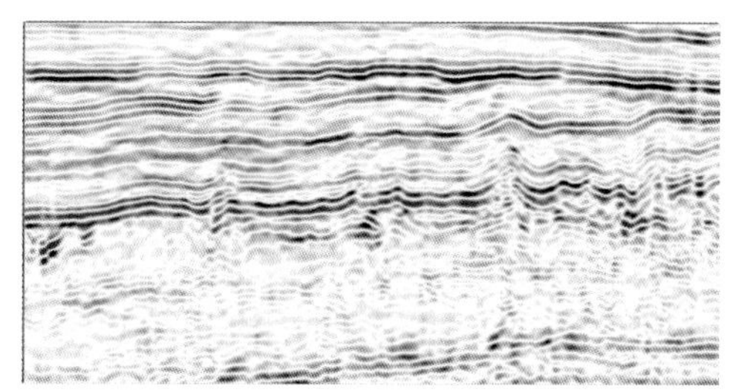
(b)常规高密度数据PSTM

图 5－37　成像剖面对比

(1)三分量弹性波 RTM 成像结果与常规高密度数据偏移结果大致相同，构造层位反射特征基本一致；

(2)三分量弹性波 RTM 成像信噪比稍差，但分辨率略高，断层和某些串珠反射更好。

5.5 小 结

本章将前沿的逆时偏移成像技术和弹性波理论进行有机结合，建立集高精度逆时波场延拓方程与成像条件、高效率弹性波偏移计算策略于一体的面向矢量波场的弹性波逆时叠前深度偏移成像技术。利用模型数值试验与实际资料试处理检验了该技术的有效性与适应性，从而为我国高度复杂介质油气勘探的精细地震成像提供了技术储备。下一步，弹性波逆时偏移研究重点将从理论研究向应用研究拓展，围绕弹性波成像的一些难点问题，比如多分量数据预处理、纵横波联合建模、弹性波逆时偏移计算加速等，开展持续攻关工作，逐步推动弹性波逆时偏移走向实用化。

6 最小二乘偏移成像技术

最小二乘偏移是一种线性化的地震反演成像技术，其主要目标是估计介质参数的高波数成分。相对常规偏移，最小二乘偏移不仅能够消除成像振幅不均衡和偏移假象，而且可以提高成像分辨率。本章主要围绕最小二乘偏移方法原理、技术实现流程和实际资料应用等方面展开阐述，重点讨论了最小二乘偏移成像中的线性反演成像基本思想、正问题表达、正则化方法、反偏移算法、计算效率提升和实际资料应用等问题。最后，总结了最小二乘偏移方法技术和应用研究方面的认识与结论，对下一步工作进行展望，未来将围绕最小二乘偏移实用化问题重点从正则化、反演算法优化、成像域反演等方面开展深化研究。

6.1 最小二乘偏移概述

地震波高维反演成像包含两个层次：一是非线性的全波形反演(Full Waveform Inversion，FWI)，直接估计速度、密度或波阻抗，甚至各向异性以及吸收衰减等参数；二是线性的最小二乘偏移(Least Square Migration，LSM)，估计地下地层的反射系数。理论上，地震勘探可以基于地震数据利用全波形反演方法估计全或宽波数的参数场(速度或波阻抗)，直接估计出精细的速度参数扰动，利用速度参数的扰动来解释储层的形态变化和参数变化，实现对地下储层的油藏描述。然而，由于地震采集数据无法满足反演算法要求，且 Bayes 框架下的反演成像方法存在诸如正算子不合适、线性化的梯度导引算法易陷于局部极值等问题，全波形反演效果达不到油藏描述精度的需求。生产中实际应用的仍然是经典地震波成像处理和储层描述流程，即基于保真成像剖面和角度域成像道集，通过构造解释描述地下几何形态，利用波阻抗反演和 AVA 叠前反演获取弹性参数，与岩石物理和测井结合描述储层参数，这是目前生产中使用的从地震偏移成像到储层描述刻画的方法理论和技术体系。其中，定位反射界面位置和获得保真的反射系数是该方法技术体系的重要环节。由于常规偏移成像的局限性，寻求能够更好地估计反射系数的地震成像方法成为迫切需求，最小二乘偏移反演成像变得越来越重要。

最小二乘反演成像是常规偏移(包括 RTM)的向前推进，常规偏移得到的成像值只是真实结果的一个近似，更侧重于地下反射界面的几何结构成像。最小二乘偏移的核心思想是求解模型空间的精确解，在常规偏移构造成像的基础上，进一步考虑振幅能量补偿和波形校正，从而可以实现更加保幅和高分辨率成像。因而，最小二乘偏移是地震成像方法理论由常规的地下几何形态构造成像向地下储层介质保幅岩性成像的发展，它能够获得更加保真的地层反射系数信息。有了反射系数剖面信息，再结合波阻抗反演等叠前反演技术，可以获得更可靠的地层岩性参数信息，这也是油气地震勘探的最终目标。

很多学者希望以从数学化的思路分析成像问题并寻求解决方案，主要包括两个路线：一个是 Bleistein 为代表的基于散射波表达的线性反演参数的路线，一是 Tarantola 为代表的全波形拟合非线性反演参数的路线。

第一种路线通过引入 Born 和 WKBJ 近似，建立地震散射场与物性参数扰动之间的关系，在缓变光滑背景介质下，利用拟微分算子理论导出一类直接反演估计方法。这种基于拟微分算子理论的方法，清晰表达了地震反演的数学本质，对于认识地震波参数反演的实质具有重要意义。然而由于数据的带限和噪声等问题，这类方法反演结果类似于偏移结果，仅能相当于保真的偏移成像，因而没有得到广泛的推广应用。

第二种路线基于拟合的迭代类反演方法取得了越来越大的成功，成为勘探地震学中解决反演问题的主流思想。相对而言，这种方法与勘探地震学面对的介质变化情况最接近，解法也比较容易掌握和理解。早期，高维地震反演主要是在非线性理论上反演速度参数。Lailly、Tarantola 在 Bayes 估计理论框架下给出了基于广义最小二乘准则的时间域全波形地震反演方法，奠定了全波形反演的理论基础。Pratt 将 Tarantola 的全波形反演的理论发展到了频率域，至此建立起了相对完整的地震反演理论基础。

地震波理论中的非线性特征给高维地震反演带来了很大的困难，线性化反演引起了研究人员的重视。LeBras 等、Lambare 等根据地震波的线性表达理论，提出了线性近似的迭代法地震反演理论及最小二乘偏移成像的方法。Cole 和 Karrenbach 等针对观测数据有限孔径导致的偏移假象问题，提出了最小二乘 Kirchhoff 积分偏移成像方法，改善了偏移收敛效果。Nemeth 等进一步验证了最小二乘 Kirchhoff 偏移能够有效地减少由于数据采样不规则、采样空间过大所引起的偏移假象，从而提高地震成像质量。Dequet 等研究指出，数学上 Kirchhoff 积分法正演是 Kirchhoff 积分法偏移的转置，并将先验信息引入到最小二乘偏移成像框架中，进一步提高了成像剖面的分辨率。Kuehl 和 Sacchi 基于单程波波场延拓理论，提出了基于双平方根算子的最小二乘裂步傅里叶单程波叠前深度偏移算

法。Kaplan 等基于 Born 线性近似理论，详细地推导了基于单平方根算子的偏移公式和反偏移公式，建立了基于单平方根算子的最小二乘裂步傅里叶单程波叠前深度偏移方法，并通过数值试验验证了方法的有效性。Dai 和 Zhang 将最小二乘偏移的核心算子发展到双程波方程算子，发展了最小二乘逆时偏移方法。Dai 和 Schuster 为了减小计算成本，将原来的炮集数据通过数学方法转换成为许多平面波道集，提出了基于平面波的 LSRTM 方法。Dutta 和 Schuster 将黏声波动方程正演算子引入到了 LSM 框架中，实现了基于黏声介质的 LSRTM 算法。王华忠等从地震波逆散射成像问题出发，导出 Born 近似下散射波波场的表达式，讨论了逆散射地震成像理论的数学本质，进一步给出了 Born 近似线性化假设下的最小二乘叠前深度偏移成像的基本理论框架，并将总变差正则化引入到最小二乘逆时偏移流程中，压制了成像过程中的偏移噪声。以上阐述了最小二乘偏移的研究与发展历程。

最小二乘偏移作为一种反演技术，如何表达正问题和如何求解反问题是研究的重点。最小二乘偏移理论方法研究主要集中在如下几个方面。

1. 正演问题

经典最小二乘偏移以散射波线性化表达为基础，因而被认为其成像目的是估计散射势，反偏移时用到的成像剖面被认为是散射波成像结果，利用 Born 近似理论获得地下传播的散射波场数据。Jaramillo 和 Blestein 从 Kirchhoff 模拟公式出发，推导出了 Kirchhoff 偏移和反偏移算子，在此基础上研究分析了 Kirchhoff 偏移/反偏移与 Kirchhoff 模拟之间的联系。Peng 和 Sheng 基于高斯束波场表达理论，给出了高斯束反偏移和偏移的理论方法，该理论无倾角限制，可以解决射线多路径等问题。Zhang 采用了反射波成像思路实现了逆时偏移反偏移，然而并没有给出该方法的理论依据以及与散射波反偏移的物理含义上的差异。

2. 迭代反演算法

最小二乘偏移通过逐次迭代对模拟数据与实测数据进行匹配，计算量较大，如何提高反演迭代收敛效率和降低计算量显得非常重要。最小二乘偏移反演解法主要是最速下降法和共轭梯度法，在一定假设下由初始值逐步逼近真实解。Huang 和 Zhou 将随机共轭梯度法(Stochastic Conjugate Gradient，SCG)引入到最小二乘偏移算法中，通过模型数据验证了随机共轭梯度法比共轭梯度法具有更高的收敛效率，对于实际数据而言，该方法收敛效率则依赖于速度模型的不确定性和偏移、反偏移算子是否为伴随状态。

3. 正则化算子构建

实际观测数据误差以及实际介质的模型化和参数化不合适都会使得地震反演不稳定，Backus - Gilbert 理论认为在地球物理反演问题求解中，应该选择合适的准则，在解的准确度和解的分辨率之间取某种折中。反演问题正则化的本质是改变稀疏矩阵的性质，提升反演问题计算的稳定性和精度。因此，最小二乘偏移过程中正则化(或预条件)算子非常重要，合理的正则化算子能够在保证反演稳定的同时，提升地震反演成像效果，并且有效提高反演迭代收敛速度。正则化算子主要有以下几类：

(1)阻尼约束条件，通过对整个算子对角线元素加入阻尼算子控制解的高斯分布特征；

(2)去模糊化算子，由偏移及反偏移、偏移两个成像结果估计一个合理的滤波器，作为地震迭代反演的预条件算子，提升反演迭代的收敛效率；

(3)变换域(曲波变换、小波变换等)系数约束，借助于成像剖面在变换域的稀疏特征对迭代反演过程施加约束，提高反演可靠性和效率。

4. Hessian 矩阵估计

最小二乘偏移的 Hessian 矩阵非常庞大，计算和存储都很困难，对 Hessian 矩阵进行快速近似求解，对于最小二乘偏移成像结果非常重要。一种近似是将 Hessian 矩阵简化对角矩阵，然后对偏移成像振幅进行校正，这其实就是照明补偿的偏移成像。另一种近似是在水平层状介质假设的前提下，从射线理论出发计算偏移格林函数，并将其作为反褶积算子对偏移结果进行处理，也可以基于点扩散函数法近似估计 Hessian 矩阵，再利用图像反褶积实现对偏移效果的优化。第三种近似则是利用初始偏移结果和再偏移结果估计出一系列非稳相滤波器来近似 Hessian 矩阵的逆，然后利用这些滤波器对偏移结果进行标定和滤波。

5. 反演空间选择

最小二乘偏移可分为数据域方法和成像域方法。数据域反演通过多次迭代减小反偏移预测数据与野外观测数据之间的残差，认为残差最小时，模型参数就是最优解。这种方法避免了直接计算 Hessian 矩阵，而是构建一对互为共轭的反偏移算子与偏移算子，通过逐次迭代实现 Hessian 近似求逆；成像域反演则是通过多次迭代减小 Hessian 矩阵模糊化的像与初步偏移成像结果的残差，从而将成像值逐渐逼近于地下真实的反射系数，这种方法需要直接计算 Hessian 矩阵，计算量和存储量都很大，优点是易于进行局部目标反演。

接下来从反演基本理论出发，讨论最小二乘偏移反演框架、反演目的和成像实质，重点分析散射强度成像与反射系数成像的差异，在此基础上实现 3D 最小二乘逆时偏移技术，并结合实际生产数据进行应用探索和分析。

6.2 最小二乘偏移方法原理

由实测数据估计或反演系统参数在工程与科学的很多领域中是很常见的。已知系统参数、控制方程和初边值条件预测系统输出被称为正问题。已知系统输出和控制方程，估计系统参数称为参数估计反问题。

油气地震勘探中的地震波反演成像是一个十分经典的反问题。已知地面观测的地震数据、弹性波方程和假定已知震源函数，对地下介质的结构和(或)弹性参数进行反演成像。正问题是研究地球介质中地震波场传播现象，总结地震波场在不同地球介质中的传播特征和规律，反问题则是根据地表观测得到的叠前地震数据，借用 Bayes 估计理论，估计地下目标区的地球物理参数的分布情况。地震勘探中正问题、反问题通常称为地震正演和地震反演，地球物理工作者研究的主要问题是地震反演问题(图 6 -1)。

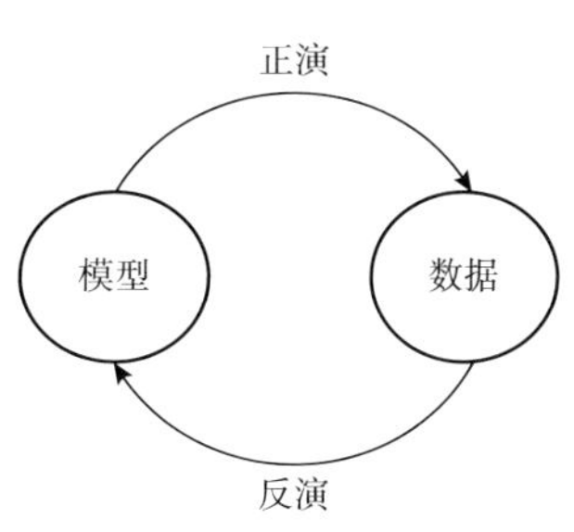

图 6 -1　地震正反演

假设地下介质模型参数为 $\boldsymbol{m}$ ，观测的地震数据为 $\boldsymbol{d}$ ，那么两者存在一个物理关系，数学上可以表示为：

$$\boldsymbol{d} = L(\boldsymbol{m}) \tag{6-1}$$

式中，L 为地下波场传播算子。由 $\boldsymbol{m}$ 获得 $\boldsymbol{d}$ 的过程即为地震正演。要想由 $\boldsymbol{d}$ 得到 $\boldsymbol{m}$ ，可以引入 L 的逆过程 L^{-1} ，地震反演则表示为：

$$\boldsymbol{m} = L^{-1}(\boldsymbol{d}) \tag{6-2}$$

地震反问题精确求解的难度很大，主要体现在三个方面：

(1)存在性。并不一定存在一个 $\boldsymbol{m}$ 被 L 作用后能够严格得到 $\boldsymbol{d}$ ，因为 $\boldsymbol{d}$ 可能会包含噪声，L 通常也无法准确表征其对应的正问题。

(2)唯一性。可能有很多乃至无穷多个满足条件的解，这主要是因为接收到的数据信息不完整，比如观测方式有限、采集孔径有限、数据频带有限等。

(3)稳定性。数值计算过程中存在着累积误差，这些看似微不足道的误差可能会导致最终反演结果的不稳定。

由于地震反演的存在性、唯一性和稳定性等难题，要由观测数据获得精确的参数模型已是不可能的事情，能做的只能是利用观测到的有限数据。基于对波场传播过程和介质的认识，估计地下的地球物理参数，并期望估计的参数值是一定理论框架下的最优解。寻求最优解的过程包含了对解的评价，也许很多模型都能拟合观测数据，哪个模型能够最大程度上表征真实的模型呢？Tarantola 利用概率论的 Bayes 估计理论，对地震反演过程及反演解进行评价，建立了现代地震反演的理论框架。

6.2.1　Bayes 框架下的最小二乘反演

通常情况下，将地震勘探中所采集到的野外记录视为一个确定的信号。但是，如果用概率论的观点来重新审视这个问题，可以将野外采集数据的过程看作是统计学上的一个随机过程，那么所采集到的野外地震记录就相当于上述随机过程的一次具体的实现。将地震数据视为随机信号，它具有期望均值、数学方差等统计信息。由于反演结果是由野外采集地震数据估计的，因此地震反演估计值也具有随机性，其特征也能够由均值和方差来表示。在统计特征上，反演结果应该满足无偏估计和方差最小。无偏表示反演估计结果与真实参数模型一致，方差最小表示反演估计结果具有最高的可靠性。如果方差很大，反演估计解的可靠性就无法保证。因而，求解地震反演问题就是利用尽量多的各种先验信息及约束条件减小反演估计结果的方差。在实际生产实践中，为了获得无偏并且方差最小的反演结果，可以基于 Bayes 反演估计的理论体系来解决地球物理中的反演问题。

Bayes 估计的概率论基本思想简述为：估计结果 $\hat{\boldsymbol{m}}$ 是后验概率密度函数 $P(\boldsymbol{m}/\boldsymbol{y})$ 决定的均值 $E\{\boldsymbol{m}/\boldsymbol{y}\}$ 。在石油地震勘探上，$\boldsymbol{y}$ 通常表示的是野外采集的数据，此时参数估计的结果 $\hat{\boldsymbol{m}}$ 就可以表示为：

$$\hat{\boldsymbol{m}} = E\{\boldsymbol{m}/\boldsymbol{y}\} = \int \boldsymbol{m}P(\boldsymbol{m}/\boldsymbol{y})\mathrm{d}\boldsymbol{m} \tag{6-3}$$

后验概率密度 $P(\boldsymbol{m}/\boldsymbol{y})$ 很难得到，但它可以用相对容易估计的数据空间的概率密度函数 $P(\boldsymbol{y})$ 、模型空间的先验概率密度函数 $P(\boldsymbol{m})$ 以及条件概率密度函数 $P(\boldsymbol{y}/\boldsymbol{m})$ 来表示，即 Bayes 公式：

$$P(\boldsymbol{m}/\boldsymbol{y}) = \frac{P(\boldsymbol{y}/\boldsymbol{m})P(\boldsymbol{m})}{P(\boldsymbol{y})} \tag{6-4}$$

式中，$P(\boldsymbol{y}/\boldsymbol{m})$ 描述了从模型空间映射到数据空间的不确定性，$P(\boldsymbol{y})$ 描述了实际野外数据采集的不确定性，$P(\boldsymbol{m})$ 反映了对模型的认识程度，在求解过程中约束解的取值范围。

根据 Bayes 公式可知，$P(\boldsymbol{m}/\boldsymbol{y})$ 的均值、方差由 $P(\boldsymbol{m})$ 、$P(\boldsymbol{y})$ 和 $P(\boldsymbol{y}/\boldsymbol{m})$ 三者决定。可以认为，对于地震反演问题的求解就是在 $P(\boldsymbol{m})$ 、$P(\boldsymbol{y})$ 、$P(\boldsymbol{y}/\boldsymbol{m})$ 的合理约束下，寻求 $P(\boldsymbol{m}/\boldsymbol{y})$ 的最大化，并且满足，期望均值为 $\hat{\boldsymbol{m}} = E\{\boldsymbol{m}/\boldsymbol{y}\} = \int \boldsymbol{m}P(\boldsymbol{m}/\boldsymbol{y})\mathrm{d}\boldsymbol{m}$ 时，模型空间的方差达到最小。

通常情况下，求解反演问题的有效方法是令 $P(\boldsymbol{m})$ 和 $P(\boldsymbol{y}/\boldsymbol{m})$ 都符合高斯分布，$P(\boldsymbol{y})$ 符合标准正态分布（假设观测系统是规则的），那么 $\boldsymbol{m}$ 的后验概率密度为：

$$P(\boldsymbol{m}) \propto \exp\left\{-\frac{1}{2}\left[L(\boldsymbol{m})-\boldsymbol{d}_{\text{obs}}\right]^{\mathrm{T}}\boldsymbol{C}_{\mathrm{D}}^{-1}\left[L(\boldsymbol{m})-\boldsymbol{d}_{\text{obs}}\right]+(\boldsymbol{m}-\boldsymbol{m}_{\text{prior}})^{\mathrm{T}}\boldsymbol{C}_{\mathrm{M}}^{-1}(\boldsymbol{m}-\boldsymbol{m}_{\text{prior}})\right\} \tag{6-5}$$

式中，$\boldsymbol{C}_{\mathrm{M}}$ 和$\boldsymbol{C}_{\mathrm{D}}$ 分别为模型空间和数据空间的协方差矩阵；$\boldsymbol{m}_{\text{prior}}$为先验模型信息；$\boldsymbol{d}_{\text{obs}}$为实际观测记录数据。

记代价函数为：

$$E(\boldsymbol{m})=\frac{1}{2}\left[L(\boldsymbol{m})-\boldsymbol{d}_{\text{obs}}\right]^{\mathrm{T}}\boldsymbol{C}_{\mathrm{D}}^{-1}\left[L(\boldsymbol{m})-\boldsymbol{d}_{\text{obs}}\right]+(\boldsymbol{m}-\boldsymbol{m}_{\text{prior}})^{\mathrm{T}}\boldsymbol{C}_{\mathrm{M}}^{-1}(\boldsymbol{m}-\boldsymbol{m}_{\text{prior}}) \tag{6-6}$$

那么，可将后验概率密度最大化问题转化为代价函数最小化问题，于是反演问题变成了一个非线性的、无约束的最优化问题。若正演算子 $L(\boldsymbol{m})$ 是一个线性函数，且($L^{H}\boldsymbol{C}_{\mathrm{D}}^{-1}L+\lambda\boldsymbol{C}_{\mathrm{M}}^{-1}$)是正定矩阵，则代价函数 $E(\boldsymbol{m})$ 是正定二次函数，可以采用梯度类方法寻求唯一的极小值点，若($L^{H}\boldsymbol{C}_{\mathrm{D}}^{-1}L+\lambda\boldsymbol{C}_{\mathrm{M}}^{-1}$)非正定矩阵，即其特征值有正有负，则可先对 $E(\boldsymbol{m})$ 做适当的正则化处理，再求取其极小值点。若正演算子 $L(\boldsymbol{m})$ 是非线性的，而代价函数 $E(\boldsymbol{m})$ 是严格凸型的，也能够利用梯度导引类的方法寻求单一极小值点，若 $E(\boldsymbol{m})$ 并非严格凸的函数，那么 $E(\boldsymbol{m})$ 存在多个极小值点，梯度类方法容易陷入局部极小值，需要采用信赖域、蒙特卡洛等全局寻优方法求解。

对于式(6－6)表示的无约束的非线性最优化问题，要想求解也是一件困难的事情，因为模型空间的协方差矩阵$\boldsymbol{C}_{\mathrm{M}}$ 和数据空间的协方差矩阵$\boldsymbol{C}_{\mathrm{D}}$ 并不容易构建。假设模型空间、数据空间的元素是相互独立的，那么协方差矩阵$\boldsymbol{C}_{\mathrm{M}}$、$\boldsymbol{C}_{\mathrm{D}}$ 则退化为对角阵。进而如果模型空间、数据空间的每个元素的方差相等，$\boldsymbol{C}_{\mathrm{M}}$、$\boldsymbol{C}_{\mathrm{D}}$ 就会变为：

$$\boldsymbol{C}_{\mathrm{M}}=\varepsilon_{\mathrm{M}}\boldsymbol{I} \tag{6-7}$$

$$\boldsymbol{C}_{\mathrm{D}}=\varepsilon_{\mathrm{D}}\boldsymbol{I} \tag{6-8}$$

式中，$\boldsymbol{I}$ 为单位矩阵；ε_{M}、ε_{D} 为常数。

此时，代价函数变成：

$$E(\boldsymbol{m})=\frac{1}{2}\left\{\varepsilon_{\mathrm{D}}^{-1}\left[L(\boldsymbol{m})-\boldsymbol{d}_{\text{obs}}\right]^{\mathrm{T}}\left[L(\boldsymbol{m})-\boldsymbol{d}_{\text{obs}}\right]+\varepsilon_{\mathrm{M}}^{-1}(\boldsymbol{m}-\boldsymbol{m}_{\text{prior}})^{\mathrm{T}}(\boldsymbol{m}-\boldsymbol{m}_{\text{prior}})\right\} \tag{6-9}$$

若不考虑先验模型信息，则代价函数进一步简化为：

$$E(\boldsymbol{m})=\frac{1}{2}\left[L(\boldsymbol{m})-\boldsymbol{d}_{\text{obs}}\right]^{\mathrm{T}}\left[L(\boldsymbol{m})-\boldsymbol{d}_{\text{obs}}\right] \tag{6-10}$$

式(6－10)定义了最小二乘意义下的代价函数。至此，基于概率论观点的 Bayes 反演问题简化为最小二乘意义下的最优化问题。

6.2.2 基于散射理论的线性最小二乘反演

散射基本理论认为地下介质是由一系列散射点组成的，可以由点散射模型表示，并包含两部分：背景均匀介质和相对于均匀介质的扰动介质。当地震波遇到扰动点时，便产生波的散射现象，将所有的散射项叠加，就得到宏观的反射波和绕射波。

根据散射理论，地下空间位置 $\boldsymbol{x}$ 处实际介质速度 $v(\boldsymbol{x})$ 分解为两部分：背景参考速度 $v_0(\boldsymbol{x})$ 和变化的扰动速度。速度扰动函数定义为：

$$a(\boldsymbol{x}) = \frac{v_0^2(\boldsymbol{x})}{v^2(\boldsymbol{x})} - 1 \tag{6-11}$$

相应地，地下传播的总波场 $u(\boldsymbol{x},\omega)$ 可以分解为参考波场(或入射波场) $u_0(\boldsymbol{x},\omega)$ 以及散射波场 $\Delta u(\boldsymbol{x},\omega)$：

$$u(\boldsymbol{x},\omega) = u_0(\boldsymbol{x},\omega) + \Delta u(\boldsymbol{x},\omega) \tag{6-12}$$

标量波方程在频率空间域形式可以表示为 L：

$$£(\boldsymbol{x},\omega)u(\boldsymbol{x},\boldsymbol{x}_s,\omega) = -\delta(\boldsymbol{x}-\boldsymbol{x}_s)S(\omega) \tag{6-13}$$

其中：

$$£(\boldsymbol{x},\omega) = \nabla^2 + \frac{\omega^2}{v^2(\boldsymbol{x})} \tag{6-14}$$

式中，$£(\boldsymbol{x},\omega)$ 为标量波传播算子；$\boldsymbol{x}_s$ 为震源点；$S(\omega)$ 为频域地震子波。

同样，背景介质中的地震传播方程可以定义为：

$$£_0(\boldsymbol{x},\omega)u_0(\boldsymbol{x},\boldsymbol{x}_s,\omega) = -\delta(\boldsymbol{x}-\boldsymbol{x}_s)S(\omega) \tag{6-15}$$

其中：

$$£_0(\boldsymbol{x},\omega) = \nabla^2 + \frac{\omega^2}{v_0^2(\boldsymbol{x})} \tag{6-16}$$

式中，$£_0(\boldsymbol{x},\omega)$ 为地下背景介质速度场中的标量波算子。

将式(6－11)和式(6－12)代入式(6－13)，并引入背景介质下的 Green 函数 $G_0(\boldsymbol{x},\boldsymbol{x}_s,\omega)$，满足：

$$\left[\nabla^2 + \frac{\omega^2}{v_0^2(\boldsymbol{x})}\right]G_0(\boldsymbol{x},\boldsymbol{x}_s,\omega) = \delta(\boldsymbol{x}-\boldsymbol{x}_s) \tag{6-17}$$

可以得到式(6－13)的积分解：

$$u(\boldsymbol{x},\boldsymbol{x}_s,\omega) = u_0(\boldsymbol{x},\boldsymbol{x}_s,\omega) + \frac{\omega^2}{v_0^2}\int G_0(\boldsymbol{x},\boldsymbol{x}',\omega)a(\boldsymbol{x}')u(\boldsymbol{x}',\boldsymbol{x}_s,\omega)\mathrm{d}\boldsymbol{x}' \tag{6-18}$$

式(6－18)是散射理论的核心方程 Lippmann－Schwinger 方程，因为其右端也存在总场 $u(\boldsymbol{x},\boldsymbol{x}_s,\omega)$，故它是一个非线性积分方程，可以采取一些近似手段来求解线性解析表达式。

对 Lippmann－Schwinger 方程进行循环展开，有：

$$\begin{aligned} u(\boldsymbol{x},\boldsymbol{x}_s,\omega) &= u_0(\boldsymbol{x},\boldsymbol{x}_s,\omega) + \frac{\omega^2}{v_0^2}\int G_0(\boldsymbol{x},\boldsymbol{x}',\omega)a(\boldsymbol{x}')u_0(\boldsymbol{x}',\boldsymbol{x}_s,\omega)\mathrm{d}\boldsymbol{x}' + \\ &\quad \frac{\omega^2}{v_0^2}\int G_0(\boldsymbol{x},\boldsymbol{x}',\omega)a(\boldsymbol{x}')\left[\frac{\omega^2}{v_0^2}\int G_0(\boldsymbol{x},\boldsymbol{x}',\omega)a(\boldsymbol{x}')u(\boldsymbol{x}',\boldsymbol{x}_s,\omega)\mathrm{d}\boldsymbol{x}'\right]\mathrm{d}\boldsymbol{x}' \\ &= U_0 + U_1 + U_2 + \cdots \end{aligned} \tag{6-19}$$

该序列即为散射序列，其中第一项 U_0 为直达波，第二项 U_1 为一阶散射波，第三项 U_2 为二阶散射波。以此类推，整个散射序列描述了地下所有散射点的介质摄动所引起的扰动场经过叠加后形成了地表观测波场的正过程。

若标量波控制方程右端的震源函数是一个脉冲，地震波场可以用 Green 函数表示，其算子形式为：

$$G = G_0 + G_0VG \tag{6-20}$$

其中：

$$V = \frac{\omega^2}{v_0^2}a(\boldsymbol{x}) \tag{6-21}$$

式中，V 为散射势，可以由标量波算子表示：

$$V = £ - £_0 = \left(\nabla^2 + \frac{\omega^2}{v^2}\right) - \left(\nabla^2 + \frac{\omega^2}{v_0^2}\right) = \frac{\omega^2}{v_0^2}\frac{v_0^2 - v^2}{v^2} \tag{6-22}$$

将式(6－20)迭代展开为：

$$\begin{aligned} G &= G_0 + G_0V(G_0 + G_0VG) \\ &= G_0 + G_0VG_0 + G_0VG_0V(G_0 + G_0VG) \\ &= G_0 + G_0VG_0 + G_0VG_0VG_0 + G_0VG_0VG_0VG_0 + \cdots \\ &= \left[\sum_{j=0}^{\infty}(G_0V)^j\right]G_0 \end{aligned} \tag{6-23}$$

式(6－23)为脉冲震源情况下的散射序列式(6－19)的算子表达式。

如果取 $j \leqslant 2$，即忽略了二阶及以上散射波场的传播过程，有：

$$G = G_0 + G_0VG_0 \tag{6-24}$$

式(6－24)仅表达了地下波场传播机理中的一阶散射现象，即 Born 近似下的波场传播外推算子，相当于对复杂波场传播算子做了线性简化。式(6－24)右端第一项仅描述了背景场的直达波传播过程，第二项则描述了弱散射假设下的一阶散射波的传播过程。

Born 近似下，线性化后的总地震波场可以表示为如下形式：

$$u(\boldsymbol{x}_r,\boldsymbol{x}_s,\omega) = u_0(\boldsymbol{x}_r,\boldsymbol{x}_s,\omega) + \int G_0(\boldsymbol{x}_r,\boldsymbol{x},\omega)V(\boldsymbol{x})u_0(\boldsymbol{x},\boldsymbol{x}_s,\omega)\mathrm{d}\boldsymbol{x} \tag{6-25}$$

散射势也可以表示成下面的形式：

$$V(\boldsymbol{x}) = \frac{\omega^2}{v_0^2(\boldsymbol{x})}\left[\frac{v_0^2(\boldsymbol{x})}{v^2(\boldsymbol{x})} - 1\right] = \omega^2\left[\frac{1}{v^2(\boldsymbol{x})} - \frac{1}{v_0^2(\boldsymbol{x})}\right] = \omega^2\left[s^2(\boldsymbol{x}) - s_0^2(\boldsymbol{x})\right] \quad (6-26)$$

式中，s 为慢度。

线性化近似后的总波场可以进一步写成：

$$u(\boldsymbol{x}_r,\boldsymbol{x}_s,\omega) = u_0(\boldsymbol{x}_r,\boldsymbol{x}_s,\omega) + \omega^2\int G_0(\boldsymbol{x}_r,\boldsymbol{x},\omega)m(\boldsymbol{x})u_0(\boldsymbol{x},\boldsymbol{x}_s,\omega)\mathrm{d}\boldsymbol{x} \quad (6-27)$$

其中：

$$m(\boldsymbol{x}) = s^2(\boldsymbol{x}) - s_0^2(\boldsymbol{x}) \quad (6-28)$$

式中，$m(\boldsymbol{x})$ 为慢度平方的扰动。

散射波场为：

$$\Delta u(\boldsymbol{x}_r,\boldsymbol{x}_s,\omega) = \omega^2\int G_0(\boldsymbol{x}_r,\boldsymbol{x},\omega)m(\boldsymbol{x})u_0(\boldsymbol{x},\boldsymbol{x}_s,\omega)\mathrm{d}\boldsymbol{x} \quad (6-29)$$

在散射假设下，背景波场 u_0 沿着地表传播或向地下转播，散射波场 Δu 是地下散射点产生的散射波，可以在地表被接收到，因而认为地表接收到的携带地下信息的信号就是散射波场记录，记为：

$$d = \Delta u(x,y,z)\big|_{z=0} \quad (6-30)$$

式(6－29)定义了一个第一类 Fredholm 积分方程，它描述了一个线性问题。将该积分方程表示为算子形式：

$$\boldsymbol{L}\boldsymbol{m} = d \quad (6-31)$$

式中，L 为第一类 Fredholm 积分方程的积分核，是一个线性算子，可以表示为：

$$L(\boldsymbol{x}_r,\boldsymbol{x}_s,\omega) = \omega^2\sum_x G_0(\boldsymbol{x}_r,\boldsymbol{x},\omega)u_0(\boldsymbol{x},\boldsymbol{x}_s,\omega) \quad (6-32)$$

对比式(6－31)和式(6－32)，线性化后的反演问题代价函数式(6－10)则可简化为：

$$E(\boldsymbol{m}) = \frac{1}{2}(\boldsymbol{L}\boldsymbol{m} - \boldsymbol{d}_{obs})^{\mathrm{T}}(\boldsymbol{L}\boldsymbol{m} - \boldsymbol{d}_{obs}) \quad (6-33)$$

式(6－33)表达了一个线性化的最小二乘反演问题，反问题要求解的是最小二乘意义下的最优的 $\boldsymbol{m}$ 值。

6.2.3 迭代反演算法

式(6－33)所定义的目标函数的物理意义是使得观测数据与预测数据的误差最小，基于这种目标泛函的反演方法称为数据域最小二乘偏移。

数据域反演目标泛函的梯度为：

$$g(\boldsymbol{m}) = \frac{\partial E(\boldsymbol{m})}{\partial \boldsymbol{m}} = \boldsymbol{L}^{\mathrm{T}}(\boldsymbol{L}\boldsymbol{m} - d_{obs}) \quad (6-34)$$

上节阐述了常规偏移相当于 Hessian 矩阵作用于真实地下参数，即：

$$\boldsymbol{H}\boldsymbol{m} = \boldsymbol{m}_0 \tag{6-35}$$

依此，可以建立一个目标函数：

$$E(\boldsymbol{m}) = \frac{1}{2}\|\boldsymbol{H}\boldsymbol{m} - \boldsymbol{m}_0\|^2 \tag{6-36}$$

式(6-36)所表达的物理意义是使得模糊化的像与常规偏移结果的误差最小，这种方法称为成像域最小二乘偏移，也称图像反褶积。

成像域反演目标泛函的梯度为：

$$g(\boldsymbol{m}) = \frac{\partial E(\boldsymbol{m})}{\partial \boldsymbol{m}} = \boldsymbol{L}^{\mathrm{T}}\boldsymbol{L}(\boldsymbol{L}^{\mathrm{T}}\boldsymbol{L}\boldsymbol{m} - \boldsymbol{m}_0) \tag{6-37}$$

对比数据域反演与成像域反演可知，数据域反演不需要直接计算和存储 Hessian 矩阵，仅需要构造一对互为共轭的反偏移算子与偏移算子，而成像域反演则需要直接计算和存储 Hessian 矩阵。两类方法相比，数据域迭代反演方法更为普遍。考虑到显式计算和存储 Hessian 矩阵的困难性，成像域通常做法是估计一个最佳滤波器近似 Hessian 矩阵的逆，再作用于常规偏移结果之上。

最小二乘偏移迭代算法，是在一定假设下由初始值逐步逼近真实解，主要方法有牛顿法和梯度法。它们的基本假设是目标函数在初始值附件满足二次型。

1. 牛顿法

将目标函数在初值模型 $\boldsymbol{m}_0$ 附近进行泰勒展开：

$$E(\boldsymbol{m}_0 + \delta\boldsymbol{m}) \approx E(\boldsymbol{m}_0) + (\delta\boldsymbol{m})^{\mathrm{T}}\boldsymbol{g}(\boldsymbol{m}_0) + \frac{1}{2}(\delta\boldsymbol{m})^{\mathrm{T}}\boldsymbol{H}\delta\boldsymbol{m} \tag{6-38}$$

式中，$\boldsymbol{g}(\boldsymbol{m}_0)$ 为初始模型处目标函数的导数，具体可以表示为：

$$\boldsymbol{g}(\boldsymbol{m}_0) = \frac{\partial E(\boldsymbol{m})}{\partial \boldsymbol{m}}\Big|_{m_0} \tag{6-39}$$

求目标函数的极小值，令其一阶导数为零，可以得到更新量：

$$\delta\boldsymbol{m} = -\boldsymbol{H}^{-1}\boldsymbol{g}(\boldsymbol{m}_0) \tag{6-40}$$

因而，要求的参数值表示为：

$$\boldsymbol{m} = \boldsymbol{m}_0 - \boldsymbol{H}^{-1}\boldsymbol{g}(\boldsymbol{m}_0) \tag{6-41}$$

这样一步就能由初始值 $\boldsymbol{m}_0$ 获得要反演的解。然而，如前面所述，梯度为零仅仅是一种理想假设，无法一步完成模型的更新。针对这个问题，可以进行多次更新，其迭代的格式为：

$$\boldsymbol{m}_{k+1} = \boldsymbol{m}_k - \boldsymbol{H}_k^{-1}\boldsymbol{g}_k \tag{6-42}$$

式中，$\boldsymbol{m}_k$、$\boldsymbol{m}_{k+1}$ 为第 k、$k+1$ 次的迭代结果，$\boldsymbol{g}_k$ 为第 k 次迭代后的泛函梯度，$\boldsymbol{H}_k^{-1}$ 为第 k 次迭代后的 Hessian 逆矩阵。基于上面的迭代公式，可以逐步由初始值收敛到一个最优解。

目标泛函的梯度用算子形式表示为：

$$g(\boldsymbol{m}) = \boldsymbol{L}^{\mathrm{T}}(\boldsymbol{L}\boldsymbol{m} - d_{\mathrm{obs}}) = \boldsymbol{L}^{\mathrm{T}}\delta d \tag{6-43}$$

可以看出，梯度是对观测数据 d_{obs} 与预测数据 d_{cal} 的残差波场 δd 进行偏移成像。从式(6－42)可知，牛顿法需要计算 Hessian 矩阵的逆 $\boldsymbol{H}^{-1}$，因而牛顿法实现起来比较困难。

2. 最速下降法

最速下降法又称梯度法，其基本思想是从初始值出发，沿着函数在该点下降速度最快的方向搜索函数的最小值。梯度法是将牛顿法中 Hessian 矩阵的逆简化为一个数，作为沿着梯度方向寻优的步长。

梯度法的迭代格式为：

$$\boldsymbol{m}_{k+1} = \boldsymbol{m}_k - \mu_{k+1}\boldsymbol{g}_k \tag{6-44}$$

式中，μ_{k+1} 为迭代步长。梯度法反演的关键是步长的求取。将目标函数在第 k 次模型上做泰勒展开：

$$E(\boldsymbol{m}_k - \mu_{k+1}\boldsymbol{g}_k) \approx E(\boldsymbol{m}_k) - \mu_{k+1}(\boldsymbol{g}_k)^{\mathrm{T}}\boldsymbol{g}_k + \frac{1}{2}\mu_{k+1}^2(\boldsymbol{L}\boldsymbol{g}_k)^{\mathrm{T}}\boldsymbol{L}\boldsymbol{g}_k \tag{6-45}$$

令梯度为零，得到最优步长：

$$\mu_{k+1} = \frac{(\boldsymbol{g}_k)^{\mathrm{T}}\boldsymbol{g}_k}{(\boldsymbol{L}\boldsymbol{g}_k)^{\mathrm{T}}\boldsymbol{L}\boldsymbol{g}_k} \tag{6-46}$$

最速下降法最小二乘偏移的计算步骤为：

(1)由给定的偏移速度场，对观测数据 d_{obs} 作偏移成像，作为最小二乘偏移的初始值 $\boldsymbol{m}_0$；

(2)由第 i 次迭代后的偏移成像值 $\boldsymbol{m}_i$（$i = 0,1,2\cdots$）进行反偏移，正演模拟预测数据 d_{cal}；

(3)计算观测数据 d_{obs} 与预测数据 d_{cal} 的残差波场 δd，当残差满足设定条件时迭代停止；

(4)对残差波场 δd 进行偏移成像，得到目标泛函的梯度 $\boldsymbol{g}_i$；

(5)采用式(6－46)，计算迭代步长 μ；

(6)利用式(6－44)更新偏移成像值；

(7)转到步骤(2)。

最速下降法的优点是实现简单方便，缺点是收敛速度慢，效率低。某些情况下，可能出现如图 6－2 所示的锯齿状的迭代轨迹，需要经过很多次迭代，才能收敛到一个可接受的结果。有时甚至经过特别多的迭代过程，仍然无法得到一个比较好的结果。这是因为二次函数的椭球面形态由 Hessian 矩阵条件数决定，椭球面的长轴、短轴分别对应

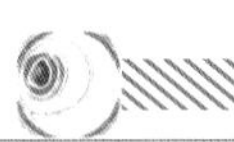

于 Hessian 矩阵的最小特征值、最大特征值方向，长度跟特征值的算术平方根呈反比关系。最大、最小特征值的比值越高，则椭球面形态越扁，那么寻优路径走的折路越多，计算效率也就越慢。

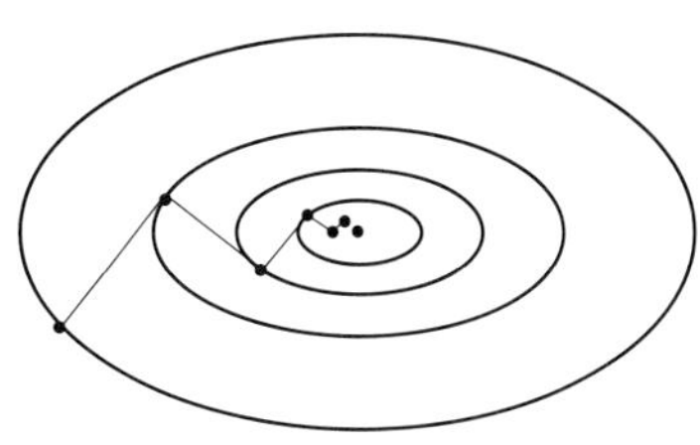
图 6-2 最速下降法寻优轨迹

3. 共轭梯度法

共轭梯度法是针对上述最速下降法问题的优化和改进。其思想是利用前次迭代的梯度方向对当前的梯度方向进行修改，从而改进梯度法的锯齿收敛问题，提高收敛的效率。共轭梯度法是最优化里边最普遍的方法之一，它是计算无约束最优化问题中的一种非常重要的方法。Fletcher 和 Reeves(1964)较早地把共轭梯度法用到了无约束优化问题当中。

利用共轭梯度法进行迭代时，模型更新的表达式可以写为：

$$\boldsymbol{m}_{k+1} = \boldsymbol{m}_k - \mu_{k+1} \boldsymbol{d}_k \tag{6-47}$$

步长的求取与最速下降法类似：

$$\mu_{k+1} = \frac{(\boldsymbol{d}_k)^{\mathrm{T}} \boldsymbol{g}_k}{(\boldsymbol{L} \boldsymbol{d}_k)^{\mathrm{T}} \boldsymbol{L} \boldsymbol{d}_k} \tag{6-48}$$

式中，$\boldsymbol{d}_k$ 为共轭梯度方向：

$$\boldsymbol{d}_k = \begin{cases} -\boldsymbol{g}_k & k = 1 \\ -\boldsymbol{g}_k + \alpha_k \boldsymbol{d}_{k-1} & k \geqslant 2 \end{cases} \tag{6-49}$$

式中，α_k 为共轭梯度方向的修正因子。关于 α_k 的构造方式，存在以下几种不同的方法：

1) FR 方法

$$\alpha_k = \frac{\boldsymbol{g}_k^{\mathrm{T}} \boldsymbol{g}_k}{\boldsymbol{g}_{k-1}^{\mathrm{T}} \boldsymbol{g}_{k-1}} \tag{6-50}$$

2) PRP 方法

$$\alpha_k = \frac{(\boldsymbol{g}_k - \boldsymbol{g}_{k-1})^{\mathrm{T}} \boldsymbol{g}_k}{\boldsymbol{g}_{k-1}^{\mathrm{T}} \boldsymbol{g}_{k-1}} \tag{6-51}$$

3) HS 方法

$$\alpha_k = \frac{(\boldsymbol{g}_k - \boldsymbol{g}_{k-1})^{\mathrm{T}} \boldsymbol{g}_k}{(\boldsymbol{g}_k - \boldsymbol{g}_{k-1})^{\mathrm{T}} \boldsymbol{h}_{k-1}} \tag{6-52}$$

4) DY 方法

$$\alpha_k = \frac{\boldsymbol{g}_k^{\mathrm{T}} \boldsymbol{g}_k}{(\boldsymbol{g}_k - \boldsymbol{g}_{k-1})^{\mathrm{T}} \boldsymbol{h}_{k-1}} \tag{6-53}$$

以上方法中应用最普遍的是 FR 方法和 PRP 方法。本章研究采用了 PRP 方法。

共轭梯度法最小二乘偏移的计算步骤为：

(1)由给定的偏移速度场，对观测数据 d_{obs} 作偏移成像，作为最小二乘偏移的初始值 $\boldsymbol{m}_0$；

(2)由第 i 次迭代后的偏移成像值 $\boldsymbol{m}_i$（$i=0,1,2\cdots$）进行反偏移，正演模拟预测数据 d_{cal}；

(3)计算观测数据 d_{obs} 与预测数据 d_{cal} 的残差波场 δd，当残差满足设定条件时迭代停止；

(4)对残差波场 δd 进行偏移成像，得到目标泛函的梯度 $\boldsymbol{g}_i$；

(5)利用式(6-49)获得共轭梯度的方向，其中 α_k 采用式(6-51)计算；

(6)采用式(6-48)，计算迭代步长 μ；

(7)利用式(6-47)更新偏移成像值；

(8)转到步骤(2)。

共轭梯度算法是介于传统梯度法与牛顿法间的一种反演方法，只需要利用一阶线性信息，它是一种超线性的反演解法。其优点是数据存储量小，仅需存储目标函数的两次梯度值，稳定性高。

4. 拟牛顿法

如前面所述，牛顿法需要 Hessian 矩阵的逆 $\boldsymbol{H}^{-1}$，这是件困难的事情。拟牛顿法的核心思想是构造与 Hessian 矩阵相似的正定矩阵，而构造方法计算量比牛顿法小。共轭梯度法也避开了 Hessian 矩阵的直接计算，一定程度上可以认为拟牛顿法是共轭梯度法的兄弟。

经典拟牛顿法是 BFGS 方法，通过以下方式对 $\boldsymbol{H}^{-1}$ 进行近似估计。

记：

$$\boldsymbol{B}=\boldsymbol{H}^{-1} \tag{6-54}$$

为估计出 Hessian 矩阵的逆，$\boldsymbol{H}$ 和 $\boldsymbol{B}$ 的更新公式为：

$$\boldsymbol{H}_{k+1}=\boldsymbol{H}_k-\frac{\boldsymbol{H}_k\boldsymbol{s}_k\boldsymbol{s}_k^{\mathrm{T}}\boldsymbol{H}_k}{\boldsymbol{s}_k^{\mathrm{T}}\boldsymbol{H}_k\boldsymbol{s}_k}+\frac{\boldsymbol{y}_k\boldsymbol{y}_k^{\mathrm{T}}}{\boldsymbol{s}_k^{\mathrm{T}}\boldsymbol{y}_k} \tag{6-55}$$

$$\boldsymbol{B}_{k+1}=\boldsymbol{B}_k-\frac{\boldsymbol{B}_k\boldsymbol{y}_k\boldsymbol{s}_k^{\mathrm{T}}+\boldsymbol{s}_k\boldsymbol{y}_k^{\mathrm{T}}\boldsymbol{B}_k}{\boldsymbol{y}_k^{\mathrm{T}}\boldsymbol{s}_k}+\left(1+\frac{\boldsymbol{y}_k^{\mathrm{T}}\boldsymbol{B}_k\boldsymbol{y}_k}{\boldsymbol{s}_k^{\mathrm{T}}\boldsymbol{y}_k}\right)\frac{\boldsymbol{s}_k\boldsymbol{s}_k^{\mathrm{T}}}{\boldsymbol{s}_k^{\mathrm{T}}\boldsymbol{y}_k} \tag{6-56}$$

其中：

$$\boldsymbol{s}_k=\boldsymbol{m}_{k+1}-\boldsymbol{m}_k \tag{6-57}$$

$$\boldsymbol{y}_k=\nabla\boldsymbol{E}(\boldsymbol{m}_{k+1})-\nabla\boldsymbol{E}(\boldsymbol{m}_k) \tag{6-58}$$

从公式中可以看出，这种方法需要存储 $\boldsymbol{B}$ 和 $\boldsymbol{H}$，对内存提出非常高的要求。针对这一问题，发展了有限内存的 BFGS 法，只需要保存每次计算的模型残差 $\boldsymbol{s}_k$ 和梯度残差 $\boldsymbol{y}_k$ 即可。

6.2.4 正则化思想与方法

地震反演问题具有很强的非线性，正则化是获得稳定的反演解的必要措施。下面首先从确定性反演问题出发讨论正则化的含义，然后针对确定性反演理论的问题给出 Bayes 框架下正则化的思想，最后简单描述勘探地球物理中的正则化方法和物理意义。

1. 确定性参数估计的正则化思想

考虑到噪声，地震正问题表达式(6－31)可以修改为：

$$\boldsymbol{d} = \boldsymbol{L}\,\boldsymbol{m}_{\text{true}} + \boldsymbol{\eta} \tag{6-59}$$

式中，$\boldsymbol{\eta}$ 为数据中的噪声。一般地，$\boldsymbol{L}$ 既非满秩，条件数也比较大，因此上面的矩阵方程是极其不稳定的，相应的反问题是病态问题。为此，可以引入对解的约束，降低解空间的大小。下面分析上式核函数 $\boldsymbol{L}$ 的特征对于解的影响，从中认识确定性反演正则化思想的本质。

假设 $\boldsymbol{L}$ 存在如下的 SVD 分解：

$$\boldsymbol{L} = \boldsymbol{U}diag(s_i)\boldsymbol{V}^{\mathrm{T}} \tag{6-60}$$

式中，s_i 为矩阵的奇异值；$\boldsymbol{V}$ 的列向量称右奇异特征向量；$\boldsymbol{U}$ 的列向量称左奇异特征向量，并且有：

$$\boldsymbol{u}_i^{\mathrm{T}}\boldsymbol{u}_j = \delta_{ij} \tag{6-61}$$

$$\boldsymbol{v}_i^{\mathrm{T}}\boldsymbol{v}_j = \delta_{ij} \tag{6-62}$$

则线性方程的解可以表达为下面形式：

$$\boldsymbol{L}^{-1}\boldsymbol{d} = \boldsymbol{V}diag(s_i^{-1})\,\boldsymbol{U}^{\mathrm{T}}\boldsymbol{d} = \boldsymbol{m}_{\text{true}} + \sum_{i=1}^{n} s_i^{-1}(\boldsymbol{u}_i^{\mathrm{T}}\boldsymbol{\eta})\,\boldsymbol{v}_i \tag{6-63}$$

式(6－63)右端的第二项定义为解的误差：

$$\boldsymbol{m}_e = \sum_{i=1}^{n} s_i^{-1}(\boldsymbol{u}_i^{\mathrm{T}}\boldsymbol{\eta})\,\boldsymbol{v}_i \tag{6-64}$$

从式(6－64)可看出，解的不稳定性是由小奇异值引起，不唯一性是由 $\boldsymbol{L}$ 不满秩而引起。若 $\boldsymbol{L}$ 是满秩的，$\boldsymbol{m}_{\text{true}}$ 的估计受噪声水平和 $\boldsymbol{L}$ 的影响。小的奇异值可能导致巨大的解估差，甚至不可解。为此，可以引入滤波函数，作用于 s_i。最为经典的滤波函数为：

$$w_\alpha(s^2) = \frac{s^2}{s^2 + \alpha} \tag{6-65}$$

式中，α 为滤波参数。

相应地，估计解表示为如下形式：

$$\begin{aligned}\boldsymbol{m}_\alpha &= \boldsymbol{V}diag[w_\alpha(s_i^2)s_i^{-1}]\,\boldsymbol{U}^{\mathrm{T}}\boldsymbol{d} = \sum_{i=1}^{n} w_\alpha(s_i^2)s_i^{-1}(\boldsymbol{u}_i^{\mathrm{T}}\boldsymbol{d})\,\boldsymbol{v}_i \\ &= (\boldsymbol{L}^{\mathrm{T}}\boldsymbol{L} + \alpha\boldsymbol{I})^{-1}\,\boldsymbol{L}^{\mathrm{T}}\boldsymbol{d}\end{aligned} \tag{6-66}$$

这就是 Tikhonov 正规化思想，反问题目标函数描述为：

$$E(\boldsymbol{m}) = \frac{1}{2}(\|\boldsymbol{Lm} - \boldsymbol{d}_{\text{obs}}\|^2 + \alpha\|\boldsymbol{m}\|^2) \tag{6-67}$$

正则化参数 α 在反演过程中起到很关键的作用，如何选择合适的参数，数学上发展了有几种常用方法，包括广义交叉校验方法、L 曲线法法和偏差原理等。然而实际反演过程中，数据误差的能量与模型误差的能量具有不同的物理量纲，超级参数 α 没有很明确的物理意义，确定 α 是一件困难的事情。此外，由于确定性反演中缺乏对反演解的有效评价以及先验信息表达存在局限，使得确定性反演理论和正则化方法存在较大的局限性。因而，有必要从 Bayes 框架下讨论正则化思想和方法。

2. 随机性参数估计的正则化思想

随机反演方法的基本思想是实测数据是随机信号，反演结果同样是随机的，需要引入概率分布函数和统计量评价反演解。

最常用随机反演方法是 Bayes 估计方法。对于线性反演，Tarantola 给出了泛函定义：

$$S(\boldsymbol{m}) = \frac{1}{2}(\boldsymbol{Lm} - \boldsymbol{d}_{\text{obs}})^{\text{T}}\boldsymbol{C}_{\text{D}}^{-1}(\boldsymbol{Lm} - \boldsymbol{d}_{\text{obs}}) + \varepsilon\,\boldsymbol{m}^{\text{T}}\boldsymbol{C}_{\text{M}}^{-1}\boldsymbol{m} \tag{6-68}$$

上式法方程如下：

$$(\boldsymbol{L}^{\text{T}}\boldsymbol{C}_{\text{D}}^{-1}\boldsymbol{L} + \varepsilon\,\boldsymbol{C}_{\text{M}}^{-1})\boldsymbol{m} = \boldsymbol{L}^{\text{T}}C_{\text{D}}^{-1}\boldsymbol{d}_{\text{obs}} \tag{6-69}$$

对于该反演问题，正则化的核心是选择合适的数据协方差矩阵及模型协方差矩阵。相比较引入超级参数方法，这种思想物理意义更加明确，参数估计结果更具有地质意义。依此，王华忠将正则化定义为使不适定(或非线性较强或凸性差)地球物理反问题求解更稳定、估计值更具地质意义的一类方法。

反演正则化可以是仅模型正则化、仅数据正则化以及同时考虑模型正则化、数据正则化。只采用数据正则化时，法方程为：

$$\boldsymbol{L}^{\text{T}}\boldsymbol{C}_{\text{D}}^{-1}\boldsymbol{Lm} = \boldsymbol{L}^{\text{T}}\boldsymbol{C}_{\text{D}}^{-1}\boldsymbol{d}_{\text{obs}} \tag{6-70}$$

数据协方差阵的逆作用于数据相当于对数据进行某种分解，仅仅利用数据的主成分(可靠成分)决定模型解的主要成分。只采用模型的正则化时，即令数据的协方差矩阵是单位阵，有：

$$\boldsymbol{L}^{\text{T}}\boldsymbol{Lm} + \varepsilon\,\boldsymbol{C}_{\text{M}}^{-1}\boldsymbol{m} = \boldsymbol{L}^{\text{T}}\boldsymbol{d}_{\text{obs}} \tag{6-71}$$

模型协方差矩阵的元素体现了模型参数各分量的相关性，模型协方差矩阵的逆矩阵起到解开各分量之间相关性的作用。模型参数的二阶统计量特征是模型正则化的关键，然而这是非常难以做到的。模型协方差矩阵的逆矩阵无法直接构造，可以从模型协方差矩阵的特点来构造模型正则化算子。协方差算子是一个光滑算子，可以用(各向异性)高斯函数来构建；协方差算子的逆算子自然是粗糙算子，应取为 Laplace 算子。Laplace 算

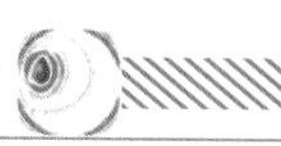

子作用到模型上去除模型中的结构信息，使式(6－68)的第二项更符合高斯分布的假设，由此可以得到：

$$(\boldsymbol{L}^{\mathrm{T}}\boldsymbol{L}+\varepsilon\boldsymbol{R}^{\mathrm{T}}\boldsymbol{R})\boldsymbol{m}=\boldsymbol{L}^{\mathrm{T}}\boldsymbol{d}_{\mathrm{obs}} \tag{6-72}$$

式中，$\boldsymbol{R}$ 为粗糙化算子。本式即为考虑模型正则化后的线性方程，它的解是光滑的，该方程所表达的模型正则化方法就是常见的 Tikhonov 正则化。

3. 正则化的地球物理意义

勘探地震反演成像中，把地质信息合理地融入反演中是最基本的要求。模型正则化的核心是如何利用已知的构造信息。整形正则化是一种具有一定代表性的方法。该方法引入了对模型参数的变换：

$$\boldsymbol{m}'=D\boldsymbol{m} \tag{6-73}$$

式中，D 为对模型参数的特征变换算子。

定义一个整形正则化算子为：

$$\boldsymbol{S}=(\boldsymbol{I}+\lambda^{2}D^{\mathrm{T}}D)^{-1} \tag{6-74}$$

正则化方程可以写为：

$$[\boldsymbol{S}(\boldsymbol{L}^{\mathrm{T}}\boldsymbol{L}-\boldsymbol{I})+\boldsymbol{I}]\boldsymbol{m}=\boldsymbol{S}\boldsymbol{L}^{\mathrm{T}}\boldsymbol{d}_{\mathrm{obs}} \tag{6-75}$$

可以看出，$\boldsymbol{S}$ 算子是作用于梯度上的，其目的是对梯度进行加强梯度纹理的滤波。$\boldsymbol{S}$ 对应 Hessian 逆算子，为非光滑算子，当 $\boldsymbol{S}=\boldsymbol{I}$ 时，退化为无正则化情形，当 $\boldsymbol{S}=\lambda\boldsymbol{I}$ 时，作用类似于一个尺度算子。由于 $\boldsymbol{S}$ 算子是 Hessian 逆算子，起到梯度的特征分解的作用。一般地，可以通过构造各向异性高斯函数来构建。

地震反演成像的核心是通过迭代法对参数进行更新，其中梯度是最重要的因素。各种正则化方法最终体现在梯度上，比如 TV 正则化、变换域表达模型，梯度表现出符合地质意义的特点是地球物理的要求。

下面讨论数据正则化的意义。不考虑模型的特征约束，$\boldsymbol{C}_{\mathrm{M}}^{-1}$ 等于零，式(6－69)变为：

$$\boldsymbol{C}_{\mathrm{D}}^{-1}\boldsymbol{L}\boldsymbol{m}=\boldsymbol{C}_{\mathrm{D}}^{-1}\boldsymbol{d}_{\mathrm{obs}} \tag{6-76}$$

可以看出，数据正则化/预条件实质上是对观测数据做某种变换，$\boldsymbol{C}_{\mathrm{D}}^{-1}$ 表示变换矩阵。可以从不同的角度解释变换矩阵 $\boldsymbol{C}_{\mathrm{D}}^{-1}$ 的含义，它可以被认为数据协方差的逆，数据协方差矩阵体现数据向量各元素间的相关性，其逆作用于数据向量相当于解开了输入数据各元素间的相关性；也可以从基函数变换的角度理解变换矩阵 $\boldsymbol{C}_{\mathrm{D}}^{-1}$，更容易看出它的作用就是解开数据向量各分量之间的相关性，得到数据的稀疏特征表达。数学上看，式(6－76)表示的预条件就是改善反演系数矩阵 $\boldsymbol{L}$ 的稀疏特性。若取 $\boldsymbol{C}_{\mathrm{D}}^{-1}\approx\boldsymbol{L}^{-1}$，则意味着大幅改善系数矩阵 $\boldsymbol{L}$ 的特征值展布，减小了系数矩阵 $\boldsymbol{L}$ 的条件数。这与对数据进行稀疏表达是联系在一起的。

6.2.5 小结

地震波反演是整个地球物理学的核心问题，它具有一整套完整的理论和方法。本节从三个层次详细论述了地震波场反演的基础理论。第一层次是由概率论观点出发，在Bayes估计的理论框架内建立一套评判地球物理反演结果的合理准则，给出了地震波反演的理念，并且建立了Bayes框架下的2范数误差目标泛函。第二层次问题是误差泛函的最优化求解，主要是解一个梯度导引的迭代优化问题，详述了牛顿法、最速下降法、共轭梯度法以及拟牛顿法等具体解法。第三层次问题是地球物理反演正则化问题。因为地震勘探反问题的解不是唯一确定的，地震反演的关键是如何从中获得从业者期望得到的解或如何得到具有一定实际地质意义的解。确定性反演理论下正则化是改善病态问题解的稳定性，具体物理意义不明确，随机性反演理论将协方差的逆作为正则化约束，使得正则化具有明确的物理意义，参数估计结果也更具有地质意义。

6.3 最小二乘逆时偏移技术

到目前为止，地震波成像应该在统一的Bayes反演框架下进行理论描述。基于成像方法的实际应用方面的考虑，常规的偏移成像方法的目标本质上是希望正确地定位反射系数或散射体的空间位置。而最小二乘偏移成像是解一个线性反演问题，以解决常规偏移成像因数据采集、波场传播和成像条件限制导致的振幅能量不均衡、分辨率低和噪声干扰问题。常规偏移可以视为是迭代法最小二乘偏移的初始解，多次迭代后获得一个最优的散射强度估计结果(成像道集或剖面)作为最小二乘偏移成像结果。

勘探地震的层状结构介质特点、在其中的波传播特点以及地面观测系统的特点决定了地震波成像中的正问题描述方法及相应的反演方法。本节首先分析常规逆时偏移成像的物理意义，讨论反射系数成像与散射强度成像的差异。在以反射系数成像为目标的基础上，开展最小二乘逆时偏移成像方法研究。

6.3.1 地震波成像含义

地震波成像的本质是反演地下介质的参数。参数描述是反问题的核心环节。地下介质弹性参数的反演包括空间几何形态的分布的估计和参数值大小的估计。定位弹性参数变化的空间位置(高波数成分)的成像方法称为偏移成像方法，估计弹性参数值(宽或全波数成分)的成像方法称为反演成像方法。很显然，反演成像方法是包含偏移成像方法

的。偏移成像采用了 Claerbout 提出的波场外推 + 成像条件的成像理念，代表方法为波动方程逆时偏移，Kirchhoff 积分偏移(包括 Beam 偏移)仅仅是地震波正演使用了波动方程的高频近似解法而已。反演成像采用了 Tarantola 提出的 Bayes 反演框架，代表方法为 FWI 全波形反演。FWI 是一个典型的非线性问题，反演难度很大，为了提高反演的实用性，更好地估计地层介质的参数信息，通常需要将非线性问题逐步进行线性近似。

常用线性近似模式主要包括两种，一种是背景速度 + 扰动速度，另一种为背景速度 + 反射系数。因而，介质参数高波数成分的成像目标可以是散射强度，也可以是反射系数。地震波成像方法的构建需要考虑介质变化的特点。鉴于地下介质以层状为主，地震波成像方法还是以定位反射界面的位置或产生角度反射系数道集为主要的成像目标。基于地下介质散射分布假设和 FWI 理论框架的地震波成像理论和方法的有效性依然在研究发展过程中。

下面首先从逆时偏移的实现方法出发分析逆时偏移成像的意义，然后比较反射系数成像与散射强度成像的不同，指出反射系数成像是当前地震成像的主要目标。

1. 逆时偏移成像方法及其数学物理含义

地震偏移成像基础是 Claerbout 给出的成像方法：波场外推 + 成像条件。成像条件描述为：成像点处，入射波到达时等于反射波的出发时。这不是由 Bayes 反演框架产生的成像思想，而是由物理直觉给出的地震波成像方法。积分类的成像方法也可以归于按这样的理念进行。

基于 Claerbout 成像条件，逆时偏移方法给出的地下 $\boldsymbol{x}$ 处的成像值由该点入射波场和反(包括散)射波场互相关获取：

$$I(\boldsymbol{x}) = \int_0^{T} u_{s}(\boldsymbol{x},t)\,u_{r}(\boldsymbol{x},t)\,dt \tag{6-77}$$

式中，u_s、u_r 分别为入射波场和反(散)射波场；T 为波场传播时间。

波场沿时间外推是波动方程叠前逆时偏移的核心，波场外推实质上就是通过数值求解波动方程定解问题，得到入射波场和反射波场。

首先列出背景速度下，入射波场传播模拟对应的定解问题为：

$$\begin{cases} \dfrac{1}{v_0^2}\dfrac{\partial^2 u_s}{\partial t^2}(\boldsymbol{x},\boldsymbol{x}_s,t) - \nabla^2 u_s(\boldsymbol{x},\boldsymbol{x}_s,t) = f(t)\delta(\boldsymbol{x}-\boldsymbol{x}_s) \\ u_s(\boldsymbol{x},\boldsymbol{x}_s,t) = 0 \\ \dfrac{\partial u_s}{\partial t}(\boldsymbol{x},\boldsymbol{x}_s,t) = 0 \end{cases} \tag{6-78}$$

式中，$f(t)$ 为震源子波。很显然，这是一个非齐次方程的 Cauchy 问题。背景介质中，数值求解上述定解问题，可以得到任意空间点任意时间的入射波场分布。开始计算波场传播时，在震源位置加入子波项，激励出后续的传播波场。

正传震源波场可以写成 Green 函数表达的形式：

$$\hat{u}_s(\boldsymbol{x},\boldsymbol{x}_s,\omega) = \hat{f}(\omega)G_0(\boldsymbol{x},\boldsymbol{x}_s,\omega) \tag{6-79}$$

反射波场也是在背景介质中，求解一个对应的定解问题得到的。该定解问题的提法是：已知地表观测的波场(实质上是已知一个封闭面上的波场)，把该波场视为一个激励源，数值上逆时求解相应的定解问题，得到任意时间任意空间位置处的反(散)射波波场。反(散)射波波场逆时外推对应的定解问题为：

$$\begin{cases} \dfrac{1}{v_0^2}\dfrac{\partial^2 u_r}{\partial t^2}(\boldsymbol{x},\boldsymbol{x}_r,t) = \nabla^2 u_r(\boldsymbol{x},\boldsymbol{x}_r,t) + \dfrac{\partial u_B(\boldsymbol{x}_r,t)}{\partial t} \\ u_r(\boldsymbol{x},t_{max} = LT) = 0 \\ \dfrac{\partial u_r}{\partial t}(\boldsymbol{x},t_{max} = LT) = 0 \end{cases} \tag{6-80}$$

式中，$u_B(\boldsymbol{x}_r,t)$ 为地表检波点观测的炮记录。已知地表观测的炮记录，本质上应该已知一个封闭面上所有点处的波场(应该还需要知道波场在边界上的法向导数)，进行逆时间外推，可以重构出正向波场外推得到的波场(即上述 Cauchy 问题的解)。Cauchy 问题的求解与已知封闭面上的波场进行逆时外推应该是互为共轭的过程。

反传波场写成 Green 函数表达的形式为：

$$\hat{u}_r(\boldsymbol{x},\boldsymbol{x}_s,\omega) = i\omega G_0^*(\boldsymbol{x}_r,\boldsymbol{x}_s,\omega)\hat{d}(\boldsymbol{x}_r,\boldsymbol{x}_s,\omega) \tag{6-81}$$

那么，偏移成像值表示为：

$$I(\boldsymbol{x}) = \sum_{\omega}\sum_{x_s}\hat{f}(\omega)G_0(\boldsymbol{x},\boldsymbol{x}_s,\omega)\sum_{x_r} i\omega\hat{d}(\boldsymbol{x}_r,\boldsymbol{x}_s,\omega)G_0^*(\boldsymbol{x},\boldsymbol{x}_r,\omega) \tag{6-82}$$

式(6－82)与 Bleistein 给出的真振幅共炮点 Kirchhoff 偏移反演公式具有相同的频率、相位信息。我们知道，Kirchhoff 偏移反演给出的结果是反射系数成像，因而逆时偏移成像结果也是反射系数的模糊估计。

下面是一个三层水平层状模型正演模拟数据的逆时偏移成像结果，图 6－3 是速度模型，图 6－4 是零角度反射系数。利用有限差分方法正演模拟了 280 炮数据，图 6－5 是利用平滑速度得到的逆时偏移成像结果。

图 6－3　水平层状速度模型

图 6－4　反射系数模型

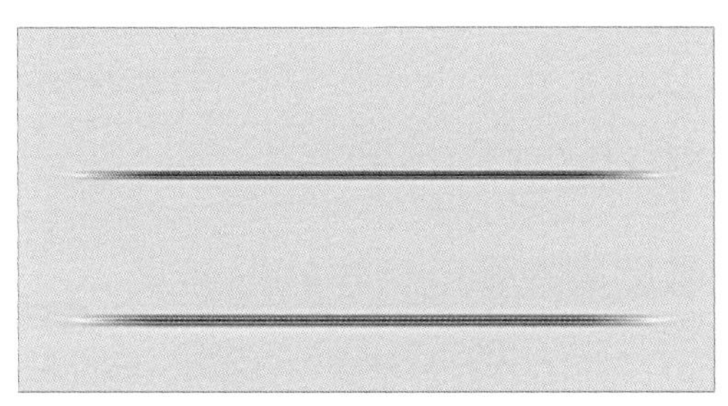

图 6－5 逆时偏移结果

从图 6－5 可以看出，逆时偏移结果是反射系数与地震子波综合作用的结果，逆时偏移成像实质上是反射系数成像。

2. 反射系数成像与散射强度成像的对比

上一节基于 Born 近似假设导出了线性化的地震正问题表达式，其中地下参数模型表示为：

$$m(\boldsymbol{x}) = \frac{1}{v_0^2(\boldsymbol{x})}\left[\frac{v_0^2(\boldsymbol{x})}{v^2(\boldsymbol{x})} - 1\right] = \frac{1}{v^2(\boldsymbol{x})} - \frac{1}{v_0^2(\boldsymbol{x})} \tag{6-83}$$

即慢度平方的扰动，$m(\boldsymbol{x})$ 也可以近似表达成如下形式：

$$m(\boldsymbol{x}) = \frac{[v_0(\boldsymbol{x}) - v(\boldsymbol{x})][v(\boldsymbol{x}) + v_0(\boldsymbol{x})]}{v_0^2(\boldsymbol{x})v^2(\boldsymbol{x})} \approx \frac{2\delta v(\boldsymbol{x}) \cdot v_0(\boldsymbol{x})}{v_0^2(\boldsymbol{x})v_0^2(\boldsymbol{x})} = \frac{2\delta v(\boldsymbol{x})}{v_0^3(\boldsymbol{x})} \tag{6-84}$$

可以看出，$m(\boldsymbol{x})$ 也可以视为速度的扰动。常密度假设下，它也代表了波阻抗的扰动。$m(\boldsymbol{x})$ 代表了 Born 近似下的散射强度。

基于式(6－84)，估计散射强度的逆时偏移成像值为：

$$I(\boldsymbol{x}) = \boldsymbol{L}^{\mathrm{T}}d = \sum_{\omega}\sum_{x_s}\hat{f}(\omega)G_0(\boldsymbol{x},\boldsymbol{x}_s,\omega)\sum_{x_r}\omega^2\hat{d}(\boldsymbol{x}_r,\boldsymbol{x}_s,\omega)G_0^*(\boldsymbol{x},\boldsymbol{x}_r,\omega) \tag{6-85}$$

对比式(6－82)与式(6－85)可知，与反射系数成像相比，散射强度成像值中多了 $i\omega$，相当于相位移了 90°，频带整体向高频端移动。图 6－6 是散射强度成像结果。从以上分析可以看出，散射强度成像与反射系数成像有不同的物理意义，但对于偏移成像结果看，它们并没有太大实质差异。但是，对保真成像而言，必须把二者的差异讲清楚。抛开地震子波，波阻抗是一个 Heaviside 函数，反射系数是一个 δ 函数，二者之间是一个一阶微分和积分的关系。

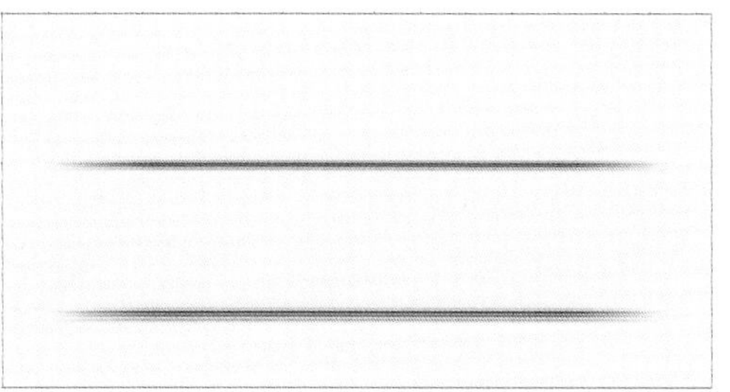

图 6－6 散射强度成像结果

目前，实际生产中地球物理工作者所期望的成像结果是更高的分辨率、更好的照明和更合理的振幅。另外，由于勘探地震中缺乏低频、地下介质主要为层状介质、AVA 反演/分析在储层描述中占有重要地位等原因，更好地估计反射系数依然是当前地震成像的主流需求。最小二乘偏移成像显然也希望首先估计层状介质的反射系数，然后再过渡到估计地下各处的散射强度(最好是估计波阻抗)。

6.3.2 反射系数反演成像的数学物理意义

反射系数反演成像的目的是估计反射系数，首先需要建立反射系数与地表接收到的反射数据的关系。这是进行反射系数反演成像的基础。

反射波理论假设下，地下界面 S 上入射波场引起的二次场可以表示为：

$$\hat{u}_s = R\hat{f}(\omega)G_s \tag{6-86}$$

式中，R 为反射系数；$\hat{f}(\omega)$ 为地震子波；G_s 为震源点 $\boldsymbol{x}_s$ 到反射面的 Green 函数；$\hat{f}(\omega)G_s$ 为入射波场，这样的描述是符合物理实际的。

地下界面 S 上波场的法向导数为：

$$\frac{\partial \hat{u}_s}{\partial n} = -R\hat{f}(\omega)\frac{\partial G_s}{\partial n} \tag{6-87}$$

利用 WKBJ 近似，有：

$$\frac{\partial G_s}{\partial n} \sim i\omega\hat{\boldsymbol{n}}\cdot\nabla\tau_s\cdot G_s \tag{6-88}$$

式中，τ_s 为 WKBJ 近似下波的走时；$\hat{\boldsymbol{n}}\cdot\nabla\tau_s$ 表达了波传播方向与地面法线方向之间的夹角关系，控制了不同方向上波的幅值。

由 Green 定理，反射面上方地面上任意一点 $\boldsymbol{x}$ 的反射波场可以写成如下积分式：

$$\hat{u}_r(\boldsymbol{x},\boldsymbol{x}_s,\omega) = \hat{f}(\omega)\int_S\left[\hat{u}_s(\boldsymbol{x}',\boldsymbol{x}_s,\omega)\frac{\partial G_r(\boldsymbol{x},\boldsymbol{x}',\omega)}{\partial n} - G_r(\boldsymbol{x},\boldsymbol{x}',\omega)\frac{\partial \hat{u}_s(\boldsymbol{x}',\boldsymbol{x}_s,\omega)}{\partial n}\right]\mathrm{d}S \tag{6-89}$$

式中，S 为反射面；$G_r(\boldsymbol{x},\boldsymbol{x}',\omega)$ 为反射波传播的 Green 函数(图 6-7)。

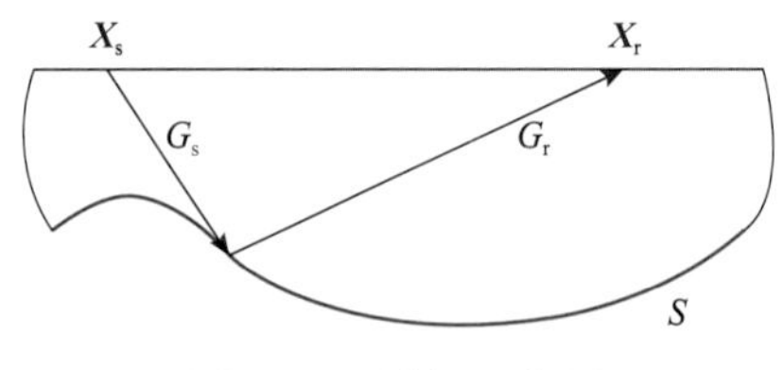

图 6-7 波场示意图

将式(6-86)、式(6-87)、式(6-88)代入式(6-89)，可得：

$$\begin{aligned}\hat{u}_r(\boldsymbol{x},\boldsymbol{x}_s,\omega) &\sim i\omega\hat{f}(\omega)\int_S R\hat{\boldsymbol{n}}\cdot(\nabla\tau_s+\nabla\tau_r)\cdot G_s(\boldsymbol{x}',\boldsymbol{x}_s,\omega)G_r(\boldsymbol{x}_r,\boldsymbol{x}',\omega)\mathrm{d}S \\ &= i\omega\hat{f}(\omega)\int_S R\hat{\boldsymbol{n}}\cdot\nabla\tau\cdot G_s(\boldsymbol{x}',\boldsymbol{x}_s,\omega)G_r(\boldsymbol{x}_r,\boldsymbol{x}',\omega)\mathrm{d}S,\tau=\tau_s+\tau_r\end{aligned} \tag{6-90}$$

根据程函方程关系，上式可以进一步写成：

$$\widehat{u}_{\mathrm{r}}(\boldsymbol{x},\boldsymbol{x}_{\mathrm{s}},\omega)\sim -i\omega\widehat{f}(\omega)\int_S R\boldsymbol{n}\cdot\boldsymbol{s}(\boldsymbol{x}')\cdot G_{\mathrm{s}}(\boldsymbol{x}',\boldsymbol{x}_{\mathrm{s}},\omega)G_{\mathrm{r}}(\boldsymbol{x},\boldsymbol{x}',\omega)\mathrm{d}S \quad (6-91)$$

式中，$\boldsymbol{s}(\boldsymbol{x}')$ 为慢度矢量。以上是 Bleistein 等给出的反射系数与反射数据的关系公式。

如果不考虑传播方向对振幅的影响，上式可写成：

$$\widehat{u}_{\mathrm{r}}(\boldsymbol{x},\boldsymbol{x}_{\mathrm{s}},\omega)\sim -i\omega\widehat{f}(\omega)\int_S RG_{\mathrm{s}}(\boldsymbol{x}',\boldsymbol{x}_{\mathrm{s}},\omega)G_{\mathrm{r}}(\boldsymbol{x},\boldsymbol{x}',\omega)\mathrm{d}S \quad (6-92)$$

根据上述分析，在 Kirchhoff 近似下[指式(6－87)成立]，波动理论的最小二乘逆时深度偏移(LSRTM)应该用如下的定解问题，进行 LSRTM 中的波场模拟。

背景介质中入射波场的定解问题如式(6－78)。入射波场激励二次源后，二次源产生的场的模拟对应的定解问题为：

$$\begin{cases}\left(\nabla^2-\dfrac{1}{v_0(\boldsymbol{x})^2}\dfrac{\partial^2}{\partial t^2}\right)u_{\mathrm{r}}(\boldsymbol{x},t)=-r(\boldsymbol{x})\dfrac{\partial}{\partial t}u_{\mathrm{s}}(\boldsymbol{x},\boldsymbol{x}_{\mathrm{s}},t)\\ u_{\mathrm{r}}(\boldsymbol{x},t=0)=0\\ \dfrac{\partial u_{\mathrm{r}}}{\partial t}(\boldsymbol{x},t=0)=0\end{cases} \quad (6-93)$$

式中，$r(\boldsymbol{x})$ 为 RTM 成像值。串联求解上述两个定解问题，可以模拟出 LSRTM 需要的地表波场(扰动场)记录。记 $d(\boldsymbol{x}_{\mathrm{r}},\boldsymbol{x}_{\mathrm{s}},t)=u_{\mathrm{r}}(\boldsymbol{x}_{\mathrm{r}},\boldsymbol{x}_{\mathrm{s}},t)$ 为反偏移记录，据此可以开展 LSRTM 的迭代反演计算。

从基于上述反射系数与地表接收到的反射数据之间关系的反射系数反演成像到 LSRTM 的散射强度成像之间是存在明显区隔的。二者之间的无缝对接或在反演成像中的自然过渡，依然存在问题。这是需要进一步探讨的问题。

利用图 6－3 模型平滑后的速度和图 6－4 反射系数、图 6－5 逆时偏移成像剖面，基于(6－93)公式进行了反偏移计算，炮记录分别为图 6－8(a)和图 6－8(b)。图 6－9 是常规高阶有限差分法正演模拟结果，其中切除了直达波信息。

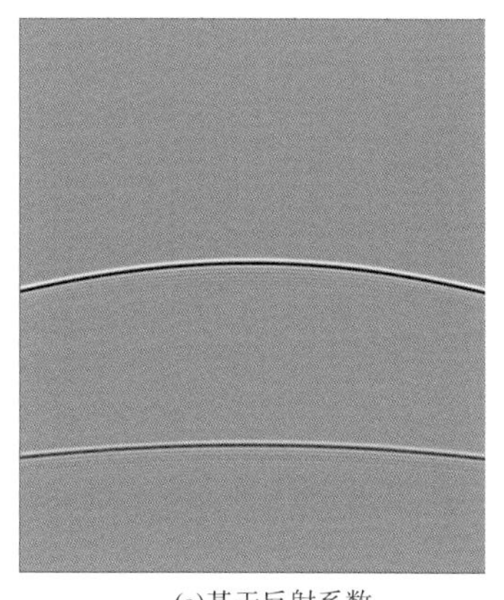

(a)基于反射系数

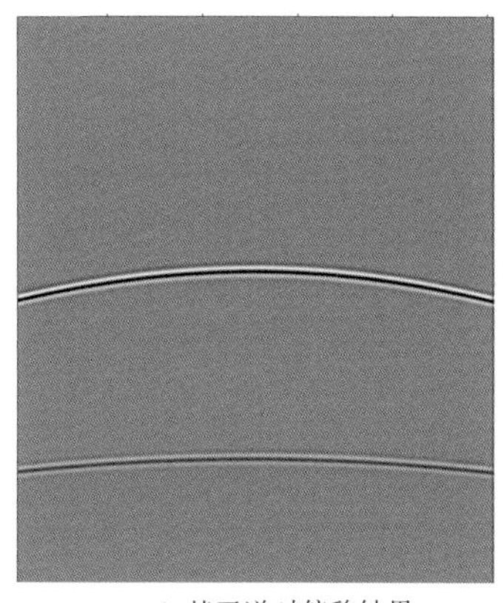

(b)基于逆时偏移结果

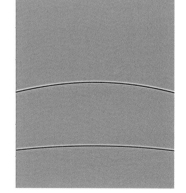

图 6－8　反偏移炮集

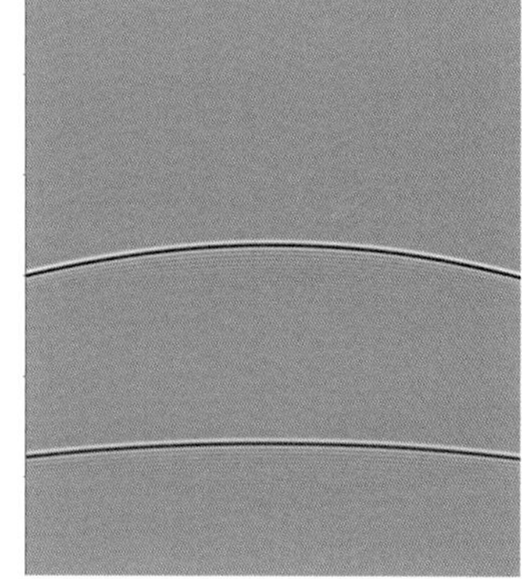

图 6－9　正演模拟炮集

对比炮集图可以看出，基于式(6-93)的反偏移结果是正确的。式(6-93)就是最小二乘逆时偏移正问题传播方程。

6.3.3 最小二乘逆时偏移方法流程

前面讨论了常规逆时偏移实际上是对反射系数进行成像，散射强度成像尽管有自身的物理意义，但其成像结果中并不能带来更多的信息。当前地震成像的主流需求依然是反射系数成像，相对于常规偏移成像而言，希望反演成像能够更好地估计反射系数，比如成像结果分辨率更高，成像假象更少。为了实现反射系数反演成像，基于反射理论建立起反射系数与地震观测数据的线性关系式，即反射系数反演成像的正问题表达，给出了逆时偏移反偏移基本方法。

由逆时偏移方法、反偏移方法以及上一节介绍的共轭梯度反演算法，就可以建立一套目标为反射系数成像的最小二乘逆时偏移流程(图6-10)。

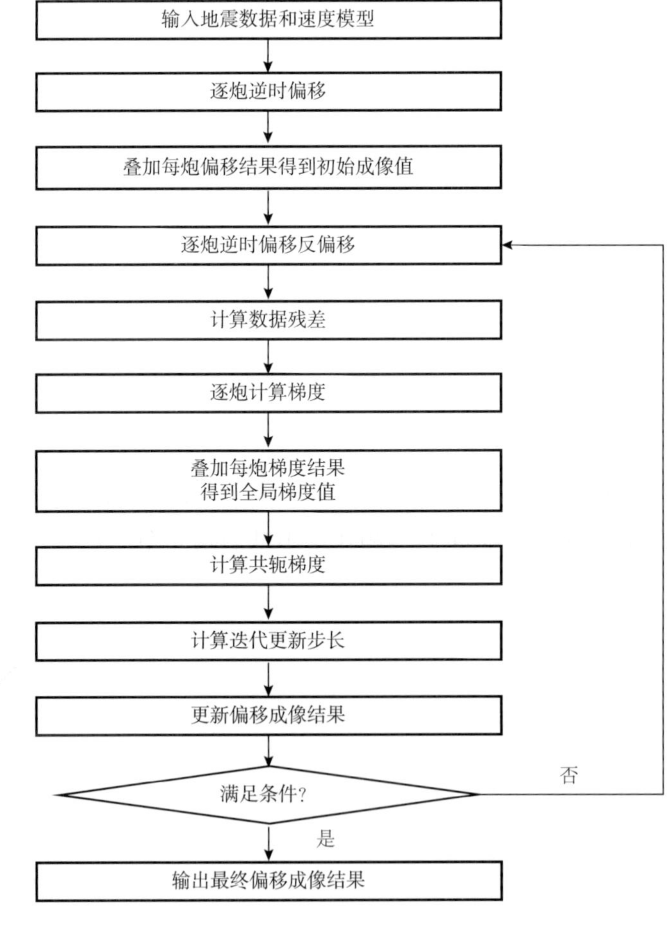

图6-10 最小二乘逆时偏移流程

6.3.4 小结

本节首先讨论了地震波成像的含义，指出地震波高波数成像的目标可以是反射系数，也可以是散射强度。然后从常规生产中逆时偏移的物理意义下的实现方法出发，指出逆时偏移成像的目标是反射系数。最小二乘偏移是为了更好地估计反射系数，改善偏移效果，提高成像分辨率，弥补不规则照明影响，减少成像假象，改善成像聚焦以及消除波传播的影响因素，均衡成像振幅，提高成像保幅性。

在反射波理论下，建立了地震数据与反射系数的线性关系。基于常规偏移结果，可以利用这个线性关系进行反偏移正演模拟。逆时偏移反偏移每一步的波场计算，首先是背景波场的传播，然后将背景波场的时间一阶导数与偏移剖面值相乘，作为反射波波场传播控制方程的源项，并最终建立了迭代法最小二乘偏移流程。

6.4 应用实例

前面通过理论分析，可知最小二乘偏移能够消除采集照明不佳的影响，减少成像假象，均衡成像振幅以及提高成像分辨率。目前生产中用到的偏移成像技术主要作用是描述地下反射面的空间位置和几何结构，为精细地质构造解释和井位落实提供可靠的资料。随着地震勘探的不断深入，以构造落实为主要目标的偏移成像技术已无法很好满足生产需求，发展并应用最小二乘偏移成为一种必然趋势。

碳酸盐岩储层是我国油气勘探的重要目标，该类型油气藏的主要产层即中下奥陶统碳酸盐岩岩溶缝洞储集体，内部结构复杂，非均质特性突出，埋深超过5000m，地震记录信号能量弱，资料分辨率低，精细勘探开发困难。目前该类探区主要偏移成像技术为逆时偏移，与之前常用的叠前时间偏移相比，串珠收敛更好，构造与钻井信息更加吻合，为碳酸盐岩储层勘探提供了重要支撑。然而，由于该类储层埋藏深、能量弱，地质异常体尺度小，且储层顶部位置存在明显的“红波谷”现象(正振幅的低频信息)，现有逆时偏移仍然不能较好满足其成像需求(图6－11)。

面向实际生产需求，首先将研究的三维最小二乘偏移技术在西北某工区进行了应用测试，获得了优于逆时偏移的结果，提高了地震成像质量。然而，从结果中也能看出，目前实际应用效果跟最小二乘偏移理论优势尚有一段距离，最后结合目前国内外研究进展，对最小二乘偏移实用化瓶颈问题进行了分析。

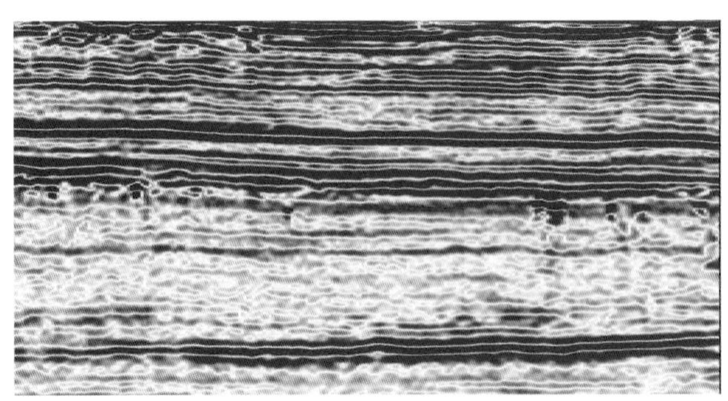

图 6－11　碳酸盐岩成像特征剖面

6. 4. 1　探区应用测试

该探区位于西部，成像目标是提高奥陶系地层顶、底界及其内幕反射波的信噪比和分辨率，兼顾白垩系与古近系，做到各波组反射层次齐全，接触关系清楚，反射特征明显，确保断点和高点归位准确。重点进一步提升奥陶系目标层的成像精度，确保奥陶系缝洞体及小断裂精确成像。

测试数据满覆盖的面积为 401km^2，共 48000 炮，面元 30m × 30m，利用 100GPU 节点(每节点 4 块 K10 卡)，完成 3 次迭代共用时 59d。下面给出部分线的逐次反演更新效果及与 RTM 结果对比(图 6－12)。

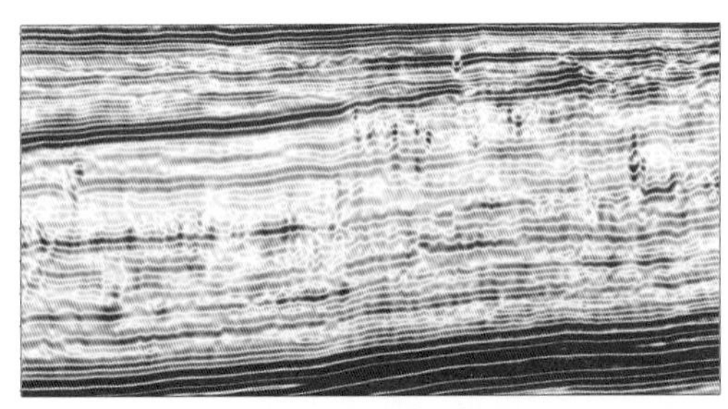

(a)LSM第1次迭代结果

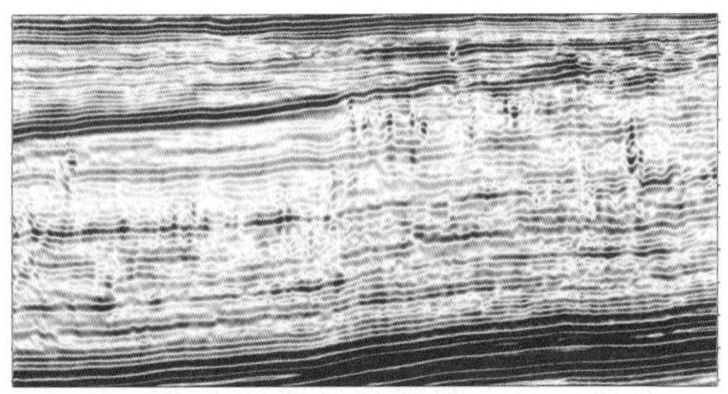

(b)LSM第2次迭代结果

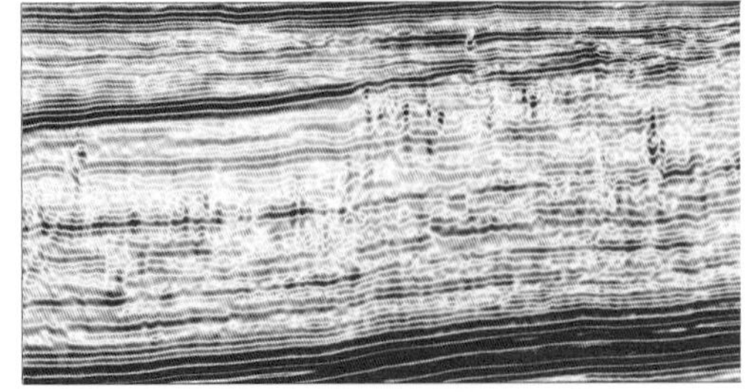

(c)LSM第3次迭代结果

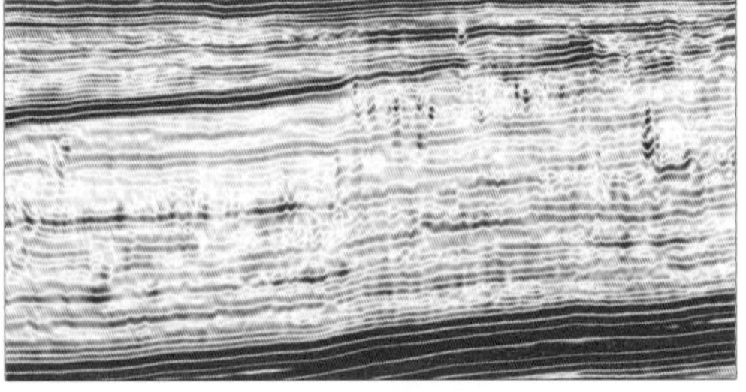

(d)RTM成像结果

图 6－12　RTM 偏移与 LSM 偏移对比

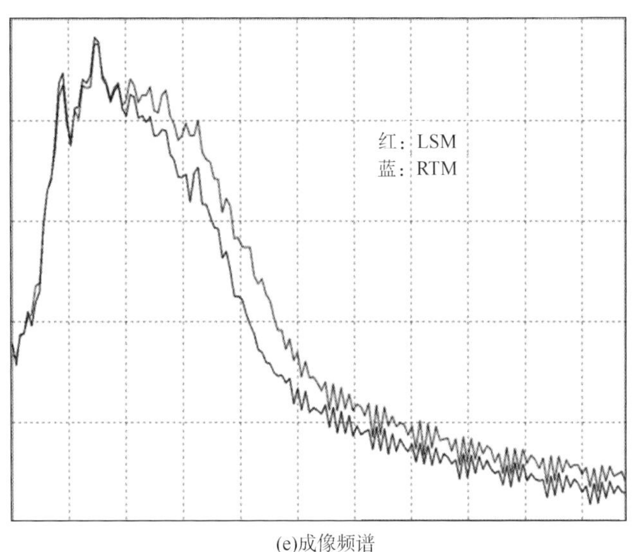

(e)成像频谱

图 6－12　RTM 偏移与 LSM 偏移对比(续)

从图 6－12(a)～图 6－12(d)展示的奥陶系目的层附近的 LSM 三次迭代与 RTM 成像结果对比图可以看出，最小二乘偏移成像中同相轴连续性变好，成像同相轴能量增强，奥陶系目标层分辨率有所提高，串珠更加清晰，T78 以下成像能量更强。通过频谱对比分析可见，最小二乘偏移成像改善了频谱特征，频带展宽 5Hz。以上结果，展示了最小二乘偏移成像在提高成像分辨率和振幅均衡性及提高成像精度方面的效果和潜力。

图 6－13 展示了最小二乘偏移成像对深层大断裂、层间小断层的刻画更加清晰，不整合面的接触关系也更加清楚。此外，最小二乘偏移在中浅层效果也比较明显，分辨率有较大的改善(图 6－14)。

为了更全面地分析最小二乘偏移的成像效果，提取了地震数据属性切片。图 6－15 展示的是沿 T74 的相干属性对比图。从属性对比图中可以看出，LSM 结果可以提供更清晰的成像信息，断裂等成像细节更丰富。

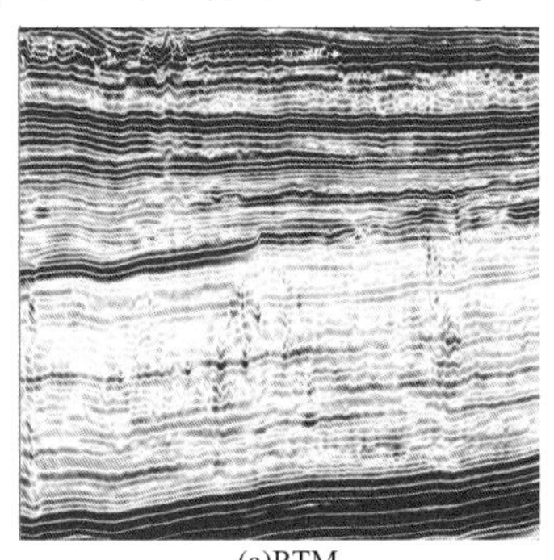

(a)RTM

(b)LSM

图 6－13　深层位置成像结果对比

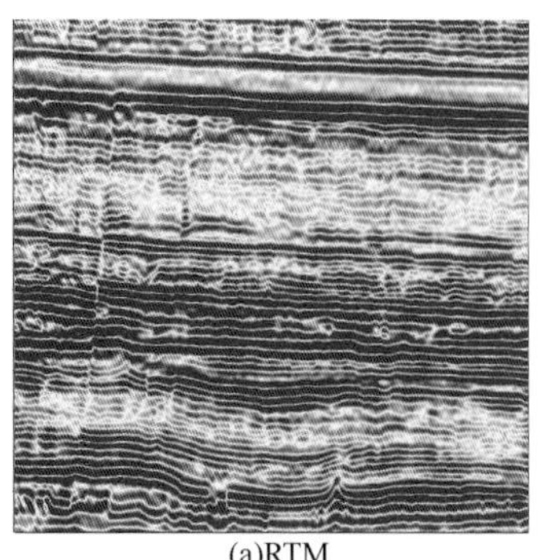

(a)RTM

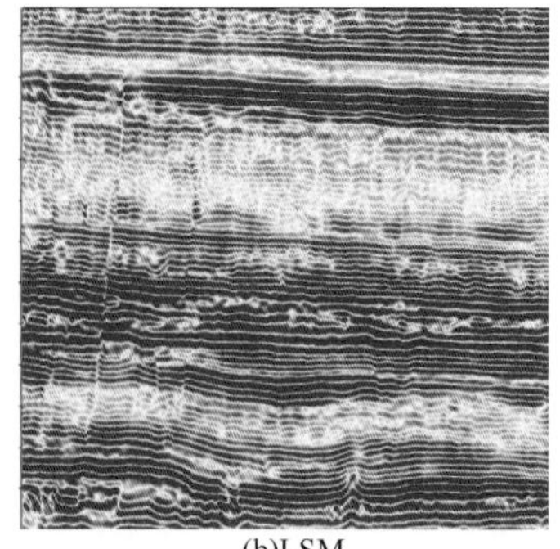

(b)LSM

图 6－14　中浅层位置成像结果对比

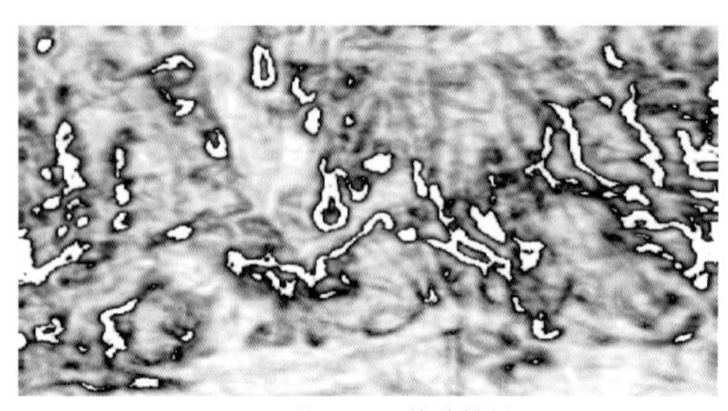

(a)基于RTM偏移结果

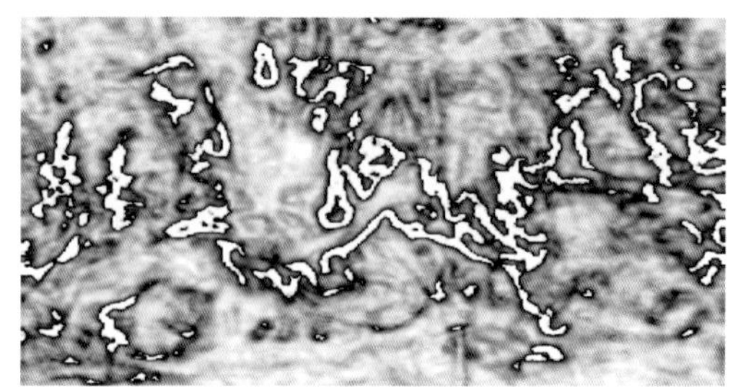

(b)基于最小二乘偏移成像结果

图 6－15　沿 T74 相干属性

6.4.2　最小二乘偏移实用化讨论

以上实际资料应用测试表明，最小二乘偏移成像效果优于 RTM。然而，也能看出，其应用效果跟最小二乘偏移理论优势尚有一段距离。近几年国外地球物理公司进行了大量的最小二乘偏移应用尝试，整体而言目前最小二乘偏移在生产中的应用仍然处于试验探索阶段。实际应用中最小二乘偏移难以有效收敛至理想的反演结果的原因在哪里？王华忠认为数学家将反演理论引入到石油地球物理勘探中，低估了油气勘探弹性介质参数反演问题的难度。实际最小二乘偏移反演成像效果不理想的原因包括：反偏移无法很好拟合实际记录，预测误差不符合高斯分布假设，地下实际子波未知，常规层析速度达不到反演成像精度要求和实际采集数据孔径有限等。

1. 技术瓶颈分析

下面对影响最小二乘偏移应用的瓶颈问题进行简要分析，并介绍一些研究人员提出来的针对性的技术方案。

(1)最小二乘偏移采用的算子基于常密度的声波方程，且只能模拟一次波信息，跟观测数据差别较大。实际地下介质至少是黏弹性介质，且具有各向异性特征，真实地震记录除了纵波，还有横波、转换波等信息，即便是纵波，也是包括一次反射波、多次

波、直达波、折射波等，由于真实地层吸收衰减效应，记录波场跟理论预测的波场也存在振幅、频率等差异。野外勘探条件复杂多样，地震采集会记录到许多干扰波，这些噪声通常无法由理论正演算子来模拟，也会影响数据匹配的质量。这些因正演算子无法精确描述地下真实波场物理传播过程或因采集因素而导致的难以避免的误差，会影响最小二乘偏移的收敛和稳定性，从而影响最终的成像效果。此外，实际资料中子波比较复杂，不同炮的子波也彼此存在差异，最小二乘偏移流程中一般利用理论子波进行偏移和反偏移，也将导致观测数据与观测数据的振幅、相位、频带存在较大的差异。面对以上的应用瓶颈问题，很多学者也研究了一些针对性的手段。Dong 等采用了一种预处理方案，对观测数据和预测数据分别进行预处理，包括去噪、滤波、振幅处理等，尽量缩小两个数据间的误差。Zhang 等、Dutta 等、Duan 等借鉴了全波形反演中的解决思路，将互相关目标泛函引入到了最小二乘偏移成像框架中，增大了数据相位信息对成像结果的影响，降低了最小二乘偏移方法对震源子波和振幅因素的敏感性，当然这也损失了最小二乘偏移在分辨率提升方面的优势。Zeng 等针对预测数据与观测数据的不一致性，引入了一个可信度参数，通过归一化的互相关来评估两个数据的相似度，将可信度参数加入目标泛函中，用于提高反演的稳定性。考虑到实际介质的复杂性，最小二乘偏移的偏移算子也由各向同性声波方程发展到各向异性弹性波方程，并且把 Q 补偿也纳入算子中，然而各向异性弹性波最小二乘偏移目前仅停留在理论研究方面，到实际应用还有更漫长的距离。

(2)实际资料地震成像中，通过常规层析建模可以得到一个低波数的速度场，这种速度场对于最小二乘偏移而言精度是不够的。尽管偏移与反偏移是共轭的，速度模型误差仍然会使得基于偏移叠加剖面的反偏移预测数据与观测数据存在走时差异，特别在大偏移距位置，时差会超过四分之一周期。对于这个问题，目前主要有两种应对方案，一是利用 Hale 提出的动态拉伸技术将两个数据走时校正到一致，Luo 和 Hale、Zeng 等都进行了尝试和试验；二是基于成像道集进行反偏移，可以消除速度模型精度导致的预测数据走时误差，Wang 和 Xu 在偏移中采用扩展成像条件生成时移成像道集，再利用这种成像道集进行反偏移，可以减低最小二乘偏移对于速度误差的敏感性，加速收敛速度。

(3)最小二乘偏移需要进行多次迭代，计算量大，实际三维资料生产试验的成本非常高，也限制了最小二乘偏移的实用化发展。一些针对性的方案包括通过反演正则化加速收敛效率，采用数据编码算法，或者提高计算机的计算速度。

考虑到反问题的复杂性，这些应用瓶颈问题会持续伴随最小二乘偏移技术的发展过程，需要一步步克服和解决。

2. 对成像域最小二乘偏移的评价

由于迭代法最小二乘偏移计算量大，效率低，近几年成像域非迭代最小二乘偏移理论方法受到越来越多的关注。主要思路是利用初始偏移结果和基于此偏移结果的反偏移产生数据，然后再做一次偏移，基于两次偏移间的关系（$\boldsymbol{m} = L^{\mathrm{T}}L\boldsymbol{m}_0 = H\boldsymbol{m}_0$），估计出一系列非稳相滤波器来近似 Hessian 矩阵的逆，然后利用这些滤波器对偏移结果做标定和滤波。斯伦贝谢的 Fletcher 等比较了数据域最小二乘偏移与成像域最小二乘偏移，认为采用点扩散函数的成像域最小二乘偏移也能够提高成像分辨率，噪声满足一定条件时，两个方法的结果应该是一致的。CGG 的 Wang 等总结了数据域最小二乘偏移和成像域最小二乘偏移实现方法，利用实际盐下成像数据对两种方法进行了分析，认为数据域迭代法最小二乘偏移可以拓展成像频带，但对于减少成像噪声效果不佳，成像域一次法最小二乘偏移则可以补偿因照明不佳导致的振幅损失，减少偏移假象，但对成像分辨率改善不大（图 6－16）。CGG 公司的 Casasanta 等在 2017SEG 年会上给出了成像域最小二乘偏移在加蓬地区的应用实例，在偏移算子里并且考虑了衰减补偿，这种最小二乘 Q－Kirchhoff 偏移相对于一般 Kirchhoff 偏移而言，显著地提高了成像效果。

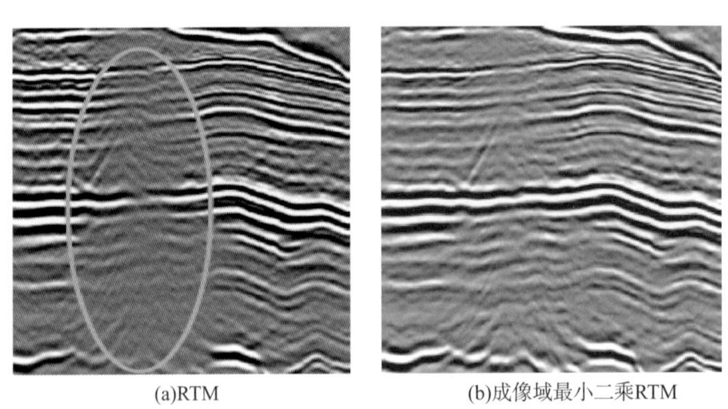

图 6－16　CGG 公司墨西哥湾某探区成像结果对比

根据以上最小二乘偏移应用实例和分析，基本可以认为基于非稳相滤波器的成像域最小二乘偏移技术能够补偿振幅、增强同相轴连续性，但对成像分辨率改善作用不大。最小二乘偏移特别是最小二乘逆时偏移要达到较为理想的效果，能够在生产中推广应用，还需要持续开展实用化研究工作。

6.4.3　小结

三维最小二乘偏移技术应用结果表明，最小二乘偏移成像同相轴分辨率提高，振幅能量更强、更聚焦，储层结构更加清晰。最小二乘偏移体现出了在提升成像分辨率、振幅均衡性及提高成像精度方面的效果和潜力。然而，从中也能看出，最小二乘偏移实际应用效果跟理论优势尚有一段距离。通过调研获知，目前整体而言最小二乘偏移技术在国内外生产中的应用仍然处于试验探索阶段。最小二乘偏移实际应用效果不佳主要有几

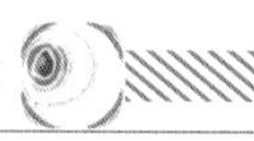

个原因，如反偏移无法很好拟合实际记录，预测误差不符合高斯分布假设，地下实际子波未知，常规层析速度达不到反演成像精度要求和实际采集数据孔径有限。提升最小二乘偏移效果的手段包括数据预处理、降低对速度的敏感性和提高计算效率等。此外，成像域最小二乘偏移方法也受到越来越多的重视，能够较好地补偿振幅、增强同相轴连续性，但对成像分辨率改善作用不大。总体而言，最小二乘偏移实用化方面仍有很多持续研究工作。

7 结束语

7.1 逆时偏移技术应用的其他影响因素

逆时偏移技术发展迅速，在工业生产应用中取得了显著效果。但是，并不是所有工区都适合采用逆时偏移处理技术，现阶段该技术的应用还受到很多因素的制约。

1. 速度模型的精度影响

速度模型的精度决定叠前深度偏移成像处理的质量。已知精确速度模型的情况下，叠前逆时偏移被认为是能精确地获得复杂构造内部映像最有效的手段之一，如前陆冲断带、逆掩推覆、高陡构造、地下高速火成岩体等均可以取得较满意的成像效果。在速度模型不准确的情况下，成像质量就会受到很大的影响，因此建立高精度的速度模型是逆时偏移能否取得高质量成像效果的关键因素。例如，各向异性介质的地震波速度受多个参数的控制，想要得到准确的各向异性速度，必须要把所有各向异性参数都得到，相比于各向同性只求一个速度，各向异性求多个参数更加困难，因此，我们需要更多的处理手段去构建各向异性速度模型。

2. 地震资料中的信噪比影响

地震资料的信噪比对于逆时偏移成像是非常关键的影响因素。由于采集数据中存在多种类型的噪声干扰对逆时偏移的成像效果有影响，主要包括两类噪声：非规则噪声和规则噪声。非规则噪声指运动学特征的规律性不强或不明确，无法通过预测手段进行有效地压制，例如随机噪声、能量野值、坏道坏炮等，这类噪声无法通过波场传播规律描述其运动轨迹和影响，在逆时偏移前的数据准备中必须进行最大程度的压制，避免影响成像效果。规则噪声是指具有一定的规律性运动学特征和传播规律的噪声，这些规则的波场现象尽管满足传播规律，但是无法应用于成像的部分也被认为是干扰波，例如多次

波、外源干扰、面波、折射波等都属于具有一定连续性的规则干扰波，应该予以消除。

3. 地震采集观测系统的影响

采集观测系统设计是地震勘探的重要环节，也是影响逆时偏移的重要因素。通常情况下在常规的观测系统设计准则之下进行的数据采集基本能够满足逆时偏移的要求，但是对于成像方法的选择需要针对不同地质地震条件和激发接受条件进行评价和筛选。例如，各向异性逆时偏移技术对地震数据的影响具有局限性，主要体现在宽方位数据和大角度出射数据中。当工区是窄方位采集时，方位各向异性并不突出，当偏移距较小时，一定深度后(即偏移距深度比较小时)各向异性也体现不出来，在这两种情况下，各向异性没有对地震数据产生过多的影响，地震数据中的各向异性特征也不明显。因此，没有必要做各向异性处理，各向同性处理就能取得好的效果，这也是地震勘探发展初期没有进行各向异性处理，并且还能取得好效果的主要原因。

4. 逆时偏移的计算效率影响

偏移孔径理论上应该是全孔径，实际资料处理中应该根据数据采集范围、偏移计算时间等因素确定有效偏移孔径。采用小孔径时一般计算耗时少，但深层和大倾角构造的成像质量会受到一定的影响；采用大孔径时会增加计算时间，一般情况下能提高深层和大倾角构造的成像质量，但孔径过大会降低成像结果的信噪比。理论上偏移孔径应通过成像点的菲涅耳带范围来确定，即大于第一菲涅耳，小于第二菲涅耳带。

偏移数据的最高频率也是影响逆时偏移效率的重要因素。根据采样定理的描述，实际采集数据的频率越高，所需要的空间采样网格就越小，因此在逆时偏移的过程中频率的高低决定了网格数量的多少，网格越多计算效率就越低，经验告诉我们一般网格数量增加一倍，计算效率降低 4 倍。可见，特高频率的地震数据进行逆时偏移将会带来巨大的计算成本，这也是实际应用中必须考虑的因素，在兼顾效率的情况下进行逆时偏移的参数选择是必要的工作。

从各向同性偏移、各向异性偏移，吸收衰减介质的逆时偏移、弹性波偏移、最小二乘逆时偏移的逐渐发展过程中，由于多个模型参数的增加、多类型波场的增加、多次迭代的增加，偏移算子变得越来越复杂，求解难度和计算时间增加，并且运算所需内存成倍地增加，运算效率逐渐降低。实际应用中应考虑效果与效率的平衡，做好方法选择和参数测试工作，以保证效果的前提下尽量提高效率为准则，加快应用周期。

5. 质控手段的影响

深度域偏移处理的质控手段都可以应用于逆时偏移的质控，包括道集是否拉平、孔径范围对比、相关的解释手段等。但是由于深度域解释技术的理论研究和方法研究不足，导致深度剖面的振幅质控手段仍不成熟，这需要长期的研究和发现才能制定一套有效的面向储层的逆时偏移成像质控手段。特别重要的是，需要针对工区和需求制定不同的质控手段，以便处理过程的顺利进行。

7.2 逆时偏移技术的未来发展趋势

地震勘探对资料处理精度的要求只会越来越高，深度域处理已经成为地震勘探的常规手段，大部分工区的地震勘探都需要一个深度域的成像结果。各向同性、各向异性等深度域逆时偏移成像技术发展迅速，方法技术已经趋于成熟，各大软件公司正在向更复杂的介质推进。另外，一直困扰逆时偏移成像的效率问题也成为研究的重要方向。各向异性是地下介质的特性，只要是研究地下介质的地震方法，都绕不开各向异性，也就是说，现今的所有技术，如果想要解决各向异性地区的地震勘探问题，就必须要使用各向异性相关的技术。因此，现今所有的技术，发展成熟后都必须要进行各向异性的推进研究。

1. 高保真的复杂介质逆时偏移成像技术

逆时偏移针对构造成像问题来讲具有明显的优势，但是受限于深度域解释的理论不完善，目前深度域解释的属性反演等与振幅属性相关性较大的技术尚且不能合理化应用，必须进行深时转换后在时间域进行属性提取工作，由于深时转换的理论假设为水平层状介质，波路径为垂直一维传播假设，导致无法考虑横向变速引起的振幅影响，因此如何获得符合储层地质意义的保辐深度域成像剖面和道集，将是未来重要的研究方向。

2. 复杂介质的层析速度建模及全波形反演技术

速度模型是偏移成像的最关键因素。目前各向异性速度建模和地震成像技术趋于成熟，提升了地震勘探的精度，但是与复杂的地下勘探需求仍相差甚远，地震勘探正在向更加复杂的构造进军，需要更加先进、更加精细的技术手段作为支撑，例如垂直于地层发育的裂缝形成的正交各向异性介质、两条裂缝相交的单斜各向异性介质等。TTI 各向异性的技术已无法满足这几类介质的开发需求，需要更为先进的各向异性处理方法。目前针对波动方程类的速度建模方法比较少，只有部分近似的方法技术。严格与逆时偏移相匹配的深度域速度建模就是全波形反演(FWI)。全波形反演的最大优势就是能够有效提高速度的高频成分，能够很好地体现速度的细节信息，是速度建模的有效工具。因此，针对复杂地区的深度域速度建模问题将是未来关键的发展方向。

3. 吸收衰减介质的 Q 值建模与成像技术

面对疏松地表和深部疏松介质的地区，例如塔里木盆地的沙漠地表、鄂尔多斯黄土塬地表、海上的气云区等，考虑吸收衰减对成像的影响是有利于提高逆时偏移成像效果

的有效手段。目前对于吸收衰减介质地震波传播理论是基于简单介质假设，仍需要更多的复杂介质条件下的实验室测试与实际数据验证，获得较为准确的吸收介质地震波传播理论与成像方法。因此，未来在理论研究、参数建模和成像技术方面都有可能成为突破的方向。

4. 实用化的最小二乘逆时偏移成像技术

最小二乘逆时偏移成像也是目前国际上比较前沿的成像思路，对于提高剖面的分辨率、减少采集因素影响、减少照明不均的影响具有较好的效果，目前在理论模型数据上已经体现出较大的优势，在实际资料的应用中也有少部分的成功案例，但是大部分的应用仍存在信噪比的降低、构造扭曲等实际应用问题。其原因主要是对于最小二乘反演偏移要解决的反问题多解性较强，非线性的反问题求解需要进行正则化和先验信息约束条件。如果这些先验认识不足或不能约束反演结果，就会导致走入局部收敛区，无法获得期望的结果。因此，对于先验认识的约束问题需要将偏移处理和解释成果进行结合，用地质信息和解释成果对最小二乘偏移进行约束条件设定，有望提高最小二乘逆时偏移的稳定性，逐步提高实用化程度是未来发展的关键。

5. 多次波成像及多重散射波成像技术

地震勘探目前在应对多次波问题，特别是层间多次波方面仍然显得信心不足，而多次波问题却是一直以来困扰勘探生产的重要问题之一。由于多次波的传播规律与一次反射波非常接近，从运动学和动力学方面都很难有效地区分，尤其是近偏移距范围内的多次波与一次反射波几乎无法区分，因此目前很少有行之有效的方法进行压制。从一次反射和多次反射的差异来看，仅仅是反射次数的不同，差异很小。另外，多次波与一次反射的成像位置很可能重合，通过预测和相减的方法不能有效区分二者的差异，导致现有技术的失效。很多学者已经将目光逐渐转移到如何利用多次波进行成像的研究中，例如全波场成像、Marchenko 成像等方法的尝试都将成为解决多次波问题的研究热点，也是未来突破的重点和难点领域。

6. 高性能计算技术在逆时偏移中的推动作用

尽管高性能计算集群、GPU 等硬件技术的发展极大地改善了计算量和存储量对逆时偏移的制约，但相比于传统单程波或 Kirchhoff 偏移方法，仍然存在成本高的问题。复杂介质的引入会进一步导致计算成本成倍地增加，无法适应大规模数据处理。因此，如何改良逆时偏移算法和合理配置计算机硬件进一步降低逆时偏移方法的计算成本，仍然是未来相当长一段时间的研究重点。

参考文献

[1] Aki K, Christoffersson A, Husebye E, et al. Three-dimensional seismic velocity anomalies in the crust and upper-mantle under the USGS, California seismic array[J]. Eos Trans. AGU, 1974, 56: 1145.

[2] Albertin U, Jaramillo H, Yingst D, et al. Aspects of true amplitude migration[M]//SEG Technical Program Expanded Abstracts 1999. Society of Exploration Geophysicists, 1999: 1358 - 1361.

[3] Alkhalifah T. Gaussian beam depth migration for anisotropic media[J]. Geophysics, 1995, 60(5): 1474 - 1484.

[4] Alkhalifah T, Fomel S. Angle gathers in wave-equation imaging for transversely isotropic media[J]. Geophysical Prospecting, 2011, 59(3): 422 - 431.

[5] Alkhalifah T, Tsvankin I. Velocity analysis for transversely isotropic media[J]. Geophysics, 1995, 60(5): 1550 - 1566.

[6] Alkhalifah T. Velocity analysis using nonhyperbolic moveout in transversely isotropic media[J]. Geophysics, 1997, 62(6): 1839 - 1854.

[7] Alkhalifah T. An acoustic wave equation for anisotropic media[J]. Geophysics, 2000, 65(4): 1239 - 1250.

[8] Alkhalifah T. An acoustic wave equation for orthorhombic anisotropy[J]. Geophysics, 2003, 68(4): 1169 - 1172.

[9] Alkhalifah T. Scanning anisotropy parameters in complex media[J]. Geophysics, 2011, 76(2): U13 - U22.

[10] Alkhalifah T. Acoustic approximations for processing in transversely isotropic media[J]. Geophysics, 1998, 63(2): 623 - 631.

[11] Al-Yahya K. Velocity analysis by iterative profile migration[J]. Geophysics, 1989, 54(6): 718 - 729.

[12] Bakulin A, Liu Y, Zdraveva O. Localized anisotropic tomography with checkshot: Gulf of Mexico case study[M]//SEG Technical Program Expanded Abstracts 2010. Society of Exploration Geophysicists, 2010: 227 - 231.

[13] Backus G E. Long-wave elastic anisotropy produced by horizontal layering[J]. Journal of Geophysical Research, 1962, 67(11): 4427 - 4440.

[14] Baig A M, Dahlen F A. Traveltime biases in random media and the S-wave discrepancy[J]. Geophysical Journal International, 2004, 158(3): 922 - 938.

[15] Baina R, Thierry P, Calandra H. 3D preserved-amplitude prestack depth migration and amplitude versus

angle relevance[J]. The Leading Edge, 2002, 21(12): 1237 - 1241.

[16] Bakulin A, Woodward M, Nichols D, et al. Localized anisotropic tomography with well information in VTI media[J]. Geophysics, 2010, 75(5): D37 - D45.

[17] Bakulin A, Zdraveva O. Building geologically plausible anisotropic depth models using borehole data and horizon-guided interpolation[M]//SEG Technical Program Expanded Abstracts 2010. Society of Exploration Geophysicists, 2010: 4118 - 4122.

[18] Baysal E, Kosloff D D, Sherwood J W C. Reverse time migration[J]. Geophysics, 1983, 48(11): 1514 - 1524.

[19] Berryman J G, Grechka V Y, Berge P A. Analysis of Thomsen parameters for finely layered VTI media [J]. Geophysical Prospecting, 1999, 47(6): 959 - 978.

[20] Bevc D. Flooding the topography: Wave-equation datuming of land data with rugged acquisition topography [J]. Geophysics, 1997, 62(5): 1558 - 1569.

[21] Bevc D. Imaging complex structures with semirecursive Kirchhoff migration[J]. Geophysics, 1997, 62 (2): 577 - 588.

[22] Beydoun W, Hanitzsch C, Jin S. Why migrate before AVO? A simple example[C]//55th EAEG Meeting. 1993.

[23] Bishop T N, Bube K P, Cutler R T, et al. Tomographic determination of velocity and depth in laterally varying media[J]. Geophysics, 1985, 50(6): 903 - 923.

[24] Biondi B, Tisserant T. 3D angle-domain common-image gathers for migration velocity analysis[J]. Geophysical Prospecting, 2004, 52(6): 575 - 591.

[25] Biondi B. Angle-domain common-image gathers from anisotropic migration[J]. Geophysics, 2007, 72 (2): S81 - S91.

[26] Bleistein N, Gray S. A proposal for common-opening-angle migration/inversion[J]. Center for Wave Phenomena, 2002: 293 - 303.

[27] Bleistein N. On the imaging of reflectors in the earth[J]. Geophysics, 1987, 52(7): 931 - 942.

[28] Brenders A J, Pratt R G. Efficient waveform tomography for lithospheric imaging: implications for realistic, two-dimensional acquisition geometries and low-frequency data[J]. Geophysical Journal International, 2007, 168(1): 152 - 170.

[29] Byun B S, Corrigan D, Gaiser J E. Anisotropic velocity analysis for lithology discrimination[J]. Geophysics, 1989, 54(12): 1564 - 1574.

[30] Cambois G. Can P-wave AVO be quantitative? [J]. The Leading Edge, 2000, 19(11): 1246 - 1251.

[31] Cerveny V. Ray synthetic seismograms for complex two-dimensional and three-dimensional structures[J]. J. geophys, 1985, 58(2): 26.

[32] Chang W F, McMECHAN G A. 3D acoustic reverse-time migration[J]. Geophysical Prospecting, 1989, 37(3): 243 - 256.

[33] Chapman C H. Generalized Radon transforms and slant stacks[J]. Geophysical Journal International, 1981, 66(2): 445-453.

[34] Chang W F, McMechan G A. 3-D elastic prestack, reverse-time depth migration[J]. Geophysics, 1994, 59(4): 597-609.

[35] Chattopadhyay S, McMechan G A. Imaging conditions for prestack reverse-time migration[J]. Geophysics, 2008, 73(3): S81-S89.

[36] Cheng J, Wang T, Wang C, et al. Azimuth-preserved local angle-domain prestack time migration in isotropic, vertical transversely isotropic and azimuthally anisotropic media[J]. Geophysics, 2012, 77(2): S51-S64.

[37] Claerbout J F. Toward a unified theory of reflector mapping[J]. Geophysics, 1971, 36(3): 467-481.

[38] Claerbout J F. Imaging the earth's interior[M]. Oxford: Blackwell scientific publications, 1985.

[39] Clayton R. A tomographic analysis of mantle heterogeneities from body wave travel time data[J]. Eos Trans., AGU, 1983, 64: 776.

[40] Crampin S. Seismic-wave propagation through a cracked solid: polarization as a possible dilatancy diagnostic[J]. Geophysical Journal International, 1978, 53(3): 467-496.

[41] Crampin S. A review of wave motion in anisotropic and cracked elastic-media[J]. Wave motion, 1981, 3(4): 343-391.

[42] Crampin S. An introduction to wave propagation in anisotropic media[J]. Geophysical Journal of the Royal Astronomical Society, 1984, 76(1): 17-28.

[43] Dablain M A. The application of high-order differencing to the scalar wave equation[J]. Geophysics, 1986, 51(1): 54-66.

[44] Dahlen F A, Hung S H, Nolet G. Fréchet kernels for finite-frequency traveltimes—I. Theory[J]. Geophysical Journal International, 2000, 141(1): 157-174.

[45] Daily W. Underground oil-shale retort monitoring using geotomography[J]. Geophysics, 1984, 49(10): 1701-1707.

[46] Fletcher R P, Fowler P J, Kitchenside P, et al. Suppressing unwanted internal reflections in prestack reverse-time migration[J]. Geophysics, 2006, 71(6): E79-E82.

[47] Fomel S, Stovas A. Generalized nonhyperbolic moveout approximation[J]. Geophysics, 2010, 75(2): U9-U18.

[48] Gabor H T. Image Reconstruction from Projections: the fundamentals of computerized tomography [J]. 1980.

[49] Gazdag J. Wave equation migration with the phase-shift method[J]. Geophysics, 1978, 43(7): 1342-1351.

[50] Gazdag J, Sguazzero P. Migration of seismic data by phase shift plus interpolation[J]. Geophysics, 1984, 49(2): 124-131.

[51] Hanitzsch C. Comparison of weights in prestack amplitude-preserving Kirchhoff depth migration[J]. Geophysics, 1997, 62(6): 1812 – 1816.

[52] Hatton L, Worthington M H, Makin J. Seismic data processing: theory and practice[R]. Merlin Profiles Ltd., 1986.

[53] Hildebrand S T. Reverse-time depth migration: Impedance imaging condition[J]. Geophysics, 1987, 52(8): 1060 – 1064.

[54] Hill N R. Gaussian beam migration[J]. Geophysics, 1990, 55(11): 1416 – 1428..

[55] Hill N R. Prestack Gaussian-beam depth migration[J]. Geophysics, 2001, 66(4): 1240 – 1250.

[56] Huang L J, Fehler M C. Quasi-linear extended local Born Fourier migration method[M]//SEG Technical Program Expanded Abstracts 1999. Society of Exploration Geophysicists, 1999: 1378 – 1381.

[57] Huang L J, Fehler M C, Roberts P M, et al. Extended local Rytov Fourier migration method[J]. Geophysics, 1999, 64(5): 1535 – 1545.

[58] Huang L J, Fehler C M. Quasi-born Fourier migration[J]. Geophysical Journal International, 2000, 140(3): 521 – 534.

[59] Hubral P. Time migration—Some ray theoretical aspects[J]. Geophysical Prospecting, 1977, 25(4): 738 – 745.

[60] Kessinger W. Extended split-step Fourier migration[M]//SEG Technical Program Expanded Abstracts 1992. Society of Exploration Geophysicists, 1992: 917 – 920.

[61] Koren Z, Ravve I, Ragoza E, et al. Full-azimuth angle domain imaging[M]//SEG Technical Program Expanded Abstracts 2008. Society of Exploration Geophysicists, 2008: 2221 – 2225.

[62] Kosloff D, Sherwood J, Koren Z, et al. Velocity and interface depth determination by tomography of depth migrated gathers[J]. Geophysics, 1996, 61(5): 1511 – 1523.

[63] Langan R T, Lerche I, Cutler R T. Tracing of rays through heterogeneous media: An accurate and efficient procedure[J]. Geophysics, 1985, 50(9): 1456 – 1465.

[64] Liner C L. Layer-induced seismic anisotropy from full wave sonic logs[M]//SEG Technical Program Expanded Abstracts 2006. Society of Exploration Geophysicists, 2006: 159 – 163.

[65] Loewenthal D, Lu L, Roberson R, et al. The wave equation applied to migration[J]. Geophysical Prospecting, 1976, 24(2): 380 – 399.

[66] Loewenthal D, Mufti I R. Reversed time migration in spatial frequency domain[J]. Geophysics, 1983, 48(5): 627 – 635.

[67] Lomax A. The wavelength - smoothing method for approximating broad - band wave propagation through complicated velocity structures[J]. Geophysical Journal International, 1994, 117(2): 313 – 334.

[68] Martin G S. The Marmousi2 model: Elastic synthetic data, and an analysis of imaging and AVO in a structurally complex environment[D]. University of Houston, 2004.

[69] McMechan G A. Migration by extrapolation of time - dependent boundary values[J]. Geophysical Pros-

pecting, 1983, 31(3): 413 – 420.

[70] Miller D, Oristaglio M, Beylkin G. A new slant on seismic imaging: Migration and integral geometry[J]. Geophysics, 1987, 52(7): 943 – 964.

[71] Nolet G. Solving or resolving inadequate and noisy tomographic systems[J]. Journal of computational physics, 1985, 61(3): 463 – 482.

[72] Nolet G. Seismic wave propagation and seismic tomography[M]//Seismic tomography. Springer, Dordrecht, 1987: 1 – 23.

[73] Popov M M, Semtchenok N M, Popov P M, et al. Reverse time migration with Gaussian beams and velocity analysis applications[C]//70th EAGE Conference and Exhibition incorporating SPE EUROPEC 2008. 2008.

[74] Popov M M, Semtchenok N M, Popov P M, et al. Depth migration by the Gaussian beam summation method[J]. Geophysics, 2010, 75(2): S81 – S93.

[75] Pratt R G, Worthington M H. The application of diffraction tomography to cross-hole seismic data[J]. Geophysics, 1988, 53(10): 1284 – 1294.

[76] Prucha M L, Biondi B L, Symes W W. Angle-domain common image gathers by wave-equation migration [M]//SEG Technical Program Expanded Abstracts 1999. Society of Exploration Geophysicists, 1999: 824 – 827.

[77] Rajasekaran S, McMechan G A. Prestack processing of land data with complex topography[J]. Geophysics, 1995, 60(6): 1875 – 1886.

[78] Ravaut C, Operto S, Improta L, et al. Multiscale imaging of complex structures from multifold wide-aperture seismic data by frequency-domain full-waveform tomography: Application to a thrust belt[J]. Geophysical Journal International, 2004, 159(3): 1032 – 1056.

[79] Rickett J E, Sava P C. Offset and angle-domain common image-point gathers for shot-profile migration [J]. Geophysics, 2002, 67(3): 883 – 889.

[80] Ristow D, Rühl T. Fourier finite-difference migration[J]. Geophysics, 1994, 59(12): 1882 – 1893.

[81] Ristow D, Rühl T. 3-D implicit finite-difference migration by multiway splitting[J]. Geophysics, 1997, 62(2): 554 – 567.

[82] Sava P C, Fomel S. Angle-domain common-image gathers by wavefield continuation methods[J]. Geophysics, 2003, 68(3): 1065 – 1074.

[83] Sava P, Fomel S. Coordinate-independent angle-gathers for wave equation migration[M]//SEG Technical Program Expanded Abstracts 2005. Society of Exploration Geophysicists, 2005: 2052 – 2055.

[84] Sava P, Fomel S. Time-shift imaging condition in seismic migration[J]. Geophysics, 2006, 71(6): S209 – S217.

[85] Sava P, Vlad I. Wide-azimuth angle gathers for wave-equation migration[J]. Geophysics, 2011, 76 (3): S131 – S141.

[86] Sava P C. Migration and velocity analysis by wavefield extrapolation[D]. Stanford University, 2004.

[87] Stoffa P L, Fokkema J T, de Luna Freire R M, et al. Split-step Fourier migration[J]. Geophysics, 1990, 55(4): 410-421.

[88] Stolt R H, Weglein A B. Migration and inversion of seismic data[J]. Geophysics, 1985, 50(12): 2458-2472.

[89] Stolt R H, Benson A K. Seismic migration: Theory and practice[M]. Pergamon, 1986.

[90] Stolt R H. Migration by Fourier transform[J]. Geophysics, 1978, 43(1): 23-48.

[91] Stork C, Clayton R W. Linear aspects of tomographic velocity analysis[J]. Geophysics, 1991, 56(4): 483-495.

[92] Stork C. Reflection tomography in the postmigrated domain[J]. Geophysics, 1992, 57(5): 680-692.

[93] Sun H, Schuster G T. 2-D wavepath migration[J]. Geophysics, 2001, 66(5): 1528-1537.

[94] Sun R, McMechan G A, Lee C S, et al. Prestack scalar reverse-time depth migration of 3D elastic seismic data[J]. Geophysics, 2006, 71(5): S199-S207.

[95] Sun R, McMechan G A. Scalar reverse-time depth migration of prestack elastic seismic data[J]. Geophysics, 2001, 66(5): 1519-1527.

[96] Symes W W. Reverse time migration with optimal checkpointing[J]. Geophysics, 2007, 72(5): SM213-SM221.

[97] Tarantola A, Valette B. Generalized nonlinear inverse problems solved using the least squares criterion [J]. Reviews of Geophysics, 1982, 20(2): 219-232.

[98] Tarantola A. Inversion of seismic reflection data in the acoustic approximation[J]. Geophysics, 1984, 49(8): 1259-1266.

[99] Tarantola A, Nercessian A. Three - dimensional inversion without blocks[J]. Geophysical Journal of the Royal Astronomical Society, 1984, 76(2): 299-306.

[100] Tarantola A. Inverse problem theory and methods for model parameter estimation[M]. siam, 2005.

[101] Thomsen L. Weak elastic anisotropy[J]. Geophysics, 1986, 51(10): 1954-1966.

[102] Tsvankin I, Thomsen L. Inversion of reflection traveltimes for transverse isotropy[J]. Geophysics, 1995, 60(4): 1095-1107.

[103] Tsvankin I. P-wave signatures and notation for transversely isotropic media: An overview[J]. Geophysics, 1996, 61(2): 467-483.

[104] Ursin B, Stovas A. Traveltime approximations for a layered transversely isotropic medium[J]. Geophysics, 2006, 71(2): D23-D33.

[105] Van Der Hilst R D, De Hoop M V. Banana-doughnut kernels and mantle tomography[J]. Geophysical Journal International, 2005, 163(3): 956-961.

[106] Wang Z. Seismic anisotropy in sedimentary rocks, part 2: Laboratory data[J]. Geophysics, 2002, 67(5): 1423-1440.

[107]Woodward M J, Nichols D, Zdraveva O, et al. A decade of tomography[J]. Geophysics, 2008, 73(5): VE5 - VE11.

[108]Wu R S, Jin S. Windowed GSP (generalized screen propagators) migration applied to SEG-EAEG salt model data[M]//SEG Technical Program Expanded Abstracts 1997. Society of Exploration Geophysicists, 1997: 1746 - 1749.

[109]Xie X B, Wu R S. Extracting angle domain information from migrated wavefield[M]//SEG Technical Program Expanded Abstracts 2002. Society of Exploration Geophysicists, 2002: 1360 - 1363.

[110]Xu S, Zhang Y, Tang B. 3D common image gathers from reverse time migration[M]//SEG Technical Program Expanded Abstracts 2010. Society of Exploration Geophysicists, 2010: 3257 - 3262.

[111]Xu S, Zhang Y, Huang T. Enhanced tomography resolution by a fat ray technique[M]//SEG Technical Program Expanded Abstracts 2006. Society of Exploration Geophysicists, 2006: 3354 - 3358.

[112]Xu S, Zhang Y, Tang B. 3D common image gathers from reverse time migration[M]//SEG Technical Program Expanded Abstracts 2010. Society of Exploration Geophysicists, 2010: 3257 - 3262.

[113]Yomogida K. Fresnel zone inversion for lateral heterogeneities in the Earth[J]. pure and applied geophysics, 1992, 138(3): 391 - 406.

[114]Zhang Y, Xu S, Bleistein N, et al. True-amplitude, angle-domain, common-image gathers from one-way wave-equation migrations[J]. Geophysics, 2007, 72(1): S49 - S58.

[115]Zheng X, Pšenčík I. Local determination of weak anisotropy parameters from qP-wave slowness and particle motion measurements[M]//Seismic Waves in Laterally Inhomogeneous Media. Birkhäuser, Basel, 2002: 1881 - 1905.

[116]Bortfeld R, Kiehn M, Hubral P. Computing true amplitude reflections in. a. laterally inhomogeneous Earth. Geophysics[J], 1983(48): 1051 - 1062.

[117]NarayanaMurty J, Shanker T, Niyogi K, et al., Merging of differently oriented 3D seismic data sets. Geohorizons[J], 1999, 4(2): 1 - 11.

[118]Winbow G A, Schneider W A. Weights for 3D controlled amplitude prestack time migration. 69th Annual Internat. Mtg., Sco. Expl. Geophys., Expanded Abstracts[C], 1999.

[119]Zhang G Q. A new algorithm for finite-diffe3rence of steep dips, Geophysics[J], 1998(153): 167 - 175.

[120]Geiger H. Amplitude-preserving weights for Kirchhoff prestack time migration. 72thAnn. Internat. Mtg. Geophys., Expanded Abstract[C], 2002, 1220 - 1223.

[121]Mosher C C, Keho T H, Weglein A B, et al. The impact of migration on AVO. Geophysics[J], 1996, 61(6): 1603 - 1615.

[122]Li Z. Compensating finite-difference errors in 3-D migration and modeling. Geophysics[J], 1991, 56(10): 1650 - 1660.

[123]Etgen J T. V(z) f-k prestack migration of common-offset common-azimuth data volumes, 68th Ann. Internat. Mtg., Soc. Expl. Geophys., Expanded Abstracts[C], 1998, 1835 - 1838.

[124] Pinson L J W, Henstock T J, Dix J K, et al. Estimating quality factor and mean grain size of sediments from high-resolution marine seismic data[J]. Geophysics, 2008, 73(4): G19 – G28.

[125] Tonn R. The determination of the seismic quality factor Q from VSP data: A comparison of different computational methods[J]. Geophysical Prospecting, 1991, 39(1): 1 – 27.

[126] Hauge P S. Measurements of attenuation from vertical seismic profiles[J]. Geophysics, 1981, 46(11): 1548 – 1558.

[127] Cavalca M, Moore I, Zhang L et al. Ray-based tomography for Q estimation and Q compensation in complex media[J]. The 81st SEG Annual International Meeting, San Antonio, 2011: 3989 – 3993.

[128] Zhang C, Ulrych T J. Estimation of quality factors from CMP records. Geophysics, 2002, 67(5): 1542 – 1547.

[129] Reine C, Clark R, Mirko V D B. Robust prestack Q-determination using surface seismic data: Part 1 – Method and synthetic examples[J]. Geophysics, 2012, 77(1): R45 – R56.

[130] Lupinacci W M, Oliveira S A M. Q factor estimation from the amplitude spectrum of the time-frequency transform of stacked reflection seismic data[J]. Journal of Applied Geophysics, 2015, 114: 202 – 209.

[131] Toksöz M N, Johnston D H, Timur A. Attenuation of seismic waves in dry and saturated rocks: I. Laboratory measurements[J]. Geophysics, 1979, 44(4): 681 – 690.

[132] Li G, Sacchi M D, Zheng H. In situ evidence for frequency dependence of near-surface Q[J]. Geophysical Journal International, 2016, 204(2): 1308 – 1315.

[133] 蔡杰雄，方伍宝，杨勤勇. 高斯束深度偏移的实现与应用研究[J]. 石油物探，2012，51(5)：469 – 475.

[134] 陈飞国，葛蔚，李静海. 复杂多相流动分子动力学模拟在 GPU 上的实现[D]. 2008.

[135] 陈生昌，曹景忠，马在田. 混合域单程波传播算子及其在偏移成像中的应用[J]. 地球物理学进展，2003，18(2)：210 – 217.

[136] 陈生昌，马在田. 波动方程的高阶广义屏叠前深度偏移[J]. 地球物理学报，2006，49(5)：1445 – 1451.

[137] 陈生昌，马在田. 广义地震数据合成及其偏移成像[J]. 地球物理学报，2006，49(4)：1144 – 1149.

[138] 成谷，张宝金. 反射地震走时层析成像中的大型稀疏矩阵压缩存储和求解[J]. 地球物理学进展，2008，23(3)：674 – 680.

[139] 程玖兵，王华忠，马在田. 带误差补偿的有限差分叠前深度偏移方法[J]. 石油地球物理勘探，2001，36(4)：408 – 413.

[140] 杜启振，秦童. 横向各向同性介质弹性波多分量叠前逆时偏移[J]. 地球物理学报，2009，52(3)：801 – 807.

[141] 孔祥宁，张慧宇，刘守伟，等. 海量地震数据叠前逆时偏移的多 GPU 联合并行计算策略[J]. 石油物探，2013，52(3)：288 – 293.

[142]李博，刘国峰，刘洪．地震叠前时间偏移的一种图形处理器提速实现方法[J]．地球物理学报，2009，52(1)：245－252.

[143]李辉，冯波，王华忠．波场模拟的高斯波包叠加方法[J]．石油物探，2012，51(4－)：327－337.

[144]李信富，张美根．显式分形插值在有限元叠前逆时偏移成像中的应用[J]．地球物理学进展，2008，23(5)：1406－1411.

[145]李振春．地震成像理论与方法[J]．山东东营：石油大学研究生院，2004：42－123.

[146]李振春，岳玉波，郭朝斌，等．高斯波束共角度保幅深度偏移[J]．石油地球物理勘探，2010，45(3)：360－365.

[147]刘定进，杨瑞娟，罗申玥，等．稳定的保幅高阶广义屏地震偏移成像方法研究[J]．地球物理学报，2012，55(7)：2402－2411.

[148]刘定进，曾强，夏连军，等．波动方程保幅地震偏移成像方法[J]．复杂油气藏，2009，2(1)：20－25.

[149]刘定进，杨勤勇，方伍宝，等．叠前逆时深度偏移成像的实现与应用[J]．石油物探，2011，50(6)：545－549.

[150]刘定进，印兴耀，陆树勤，等．波动方程保幅叠前深度偏移与AVO响应[J]．中国石油大学学报(自然科学版)，2009，33(4)：45－51.

[151]刘定进，印兴耀，陆树勤，等．波动方程保幅叠前深度偏移与AVO响应[J]．中国石油大学学报(自然科学版)，2009，33(4)：45－51.

[152]刘定进，曾强，夏连军，等．波动方程保幅地震偏移成像方法[J]．复杂油气藏，2009，2(1)：20－25.

[153]刘定进，周云何，杨瑞娟，等．高精度屏算子地震偏移成像方法研究[J]．石油物探，2010，49(6)：531－535.

[154]刘玉柱，董良国，李培明，等．初至波菲涅尔体地震层析成像[J]．地球物理学报，2009(9)：2310－2320.

[155]罗彩明．TI介质速度分析与建模方法研究[D]．北京：中国石油大学，2007.

[156]吕小林，刘洪．波动方程深度偏移波场延拓算子的快速重建[J]．地球物理学进展，2005，20(1)：24－28.

[157]马在田．高阶有限差分偏移[J]．石油地球物理勘探，1982，17(1)：6－15.

[158]潘宏勋，方伍宝．地震速度分析方法综述[J]．勘探地球物理进展，2006，29(5)：305－311.

[159]潘艳梅，董良国，刘玉柱，等．近地表速度结构层析反演方法综述[J]．勘探地球物理进展，2006，29(4)：229－234.

[160]孙建国．Kirchhoff型真振幅偏移与反偏移[J]．勘探地球物理进展，2002，25(6)：1－5.

[161]孙文博，孙赞东．基于伪谱法的VSP逆时偏移及其应用研究[J]．地球物理学报，2010，53(9)：2196－2203.

[162]薛东川，王尚旭．波动方程有限元叠前逆时偏移[J]．石油地球物理勘探，2008，43(1)：17－21.

[163]吴国忱．各向异性介质地震波传播与成像[M]．青岛：石油大学出版社，2006.

[164]吴国忱．TI 介质 qP 波地震深度偏移成像方法研究[J]．上海：同济大学，2006.

[165]岳玉波，李振春，钱忠平，等．复杂地表条件下保幅高斯束偏移[J]．地球物理学报，2012，55(4)：1376－1383.

[166]张兵，赵改善，黄骏，等．地震叠前深度偏移在 CUDA 平台上的实现[J]．勘探地球物理进展，2008，31(6)：427－432.

[167]张慧宇，刘路佳，张兵，等．GPU 提速叠前时间体偏移技术[J]．物探化探计算技术，2011，33(5)：568－571.

[168]赵改善．地球物理高性能计算的新选择：GPU 计算技术[J]．勘探地球物理进展，2007，30(5)：399－404.

[169]周巍，王鹏燕，杨勤勇，等．各向异性克希霍夫叠前深度偏移[J]．石油物探，2012，51(5)：476－485.

[170]朱海龙，崔远红．速度分析和层析成像[J]．油气藏评价与开发，2003，26(6)：433－438.

[171]田钢，石战结，董世学等．利用微测井资料补偿地震数据的高频成分[J]．石油地球物理勘探，2005，40(5)：546－549.

[172]王建民，陈树民，苏茂鑫，等．近地表高频补偿技术在三维地震勘探中的应用研究[J]．地球物理学报，2007，50(6)：1837－1843.

[173]宋智强，刘斌，陈昊金，等．沙漠区表层 Q 值求取及补偿方法研究[J]．油气藏评价与开发，2013，3(4)：8－11.

[174]裴江云，何樵登．基于 Kjartansson 模型的反 Q 滤波[J]．地球物理学进展．1994，9(1)：90－100.

[175]马昭军，刘洋．地震波衰减反演研究综述[J]．地球物理学进展．2005，20(4)，1047－1082.

[176]白桦，李级鹏．基于时频分析的地层吸收补偿[J]．石油地球物理勘探，1999，34(6)：642－648.

[177]李鲲鹏，李衍达，张学工．基于小波包分解的地层吸收补偿[J]．地球物理学报，2000，43(4)：542－549.

[178]刘喜武，年静波，刘洪．基于广义 S 变换的吸收衰减补偿方法[J]．石油物探，2006，45(1)：9－14.

[179]刘财，刘洋，王典，等．一种频域吸收衰减补偿方法[J]．石油物探，2005，40(2)：116－119.

[180]姚振兴，高星，李维新．用于深度域地震剖面衰减与频散补偿的反 Q 滤波方法[J]．地球物理学报，2003，46(2)：229－230.

[181]凌云，高军，吴琳．时频空间域球面发散与吸收补偿[J]．石油地球物理勘探，2005，40 (2)：176－182，189.

[182]李庆忠. 走向精确勘探的道路[M]. 北京：石油工业出版社，1993.

[183]李振春，王清振. 地震波衰减机理及能量补偿研究综述[J]. 地球物理学进展，2007，22(4)：1147－1152.

[184]李振春，朱绪峰，韩文功. 真振幅偏移方法综述[J]. 勘探地球物理进展，2008，31(1)：10－15，64.

[185]刘玉金，李振春，吴丹，等. 局部倾角约束最小二乘偏移方法研究[J]. 地球物理学报，2013，56(3)：1003－1011.

[186]秦宁，李振春，杨晓东，等. 叠前多级优化联合偏移速度建模[J]. 地球物理学进展，2013，28(1)：320－328.

[187]王彦飞，杨长春，段秋梁. 地震偏移反演成像的迭代正则化方法研究[J]. 地球物理学报，2009，52(6)：1615－1624.

[188]杨敬磊，李振春，叶月明，等. 地震照明叠前深度偏移方法综述[J]. 地球物理学进展，2008，23(1)：146－152.

[189]张立彬，王华忠. 稳定的反Q偏移方法研究[J]. 石油物探，2010，49(2)：115－120.